GILMAR PIRES NOVAES

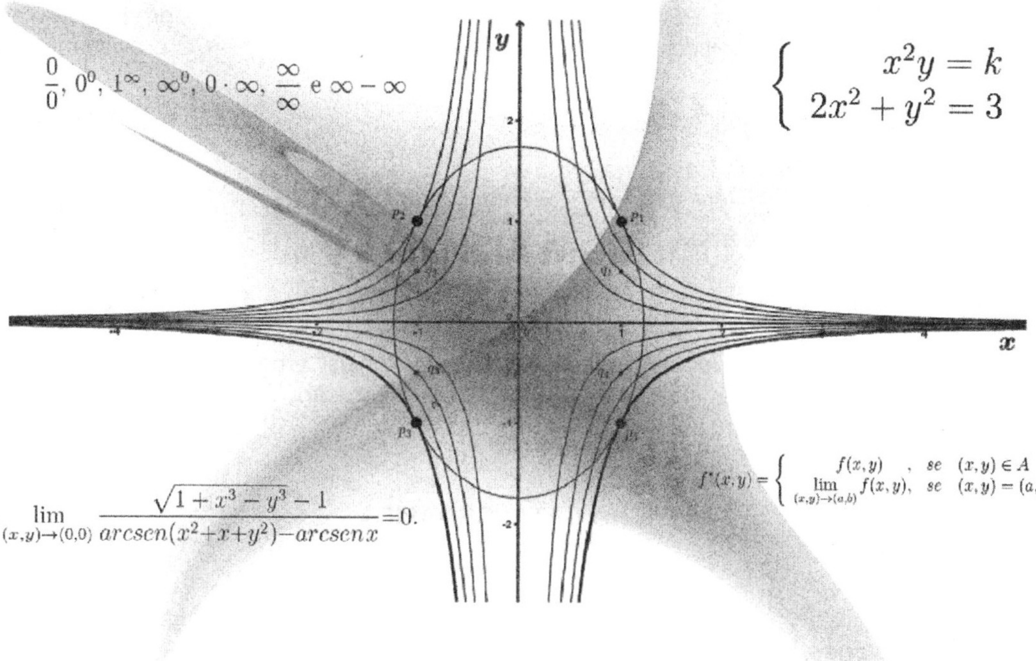

FUNÇÕES REAIS
DE VÁRIAS VARIÁVEIS REAIS, LIMITES E CONTINUIDADE

EDITORA CIÊNCIA MODERNA

Funções Reais de Várias Variáveis Reais, Limites e Continuidade
Copyright© Editora Ciência Moderna Ltda., 2019

Editor: Paulo André P. Marques
Produção Editorial: Dilene Sandes Pessanha
Capa: Daniel Jara
Copidesque: Equipe Ciência Moderna

FICHA CATALOGRAFICA

NOVAES, Gilmar Pires.

Funções Reais de Várias Variáveis Reais, Limites e Continuidade

Rio de Janeiro: Editora Ciência Moderna Ltda., 2019.

1. Matemática 2. Funções
I — Título

ISBN: 978-85-399-0972-8 CDD 510
511.33

Editora Ciência Moderna Ltda.
R. Alice Figueiredo, 46 – Riachuelo
Rio de Janeiro, RJ – Brasil CEP: 20.950-150
Tel: (21) 2201-6662/ Fax: (21) 2201-6896
E-MAIL: LCM@LCM.COM.BR
WWW.LCM.COM.BR

01/19

Prefácio

The last thing one knows when writing a book is what to put first.
Blaise Pascal (1623-1662)

Após o término da redação de um livro (o que deve incluir a revisão deste pelo seu autor), este deve redigir o prefácio, antes da sua submissão à Editora para análise. O prefácio é, pois, a última parte do livro a ser redigida (embora se espera que seja a primeira a ser lida!). É nele que o autor expõe o livro em sua generalidade: o(s) objetivo(s) com o(s) qual(is) o redigiu, o público-alvo a que se destina, o seu conteúdo, as suas características (por vezes, exclusivas, as quais o diferenciam dos seus congêneres), orientação(ões) ao leitor e, finalmente, o que ele espera de retorno desse público-alvo.

O *desenvolvimento* é clássico: teoria, exemplos, exercícios. O *conteúdo* é essencial: funções reais de várias variáveis reais, limites e continuidade desempenham papel fundamental em toda a Matemática (especialmente em Análise, Equações Diferenciais Ordinárias, Espaços Métricos, Topologia Geral, Variáveis Complexas). A *abordagem* é inovadora: precisão nas definições, escolha dos exemplos, aplicações imediatas dos resultados (essencialmente, uma exposição sistemática de tais assuntos).

Título deste livro. Na Introdução ao Capítulo 1, apresentamos algumas funções reais de duas, três e n ($n \in \mathbb{N}$, $n \geq 2$) variáveis reais. Na última seção de cada capítulo, apresentamos comentários sobre os conceitos análogos para funções reais de n ($n \in \mathbb{N}$, $n \geq 2$) variáveis reais. No Apêndice, tratamos da extensão de funções reais de n ($n \in \mathbb{N}$, $n \geq 2$) variáveis reais – *função vetorial de várias variáveis reais*, bem como *função real de variável complexa*. Não obstante tais exposições, o que coaduna com o título deste livro – "Funções Reais de **Várias** Variáveis Reais, Limites e Continuidade" –, todo o seu desenvolvimento baseia-se, essencialmente, em funções reais de **duas** variáveis reais. **O fato é que, de modo geral, o estudo de funções reais de mais de duas variáveis reais é análogo àquele em duas dimensões (o qual, por sua vez, é análogo àquele em uma dimensão)**. Os motivos (de ordem didática) de assim proceder são os seguintes:

i) ao lidarmos com funções reais de duas variáveis reais, temos a tão importante possibilidade de interpretação geométrica, uma vez que podemos representar pontos $(x, y, f(x, y))$ no espaço $\mathbb{R}^3$, obtendo, assim, o *gráfico* da função f (dado que gráficos de funções reais de três variáveis reais são subconjuntos de $\mathbb{R}^4$, não temos condições de visualizá-los, o que é também verdadeiro, de modo geral, para funções reais de mais variáveis reais);

ii) em geral, os resultados que estabelecemos para as funções reais de duas variáveis reais se estendem para as funções reais de mais de duas variáveis reais, obedecendo ao mesmo tipo de raciocínio (mais precisamente, há uma mudança significativa na passagem do raciocínio de uma para duas variáveis, mas passar de duas para três ou mais, é relativamente simples);

iii) é conveniente fixarmos a atenção nas funções reais de duas variáveis reais, considerando funções reais de mais de duas variáveis reais apenas quando houver necessidade de focalizar alguma peculiaridade, propriedade ou resultado especial.

Pré-requisito. O conhecimento que esperamos que o leitor deste livro possua é, naturalmente, aquele de um curso de Cálculo de Funções Reais de Uma (única) Variável Real (mais precisamente, conceitos análogos àqueles de que tratamos neste livro – função, limite e continuidade).

Público-alvo. Este livro é destinado a **estudantes de nível de graduação, a cujos cursos ele seja obrigatório, tais como Ciência da Computação, Biologia, Economia, Engenharias, Física, Matemática, Química**. É fato que os profissionais de todas essas áreas do conhecimento humano necessitam, cada vez mais, da Matemática como base fundamental para um desenvolvimento profícuo do seu trabalho. Em particular, funções reais de várias variáveis reais, limites e continuidade constituem importante parte desse corpo de conhecimento matemático que todos eles devem possuir.

Teoria-Prática. Uma sólida fundamentação teórico-prática em funções reais de várias variáveis reais, limites e continuidade constitui, indubitavelmente, subsídio inestimável para o estudante em seus posteriores estudos, em particular, de Matemática (especialmente em Análise, Equações Diferenciais Ordinárias, Espaços Métricos, Topologia Geral, Variáveis Complexas).

O tratamento da teoria é amplo, podendo até mesmo ser considerado completo. Nesse contexto, abordamos conceitos, desde o nível elementar até o nível avançado (este, no sentido de que os conceitos inerentes não são, geralmente, estudados em nível de graduação, sendo preparatórios para os estudos que mencionamos, a exemplo daqueles que consideramos nos exercícios do Capítulo 4, os quais, **a nosso ver, devem ser abordados pelo professor apenas para turmas de Matemática**).

No que diz respeito ao nível elementar, tivemos a preocupação de explicar, em detalhes, todos os conceitos fundamentais (Capítulo 1), tais como aqueles de uma função real de duas variáveis reais, gráfico, curva de nível, juntamente com aplicações, necessários para o desenvolvimento daqueles que apresentamos subsequentemente no texto. Entendemos que, sob a ótica do pré-requisito que mencionamos, é importante apresentar, desse modo (frisemos: **em detalhes**), as extensões naturais dos conceitos (básicos) análogos com os quais os estudantes tiveram contato em um curso de Cálculo de Funções Reais de Uma (única) Variável Real. Ao assim proceder, temos como objetivo fornecer, ao público-alvo ao qual se destina, um livro autossuficiente, indo ao encontro da referida fundamentação.

Estrutura deste livro. Este livro constitui-se de 5 capítulos, os quais descreveremos sucintamente a seguir.

No Capítulo 1, definimos, em toda a sua generalidade, o conceito de função real de duas variáveis reais, o qual constitui a base para todo o estudo subsequente. Apresentamos alguns tipos especiais de tal classe de funções, dentre as quais, a classificação das funções algébricas.

Tendo em vista o amplo acesso a programas que esboçam gráficos de funções reais de duas variáveis reais, tratamos da associação de algumas funções reais de duas variáveis reais com os seus respectivos gráficos, em vez de empreender tempo tentando esboçá-lo (à mão) propriamente.

Atribuímos a ênfase deste capítulo, em seu final, às aplicações que apresentamos do conceito de conjunto de nível, quais sejam:

i) aplicação (clássica) de conjuntos de nível às representações geométricas de algumas funções reais de duas variáveis reais;

ii) aplicação de conjuntos de nível à obtenção das imagens de algumas funções reais de duas variáveis reais;

iii) aplicação de conjuntos de nível à obtenção de máximos e mínimos de algumas funções reais de duas variáveis reais condicionadas a determinados subconjuntos dos seus domínios.

A aplicação *ii*) acima constitui a primeira das características exclusivas deste livro. A aplicação *iii*) acima, por sua vez, constitui a segunda de tais características. Em particular, ao tratarmos da aplicação *iii*), temos como objetivo apresentar um método alternativo (jamais substituto!) ao clássico método dos multiplicadores de Lagrange, mais precisamente quando este não se aplica (por não satisfazer pelo menos uma das suas hipóteses), de modo que, dentre os exemplos de tal aplicação, apresentamos alguns nos quais concretizamos esse objetivo.

Finalizamos este capítulo apresentando alguns comentários gerais sobre funções reais de n variáveis reais.

No Capítulo 2, tratamos das noções gerais dos aspectos teóricos do conceito de limite de uma função real de duas variáveis reais (ao qual nos referimos apenas como limite, daqui em diante). O conceito de limite é a base de todo o Cálculo: uma noção tão importante que, atualmente, todos os demais conceitos do Cálculo se baseiam nela. Assim é que, para tratar consentaneamente tal conceito, consideramos, inicialmente, algumas noções topológicas que lhe são inerentes: distância, vizinhança, ponto de acumulação. Enfatizamos, em particular, a necessidade desta última ao definir formalmente o conceito de limite. Também apresentamos a clássica interpretação geométrica de limite.

Finalizamos este capítulo apresentando alguns comentários gerais teóricos sobre limites de funções reais de n variáveis reais.

No Capítulo 3, tratamos dos métodos de demonstração de existência, inexistência e cálculo de limites, sob seus aspectos práticos. É o capítulo mais extenso deste livro, devido à ênfase com que, a nosso ver, os assuntos nele contidos devem ser tratados. Ademais, a enorme utilidade de que se reveste cada qual de tais métodos não corresponde ao tratamento que lhe é atribuído pelos livros de Cálculo (desde a sua criação por Gottfried Wilhelm Leibniz (1646-1716) e Isaac Newton (1643-1727)), bem como, principalmente, à sua conspícua ausência!

A par da demonstração da existência de limite por meio da definição $\varepsilon - \delta$, apresentamos os diversos métodos de cálculo de limites, grande parte dos quais constituem aplicações imediatas dos teoremas clássicos sobre limites. Em particular, no que diz respeito às aplicações daquele que é comumente o mais utilizado – o teorema do limite ao longo de curvas (também referido como limite por (ou ao longo de) caminhos ou direcional) –, **apresentamos, ao final da resolução detalhada de cada exemplo, comentários que justificam as escolhas dos caminhos**

por nós realizadas (terceira característica exclusiva deste livro). Tratamos de **todas** as expressões indeterminadas, a saber: $\frac{0}{0}$, 0^0, 1^∞, ∞^0, $0 \cdot \infty$, $\frac{\infty}{\infty}$ e $\infty - \infty$ (quarta característica exclusiva deste livro). Apresentamos três estudos exaustivos de limites (quinta característica exclusiva deste livro), embora comumente pouco (ou mesmo não) evidenciados pelos livros de Cálculo: limites iterados, análise geométrica do limite e limites infinitos (em um ponto)/no infinito/infinitos (no infinito). Em particular, realizamos uma análise das modificações (se possíveis, bem como, em caso afirmativo, necessárias) que devemos efetuar em alguns dos teoremas que demonstramos anteriormente neste capítulo, com o objetivo de verificar quais deles permanecem válidos nesse contexto.

Em geral, é possível aplicar mais de um de tais métodos ao cálculo do limite de determinada função sob análise. Entretanto, não informamos ao leitor quais métodos ele pode usar para tal cálculo (com exceção de precisamente três ocorrências em todo o livro, nas quais, após a aplicação de um desses métodos, sugerimos ao leitor que ele compare tal aplicação com aquela de outro método anteriormente aplicado, cada qual, ao mesmo exemplo). É fundamental que o leitor, a par de todos os métodos estudados neste capítulo, seja capaz, *per se*, de aplicar pelo menos um de tais métodos, bem como, sempre que possível, escolha o que melhor lhe convier.

Finalizamos este capítulo apresentando alguns comentários gerais práticos sobre limites de funções reais de n variáveis reais: demonstração de existência, demonstração de inexistência e métodos de cálculo.

No Capítulo 4, tratamos das noções gerais (aspectos teóricos) do conceito de continuidade de uma função real de duas variáveis reais. O conceito de função contínua é o tema central da Topologia. No bojo das observações que se seguem à definição desse conceito, ao mesmo tempo em que enfatizamos a diferença entre os conceitos de limite e de continuidade, discutimos esta noção em termos daquela. Como consequência de tal discussão, antecipamo-nos ao conceito fundamental de extensão contínua de uma função, intimamente relacionado ao de continuidade, preparando-nos, assim, para finalizar o estudo dos assuntos a que nos propusemos. Subsequentemente, apresentamos a clássica interpretação geométrica de continuidade, alguns tipos especiais (clássicos) de funções reais contínuas de duas variáveis reais e alguns resultados importantes pertinentes. Por um lado, todo esse capítulo (um tanto teórico) constitui, de certo modo, pré-requisito (em verdade, um "convite") para o Capítulo 5, o qual, por sua vez, apresenta uma importante aplicação (em toda a sua generalidade) do conceito de continuidade, que descrevemos no parágrafo seguinte. Por outro lado, ao apresentarmos os enunciados de vários dos conceitos básicos de Topologia (sendo praxe, na literatura matemática, a proposição de exercícios nos quais se definem conceitos, sob a máxima de que **"os exercícios constituem parte integrante do texto"**), temos como objetivo que os leitores adquiram um contato preliminar com tais conceitos, os quais eles terão a oportunidade de aprofundar em seus estudos posteriores de Matemática (especialmente em Análise, Espaços Métricos, Topologia Geral). Novamente, enfatizamos que, **a nosso ver, tais exercícios devem ser propostos pelo professor apenas para turmas de Matemática!**

Finalizamos este capítulo apresentando alguns comentários gerais sobre continuidade de funções reais de n variáveis reais.

No Capítulo 5, tratamos da continuidade de uma função real de duas variáveis reais, sob seus aspectos práticos, com o objetivo de responder às seguintes perguntas:

i) dada uma função $f : A \to \mathbb{R}$ definida em um subconjunto próprio A de $\mathbb{R}^2$, ela é contínua em A?

ii) dada uma função $f : \mathbb{R}^2 \to \mathbb{R}$, ela é contínua em todo o $\mathbb{R}^2$? (Em caso negativo, é possível prolongá-la continuamente a todo o $\mathbb{R}^2$?)

iii) dada uma função $f : A \to \mathbb{R}$, contínua em um subconjunto próprio A de $\mathbb{R}^2$, é possível prolongá-la continuamente a todo o $\mathbb{R}^2$? (Em caso negativo, qual é o maior subconjunto de $\mathbb{R}^2$ ao qual é possível prolongá-la continuamente?)

Todo o Capítulo 5 constitui, assim, a sexta característica exclusiva deste livro.

Finalizamos este capítulo apresentando alguns comentários gerais sobre continuidade de uma função real de n variáveis reais no que diz respeito à obtenção do prolongamento contínuo.

Exemplos. Os exemplos são bastante diversificados, exaustivamente trabalhados e muito numerosos (eles se seguem imediatamente à discussão de cada conceito, definição e resultado).

Ao longo dos meus 15 anos de experiência como professor no magistério superior, têm me sido constantes as reclamações dos estudantes no que diz respeito à escassa quantidade de exemplos nos livros-texto, em geral (não apenas de Cálculo!). Assim, uma das nossas preocupações ao escrever este livro foi suprir tal lacuna, não apenas ao fornecer aos leitores uma quantidade de exemplos (a nosso ver, realmente significativa; em sua maioria, interessantes), mas também que esses leitores (principalmente os de "nível elementar") pudessem ter condições de assimilar os conceitos subjacentes de modo satisfatório, **o que é possível, a nosso ver, apenas por meio dos detalhes com os quais tratamos cada qual dos exemplos que apresentamos neste livro**.

A par do ora exposto (escassez da quantidade de exemplos nos livros-texto, em geral), coexiste a superficialidade com a qual são tratados, de modo geral, os já tão escassos exemplos, de modo que **os detalhamentos com os quais abordamos os exemplos neste livro têm como objetivo atender, principalmente, aos leitores do referido nível, proporcionando-lhes (conforme preconizado por um processo de ensino e aprendizagem com qualidade) condições para que estes adquiram, gradativamente, o conhecimento sólido que mencionamos acima**. Destarte, **sugerimos ao professor que escolha os exemplos a serem discutidos, de acordo com o interesse dos estudantes, o seu próprio e o tempo disponível.**

Exercícios. Entendemos que organizar os exercícios – selecionar, descobrir, formular – é função tão importante quanto o é a da própria redação do livro pelo autor, de modo que pelo menos parte do fascínio em assim proceder esperamos poder transmitir ao leitor.

Os exercícios ensinam ao leitor aprofundar os exemplos, usar conceitos, resultados, desfazem possíveis mal-entendidos, ajudam-lhe a fixar ideias novas, fornecem-lhe oportunidade para explorar as fronteiras da validez das teorias expostas no texto, bem como reconhecer a necessidade/suficiência das hipóteses, apresentam-lhe aplicações dos teoremas demonstrados e informam-no sobre resultados adicionais. Em resumo, **os exercícios têm, pois, como objetivo, desenvolver a compreensão, a competência e a habilidade do leitor.**

Devido ao ora exposto, atribuímos especial atenção aos exercícios. Organizamos cuidadosamente cada conjunto de exercícios por subseção, seção e capítulo (não há, entretanto, qualquer menção sobre o grau de dificuldade de qualquer deles, de modo que evitamos, assim, qualquer indício, por vezes prejudicial, de subjetividade da nossa parte). A quantidade deles no texto é de longe superior a que se possa esperar ser resolvida por qualquer grupo de estudantes. De outro modo, assim procedendo, **temos o intuito de que eles estejam à disposição do**

professor, de modo que este possa definir o grau de aprofundamento adequado a cada turma, propondo-lhe mesmo atividades extra-classe. Igualmente, são úteis àqueles estudantes que desejarem dedicar-se ao estudo perseverantemente. Assim, solicitamos ao leitor que ele tente resolver, diligentemente, o máximo possível dos exercícios propostos (por exemplo, os que lhe sejam mais atraentes e/ou desafiadores). Não esperamos, assim, que resolva necessariamente todos eles! Nesse contexto, a máxima é: **o valor de um problema não se baseia tanto em obter a resposta, mas, principalmente, nas ideias, bem como tentativas de ideias, que ele força o possível solucionador a ter.**

Aplicações. As aplicações dos assuntos tratados (também em quantidade numerosa), tanto à Matemática quanto às mais diversas áreas do conhecimento humano (em atendimento ao público-alvo que mencionamos) estão presentes em todo este livro. Inúmeras outras existem, é verdade. Compete ao leitor pesquisar tantas quantas possíveis.

Orientações ao leitor. Não se pode esperar aprender Matemática contemplativamente. Deve-se ter, sobretudo, uma conduta matemática: uma postura definida em face dos problemas que tal ciência propõe. De modo geral, esperamos que o leitor, ao estudar este livro, formule perguntas, sempre que conveniente, a respeito do próprio enunciado de cada exemplo, problema ou resultado, sempre que conveniente, tais como as seguintes:

i) a(s) hipótese(s) fornecida(s) é(são) essencial(is) ou removível(is)?

ii) a(s) hipótese(s) fornecida(s) é(são) necessária(s) ou suficiente(s)?

iii) a recíproca é verdadeira? (Se sim, como demonstrá-la? Se não, como fornecer um contraexemplo?)

iv) qual(is) exemplo(s) de aplicação de tal problema é possível apresentar?

v) é possível generalizar tal problema? (Se sim, como demonstrar tal generalização? Se não, como fornecer um contraexemplo?)

Tão (ou até mais) importante quanto (do que) formular tais perguntas é que o leitor se esforce seriamente para tentar respondê-las.

Apêndice. Incluímos um apêndice no qual tratamos brevemente de alguns dos posteriores estudos de Matemática que o leitor terá a oportunidade de realizar considerando como base o conhecimento sólido a ser por ele adquirido por meio do estudo deste livro.

Como sempre ocorre após o período de trabalho intenso que sucede à conclusão de todo livro, o autor deste em particular deseja agradecer, primeiramente, a Deus, simplesmente por tudo (a Ele, toda glória, honra e poder!); aos professores Igo da Costa Andrade, Warley Gramacho da Silva e Piet van Oostrum, por me auxiliarem em um momento de dificuldade no uso do LaTeX; ao Sr. Paulo André Pitanga Marques, editor da Editora Ciência Moderna, de coração, por permitir que tal obra se tornasse pública; a toda a equipe dessa editora, pelo apoio constante durante todo o processo de impressão/formatação/publicação.

Nosso trabalho está, pois, entregue aos colegas do magistério superior, aos estudantes e aos presumíveis leitores, dos quais esperamos o benefício de comentários, críticas e sugestões.

Palmas, setembro de 2017.

Gilmar Pires Novaes

Sumário

CAPÍTULO 1

Funções reais de várias variáveis reais

Apesar de ser possível descrever uma grande variedade de situações-problema por meio de funções reais de uma (única) variável real, muitas outras requerem o uso de funções reais de duas ou mais variáveis reais. Há muitas fórmulas familiares em que uma variável dada depende (do ponto de vista do conceito de função) de outras duas ou mais variáveis. Por exemplo, a área A de um triângulo depende do comprimento da base b e da altura (relativa a essa base) h, segundo a fórmula $A = \frac{bh}{2}$; o volume V de uma caixa retangular depende do comprimento a, da largura b e da altura c, segundo a fórmula $V = abc$; a média aritmética $\overline{x}$ de n números reais $x_1, x_2, \ldots, x_n$ depende desses números, segundo a fórmula $\overline{x} = \frac{\sum_{i=1}^{n} x_i}{n}$. Assim, dizemos que

i) A é uma função das duas variáveis b e h;

ii) V é uma função das três variáveis a, b e c;

iii) $\overline{x}$ é uma função das n variáveis $x_1, x_2, \ldots, x_n$.

Analogamente, são também funções de duas variáveis: as áreas de um retângulo, paralelogramo, losango, coroa circular, setor circular; de três variáveis: área de um trapézio, volumes de um cone, tronco de cone, cilindro, prisma, pirâmide, tronco de pirâmide; de n variáveis: a média geométrica de n números reais positivos, a média harmônica de n números reais positivos.

Em Agricultura, é fundamental o estudo do efeito das condições sobre a produção de uma determinada cultura: a produção é função do índice pluviométrico (que mede a quantidade de chuva, em centímeros) e da temperatura média (em ^oC). O índice de calor é uma função da umidade relativa e da temperatura (o índice de calor é a temperatura sentida pelo corpo como resultado da combinação da umidade e da temperatura). Em Engenharia Florestal, mais precisamente, na área de Silvicultura (ciência dedicada ao estudo dos métodos naturais e artificiais de regenerar e melhorar os povoamentos florestais com vistas a satisfazer as necessidades do mercado e, ao mesmo tempo, é aplicação desse estudo para a manutenção, o aproveitamento e o uso racional das florestas), a Regra de Doyle para Cubagem (Doyle Log Rule) é um dos vários métodos para determinar a cubagem, em pés quadrados por polegada de espessura (*bo-*

ard feet), de um toro em termos do seu diâmetro d (em polegadas) e seu comprimento L (em pés). O número N de *board feet* é dado por $N = \left(\frac{d-4}{4}\right)^2 L$. Em Farmacologia, a concentração C (em miligramas por litro) de um medicamento no sangue é função de duas variáveis: a quantidade x (em miligramas) do medicamento injetado e o tempo t (em horas) desde que a injeção foi administrada. Em Matemática Financeira, o suprimento de dinheiro M (valor total de dinheiro circulante e nas contas correntes bancárias em uma economia) é determinado pelo valor total em dinheiro circulante B, a razão c de dinheiro circulante e depósitos em cheque, e a fração r dos depósitos em conta corrente que os bancos mantêm em dinheiro, segundo a fórmula $M = \frac{c+1}{c+r}B$. O pagamento mensal M para amortizar um empréstimo de P reais em t anos à taxa anual r é dado por $M = \frac{\frac{Pr}{12}}{1-\left[\frac{1}{1+\frac{r}{12}}\right]^{12t}}$. Em Meteorologia, a temperatura prevista é função da latitude e da longitude. Na Teoria das Filas, o tempo médio T gasto em filas por um cliente é dado por $T(x,y) = \frac{1}{x-y}$, $y < x$, em que x é a taxa média de atendimento e y é a taxa média de chegada (x e y são dadas em números de clientes por hora). A precipitação V (em quilogramas por quilômetro quadrado) de uma explosão vulcânica depende da distância d do vulcão e do tempo t desde a explosão. A quantidade de calor H (em calorias por metro cúbico de neblina) para aquecer o ar, necessária para eliminar a neblina em um aeroporto, depende da temperatura T do ar (em $^\circ C$) e da umidade u da neblina (em gramas por metro cúbico de neblina). O total S de vendas de um produto pode ser expresso em função do preço p cobrado pelo produto e da quantia a gasta em propaganda. O custo C do aluguel de um carro de uma companhia é função do número x de dias de aluguel e do número y de quilômetros percorridos.

Há inúmeras outras aplicações nas quais funções reais de duas variáveis são úteis (por exemplo, à Biologia, Economia, Física, Química, Negócios), as quais apresentamos em alguns dos exercícios deste capítulo.

Motivados pelo ora exposto, iniciamos este capítulo tornando preciso o conceito de função real de duas variáveis reais em toda a sua generalidade, o qual é a base para todo o estudo subsequente, de modo que, relativamente a tal classe de funções, tratamos dos seguintes assuntos:

a) **alguns tipos especiais de funções reais de duas variáveis reais** que desempenham papel importante tanto em Matemática como em diversas áreas do conhecimento humano;

b) **conceito de gráfico de uma função real de duas variáveis reais**, cuja representação, por meio de um software apropriado (*Mathematica*™), apresentamos associada à correspondente função, tendo como objetivo a sua ulterior aplicação neste livro;

c) **conceito de conjunto de nível de uma função real de duas variáveis reais**, o qual empregamos nas seguintes aplicações:

i) aplicação (clássica) de conjuntos de nível à representação geométrica de uma função real de duas variáveis reais;

ii) aplicação de conjuntos de nível à obtenção das imagens de algumas funções reais de duas variáveis reais;

iii) aplicação de conjuntos de nível à obtenção de máximos e mínimos de algumas funções reais de duas variáveis reais condicionadas a determinados subconjuntos dos seus domínios.

1.1 Funções reais de duas variáveis reais

A definição de função real de duas variáveis reais é análoga à de função real de uma (única) variável real.

Definição 1.1.1. *Uma função real de duas variáveis reais* $f : A \subseteq \mathbb{R}^2 \to \mathbb{R}$ $(A \neq \emptyset)$[1] *é uma regra que associa a cada par ordenado de números reais* $(x, y) \in A$ *um único valor* $f(x, y) \in \mathbb{R}$.

Assim, uma função real de duas variáveis reais $f : A \subseteq \mathbb{R}^2 \to \mathbb{R}$ consiste no seguinte:

i) um conjunto A, denominado *domínio* de f (conjunto que contém todos os pontos (x, y) de $\mathbb{R}^2$ para os quais há sentido em calcular $f(x, y) \in \mathbb{R}$ – *valor* da função f em (x, y), ou seja, o conjunto em que a função está definida);

ii) o conjunto dos números reais ($\mathbb{R}$), denominado *contradomínio* de f (conjunto que contém os valores $f(x, y)$ da função f, ou seja, o conjunto em que a função toma valores);

iii) uma *regra*[2] f que permite associar, de modo bem determinado, a cada par ordenado $(x, y) \in A$, um único $f(x, y) \in \mathbb{R}$.

Formalmente falando, conforme a definição acima, $(A, \mathbb{R}, f)$ é uma função real de duas variáveis reais, embora seja comum referir-mo-nos a ela simplesmente por f, ou seja, apenas pela regra que define tal função (apenas um dos três conceitos que definimos acima, intrínsecos àquele de função). Entretanto, esse uso do mesmo símbolo para expressar a função e sua regra fornece-nos um modo muito mais maleável para tratar funções. Tal uso já é corrente, não apenas em Matemática, como também em toda área que emprega funções, de modo que é também o que empregaremos ao nos referirmos a "uma função real de duas variáveis reais $f : A \subseteq \mathbb{R}^2 \to \mathbb{R}$". Ademais, existem várias outras terminologias que são comumente usadas como sinônimos de "função", por exemplo, "aplicação", "operador" ou "transformação". Tais terminologias são usadas em contextos que melhor sugerem a transmissão do papel desempenhado por uma dada função específica.

O conjunto que consiste propriamente nos valores da função, ou seja, o conjunto $Im(f) = \{f(x, y) : (x, y) \in A\} \subseteq \mathbb{R}$, é denominado *imagem*[3] da função: cada elemento $f(x, y)$ desse conjunto é a imagem, por f, de um elemento (x, y) de A.

Às vezes, escrevemos $z = f(x, y)$, para tornar explícitos os valores de f em (x, y). Denominamos x e y *variáveis independentes*, e z, *variável dependente*. Em resumo: z é uma função de x e y no sentido de que valores específicos (porém arbitrários) das variáveis independentes x e y determinam, por meio da regra que mencionamos acima, um *único* valor real da variável dependente z.

Dada uma função real de duas variáveis reais $f : A \subseteq \mathbb{R}^2 \to \mathbb{R}$, consideremos a sua regra de associação aquela expressa por meio de uma *fórmula*[4]. Ao nos referirmos a problemas sobre

---

[1]Daqui em diante, admitiremos, tacitamente, que $A \neq \emptyset$.

[2]Tal regra, a qual prescreve as operações a serem realizadas com cada par ordenado $(x, y) \in A$ para obter o correspondente valor $f(x, y)$ da função f, é inteiramente arbitrária, sendo sujeita apenas às seguintes condições:

1) não deve haver exceções: para que a função f tenha A como domínio, a regra deve fornecer $f(x, y)$ para *todo* $(x, y) \in A$;

2) não deve haver ambiguidades: a cada $(x, y) \in A$, a regra deve fazer corresponder um *único* $f(x, y) \in \mathbb{R}$.

[3]Também referida na literatura matemática como *imagem direta* de A por f, denotada por $f(A)$.

[4]Dada uma função real de duas variáveis reais $f : A \subseteq \mathbb{R}^2 \to \mathbb{R}$, uma *fórmula* (algébrica) que representa f é uma expressão que estabelece operações (algébricas) a serem realizadas por todos os pares ordenados $(x, y) \in A$

obtenção do domínio de tal função, entenderemos por *domínio* de f **o maior subconjunto A de $\mathbb{R}^2$ tal que a fórmula dada nos forneça, para cada par $(x, y) \in A$, um número real $f(x, y)$ bem definido**. Em outras palavras, podem constituir o domínio de f todos (e somente) os elementos de $\mathbb{R}^2$ para os quais é possível efetuarmos todas as operações mencionadas na expressão algébrica que define f. Em particular, no caso em que a função modela um problema de natureza prática (nas ciências em geral), entenderemos que o seu domínio será determinado também pelas restrições físicas sobre suas variáveis independentes, restrições estas inerentes a uma situação-problema de interesse específico em cada qual de tais ciências).

Para obter (algebricamente) o domínio de uma função real de duas variáveis reais, os seguintes fatos elementares desempenham papel importante:

i) o denominador de uma fração deve ser diferente de zero (não é possível dividir por zero);

ii) a raiz de índice par (em $\mathbb{R}$) está definida somente para números reais não negativos;

iii) o logaritmo está definido somente para números reais positivos, base positiva e diferente de 1;

iv) a função tangente (analogamente, a função secante) está definida somente para arcos diferentes de $\frac{\pi}{2} + n\pi$, $n \in \mathbb{Z}$;

v) a função cotangente (analogamente, a função cossecante) está definida somente para arcos diferentes de $n\pi$, $n \in \mathbb{Z}$;

vi) a função inversa do seno – arcseno (analogamente, a função inversa do cosseno – arcosseno) está definida somente para arcos pertencentes ao intervalo $[-1, 1]$.

Em geral, a fórmula que expressa uma dada função real de duas variáveis reais consiste em combinações de outras funções expressas por frações, potências, raízes, logaritmos ou funções inversas de senos e cossenos, de modo que, para obter efetivamente o domínio daquela função, devemos considerar as interseções dos domínios destas funções, conforme os fatos elementares que mencionamos acima. Em outras palavras, dada uma função real de duas variáveis reais $f : A \subseteq \mathbb{R}^2 \to \mathbb{R}$ (expressa por uma fórmula), para obter o seu domínio A, devemos considerar simultaneamente todas as condições a que devem satisfazer as coordenadas do par ordenado $(x, y) \in A$ para os quais tal fórmula tenha sentido.

Uma classe geral particularmente importante de funções é aquela de uma função composta, conforme definimos a seguir.

Definição 1.1.2. *Consideremos $f : A \subseteq \mathbb{R}^2 \to \mathbb{R}$, $g : B \subseteq \mathbb{R} \to \mathbb{R}$, tais que $f(A) \subseteq B$ (***a imagem de f está contida no domínio de g***). A função composta $g \circ f : A \subseteq \mathbb{R}^2 \to \mathbb{R}$ é a função real de duas variáveis reais definida por $(g \circ f)(x, y) = g(f(x, y))$.*

Podemos estender essa definição a uma quantidade finita arbitrária de funções, desde que todas elas satisfaçam convenientemente a condição que mencionamos em destaque acima.

Uma vez obtido o domínio de f, podemos descrevê-lo por meio de palavras, bem como representá-lo geometricamente (esboçá-lo).

No exemplo a seguir, apresentamos, em detalhes, o procedimento para obter, descrever e esboçar os domínios de algumas funções reais de duas variáveis reais.

Exemplo. Obtenha, descreva e esboce o domínio de cada uma das funções reais de duas variáveis reais $f : A \subseteq \mathbb{R}^2 \to \mathbb{R}$ cujas expressões são dadas a seguir:

---

para obter os valores $f(x, y)$ correspondentes. Consideraremos apenas funções que podem ser representadas por meio de fórmulas, a menos de menção em contrário.

a) $f(x,y) = \dfrac{xy}{x^2 - 3xy + y^2}$.
b) $f(x,y) = \dfrac{y(y^2 - x^2)(y + y^2 - x^2)}{y^3 - (y^2 - x^2)^3}$.
c) $f(x,y) = arccos\left(\dfrac{x}{\sqrt{x^2 - y^2}}\right)$.
d) $f(x,y) = ln[cos(x^2 + y^2)]$.
e) $f(x,y) = x^y$.

Resolução:

a) Uma vez que a divisão por zero não está definida, decorre que o domínio de f consiste em todos os pares ordenados $(x,y) \in \mathbb{R}^2$ tais que $x^2 - 3xy + y^2 \neq 0$. Como

$$\begin{aligned} x^2 - 3xy + y^2 &= x^2 - 3xy + \frac{9}{4}y^2 - \frac{5}{4}y^2 \\ &= \left(x - \frac{3}{2}y\right)^2 - \frac{5}{4}y^2, \end{aligned}$$

resulta que $x^2 - 3xy + y^2 \neq 0 \Leftrightarrow y \neq \left(\dfrac{2}{3 \pm \sqrt{5}}\right)x$. Logo, o domínio de f é o conjunto $A = \left\{(x,y) \in \mathbb{R}^2 : y \neq \left(\dfrac{2}{3 \pm \sqrt{5}}\right)x\right\}$. Na Figura 1.1 a seguir, apresentamos o esboço do domínio de f.

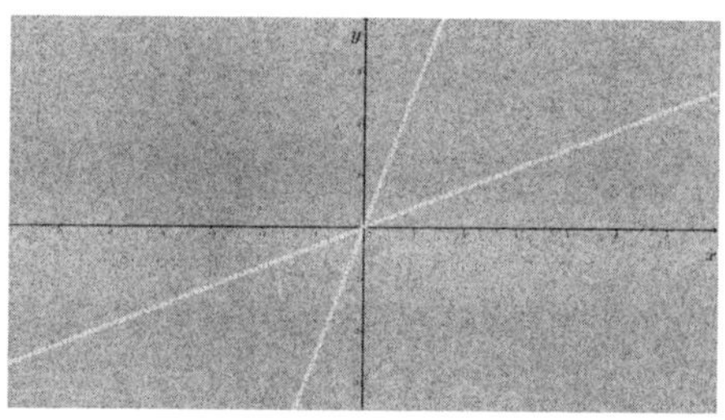

Figura 1.1: domínio de $f : A \subseteq \mathbb{R}^2 \to \mathbb{R}, f(x,y) = \dfrac{xy}{x^2 - 3xy + y^2}$.

b) Uma vez que a divisão por zero não está definida, decorre que o domínio de f consiste em todos os pares ordenados $(x,y) \in \mathbb{R}^2$ tais que $y^3 - (y^2 - x^2)^3 \neq 0$. Como

$$\begin{aligned} y^3 - (y^2 - x^2)^3 = 0 &\Leftrightarrow y^3 = (y^2 - x^2)^3 \\ &\Leftrightarrow y = y^2 - x^2 \\ &\Leftrightarrow y^2 - y = x^2 \\ &\Leftrightarrow y^2 - y + \frac{1}{4} = x^2 + \frac{1}{4} \\ &\Leftrightarrow \left(y - \frac{1}{2}\right)^2 = \frac{4x^2 + 1}{4} \\ &\Leftrightarrow y - \frac{1}{2} = \pm\frac{\sqrt{4x^2 + 1}}{2} \end{aligned}$$

$$\Leftrightarrow \quad y = \frac{1 \pm \sqrt{4x^2+1}}{2},$$

resulta que $y^3 - (y^2 - x^2)^3 \neq 0 \Leftrightarrow y \neq \dfrac{1 \pm \sqrt{4x^2+1}}{2}$. Logo, o domínio de f é o conjunto $A = \left\{(x,y) \in \mathbb{R}^2 : y \neq \dfrac{1 \pm \sqrt{4x^2+1}}{2}\right\}$. Na Figura 1.2 a seguir, apresentamos o esboço do domínio de f.

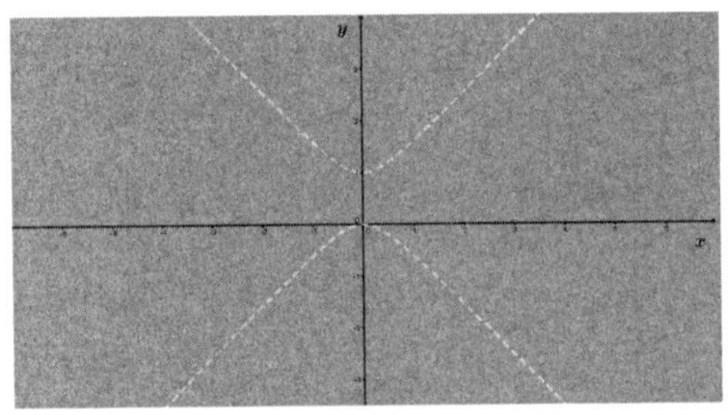

Figura 1.2: domínio de $f : A \subseteq \mathbb{R}^2 \to \mathbb{R}, f(x,y) = \dfrac{y(y^2-x^2)(y+y^2-x^2)}{y^3-(y^2-x^2)^3}$.

c) Como a raiz quadrada (em $\mathbb{R}$) está definida apenas para números reais não negativos, a divisão por zero não está definida e o argumento da função arccos deve pertencer ao intervalo $[-1,1]$, decorre que o domínio de f consiste em todos os pares ordenados $(x,y) \in \mathbb{R}^2$ que satisfazem o sistema:

$$\begin{cases} x^2 - y^2 > 0 \\ -1 \leq \dfrac{x}{\sqrt{x^2-y^2}} \leq 1 \end{cases}.$$

A primeira desigualdade acima é equivalente a $-|x| < y < |x|$. A segunda, multiplicada membro a membro por $\sqrt{x^2-y^2}$, conduz a $-\sqrt{x^2-y^2} \leq x \leq \sqrt{x^2-y^2} \Leftrightarrow |x| \leq \sqrt{x^2-y^2} \Leftrightarrow \sqrt{x^2} \leq \sqrt{x^2-y^2}$. Esta última é satisfeita desde que $y = 0$ (eixo x, menos a origem), o que satisfaz também a primeira. Assim, o domínio de f consiste no eixo x, menos a origem: $A = \{(x,0) \in \mathbb{R}^2 : x \neq 0\}$. Na Figura 1.3 a seguir, apresentamos o esboço do domínio de f.

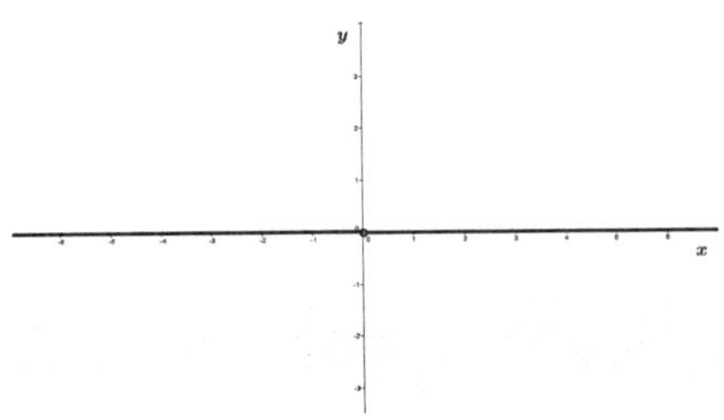

Figura 1.3: domínio de $f : A \subseteq \mathbb{R}^2 \to \mathbb{R}, f(x,y) = arcos\left(\dfrac{x}{\sqrt{x^2-y^2}}\right)$.

d) Como a função logarítmica natural está definida apenas para números reais positivos, decorre que o domínio de f consiste em todos os pares ordenados $(x,y) \in \mathbb{R}^2$ tais que $cos(x^2+y^2) > 0$, ou seja, $-\dfrac{\pi}{2} + 2n\pi < x^2 + y^2 < \dfrac{\pi}{2} + 2n\pi$, $n \in \mathbb{N}$ (uma vez que $x^2 + y^2 \geq 0$, para todos $x, y \in \mathbb{R}$, interessam-nos apenas valores de $n \geq 1$, de modo que $-\frac{\pi}{2} + 2n\pi > 0$). Para cada número natural $n \geq 1$ fixado, essas desigualdades correspondem, geometricamente, à interseção do interior do círculo de centro na origem e raio $\sqrt{\frac{\pi}{2} + 2n\pi}$ com o exterior do círculo de centro na origem e raio $\sqrt{-\frac{\pi}{2} + 2n\pi}$, de modo que o domínio de f consiste na união de todas essas regiões, quando $n \geq 1$ varia no conjunto dos números naturais. Na Figura 1.4 a seguir, apresentamos o esboço do domínio de f para alguns valores particulares de n ($n = 1, 2, 3, 4, 5$).

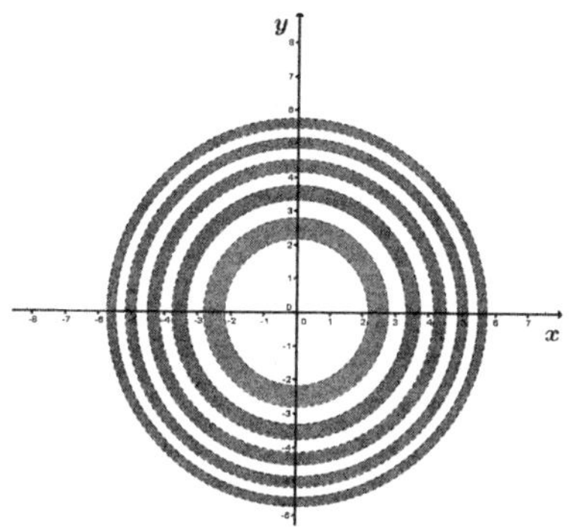

Figura 1.4: domínio de $f : A \subseteq \mathbb{R}^2 \to \mathbb{R}, f(x, y) = ln[cos(x^2 + y^2)]$.

e) Analisemos, separadamente, os casos $x > 0$, $x = 0$ e $x < 0$, como segue.

Caso 1: $x > 0$.

Neste caso, x^y está definida para todo $y \in \mathbb{R}$, de modo que o domínio correspondente é $\{(x, y) \in \mathbb{R}^2 : x > 0\}$.

Caso 2: $x = 0$.

Neste caso, x^y está definida para todo $y > 0$, de modo que o domínio correspondente é $\{(0, y) \in \mathbb{R}^2 : y > 0\}$.

Caso 3: $x < 0$.

Observemos, inicialmente, que $x < 0$ equivale a $x = -|x|$. Assim, $x^y = (-|x|)^y$, ou, ainda, $x^y = (-1)^y|x|^y$. Como, devido ao **Caso 1** acima, $|x|^y$ está definida para todo $y \in \mathbb{R}$, esta última igualdade nos mostra que x^y está definida se e somente se $(-1)^y$ o está, ou seja, se e somente se y é um número racional de denominador ímpar, de modo que o domínio correspondente é $\left\{(x, y) \in \mathbb{R}^2 : x < 0, y = \frac{p}{q}, p, q \in \mathbb{Z}, q \text{ ímpar}\right\}$.

Logo, o domínio de f é

$$A = \{(x, y) \in \mathbb{R}^2 : x > 0\} \cup \{(0, y) \in \mathbb{R}^2 : y > 0\} \cup \left\{(x, y) \in \mathbb{R}^2 : x < 0, y = \frac{p}{q}, p, q \in \mathbb{Z}, q \text{ ímpar}\right\}.$$

Observamos, assim, que, se y é um número racional (não inteiro) de denominador par ou se y é um número irracional, então x^y está definida apenas se $x > 0$.

Agora, considerando o domínio correspondente que obtivemos acima, a igualdade $x^y = (-1)^y|x|^y$ torna-se $x^{\frac{p}{q}} = (-1)^{\frac{p}{q}}|x|^{\frac{p}{q}}$, em que $p, q \in \mathbb{Z}, q$ ímpar. Analisando, pois, a paridade de p, obtemos, para todo $x < 0$, para todo $q \in \mathbb{Z}, q$ ímpar,

$$x^{\frac{p}{q}} = \begin{cases} |x|^{\frac{p}{q}}, & \text{se} \quad p \text{ é par} \\ -|x|^{\frac{p}{q}}, & \text{se} \quad p \text{ é ímpar} \end{cases}.$$

No caso deste último exemplo, é mais conveniente descrever o gráfico do domínio de f do que esboçá-lo propriamente, o qual consiste na união dos seguintes subconjuntos do plano:

i) 1º quadrante união 4º quadrante (exceto a origem) – Caso 1 acima;

ii) semieixo y positivo – Caso 2 acima;

iii) curvas do tipo $|x|^{\frac{p}{q}}$ (em que p é par e q é ímpar, contidas no 2º quadrante) união curvas do tipo $-|x|^{\frac{p}{q}}$ (em que tanto p quanto q são ímpares, contidas no 3º quadrante) – Caso 3 acima.

Observação: o leitor observará, em seus estudos posteriores, que é comum considerar $x^y = e^{yln x}$, para todo $x > 0$ e para todo y, pois é restrita a esse domínio que a função f sob análise é *diferenciável*, conceito este que é comumente abordado como continuidade natural daqueles de que tratamos neste livro.

1.2 Alguns tipos especiais de funções reais de duas variáveis reais

Nesta seção, apresentamos alguns tipos gerais especiais de funções reais de duas variáveis reais que desempenham papel importante tanto em Matemática quanto em outras áreas do conhecimento humano.

1. (**Função polinomial**) Uma função real de duas variáveis reais $f : \mathbb{R}^2 \to \mathbb{R}$ é denominada *função polinomial* se sua expressão algébrica é dada por

$$f(x, y) = \sum_{i=0}^{m} \sum_{j=0}^{n} a_{ij} x^i y^j.^{(5)},$$

em que $m, n \in \mathbb{N}$ e $a'_{ij}s \in \mathbb{R}$, para todos i, j tais que $0 \leq i \leq m,\ 0 \leq j \leq n$.

Toda função polinomial é completamente determinada pelos valores dos seus coeficientes $a'_{ij}s$.

1.1. (**Função afim**) Uma função polinomial real de duas variáveis reais $f : \mathbb{R}^2 \to \mathbb{R}$ é denominada *função afim* se sua expressão algébrica é dada por

$$f(x, y) = ax + by + c,$$

em que a, b, c são números reais arbitrários dados.

Em particular, toda *função constante* ($a = b = 0$) é uma função afim. Um tipo particular importante de função constante é a *função nula* ($a = b = c = 0$).

[5] Podemos também expressar uma função polinomial real de duas variáveis reais $f : \mathbb{R}^2 \to \mathbb{R}$ por $f(x, y) = \sum_{m+n \leq p} a_{mn} x^m y^n$, em que p é um número natural arbitrário fixado, os a_{mn}'s são números reais dados, e o somatório é estendido a todas as soluções (m, n), m e n números naturais, da inequação $m + n \leq p$.

1.2. (**Função linear**) Uma função polinomial real de duas variáveis reais $f : \mathbb{R}^2 \to \mathbb{R}$ é denominada *função linear* se sua expressão algébrica é dada por

$$f(x,y) = ax + by,$$

em que a, b são números reais arbitrários dados.

Em particular, toda função linear é uma função afim ($c = 0$).

Toda função linear $f : \mathbb{R}^2 \to \mathbb{R}$ é completamente determinada pelos seus valores nos vetores da base canônica de $\mathbb{R}^2$: para todo $(x,y) \in \mathbb{R}^2$, decorre que $(x,y) = x(1,0) + y(0,1)$, de modo que a linearidade de f nos permite escrever

$$f(x,y) = f(x(1,0) + y(0,1)) = f(1,0)x + f(0,1)y = ax + by,$$

em que $a = f(1,0)$ e $b = f(0,1)$.

2. (**Função racional**) Uma função real de duas variáveis reais $f : A \subseteq \mathbb{R}^2 \to \mathbb{R}$ é denominada *função racional* se sua expressão algébrica é dada por

$$f(x,y) = \frac{p(x,y)}{q(x,y)},$$

em que p e q são funções polinomiais reais de duas variáveis reais, $q(x,y) \neq 0$, para todo $(x,y) \in A$, de modo que o domínio de f é $A = \{(x,y) \in \mathbb{R}^2 : q(x,y) \neq 0\}$.

Em particular, toda função polinomial é racional (basta considerar o caso em que $q(x,y) = c, c \in \mathbb{R} - \{0\}$, para todo $(x,y) \in A$).

3. (**Função algébrica**[6]) Uma função real de duas variáveis reais $f : A \subseteq \mathbb{R}^2 \to \mathbb{R}$ é denominada *função algébrica* se $z = f(x,y)$ satisfaz uma equação do tipo

$$p_0(x,y)z^n + p_1(x,y)z^{n-1} + \cdots + p_{n-1}(x,y)z + p_n(x,y) = 0,$$

em que $p_0, p_1, \ldots, p_{n-1}, p_n$ são funções polinomiais em x e y, e $n \in \mathbb{N}$.

Em outras palavras, uma função é algébrica se ela satisfaz uma equação polinominal.

De modo geral, uma equação do tipo acima pode ou não definir z como função de x e y[(7)]. Mesmo nos casos afirmativos, não é possível, em geral, obter a expressão que define tal função. Entretanto, em qualquer de tais casos afirmativos, dizemos que a equação acima define z como *função implícita* de x e y (ou define *implicitamente* z como função de x e y). Assim, é muito comum representarmos a equação acima na forma $F(x,y,z) = 0$ (o símbolo $F(x,y,z)$ denota simplesmente uma função polinomial qualquer das variáveis x, y e z). No caso particular em que é possível obter a expressão que define tal função, ou seja, é possível resolver a equação acima para z como função de x e y, dizemos que a solução ($z = f(x,y)$) define z como *função explícita* de x e y (ou define *explicitamente* z como função de x e y).

---

[6] Alguns autores, ao definirem **função algébrica**, exigem que os coeficientes das funções polinomiais sejam números racionais (ou inteiros).

[7] Ao leitor interessado, informamos que o resultado que garante a existência de tal solução é o Teorema da Função Implícita, o qual ele terá a oportunidade de estudar em um Curso de Análise em $\mathbb{R}^n$.

A seguir, apresentamos os possíveis tipos de funções algébricas.

No caso em que $n = 1$, a equação

$$p_0(x,y)z^n + p_1(x,y)z^{n-1} + \cdots + p_{n-1}(x,y)z + p_n(x,y) = 0$$

reduz-se a

$$p_0(x,y)z + p_1(x,y) = 0,$$

a qual define uma *função* (algébrica) *racional fracionária*, a saber, $z(x,y) = -\dfrac{p_1(x,y)}{p_0(x,y)}$, se p_0 não é a função polinomial nula. Essa função racional é polinomial (*racional inteira*), se p_0 é uma constante não nula (função polinomial constante não nula).

Ao resolver a equação $F(x,y,z) = 0$, com o objetivo de obter z como função de x e y, devemos, às vezes, extrair raízes de funções racionais, as quais conduzem às *funções algébricas irracionais.*

Em Geometria Analítica Espacial, curvas são frequentemente representadas não por equações em função apenas de x e y (ou de x e z ou de y e z), $z = f(x,y)$ (ou $y = g(x,z)$ ou $x = h(y,z)$), mas por equações em função de x, y e z simultaneamente, na forma $\overline{F}(x,y,z) = k$, em que k é uma constante real dada, tais como, por exemplo, as seguintes:

i) esfera: $(x-a)^2 + (y-b)^2 + (z-c)^2 = r^2$;

ii) elipsoide: $\dfrac{(x-a)^2}{p^2} + \dfrac{(y-b)^2}{q^2} + \dfrac{(z-c)^2}{r^2} = 1$ $(p \neq 0, q \neq 0, r \neq 0)$;

iii) hiperboloide (de uma folha): $\dfrac{(x-a)^2}{p^2} + \dfrac{(y-b)^2}{q^2} - \dfrac{(z-c)^2}{r^2} = 1$ $(p \neq 0, q \neq 0, r \neq 0)$;

Ao resolver essas equações, obtemos as seguintes funções explícitas z de x e y:

i')

$$z = -\sqrt{r^2 - (x-a)^2 - (y-b)^2} + c$$

ou

$$z = \sqrt{r^2 - (x-a)^2 - (y-b)^2} + c,$$

para todo (x,y) tal que $(x-a)^2 + (y-b)^2 < r^2$.

ii')

$$z = -\left|\frac{r}{pq}\right| \sqrt{p^2q^2 - q^2(x-a)^2 - p^2(y-b)^2} + c$$

ou

$$z = \left|\frac{r}{pq}\right| \sqrt{p^2q^2 - q^2(x-a)^2 - p^2(y-b)^2} + c,$$

para todo (x,y) tal que $\dfrac{(x-a)^2}{p^2} + \dfrac{(y-b)^2}{q^2} < 1$.

iii')

$$z = -\left|\frac{r}{pq}\right| \sqrt{q^2(x-a)^2 + p^2(y-b)^2 - p^2q^2} + c$$

ou

$$z = \left|\frac{r}{pq}\right| \sqrt{q^2(x-a)^2 + p^2(y-b)^2 - p^2q^2} + c,$$

para todo (x, y) tal que $\dfrac{(x-a)^2}{p^2} + \dfrac{(y-b)^2}{q^2} > 1$.

Em resumo, temos a seguinte classificação das funções algébricas:

$$\text{Funções Algébricas} \left\{ \begin{array}{l} \text{Explícitas} \left\{ \begin{array}{l} \text{Racionais} \left\{ \begin{array}{l} \text{Inteiras} \\ \text{Fracionárias} \end{array} \right. \\ \text{Irracionais} \end{array} \right. \\ \\ \text{Implícitas} \end{array} \right.$$

4. (**Função transcendente**) Uma função real de duas variáveis reais $f : A \subseteq \mathbb{R}^2 \to \mathbb{R}$ é denominada *função transcendente* se não é algébrica.

São funções transcendentes as funções *trigonométricas*, *exponenciais*, *logarítimicas* (bem como, mais geralmente, qualquer combinação entre elas).

5. (**Função homogênea**) Uma função real de duas variáveis reais $f : A \subseteq \mathbb{R}^2 \to \mathbb{R}$ é denominada *função homogênea de grau n* ($n \in \mathbb{R}$) se satisfaz a seguinte condição

$$f(tx, ty) = t^n f(x, y),$$

para todo $t \in \mathbb{R}$ e para todo $(x, y) \in A$, tais que $(tx, ty) \in A$.

No caso particular em que $t > 0$, dizemos que f, assim definida, é uma *função real positivamente homogênea de grau n* ($n \in \mathbb{R}$).

1.3 Gráfico

Ao tratar do conceito de gráfico de uma função real de duas variáveis reais, temos como principal objetivo a sua posterior aplicação ao estudo do limite desse tipo de função, a qual apresentaremos no próximo capítulo.

A definição de gráfico de uma função real de duas variáveis reais é análoga à de função real de uma (única) variável real.

Definição 1.3.1. *O gráfico de uma função real de duas variáveis reais $f : A \subseteq \mathbb{R}^2 \to \mathbb{R}$ é o subconjunto $G(f)$ de $\mathbb{R}^3$ que consiste nos ternos ordenados (x, y, z) tais que $z = f(x, y)$, para todo $(x, y) \in A$.*

Em linguagem simbólica:

$$G(f) = \{(x, y, z) \in \mathbb{R}^3 : z = f(x, y), \text{ para todo } (x, y) \in A\}.$$

Ao introduzir um sistema ortogonal de coordenadas cartesianas no espaço tridimensional, podemos considerar o gráfico de f como o lugar geométrico descrito pelo ponto $(x, y, f(x, y))$, quando (x, y) varia no domínio A de f.

O gráfico de uma função real de duas variáveis reais $f : A \subseteq \mathbb{R}^2 \to \mathbb{R}$ é, em geral, uma superfície[8] que é designada pelo conjunto de todos os pontos no espaço tridimensional cujas

[8] A equação $z = f(x, y)$ define uma superfície $\mathbb{S}$ (subconjunto de $\mathbb{R}^3$) dada pela equação $z = f(x, y)$, ou seja, $\mathbb{S} = \{(x, y, z) \in \mathbb{R}^3 : z = f(x, y)\}$, **desde que A seja uma porção do (ou todo o) plano $\mathbb{R}^2$.** Caso A se reduza a um conjunto finito de pontos, o gráfico de f se reduzirá, também, a apenas um conjunto finito de pontos – as imagens dos pontos de A por f.

coordenadas cartesianas são dadas pelos ternos ordenados de números reais (x, y, z), em que $z = f(x, y)$. Uma vez que, pela definição de função, a cada par ordenado de números reais (x, y) no domínio de f (um conjunto de pontos no plano xy) corresponde um único valor de z, nenhuma reta perpendicular ao plano xy pode intersectar o gráfico de f em mais de um ponto.

No exemplo a seguir, associamos algumas funções reais de duas variáveis reais aos seus respectivos gráficos, produtos com o auxílio do *Mathematica*™.

Exemplo. Associe cada uma das funções reais de duas variáveis reais definidas a seguir ao seu respectivo gráfico.

a) $f(x, y) = |x| + |y|$.
b) $f(x, y) = |x + y|$.
c) $f(x, y) = |xy|$.
d) $f(x, y) = (x - y)^2$.
e) $f(x, y) = (x^2 - y^2)^2$.
f) $f(x, y) = \dfrac{y - x}{1 + x^2 + y^2}$.
g) $f(x, y) = e^y cos x$.
h) $f(x, y) = sen x + sen y$.
i) $f(x, y) = sen(x + y)$.
j) $f(x, y) = max\{|x|, |y|\}$.

Nota.

$$max\{a, b\} \overset{\text{def.}}{=} \begin{cases} a, & \text{se} \quad a \geq b \\ b, & \text{se} \quad b \geq a \end{cases}.$$

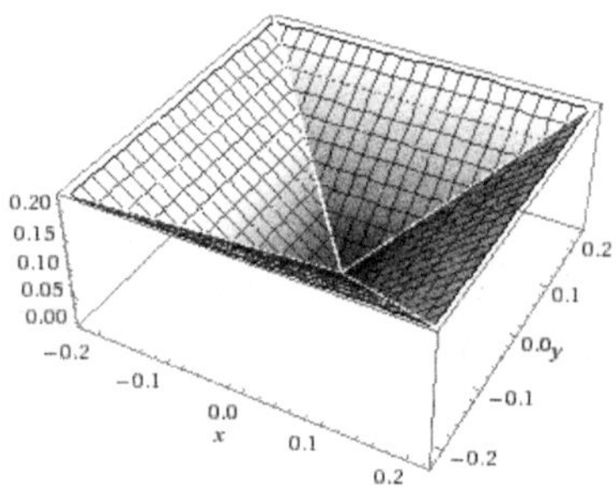

Figura 1.5: (I)

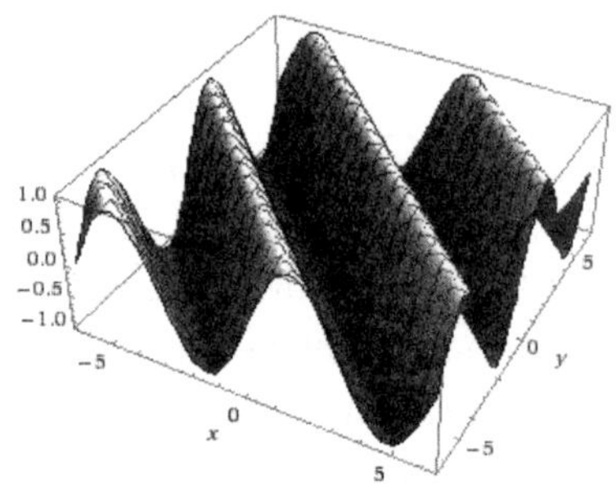

Figura 1.6: (II)

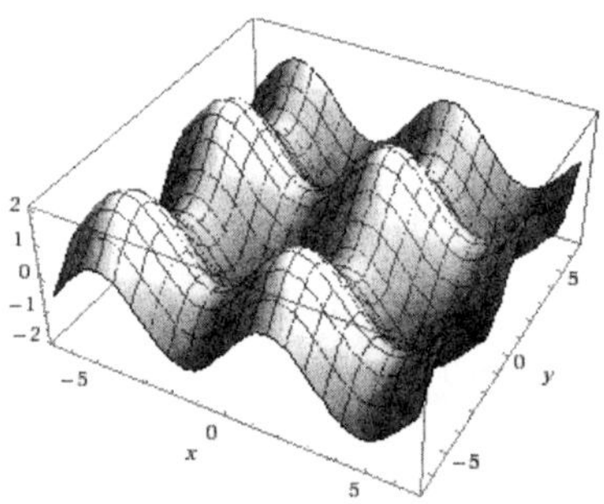

Figura 1.7: (III)

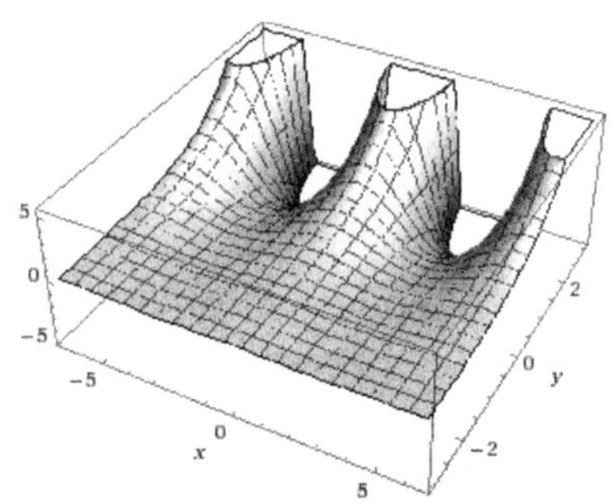

Figura 1.8: (IV)

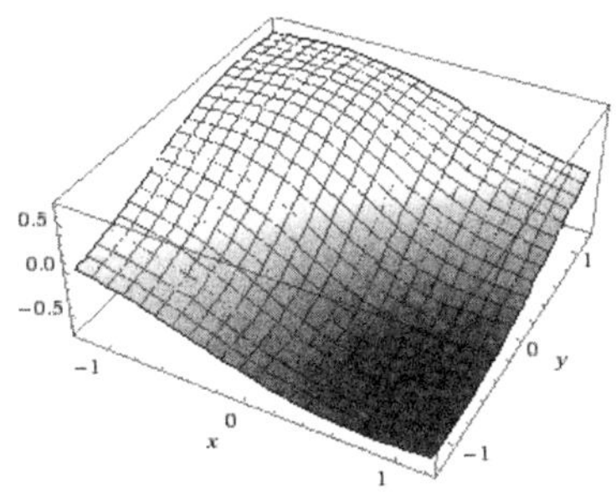

Figura 1.9: (V)

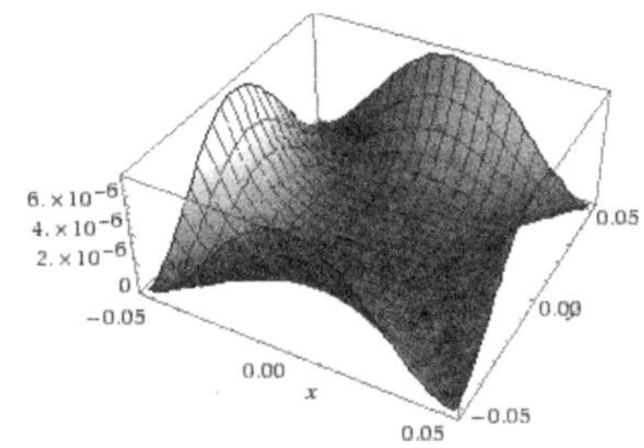

Figura 1.10: (VI)

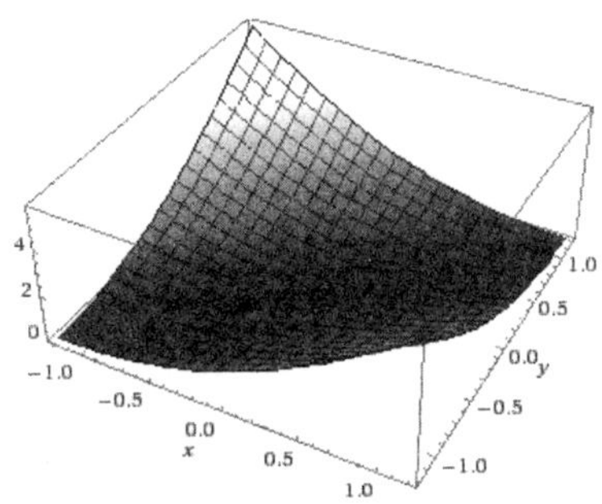

Figura 1.11: (VII)

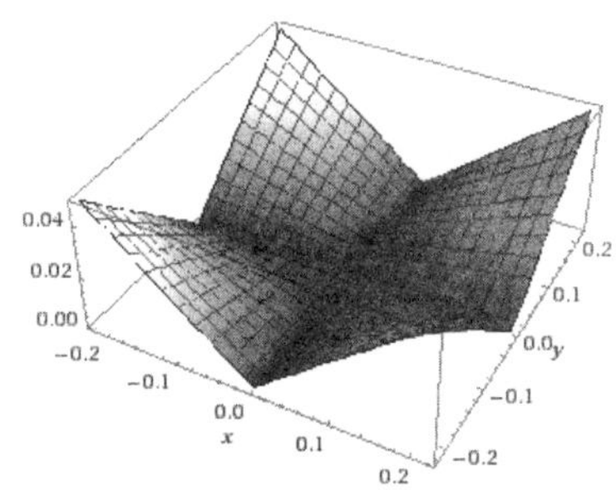

Figura 1.12: (VIII)

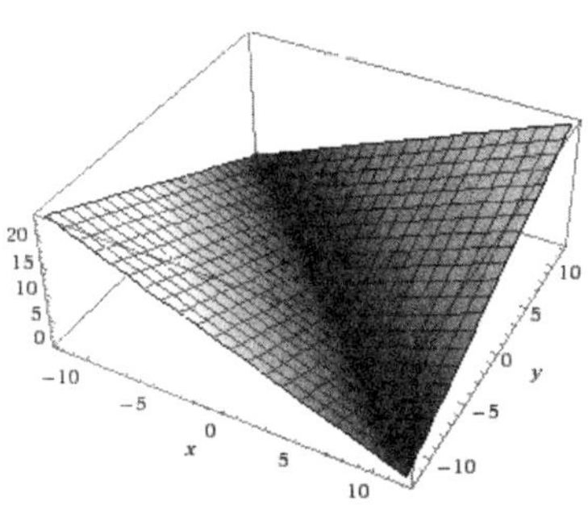

Figura 1.13: (IX)

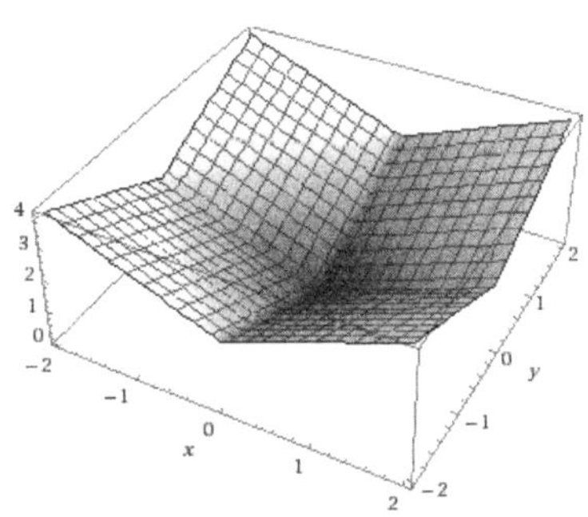

Figura 1.14: (X)

Resolução:

Uma simples análise das funções dadas em a) - e) permite-nos observar que todos os seus gráficos têm diferentes traços nos planos $x = 0$ (plano yz) e $y = 0$ (plano xz), enquanto que as funções dadas em f)-j) requerem uma análise diferenciada (mais aprofundada), conforme descrevemos a seguir.

a) $f(x, y) = |x| + |y|$.

O traço em $x = 0$ é $z = |y|$; o traço em $y = 0$ é $z = |x|$. Além disso, $z \geq 0$, ocorrendo $z = 0$ se e somente se $x = 0$ e $y = 0$ (ou seja, o gráfico de f intersecta o plano xy apenas na origem). Logo, a)-(X).

b) $f(x, y) = |x + y|$.

O traço em $x = 0$ é $z = |y|$; o traço em $y = 0$ é $z = |x|$. Além disso, $z \geq 0$, ocorrendo $z = 0$ se e somente se $y = -x$ (ou seja, o gráfico de f intersecta o plano xy ao longo de toda a reta $y = -x$). Logo, b)-(IX).

c) $f(x, y) = |xy|$.

O traço em $x = 0$ é $z = 0$; o traço em $y = 0$ é também $z = 0$. Além disso, $z \geq 0$, ocorrendo $z = 0$ se e somente se $x = 0$ ou $y = 0$ (ou seja, o gráfico de f intersecta o plano xy ao longo de ambos os eixos coordenados). Logo, c)-(VIII).

d) $f(x, y) = (x - y)^2$.

O traço em $x = 0$ é $z = y^2$; o traço em $y = 0$ é $z = x^2$. Além disso, $z \geq 0$, ocorrendo $z = 0$ se e somente se $y = x$ (ou seja, o gráfico de f intersecta o plano xy ao longo de toda a reta $y = x$). Logo, d)-(VII).

e) $f(x, y) = (x^2 - y^2)^2$.

O traço em $x = 0$ é $z = y^4$; o traço em $y = 0$ é $z = x^4$. Além disso, $z \geq 0$, ocorrendo $z = 0$ se e somente se $y = -x$ ou $y = x$ (ou seja, o gráfico de f intersecta o plano xy ao longo das retas $y = -x$ e $y = x$). Logo, e)-(VI).

f) $f(x, y) = \dfrac{y - x}{1 + x^2 + y^2}$.

Como o denominador é sempre positivo, decorre que $z < 0$, $z = 0$, $z > 0$, conforme $y < x$, $y = x$, $y > x$. Logo, f)-(V).

g) $f(x, y) = e^y cosx$.

z é periódica em x, mas não em y, de modo que os traços em $y = c$ (c constante) são as curvas $z = e^c cosx$ (do tipo cosseno tais que a amplitude varia conforme c varia). Logo, g)-(IV).

h) $f(x, y) = senx + seny$.

z é periódica tanto em x quanto em y. Os traços em $y = c$ (c constante) são as curvas $z = c + senx$ (translações verticais da função seno). Logo, h)-(III).

i) $f(x, y) = sen(x + y)$.

z é periódica tanto em x quanto em y, bem como é constante ao longo de todas as retas $y = -x + c$ (c constante) (em particular, $z = 0$ ao longo de todas as retas $y = -x + n\pi$, $n \in \mathbb{Z}$). Logo, i)-(II).

j) $f(x, y) = max\{|x|, |y|\}$.

$z = |x|$ se e somente se $|x| \geq |y|$, ou seja, se e somente se, $x \leq y \leq -x$ $(x \leq 0)$ ou $-x \leq y \leq x$ $(x \geq 0)$. Analogamente, $z = |y|$ se e somente se $|y| \geq |x|$, ou seja, se e somente se, $y \leq x \leq -y$ $(y \leq 0)$ ou $-y \leq x \leq y$ $(y \geq 0)$ (em verdade, é suficiente observar que z é simétrica em x e y). Assim, $z = c$ (c constante não negativa) se e somente se $-c \leq y \leq c$ ou $-c \leq x \leq c$ (em particular, $z = 0$ se e somente se $x = y = 0$). Logo, j)-(I).

1.4 Conjuntos de nível

Dada uma função real de duas variáveis reais, consideremos os seguintes problemas:

i) como obter uma noção do gráfico de tal função?

ii) como obter todos os possíveis valores das suas variáveis independentes cujas imagens por tal função sejam um valor fixo?

iii) como obter o menor (respectivamente, maior) valor que tal função pode atingir?

Todos esses problemas têm em comum um dos conceitos mais importantes da teoria das funções reais de duas variáveis reais, com o qual nos ocuparemos em toda esta seção: o conceito de *conjunto de nível*. Trata-se do que podemos interpretar simplesmente como a equação $f(x, y) = k$, $k \in \mathbb{R}$. Sob tal ponto de vista, o primeiro problema acima equivale a interpretar essa equação como as seções planas horizontais, de "altura" k, do gráfico de f; o segundo equivale a obter todos os pares ordenados (x, y) pertencentes ao domínio de f que satisfazem essa equação, para algum k fixado; finalmente, o terceiro equivale a obter o menor (respectivamente, maior) valor de k dentre aqueles fixados mencionados no problema anterior.

A definição formal de conjunto de nível de uma função real de duas variáveis reais é a seguinte.

Definição 1.4.1. *Dada uma função real de duas variáveis reais $f : A \subseteq \mathbb{R}^2 \to \mathbb{R}$, o conjunto de nível de f é o subconjunto do domínio de f no qual f tem um valor fixo.*

Referimo-nos ao *conjunto de nível* de f correspondente ao *nível* $f(x, y) = k$, de modo que f é constante sobre cada conjunto de nível.

De acordo com essa definição, o conjunto de nível de f é determinado pelas soluções da equação $f(x, y) = k$, em que k é uma constante real arbitrária fixada, ou, de outro modo, o conjunto de nível $f(x, y) = k$ é a imagem inversa $f^{-1}(k)$, a qual, por definição, é dada por $f^{-1}(k) = \{(x, y) \in A : f(x, y) = k\}$.

Em geral, o conjunto de nível de uma função real de duas variáveis reais f pode conter (ou coincidir com algum conjunto conveniente de) ponto(s) isolado(s), curvas (denominadas *curvas de nível* de f), ou mesmo outras porções do plano[9].

A definição a seguir fornece-nos a terminologia característica do conjunto das curvas de nível de uma função real de duas variáveis reais.

Definição 1.4.2. *O conjunto das curvas de nível de uma função real de duas variáveis reais é denominado mapa (esboço ou diagrama) de contornos dessa função.*

Um mapa de contornos de uma função é, por vezes, uma ferramenta bastante útil para estudar o comportamento qualitativo de tal função[10].

[9] É precisamente sob esse aspecto que a terminologia "conjunto de nível" é mais apropriada que a terminologia clássica "curva de nível", único motivo pelo qual preferimos aquela a esta. Porém, a terminologia "curva de nível" já está amplamente instituída em todas as áreas do conhecimento humano que dela se utilizam. A justificativa para o emprego de tal terminologia se deve a $f^{-1}(k)$ ser mesmo uma curva, **sempre que o gradiente de f é não nulo ($\nabla f(x, y) \neq 0$), para todo $(x, y) \in A$ tal que $f(x, y) = k$.** (*Vide* Capítulo III, Seção 5, p. 141, da referência [11].)

[10] Tal estudo é frequentemente realizado, por exemplo, na área de Equações Diferenciais Ordinárias, ao considerar os denominados *retratos de fase*.

Dada uma função real de duas variáveis reais $f : A \subseteq \mathbb{R}^2 \to \mathbb{R}$, consideremos o mapa de contornos de f, o qual consiste nas curvas de nível $C_i, i = 1, 2, 3, \ldots, f(x, y) = k_i$ (valor de f em C_i), em que $k_{i+1} - k_i = \Delta k$ é fixado, de modo que os valores de f ao longo de quaisquer curvas vizinhas C_i e C_{i+1} diferem por Δk.

Afirmação: na região em que as curvas de nível estão mais próximas umas das outras (respectivamente, mais afastadas umas das outras), o comportamento da função muda rapidamente (respectivamente, lentamente).

Demonstração: para demonstrar essa afirmação, consideremos um ponto P de C_i. Denotando por Δs a distância de P a C_{i+1} ao longo da reta normal a C_i em P, decorre que a taxa de variação de f em P naquela direção é, por definição, dada por $\dfrac{\Delta k}{\Delta s}$. Logo, quanto mais próximas (respectivamente, mais afastadas) as curvas C_i's estão umas das outras, mais rapidamente (respectivamente, mais lentamente) a função muda.

Interpretando a taxa de variação de f (em P) que mencionamos acima como inclinação do plano tangente ao gráfico de f (em P), podemos reformular a afirmação precedente do seguinte modo: a superfície será mais inclinada (respectivamente, mais ou menos plana) onde as curvas de nível estiverem mais próximas (respectivamente, mais afastadas) umas das outras.

Aplicação. Uma aplicação típica desse fato é a obtenção de uma noção geral de declividade em um mapa topográfico bidimensional de uma paisagem, para a qual se considera a distância entre as suas curvas de nível.

Para alguns propósitos, tais como a obtenção de informações numéricas, o mapa de contornos é mais útil do que o gráfico[11].

No exemplo a seguir, obtemos, descrevemos e esboçamos alguns desses possíveis tipos de conjuntos de nível de uma função real de duas variáveis reais.

Exemplo. Obtenha, descreva e esboce as curvas de nível (mapas de contornos) das funções reais de duas variáveis reais $f : \mathbb{R}^2 \to \mathbb{R}$ cujas expressões são dadas a seguir:

a) $f(x, y) = -3x + 5y - 1$.

b) $f(x, y) = x^2 + y^2$.

c) $f(x, y) = 3x^2 + 5y^2$.

d) $f(x, y) = x^2 - 3y^2$.

e) $f(x, y) = e^{-xy}$.

Resolução:

a) O conjunto de nível k de f é determinado pelas soluções da equação $f(x, y) = k$, ou seja, $-3x + 5y - 1 = k$, o que equivale a $y = \dfrac{3}{5}x + \dfrac{k+1}{5}$, equação esta que, para cada k fixado, representa uma reta de inclinação $\dfrac{3}{5}$ e intersecto-y $\dfrac{k+1}{5}$. Logo, para todo $k \in \mathbb{R}$, o conjunto de nível k de f consiste em **um feixe de retas de inclinação** $\boldsymbol{\dfrac{3}{5}}$ **e intersecto-y** $\boldsymbol{\dfrac{k+1}{5}}$.

Na Figura 1.15 a seguir, apresentamos o mapa de contornos de f.

b) Os conjuntos de nível k de f são determinados pelas soluções da equação $f(x, y) = k$, ou seja, $x^2 + y^2 = k$.

[11] Para mais detalhes sobre tais aplicações (bem como outras) de curvas de nível, sugerimos ao leitor que consulte o Capítulo 9, Seção 9.2 (pp. 320-325) da referência [8].

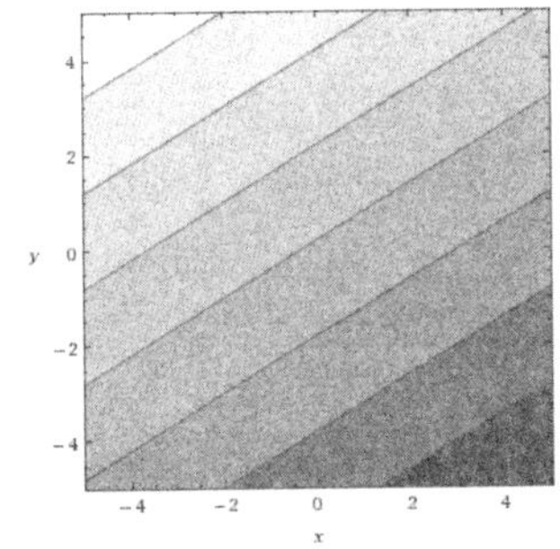

Figura 1.15: mapa de contorno de $f : \mathbb{R}^2 \to \mathbb{R}, f(x, y) = -3x + 5y - 1$.

Para descrever os conjuntos de nível k de f, devemos analisar, separadamente, os seguintes casos:

Caso 1: $k < 0$.

Neste caso, a equação $x^2 + y^2 = k$ não tem solução, ou seja, o conjunto de nível negativo de f é **vazio**.

Caso 2: $k = 0$.

Neste caso, a equação $x^2 + y^2 = k$ tem apenas a solução $(0, 0)$, ou seja, o conjunto de nível nulo de f é $\mathbf{\{(0,0)\}}$.

Caso 3: $k > 0$.

Neste caso, para cada k fixado, a equação $x^2 + y^2 = k$ representa um círculo de centro em $(0, 0)$ e raio $\sqrt{k}$. Assim, para todo $k > 0$, o conjunto de nível k de f consiste em **uma família de círculos concêntricos de centro em $(0, 0)$ e raios $\sqrt{k}$**.

Na Figura 1.16 a seguir, apresentamos o mapa de contornos de f.

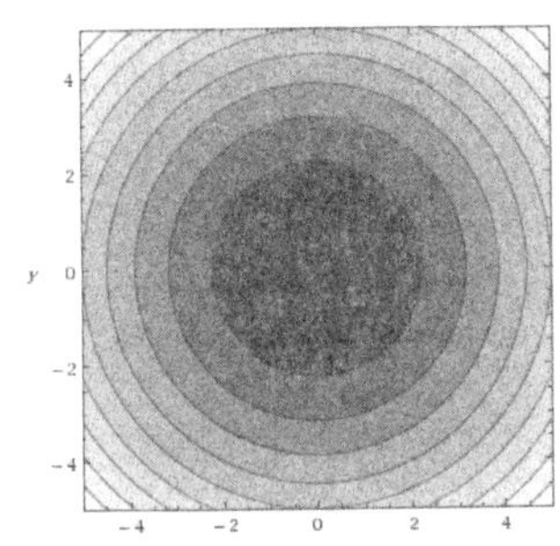

Figura 1.16: mapa de contornos de $f : \mathbb{R}^2 \to \mathbb{R}, f(x, y) = x^2 + y^2$.

c) Os conjuntos de nível k de f são determinados pelas soluções da equação $f(x, y) = k$, ou seja, $3x^2 + 5y^2 = k$.

Para descrever os conjuntos de nível k de f, devemos analisar, separadamente, os seguintes casos:

Caso 1: $k < 0$.

Neste caso, a equação $3x^2 + 5y^2 = k$ não tem solução, ou seja, o conjunto de nível negativo de f é **vazio**.

Caso 2: $k = 0$.

Neste caso, a equação $3x^2 + 5y^2 = k$ tem apenas a solução $(0,0)$, ou seja, o conjunto de nível nulo de f é $\{(0,0)\}$.

Caso 3: $k > 0$.

Neste caso, a equação $3x^2 + 5y^2 = k$ equivale a $\dfrac{x^2}{\left(\sqrt{\frac{k}{3}}\right)^2} + \dfrac{y^2}{\left(\sqrt{\frac{k}{5}}\right)^2} = 1$, equação esta que, para cada k fixado, representa uma elipse de semieixos $\sqrt{\frac{k}{3}}$ e $\sqrt{\frac{k}{5}}$. Logo, para todo $k > 0$, o conjunto de nível k de f consiste em **uma família de elipses de semieixos $\sqrt{\frac{k}{3}}$ e $\sqrt{\frac{k}{5}}$**.

Na Figura 1.17 a seguir, apresentamos o mapa de contornos de f.

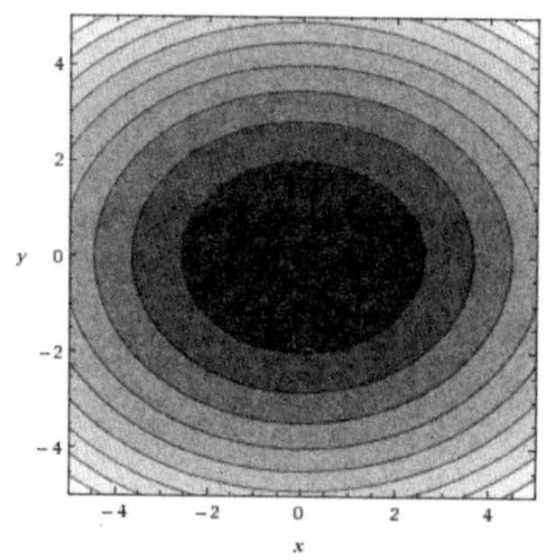

Figura 1.17: mapa de contornos de $f : \mathbb{R}^2 \to \mathbb{R}, f(x,y) = 3x^2 + 5y^2$.

d) Os conjuntos de nível k de f são determinados pelas soluções da equação $f(x,y) = k$, ou seja, $x^2 - 3y^2 = k$.

Para descrever os conjuntos de nível k de f, devemos analisar, separadamente, os seguintes casos:

Caso 1: $k = 0$.

Neste caso, a equação $x^2 - 3y^2 = 0$ equivale a $y = \pm\dfrac{\sqrt{3}}{3}x$, ou seja, o conjunto de nível nulo de f consiste em **um feixe de retas de equações $y = \dfrac{\sqrt{3}}{3}x$ e $y = -\dfrac{\sqrt{3}}{3}x$, ou seja, retas de inclinações $\pm\dfrac{\sqrt{3}}{3}$, respectivamente, que passam pela origem**.

Caso 2: $k \neq 0$.

Neste caso, a equação $x^2 - 3y^2 = k$ equivale a $\dfrac{x^2}{(\sqrt{|k|})^2} - \dfrac{y^2}{\left(\sqrt{\frac{|k|}{3}}\right)^2} = 1$, equação esta que, para cada k fixado, representa uma hipérbole de semieixos $\sqrt{|k|}$ e $\sqrt{\frac{|k|}{3}}$. Logo, para todo $k \neq 0$, o conjunto de nível k de f consiste em **uma família de hipérboles de semieixos $\sqrt{|k|}$ e $\sqrt{\frac{|k|}{3}}$**.

Na Figura 1.18 a seguir, apresentamos o mapa de contornos de f.

e) Os conjuntos de nível k de f são determinados pelas soluções da equação $f(x,y) = k$.

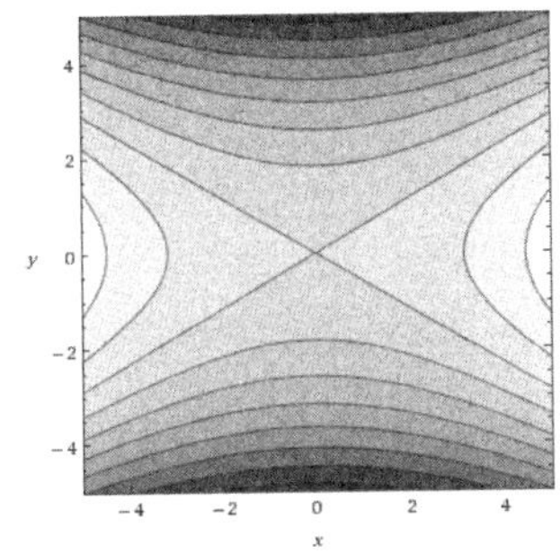

Figura 1.18: mapa de contornos de $f : \mathbb{R}^2 \to \mathbb{R}, f(x, y) = x^2 - 3y^2$.

Para descrever os conjuntos de nível k de f, observemos, inicialmente, que, se $k \leq 0$, então a equação $e^{-xy} = k$ não tem solução (a função exponencial é, por definição, positiva), de modo que o conjunto de nível k ($k \leq 0$) de f é **vazio**. Assim, podemos nos ater ao caso em que $k > 0$, o que nos permite aplicar ln a ambos os membros da equação $e^{-xy} = k$, como segue:

$$e^{-xy} = k \Leftrightarrow ln(e^{-xy}) = lnk \Leftrightarrow -xy = lnk \ (*).$$

Com base em (*), devemos analisar, separadamente, os seguintes casos:

Caso 1: $0 < k < 1$.

Neste caso, $lnk < 0$, de modo que, de acordo com (*), x e y devem ter sinais iguais. Assim, podemos expressar (*) na forma $y = -\frac{lnk}{x}$, equação esta que, para todo $0 < k < 1$, representa **hipérboles contidas nos quadrantes ímpares**.

Caso 2: $k = 1$.

Neste caso, $lnk = 0$. Assim, (*) reduz-se à equação $-xy = 0$, a qual corresponde aos **eixos coordenados**.

Caso 3: $k > 1$.

Neste caso, $lnk > 0$, de modo que, de acordo com (*), x e y devem ter sinais contrários. Assim, podemos expressar (*) na forma $y = -\frac{lnk}{x}$, equação esta que, para todo $k > 1$, representa **hipérboles contidas nos quadrantes pares**.

Finalmente, para esboçar convenientemente algumas das curvas de nível de f, observamos que, como a função exponencial é sobrejetiva, podemos considerar, sem perda de generalidade, valores de k tais que $k = e^a$ ($a \in \mathbb{R}$), de modo que $y = -\frac{lnk}{x} \Leftrightarrow y = -\frac{a}{x}$, o que está de acordo com as descrições acima.

Na Figura 1.19 a seguir, apresentamos o mapa de contornos de f.

1.4.1 Conjuntos de nível em diversas áreas do conhecimento

Nas aplicações práticas às diversas áreas do conhecimento humano, a denominação curva de nível varia de acordo com o que a função f representa, por exemplo:

a) f representa *altitude* em relação ao nível do mar: as curvas de nível são denominadas *isoípsas* (pontos de mesma altitude).

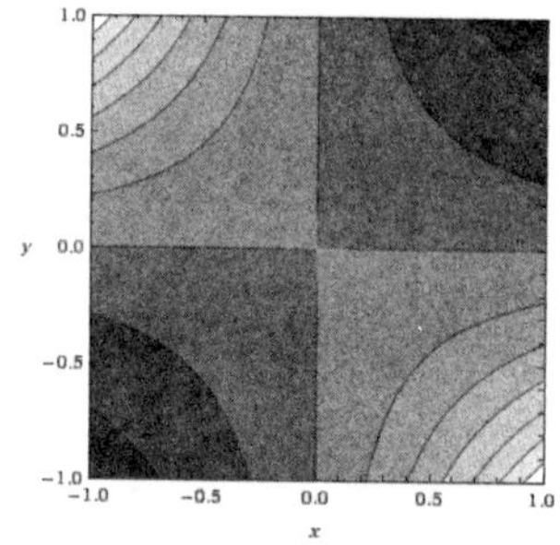

Figura 1.19: mapa de contornos de $f : \mathbb{R}^2 \to \mathbb{R}, f(x, y) = e^{-xy}$.

b) f representa *salinidade* no oceano: as curvas de nível são denominadas *isoalinas* (pontos de mesma salinidade).

c) f representa *profundidade* no relevo submarino: as curvas de nível são denominadas *isóbatas* (pontos de mesma profundidade).

d) f representa *pressão*: as curvas de nível são denominadas *isóbaras* (pontos de mesma pressão).

e) f representa *temperatura*: as curvas de nível são denominadas *isotermas* (pontos de mesma temperatura).

f) f representa *energia potencial* (*potencial elétrico*): as curvas de nível são denominadas *equipotenciais* (pontos de mesmo potencial).

g) f representa *custo*: as curvas de nível são denominadas *isocustos* (pontos de mesmo custo).

h) f representa *demanda*: as curvas de nível são denominadas *isodemandas* (pontos de mesma demanda).

i) f representa *lucro*: as curvas de nível são denominadas *isolucros* (pontos de mesmo lucro).

j) f representa *produção*: as curvas de nível são denominadas *curvas de isoproduto* ou *isoquantas* (pontos de mesma produção).

k) f representa *receita*: as curvas de nível são denominadas *isorreceitas* (pontos de mesma receita).

l) f representa *utilidade*[12] de um consumidor: as curvas de nível são denominadas *curvas de indiferença* (pontos de mesma utilidade).

O primeiro dos exemplos acima é tão típico que, em verdade, representa apenas um caso particular do que é conhecido mais geralmente como *mapa topográfico* (ou *carta topográfica*) (de regiões montanhosas), de modo que, nesse caso (na área de Topografia), a própria terminologia genérica *curvas de nível* é muitas vezes usada como sinônimo de *isoípsas*.

Ao considerar uma função que mede a altura de uma região (relativa a um plano horizontal fixo), um engenheiro civil utiliza um teodolito[13] para obter as curvas de nível de tal função, as quais constituem a carta topográfica da região sob estudo, que é por ele utilizada no projeto de estradas.

[12] Em Economia, denomina-se *utilidade* de um consumidor o grau de satisfação que ele adquire ao consumir um ou mais bens (ou usufruir de um ou mais serviços).

[13] O teodolito é um instrumento de precisão óptico que mensura ângulos verticais e horizontais, aplicado em diversas áreas, tais como na Navegação, na Construção Civil, na Agricultura e na Meteorologia.

1.4.2 Aplicações de conjuntos de nível

Nesta subseção, apresentaremos as seguintes aplicações de conjuntos de nível:

i) aplicação (clássica) de conjuntos de nível à representação geométrica de uma função real de duas variáveis reais;

ii) aplicação de conjuntos de nível à obtenção das imagens de algumas funções reais de duas variáveis reais;

iii) aplicação de conjuntos de nível à obtenção de máximos e mínimos de algumas funções reais de duas variáveis reais condicionadas a determinados subconjuntos dos seus domínios.

i) **Aplicação (clássica) de conjuntos de nível à representação geométrica de uma função real de duas variáveis reais**

O gráfico de uma função real de duas variáveis reais $f : A \subseteq \mathbb{R}^2 \to \mathbb{R}$ é um subconjunto de $\mathbb{R}^3$, de modo que sua representação geométrica (à mão) é, em geral, não apenas trabalhoso, mas, principalmente, difícil (por vezes, impossível mesmo!). Por esse motivo, quando pretendemos obter a representação geométrica de tal função f, usamos as curvas de nível de f: como um subconjunto conveniente do domínio A (portanto, subconjunto de $\mathbb{R}^2$) de f, a sua representação geométrica é mais fácil de ser obtida do que propriamente o gráfico de f.

Dado o gráfico de uma função real de duas varávies reais f, as curvas de nível $f(x, y) = k$ (obtidas conforme k varia na imagem de f) são as projeções, sobre o plano xy (plano $z = 0$), dos traços do gráfico de f (superfície $z = f(x, y)$) no plano horizontal $z = k$, as quais nos mostram onde o gráfico de f tem "altura" k. Equivalentemente, ao visualizar as curvas de nível de f, elevadas às alturas indicadas, podemos ter uma noção do gráfico de f reunindo todas essas informações. Em outras palavras, podemos obter o gráfico de f por meio do seguinte procedimento: movemos cada ponto do seu domínio paralelamente ao eixo z por uma quantidade igual ao correspondente valor da função $z = f(x, y)$.

No exemplo a seguir, apresentaremos os gráficos das funções do exemplo da Seção 1.4, obtidos por meio do procedimento que ora descrevemos.

Exemplo.

a) Gráfico de $f : \mathbb{R}^2 \to \mathbb{R}$, definida por $f(x, y) = -3x + 5y - 1$.

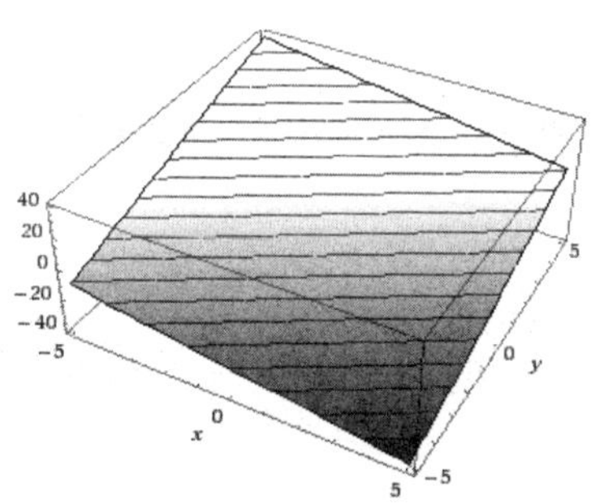

Figura 1.20: gráfico de $f : \mathbb{R}^2 \to \mathbb{R}, f(x, y) = -3x + 5y - 1$.

b) Gráfico de $f : \mathbb{R}^2 \to \mathbb{R}$, definida por $f(x, y) = x^2 - y^2$.

c) Gráfico de $f : \mathbb{R}^2 \to \mathbb{R}$, definida por $f(x, y) = 3x^2 + 5y^2$.

d) Gráfico de $f : \mathbb{R}^2 \to \mathbb{R}$, definida por $f(x, y) = x^2 - 3y^2$.

e) Gráfico de $f : \mathbb{R}^2 \to \mathbb{R}$, definida por $f(x, y) = e^{-xy}$.

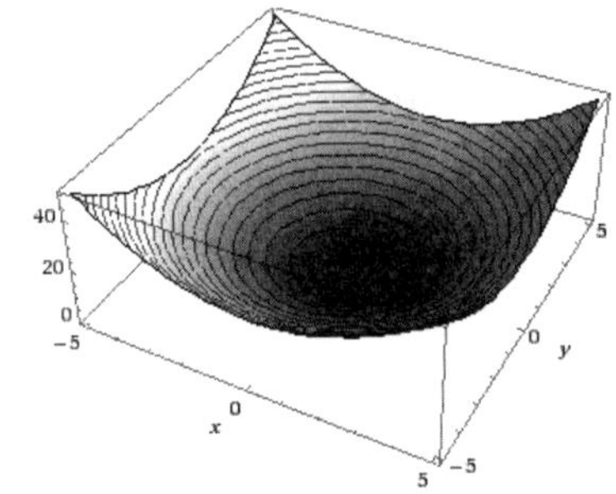

Figura 1.21: gráfico de $f : \mathbb{R}^2 \to \mathbb{R}, f(x,y) = x^2 + y^2$.

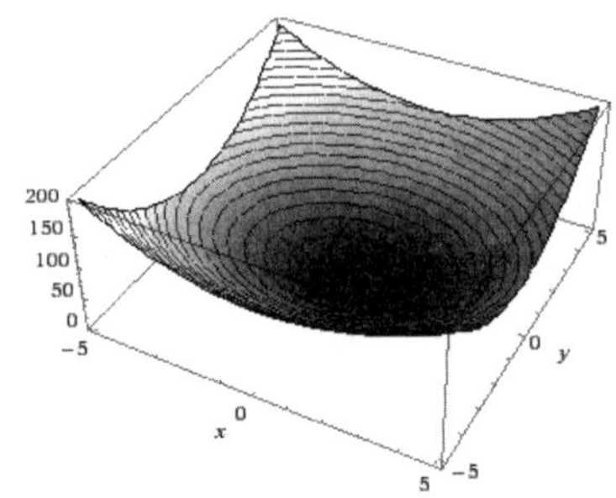

Figura 1.22: gráfico de $f : \mathbb{R}^2 \to \mathbb{R}, f(x,y) = 3x^2 + 5y^2$.

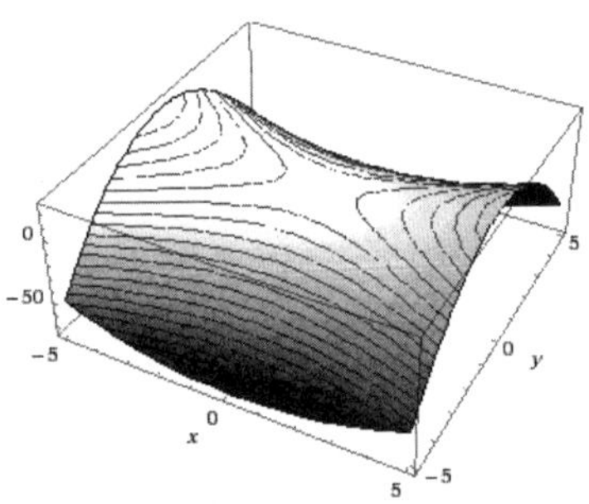

Figura 1.23: gráfico de $f : \mathbb{R}^2 \to \mathbb{R}, f(x,y) = x^2 - 3y^2$.

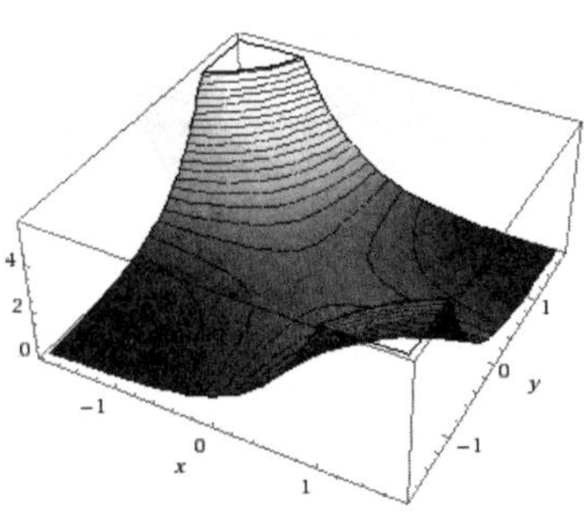

Figura 1.24: gráfico de $f : \mathbb{R}^2 \to \mathbb{R}, f(x,y) = e^{-xy}$.

ii) **Aplicação de conjuntos de nível à obtenção de imagens, pontos de máximo (mínimo) e valores máximos (mínimos) de algumas funções reais de duas variáveis reais**

Dada uma função real de duas variáveis reais $f : A \subseteq \mathbb{R}^2 \to \mathbb{R}$, obter o seu conjunto imagem, ou seja, o conjunto $Im(f) = \{f(x,y) : (x,y) \in A\}$, equivale a obter todos os números reais $k's$ que satisfazem a equação $f(x,y) = k$, para todo $(x,y) \in A$, de modo que o problema de obter o conjunto imagem de f equivale ao de obter todos os possíveis níveis $k's$ aos quais correspondem as curvas de nível de f.

Um conceito fundamental em Matemática (o qual tem aplicações em várias áreas do conhecimento humano), intimamente relacionado ao de imagem de uma função dada, é aquele de máximo (mínimo) absoluto dessa função, o qual definimos a seguir.

Definição 1.4.3. *Consideremos uma função real de duas variáveis reais $f : A \subseteq \mathbb{R}^2 \to \mathbb{R}$ e $(x_0, y_0) \in A$. $f(x_0, y_0)$ é denominado valor máximo absoluto (ou, simplesmente, máximo absoluto) (respectivamente, valor mínimo absoluto) (ou, simplesmente, mínimo absoluto) de f se, para todo $(x,y) \in A$,*

$$f(x_0, y_0) \geq f(x,y) \quad (\textit{respectivamente, } f(x_0, y_0) \leq f(x,y)).$$

Tal ponto (x_0, y_0) é denominado *ponto de máximo absoluto* (respectivamente, *ponto de mínimo absoluto*) de f.

Em resumo, dada uma função real de duas variáveis reais $f : A \subseteq \mathbb{R}^2 \to \mathbb{R}$, para obter o seu conjunto imagem, os seus possíveis valores de máximo e de mínimo, bem como os seus possíveis correspondentes pontos de máximo e de mínimo, procedemos como segue:

i) resolvemos a equação $f(x,y) = k$ (em termos ou de x ou de y) para obter todos os possíveis valores de k que a satisfazem, os quais constituem a imagem de f;

ii) o conjunto imagem de f, obtido no item *i)*, é um intervalo:

ii.1) $m \leq k \leq M \Rightarrow Im(f) = [m, M]$: f tem tanto mínimo absoluto quanto máximo absoluto, podendo um desses ocorrer em um ponto interior ao intervalo $[m, M]$;

ii.2) $m \leq k < M \Rightarrow Im(f) = [m, M)$ (neste caso, M pode ser $+\infty$): f tem apenas mínimo absoluto $(= m)$;

ii.3) $m < k \leq M \Rightarrow Im(f) = (m, M]$ (neste caso, m pode ser $-\infty$): f tem apenas máximo absoluto $(= M)$;

ii.4) $m < k < M \Rightarrow Im(f) = (m, M)$ (m pode ser $-\infty$ ou M pode ser $+\infty$), f não tem nem mínimo nem máximo absolutos;

iii) para obter os pontos de máximo (mínimo) de f, correspondentes aos valores de máximo (mínimo) que mencionanos nos itens (*ii.1-3*) acima, substituímos esses valores na equação mencionada no item *i)*.

Nos exemplos a seguir, apresentamos, em detalhes, o uso de curvas de nível para obter o conjunto imagem, os possíveis valores de máximo e de mínimo, bem como os seus possíveis correspondentes pontos de máximo e de mínimo de uma função real de duas variáveis reais dada, conforme descrevemos acima.

Exemplo 1. Dada $f : \mathbb{R}^2 - \{(0,0)\} \subseteq \mathbb{R}^2 \to \mathbb{R}$, definida por $f(x,y) = \dfrac{xy^2}{x^2 + y^4}$, obtenha:

a) o conjunto imagem de f.

b) os valores mínimo e máximo de f.

c) os pontos de mínimo e de máximo de f.

Resolução:

a) Para todo $(x,0), x \neq 0$ (ou $(0,y), y \neq 0$), temos

$$f(x,0) = 0 \ (= f(0,y)).$$

Logo, 0 (correspondente ao nível $k = 0$) pertence à imagem de f.

Agora, analisemos a equação $f(x,y) = k$ $(k \neq 0)$ como segue:

$$f(x,y) = k \Leftrightarrow \frac{xy^2}{x^2+y^4} = k \Leftrightarrow xy^2 = kx^2 + ky^4 \Leftrightarrow kx^2 - y^2x + ky^4 = 0.$$

Resolvendo essa equação quadrática em x, obtemos

$$x = \frac{y^2 \pm \sqrt{y^4 - 4k^2y^4}}{2k} \Rightarrow x = \left(\frac{1 \pm \sqrt{1-4k^2}}{2k}\right) y^2,$$

desde que $-\frac{1}{2} \leq k \leq \frac{1}{2}, k \neq 0$.

Portanto, resulta dessas análises que o conjunto imagem de f é $Im(f) = \left[-\frac{1}{2}, \frac{1}{2}\right]$.

b) Resultam do item a) que o valor mínimo de f é $-\frac{1}{2}$, e o seu valor máximo é $\frac{1}{2}$.

c) Substituinto $k = -\frac{1}{2}$ na equação que obtivemos em a), decorre que f atinge o seu valor mínimo em todos os pontos, diferentes de $(0,0)$, da parábola $x = -y^2$. Analogamente, substituindo $k = \frac{1}{2}$ naquela mesma equação, resulta que f atinge o seu valor máximo em todos os pontos, diferentes de $(0,0)$, da parábola $x = y^2$.

Exemplo 2. Dada $f : A = \{(x,y) \in \mathbb{R}^2 : y^2 \leq x \leq y^2+1\} \to \mathbb{R}$, definida por $f(x,y) = arcsen(\sqrt{x-y^2})$, obtenha:

a) o conjunto imagem de f.

b) os valores mínimo e máximo de f.

c) os pontos de mínimo e de máximo de f.

Resolução:

a) Analisemos a equação $f(x,y) = k$ como segue:

$$f(x,y) = k \Leftrightarrow arcsen(\sqrt{x-y^2}) = k \Leftrightarrow senk = \sqrt{x-y^2}.$$

Sabemos que $-1 \leq senk \leq 1, \forall k \in \mathbb{R}$. Uma vez que $\sqrt{x-y^2} \geq 0, \forall (x,y) \in A$, devemos ter $0 \leq senk \leq 1, \forall k \in \mathbb{R}$. Logo, $0 \leq k \leq \pi$. Portanto, o conjunto imagem de f é $Im(f) = [0, \pi]$.

b) Resulta do item a) que o valor mínimo de f é 0. Uma vez que $sen\left(\frac{\pi}{2}\right) = 1$ (valor máximo da função seno), o valor máximo de f é $\frac{\pi}{2}$ (ponto interior ao intervalo $[0, \pi]$).

c) Substituindo $k = 0$ na equação que obtivemos acima, decorre que f atinge o seu valor mínimo em todos os pontos da parábola $x = y^2$. Analogamente, substituindo $k = \frac{\pi}{2}$ naquela mesma equação, resulta que f atinge o seu valor máximo em todos os pontos da parábola $x = 1 + y^2$.

Exemplo 3. Dada $f : \{(x,y) \in \mathbb{R}^2 : y \neq -x\} \to \mathbb{R}$, definida por $f(x,y) = \dfrac{x-y}{x+y}$, obtenha:

a) o conjunto imagem de f.

b) os valores mínimo e máximo de f.

c) os pontos de mínimo e de máximo de f.

Resolução:

a) Podemos expressar a equação $f(x,y) = k$ como segue:

$$f(x,y) = k \Leftrightarrow \frac{x-y}{x+y} = k \Leftrightarrow x - y = k(x+y) \Leftrightarrow (1+k)y = (1-k)x.$$

Assim, devemos analisar os seguintes casos:

Caso 1: $k = -1$.

Neste caso, a equação acima torna-se $x = 0$, de modo que $k = -1$ é a imagem, por f, de todos os pontos da reta $x = 0$ (eixo y), com exceção da origem.

Caso 2: $k \neq -1$.

Neste caso, a equação acima torna-se $y = \left(\frac{1-k}{1+k}\right)x$, de modo que $y \neq -x$, para todo $k \neq -1$.

Logo, resulta dessas análises que todo número real k ou é a imagem, por f, dos pontos do eixo y, exceto a origem (se $k = -1$), ou é a imagem, por f, de algum dos pontos do feixe de retas $y = \left(\frac{1-k}{1+k}\right)x$ (se $k \neq -1$). Ora, a união de todos esses pontos é precisamente o domínio de f. Portanto, o conjunto imagem de f é $Im(f) = \mathbb{R}$.

b) Resulta do item a) que f não tem nem valor máximo nem valor mínimo.

c) Resulta do item b) (consequência lógica) que não existe ponto de máximo nem ponto de mínimo.

iii) **Aplicação de conjuntos de nível à obtenção de máximos e mínimos de algumas funções reais de duas variáveis reais condicionadas a determinados subconjuntos dos seus domínios**

Muitos problemas de otimização que ocorrem na prática contêm restrições devido a circunstâncias externas. O problema de que nos ocuparemos nesta seção, comumente conhecido como "problema de otimização com uma restrição em igualdade"[14], desempenha fundamental importância em praticamente todas as áreas do conhecimento humano:

i) uma cidade que deseja implantar um sistema de transporte público dispõe apenas de uma quantidade limitada de impostos a utilizar no projeto em questão;

ii) um país, ao tentar equilibrar sua balança de pagamentos, deve gastar menos em importações do que recebe com as exportações;

iii) uma empresa deseja maximizar a sua produção sujeita a uma restrição orçamentária (por exemplo, uma editora, obrigada a respeitar um orçamento fixado para o lançamento de um livro, pode ter necessidade de decidir qual é a melhor forma de dividir tal orçamento entre a produção e a propaganda, de modo a maximizar as vendas desse livro);

iv) um fabricante que produz dois produtos finais deseja minimizar o custo-conjunto enquanto produz uma determinada quantidade total mínima;

---

[14]Tal problema é apenas um dos tipos da denominada "otimização com restrição" (ou "otimização condicionada"), a qual engloba: "otimização com duas (ou mais) restrições em igualdade", "otimização com uma restrição em desigualdade", "otimização com duas (ou mais) restrições em desigualdade" e "otimização com restrições mistas". Para informações detalhadas sobre todos esses tipos de problemas de otmização, sugerimos ao leitor que consulte a referência [3].

v) uma companhia deseja maximizar as vendas resultantes da utilização de dois meios de propaganda, enquanto mantém os custos totais de propaganda dentro de uma determinada limitação orçamentária;

vi) um engenheiro deseja minimizar a frequência de acidentes enquanto mantém o custo total de dois tipos de reparos preventivos dentro dos limites de uma determinada quantia;

vii) um consumidor deseja maximizar a utilidade derivada do consumo de bens, condicionada a uma restrição de verba;

viii) um químico deseja minimizar a sedimentação total em um processo de dois estágios enquanto mantém iguais as temperaturas nesses estágios;

Motivados pelo prelúdio acima, dada uma função real de duas variáveis reais $f : A \subseteq \mathbb{R}^2 \to \mathbb{R}$ e dado $C = \{(x, y) \in A : g(x, y) = c,$ para algum $c \in \mathbb{R}$ fixado$\}$, desejamos obter os valores extremos (máximos e mínimos) de f condicionada a C.

A definição a seguir (análoga à Definição 1.4.3) fornece-nos os conceitos formais de *valor máximo* (repectivamente, *valor mínimo*) e de *ponto de máximo* (respectivamente, *ponto de mínimo*) de uma função real de duas variáveis reais $f : A \subseteq \mathbb{R}^2 \to \mathbb{R}$ condicionada a um conjunto C tal como consideramos acima.

Definição 1.4.4. *Consideremos uma função real de duas variáveis reais $f : A \subseteq \mathbb{R}^2 \to \mathbb{R}$, $C \subseteq A$ (subconjunto do domínio de f) e $(x_0, y_0) \in C$. $f(x_0, y_0)$ é denominado valor máximo (ou, simplesmente, máximo) (respectivamente, valor mínimo) (ou, simplesmente, mínimo) de f condicionada a C se, para todo $(x, y) \in C$,*

$$f(x_0, y_0) \geq f(x, y) \quad (\textit{respectivamente, } f(x_0, y_0) \leq f(x, y)).$$

Sob essas condições, o ponto (x_0, y_0) é denominado *ponto de máximo* (respectivamente, *ponto de mínimo*) de f condicionada a C.

Com base no ora exposto, estamos, agora, em condições de apresentar uma justificativa geométrica da aplicação de curvas de nível à obtenção de máximos e mínimos de uma função real de duas variáveis reais condicionada a um subconjunto do seu domínio.

O conjunto $C = \{(x, y) \in A : g(x, y) = c,$ para algum $c \in \mathbb{R}$ fixado$\}$ que estamos considerando é tal que $g(x, y) = c$ determina uma curva no plano (contida no domínio A de f), ou seja, definimos C[15] como a curva de nível c de uma função g dada. Assim, o problema de obter os valores extremos (máximos e mínimos) de f condicionada a C equivale ao problema de obter o maior e o menor valores de k, bem como os correspondentes pontos de máximo e mínimo, tais que a curva de nível $f(x, y) = k$ intersecte a curva de nível $g(x, y) = c$, para algum $c \in \mathbb{R}$ fixado, ou seja, equivalentemente, resolver o sistema:

$$\begin{cases} f(x, y) = k \\ g(x, y) = c \end{cases}.$$

[15]De outro modo, dada uma função real de duas variáveis reais $f : A \subseteq \mathbb{R}^2 \to \mathbb{R}$, suponhamos que um ponto descreva uma curva sobre o gráfico de f de modo que sua projeção sobre o plano xy também descreva uma curva. Sob essas condições, estamos interessados em obter os pontos desta curva nos quais as alturas do gráfico de f sejam as maiores (respectivamente, menores) possíveis, bem como tais alturas propriamente (equivalentemente, os pontos daquela curva mais afastados (respectivamente, mais próximos) do plano xy).

Nos exemplos a seguir, apresentamos, em detalhes, o uso de curvas de nível para obter máximos e mínimos (bem como os respectivos pontos de máximo e de mínimo) de algumas funções reais de duas variáveis reais condicionadas a determinados subconjuntos dos seus domínios, conforme descrevemos acima.

Exemplo 1. Dada $f : \mathbb{R}^2 \to \mathbb{R}$, definida por $f(x,y) = 2x + y$, obtenha o máximo e o mínimo, bem como os respectivos pontos de máximo e de mínimo de f, condicionada a $C = \{(x,y) \in \mathbb{R}^2 : x^2 + y^2 = 1\}$.

Resolução:

Para cada número real k fixado, pertencente à imagem de f, a curva de nível de f correspondente ao nível k, ou seja, $f(x,y) = k$, é

$$2x + y = k.$$

As curvas $2x + y = k$ e $x^2 + y^2 = 1$ devem se tangenciar para o maior valor de k ($k_{\text{máx}}$) e para o menor valor de k ($k_{\text{mín}}$), o que equivale a obter k de modo que o sistema

$$\begin{cases} 2x + y = k \\ x^2 + y^2 = 1 \end{cases}$$

tenha solução única.

Substituindo, por exemplo, o valor de y da primeira equação ($y = k - 2x$) na segunda equação ($x^2 + y^2 = 1$), obtemos

$$x^2 + (k - 2x)^2 = 1 \Leftrightarrow 5x^2 - 4kx + (k^2 - 1) = 0.$$

Para que o sistema acima tenha solução única, o discriminante dessa equação do segundo grau deve ser igual a zero:

$$(-4k)^2 - 4 \cdot 5 \cdot (k^2 - 1) = 0 \Rightarrow k = \pm\sqrt{5}.$$

Logo, $k_{\text{máx}} = \sqrt{5}$ é o máximo e $k_{\text{mín}} = -\sqrt{5}$ é o mínimo de f condicionada a C.

Para obter os correspondentes pontos de máximo e de mínimo de f condicionada a C, substituímos $k_{\text{máx}} = \sqrt{5}$ (respectivamente, $k_{\text{mín}} = -\sqrt{5}$) na equação do segundo grau acima (por exemplo, na primeira equação, que é mais simples), o que nos permite obter as abscissas desses pontos. A substituição dos valores dessas abscissas em qualquer das equações do sistema acima nos permite obter as correspondentes ordenadas. Procedendo, pois, desse modo, obtemos $\left(\frac{2\sqrt{5}}{5}, \frac{\sqrt{5}}{5}\right)$ (ponto de máximo) e $\left(-\frac{2\sqrt{5}}{5}, -\frac{\sqrt{5}}{5}\right)$ (ponto de mínimo) de f condicionada a C.

Na Figura 1.25 a seguir, apresentamos os esboços do círculo $x^2 + y^2 = 1$, das curvas de nível $2x + y = \sqrt{5}$ e $2x + y = -\sqrt{5}$ tangentes a esse círculo, e os pontos de máximo e de mínimo de f condicionada a C.

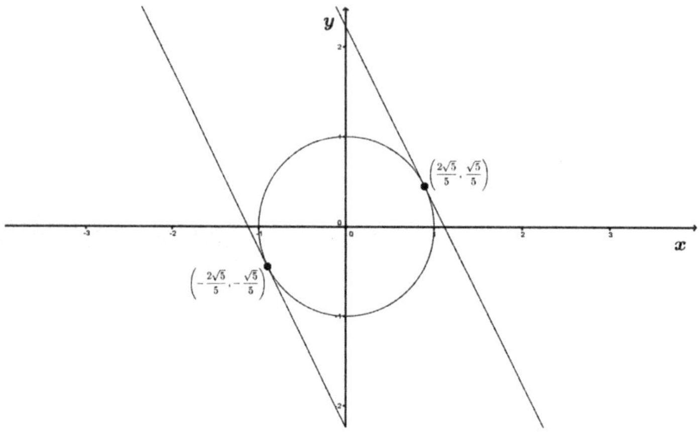

Figura 1.25: pontos de máximo e de mínimo de $f : \mathbb{R}^2 \to \mathbb{R}, f(x, y) = 2x + y$, condicionada a $C = \{(x, y) \in \mathbb{R}^2 : x^2 + y^2 = 1\}$.

Exemplo 2. Dada $f : \mathbb{R}^2 \to \mathbb{R}$, definida por $f(x, y) = e^{-xy}$, obtenha os valores de máximo e de mínimo, bem como os respectivos pontos de máximo e de mínimo de f, condicionada a $C = \{(x, y) \in \mathbb{R}^2 : x^2 + 4y^2 = 1\}$.

Resolução:

Para cada número real k $(k > 0)$[16] fixado, pertencente à imagem de f, a curva de nível de f correspondente ao nível k, ou seja, $f(x, y) = k$, é

$$e^{-xy} = k.$$

As curvas e^{-xy} e $x^2 + 4y^2 = 1$ devem se tangenciar para o maior valor de k $(k_{\text{máx}})$ e para o menor valor de k $(k_{\text{mín}})$, o que equivale a obter k de modo que o sistema

$$\begin{cases} e^{-xy} = k \\ x^2 + 4y^2 = 1 \end{cases}$$

tenha solução única.

Como $k > 0$, podemos aplicar ln a ambos os membros da equação $e^{-xy} = k$, para obter

$$e^{-xy} = k \Leftrightarrow ln(e^{-xy}) = lnk \Leftrightarrow -xy = lnk. \ (*)$$

Resulta de (*) acima que, se $k = 1$, então ou $x = 0$ ou $y = 0$ (x e y não podem ser simultaneamente nulos, devido à segunda equação desse sistema). Substituindo x por 0 na segunda equação do sistema acima, obtemos $y = \pm\frac{1}{2}$. Substituindo y por 0 na segunda equação do sistema acima, obtemos $x = \pm 1$: $\left(0, \pm\frac{1}{2}\right)$ e $(\pm 1, 0)$ são, pois, os pontos de C em que f atinge o valor 1.

Se $k \neq 1$ $(k > 0)$, então $lnk \neq 0$, ou seja, de (*) acima, tanto x quanto y são diferentes de zero, de modo que podemos expressar, por exemplo, y em função de x como $y = -\frac{lnk}{x}$.

[16] A equação $e^{-xy} = k$ representa uma curva de nível se e somente se $k > 0$, pois a função exponencial é positiva.

Substituindo esse valor de y na segunda equação do sistema acima, obtemos

$$x^2 + 4\left(-\frac{lnk}{x}\right)^2 = 1 \Leftrightarrow x^4 - x^2 + 4(lnk)^2 = 0,$$

ou, equivalentemente,

$$t^2 - t + 4(lnk)^2 = 0, \text{ em que } x^2 = t.$$

Para que o sistema acima tenha solução única, o discriminante dessa equação do segundo grau deve ser igual a zero:

$$(-1)^2 - 4 \cdot 1 \cdot 4(lnk)^2 = 0 \Rightarrow (lnk)^2 = \frac{1}{16} \Rightarrow lnk = \pm\frac{1}{4} \Rightarrow k = e^{\frac{1}{4}} \text{ ou } k = e^{-\frac{1}{4}}.$$

Comparando os três valores de k que obtivemos acima, concluímos que $k_{\text{máx}} = e^{\frac{1}{4}}$ ($\approx 1,284$) e $k_{\text{mín}} = e^{-\frac{1}{4}}$ ($\approx 0,779$) são, respectivamente, os valores máximo e mínimo de f condicionada a C. Para obter os correspondentes pontos de máximo e de mínimo de f condicionada a C, devemos substituir esses valores de máximo e de mínimo de f na equação do segundo grau acima, o que nos permite obter $t = \frac{1}{2}$. Como $x^2 = t$, resulta que $x = \pm\frac{\sqrt{2}}{2}$.

Para obter adequadamente os correspondentes valores de y, observemos que, se $k = e^{\frac{1}{4}}$ (respectivamente, $k = -e^{\frac{1}{4}}$), então, da igualdade $y = -\frac{lnk}{x}$ resulta que x e y têm sinais contrários (respectivamente, mesmo sinal). Assim, substituindo esses valores de x na segunda equação do sistema acima, obtemos, finalmente, os pontos de máximo $\left(\frac{\sqrt{2}}{2}, -\frac{\sqrt{2}}{4}\right)$, $\left(-\frac{\sqrt{2}}{2}, \frac{\sqrt{2}}{4}\right)$, e de mínimo $\left(-\frac{\sqrt{2}}{2}, -\frac{\sqrt{2}}{4}\right)$, $\left(\frac{\sqrt{2}}{2}, -\frac{\sqrt{2}}{4}\right)$, de f condicionada a C.

Na Figura 1.26 a seguir, apresentamos os esboços da elipse $x^2 + 4y^2 = 1$, das curvas de nível $y = -\frac{1}{4x}$ e $y = \frac{1}{4x}$ tangentes a essa elipse, e os pontos de máximo e de mínimo de f condicionada a C.

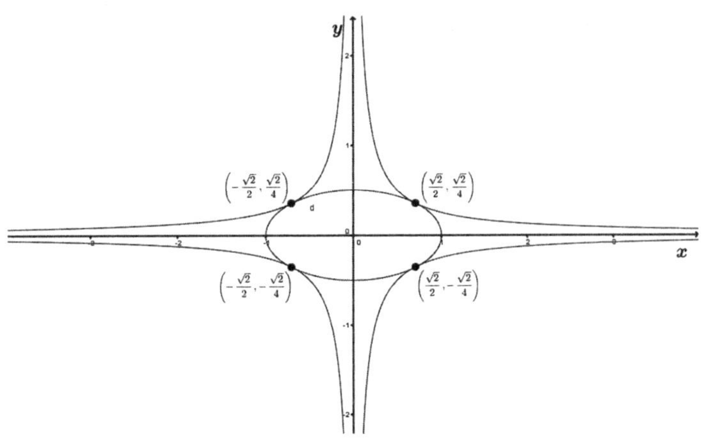

Figura 1.26: pontos de máximo e de mínimo de $f : \mathbb{R}^2 \to \mathbb{R}, f(x,y) = e^{-xy}$, condicionada a $C = \{(x,y) \in \mathbb{R}^2 : x^2 + 4y^2 = 1\}$.

Exemplo 3. Dada $f : \mathbb{R}^2 \to \mathbb{R}$, definida por $f(x,y) = 2x + 3y$, obtenha o máximo e o mínimo, bem como os respectivos pontos de máximo e de mínimo de f, condicionada a $C = \{(x,y) \in \mathbb{R}^2 : \sqrt{x} + \sqrt{y} = 5\}$.

Resolução:

Para cada número real k fixado, pertencente à imagem de f, a curva de nível de f correspondente ao nível k, ou seja, $f(x,y) = k$, é

$$2x + 3y = k.$$

As curvas $2x + 3y = k$ e $\sqrt{x} + \sqrt{y} = 5$ devem se intersectar para o maior valor de k ($k_{\text{máx}}$) e para o menor valor de k ($k_{\text{mín}}$), o que equivale a obter k de modo que o sistema

$$\begin{cases} 2x + 3y = k \\ \sqrt{x} + \sqrt{y} = 5 \end{cases}$$

tenha solução única.

Observemos, inicialmente, que a segunda equação desse sistema define y implicitamente como função de x, a saber, $y = (5 - \sqrt{x})^2, 0 \le x \le 25$, de modo que os pontos $(0, 25)$ e $(25, 0)$ são os intersectos x e y, respectivamente, da curva $\sqrt{x} + \sqrt{y} = 5$. Dentre todas as curvas de nível de f, as únicas de interesse neste exemplo são aquelas que intersectam o gráfico de $\sqrt{x} + \sqrt{y} = 5$: uma na extremidade $(0, 25)$, uma tangente e outra na extremidade $(25, 0)$. Observamos, de imediato, pela análise de tais curvas de nível, que o máximo de f ocorre no ponto $(0, 25)$ (uma das extremidades dessa curva). O valor máximo de f é, pois, $f(0, 25) = 75$. Também, podemos observar que o ponto $(25, 0)$ (a outra extremidade) não é nem de mínimo nem de máximo, pois há curvas de nível de f que intersectam tal curva em pontos arbitrariamente próximos desse ponto, tanto à esquerda quanto acima. Desses à esquerda, interesssa-nos, assim, apenas aquele de tangência, de cuja determinação nos ocuparemos a seguir.

Da primeira equação do sistema acima, resulta que $y = -\frac{2}{3}x + \frac{k}{3}$. Substituindo esse valor de y na segunda equação desse sistema, obtemos, após algumas operações algébricas simples, a seguinte equação do segundo grau em x:

$$25x^2 - (150 + 10k)x + (k^2 - 150k + 5625) = 0.$$

Para que o sistema acima tenha solução única, o discriminante dessa equação do segundo grau deve ser igual a zero:

$$[-(150 + 10k)]^2 - 4 \cdot 25 \cdot (k^2 - 150k + 5625) = 0 \Rightarrow k = 30.$$

Logo, $k_{\text{mín}} = 30$ é o mínimo de f condicionada a C.

Para obter o correspondente ponto de mínimo de f condicionada a C, substituímos $k_{\text{mín}} = 30$ na equação do segundo grau acima, o que nos permite obter a abscissa desse ponto. A substituição do valor dessa abscissa em qualquer das equações do sistema acima nos permite obter a correspondente ordenada. Procedendo, pois, desse modo, obtemos $(9, 4)$, que é o ponto de mínimo de f condicionada a C.

Na Figura 1.27 a seguir, apresentamos os esboços da curva $\sqrt{x} + \sqrt{y} = 5$, da curva de nível $y = -\frac{2}{3}x + 10$ tangente a ela, e os pontos de máximo e de mínimo de f condicionada a C.

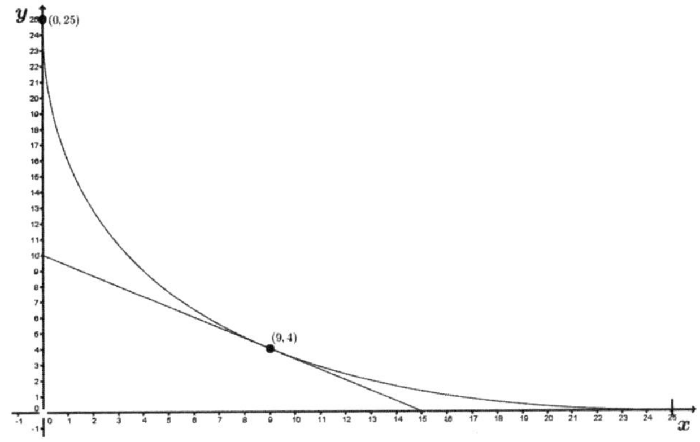

Figura 1.27: pontos de máximo e de mínimo de $f : \mathbb{R}^2 \to \mathbb{R}, f(x,y) = 2x + 3y$, condicionada a $C = \{(x,y) \in \mathbb{R}^2 : \sqrt{x} + \sqrt{y} = 5\}$.

Exemplo 4. Dada $f : \mathbb{R}^2 \to \mathbb{R}$, definida por $f(x,y) = x$, obtenha o máximo e o mínimo, bem como os respectivos pontos de máximo e de mínimo de f, condicionada a $C = \{(x,y) \in \mathbb{R}^2 : y^2 - x^3 + x^4 = 0\}$.

Resolução:

Para cada número real k fixado, pertencente à imagem de f, a curva de nível de f correspondente ao nível k, ou seja, $f(x,y) = k$, é

$$x = k.$$

As curvas $x = k$ e $y^2 - x^3 + x^4 = 0$ devem se intersectar para o maior valor de k ($k_{\text{máx}}$) e para o menor valor de k ($k_{\text{mín}}$), o que equivale a obter k de modo que o sistema

$$\begin{cases} x = k \\ y^2 - x^3 + x^4 = 0 \end{cases}$$

tenha solução única.

Substituindo x por k na segunda equação desse sistema, obtemos

$$y^2 - k^3 + k^4 = 0 \Rightarrow y^2 = k^3 - k^4.$$

Como, para todo $y \in \mathbb{R}$, $y^2 \geq 0$, devemos ter $k^3 - k^4 \geq 0$, ou seja, $k^3(1-k) \geq 0$, de modo que $0 \leq k \leq 1$.

Logo, $k_{\text{máx}} = 1$ e $k_{\text{mín}} = 0$ são, respectivamente, o máximo e o mínimo de f condicionada a C, os quais correspondem, devido à primeira equação do sistema acima, às abscisas dos pontos de máximo e de mínimo, respectivamente. Para obter as correspondentes ordenadas desses pontos, substituímos $k_{\text{máx}} = 1$ e $k_{\text{mín}} = 0$ na equação $y^2 = k^3 - k^4$, o que nos permite obter o ponto de máximo $(1,0)$ e o ponto de mínimo $(0,0)$ de f condicionada a C.

Na Figura 1.28 a seguir, apresentamos os esboços da curva $y^2 - x^3 + x^4 = 0$, das curvas de nível $x = 0$ (eixo y), $x = 1$ que intersectam essa curva, e os pontos de mínimo e de máximo de f condicionada a C.

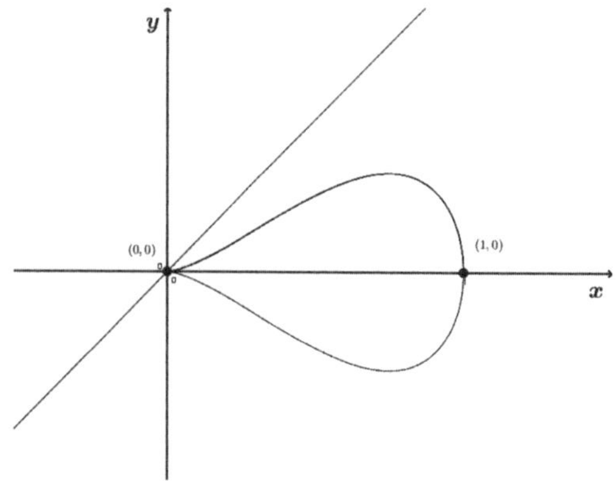

Figura 1.28: pontos de máximo e de mínimo de $f : \mathbb{R}^2 \to \mathbb{R}, f(x,y) = x$, condicionada a $C = \{(x,y) \in \mathbb{R}^2 : y^2 - x^3 + x^4 = 0\}$.

Exemplo 5. Dada $f : \mathbb{R}^2 \to \mathbb{R}$, definida por $f(x,y) = x^2y$, obtenha o máximo e o mínimo, bem como os respectivos pontos de máximo e de mínimo de f, condicionada a $C = \{(x,y) \in \mathbb{R}^2 : 2x^2 + y^2 = 3\}$.

Resolução:

Para cada número real k fixado, pertencente à imagem de f, a curva de nível de f correspondente ao nível k, ou seja, $f(x,y) = k$, é

$$x^2y = k.$$

As curvas $x^2y = k$ e $2x^2 + y^2 = 3$ devem se intersectar para o maior valor de k ($k_{\text{máx}}$) e para o menor valor de k ($k_{\text{mín}}$), o que equivale a obter k de modo que o sistema

$$\begin{cases} x^2y = k \\ 2x^2 + y^2 = 3 \end{cases}$$

tenha solução única.

Observemos, inicialmente, que, de acordo com a primeira equação do sistema acima, se $k = 0$, então ou $x = 0$ ou $y = 0$ (x e y não podem ser simultaneamente nulos, devido à segunda equação desse sistema). Se $x = 0$, então, da segunda equação desse sistema resulta que $y = \pm\sqrt{3}$. Se $y = 0$, então, da segunda equação desse sistema resulta que $x = \pm\frac{\sqrt{6}}{2}$. Os pontos $(0, -\sqrt{3}), (0, \sqrt{3})$ e $\left(-\frac{\sqrt{6}}{2}, 0\right), \left(\frac{\sqrt{6}}{2}, 0\right)$ (respectivamente, as extremidades dos eixos maior e menor da elipse $2x^2 + y^2 = 3$) são, pois, os pontos em que f atinge o valor 0.

Se $k \neq 0$, então resulta da primeira equação do sistema acima que tanto x quanto y são não nulos. Em particular, $x^2 > 0$, de modo que y e k devem ter o mesmo sinal. Substituindo $x^2 = \frac{k}{y}$ (da primeira equação desse sistema) na segunda equação, obtemos $y^3 - 3y + 2k = 0$, que é uma equação (incompleta) do terceiro grau (observe que, se isolarmos y da primeira equação, ao substituirmos o valor resultante na segunda, obteremos uma equação do quarto grau!), para cuja solução podemos aplicar a fórmula de Cardano[17]. Uma simples análise da Figura 1.29 a seguir nos permite observar que, **qualquer que seja o ponto p, distinto daquele em que a curva de nível de f tangencia C, não pode ser um extremo local de f condicionada a C**, pois existem curvas de nível de f que intersectam C em pontos arbitrariamente próximos de p: tanto q_1 quanto q_2 não podem ser pontos de máximos locais de f condicionada a C, uma vez que as curvas de nível de f que passam por q_1 e q_2 estão *abaixo* daquelas que passam, respectivamente, por p_1 e p_2 (1º e 2º quadrantes, caso em que $k > 0$), de modo que os valores de f em q_1 e em q_2 são menores que os correspondentes valores de f em p_1 e em p_2; analogamente, tanto q_3 quanto q_4 não podem ser pontos de mínimos locais de f condicionada a C, uma vez que as curvas de nível de f que passam por q_3 e por q_4 estão *acima* daquelas que passam, respectivamente, por p_3 e por p_4 (3º e 4º quadrantes, caso em que $k < 0$), de modo que os valores de f em q_3 e em q_4 são maiores que os correspondentes valores de f em p_3 e p_4.

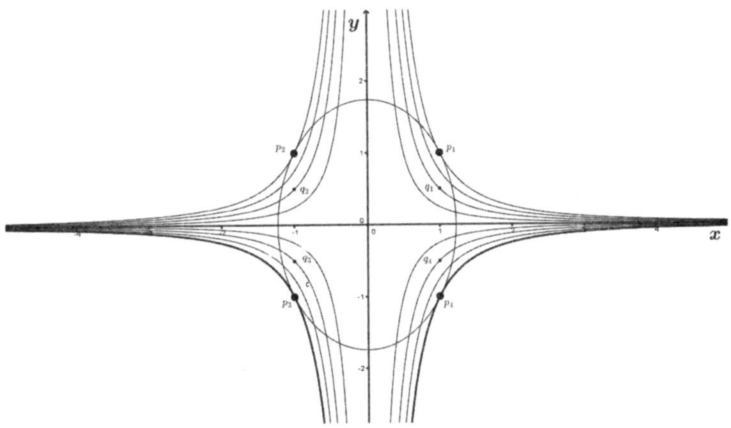

Figura 1.29: os pontos de máximo e de mínimo de $f : \mathbb{R}^2 \to \mathbb{R}, f(x, y) = x^2y$, condicionada a $C = \{(x, y) \in \mathbb{R}^2 : 2x^2 + y^2 = 3\}$, são aqueles em que as curvas de nível de f tangenciam C.

Assim, interessa-nos apenas o caso em que $D = 0$ (*vide* nota de rodapé), ou seja, $k^2 - 1 = 0$, de modo que ou $k = -1$ ou $k = 1$. Substituindo k por -1 na equação do terceiro grau acima, obtemos $y^3 - 3y - 2 = 0$, cujas raízes são $y = -1$ (raiz dupla) e $y = 2$. Analogamente, substituindo k por 1 na equação do terceiro grau acima, obtemos $y^3 - 3y + 2 = 0$, cujas raízes são $y = 1$ (raiz dupla) e $y = -2$. Tanto $y = 2$ quanto $y = -2$ não convêm, pois não satisfazem $-\sqrt{3} \leq y \leq \sqrt{3}$. Substituindo, então, y e k por -1 e também y e k por 1 em $x^2 = \frac{k}{y}$, obtemos $x = -1$ ou $x = 1$. Logo, se $k \neq 0$, então os possíveis pontos de extremos locais de f condicionada a C são $(-1, -1), (1, -1), (1, 1)$ e $(-1, 1)$.

Uma vez que

[17] A fórmula de Cardano, resolutiva da equação do terceiro grau (incompleta) do tipo $z^3 + pz + q = 0$, é $z = \sqrt[3]{-\frac{q}{2} + \sqrt{\frac{q^2}{4} + \frac{p^3}{27}}} + \sqrt[3]{-\frac{q}{2} - \sqrt{\frac{q^2}{4} + \frac{p^3}{27}}}$. Considerando o seu discriminante $D = \frac{q^2}{4} + \frac{p^3}{27}$, demonstra-se (*vide* referência [9]) que:

1) se $D < 0$, então a equação tem três raízes reais distintas;
2) se $D = 0$, então a equação tem três raízes reais, uma das quais é dupla;
3) se $D > 0$, então a equação tem uma raiz real e duas raízes complexas conjugadas.

$$f(0,-\sqrt{3}) = f(0,\sqrt{3}) = f\left(-\frac{\sqrt{6}}{2},0\right) = f\left(\frac{\sqrt{6}}{2},0\right) = 0,$$
$$f(-1,-1) = f(1,-1) = -1, f(1,1) = f(-1,1) = 1,$$
resulta, portanto, que $k_{\text{máx}} = 1$ e $k_{\text{mín}} = -1$ são, respectivamente, os valores máximo e mínimo de f condicionada a C, sendo $(1,1), (-1,1)$ os pontos de máximo e $(-1,-1), (1,-1)$ os pontos de mínimo[18].

Na Figura 1.30 a seguir, apresentamos os esboços da elipse $2x^2 + y^2 = 3$, das curvas de nível $y = \frac{1}{x^2}$, $y = -\frac{1}{x^2}$ que são tangentes a essa elipse, e os pontos de máximo e de mínimo de f condicionada a C.

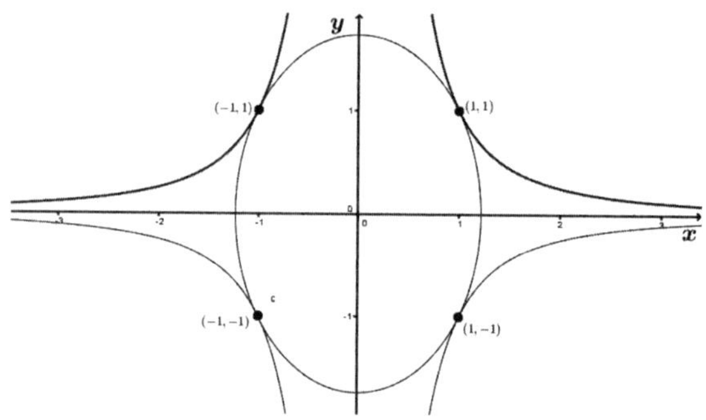

Figura 1.30: pontos de máximo e de mínimo de $f : \mathbb{R}^2 \to \mathbb{R}, f(x,y) = x^2y$, condicionada a $C = \{(x,y) \in \mathbb{R}^2 : 2x^2 + y^2 = 3\}$.

Exemplo 6. Dada $f : \mathbb{R}^2 \to \mathbb{R}$, definida por $f(x,y) = x^2 + y$, obtenha o máximo e o mínimo, bem como os respectivos pontos de máximo e de mínimo de f, condicionada a $C = \{(x,y) \in \mathbb{R}^2 : x^2 + y^2 = 1\}$.

Resolução:

Para cada número real k, pertencente à imagem de f, a curva de nível de f correspondente ao nível k, ou seja, $f(x,y) = k$, é
$$x^2 + y = k.$$

As curvas $x^2 + y = k$ e $x^2 + y^2 = 1$ devem se intersectar para o maior valor de k ($k_{\text{máx}}$) e para o menor valor de k ($k_{\text{mín}}$), o que equivale a obter k de modo que o sistema
$$\begin{cases} x^2 + y = k \\ x^2 + y^2 = 1 \end{cases}$$
tenha solução única.

Da primeira equação do sistema acima decorre que $x^2 = k - y$. Substituindo esse valor de x^2 na segunda equação desse sistema, obtemos a seguinte equação do segundo grau em y:
$$y^2 - y + (k-1) = 0.$$

[18] O leitor pode observar, por meio da Figura 1.30, que $(0,\sqrt{3})$ é ponto de *máximo local* de f condicionada a C, $(0,-\sqrt{3})$ o é de *mínimo local*, enquanto $\left(-\frac{\sqrt{6}}{2},0\right)$ e $\left(\frac{\sqrt{6}}{2},0\right)$ não o são nem de mínimo nem de máximo (tal ponto é denominado *ponto de sela* de f condicionada a C).

Para que o sistema acima tenha solução única, o discriminante dessa equação do segundo grau deve ser igual a zero:

$$(-1)^2 - 4 \cdot 1 \cdot (k-1) = 0 \Rightarrow k = \frac{5}{4}.$$

Substituindo esse valor de k na equação do segundo grau acima, obtemos $y^2 - y + \frac{1}{4} = 0 (\Leftrightarrow \left(y - \frac{1}{2}\right)^2 = 0)$, de modo que $y = \frac{1}{2}$. Substituindo esse valor de y na segunda equação do sistema acima, obtemos $x = \pm\frac{\sqrt{3}}{2}$. Para verificar se esse ponto é um ponto de máximo ou de mínimo (ou nenhum dos dois!) de f condicionada a C, procedemos como segue. Da segunda equação do sistema acima decorre que $x^2 = 1 - y^2$. Assim, como $f(x,y) = x^2 + y$, temos

$$\begin{aligned} f(x,y) &= 1 - y^2 + y \\ &= -\left(y^2 - y + \frac{1}{4}\right) + \frac{5}{4} \\ &= -\left(y - \frac{1}{2}\right)^2 + \frac{5}{4} \\ &\leq \frac{5}{4}. \end{aligned}$$

Logo, $\left(-\frac{\sqrt{3}}{2}, \frac{1}{2}\right)$ e $\left(\frac{\sqrt{3}}{2}, \frac{1}{2}\right)$ são os únicos pontos de máximo de f condicionada a C, cujo valor máximo é $\frac{5}{4}$.

Resta verificar se f, condicionada a C, tem algum valor mínimo. Como $x^2 \geq 0$, para todo $x \in \mathbb{R}$, decorre que $x^2 + y \geq y$. Assim, resulta da igualdade $x^2 + y = k$ (equivalentemente, $x^2 = k - y$) que o menor valor de f condicionada a C ocorre quando $x = 0$ e $y = k$, para algum k. Novamente, da segunda equação do sistema acima decorre que $x^2 = 1 - y^2$, de modo que $x = 0 \Leftrightarrow y = \pm 1$. Porém, $f(0,-1) = -1 < 1(= f(0,1))$, ou seja, $(0,-1)$ é o único ponto de mínimo de f condicionada a C, cujo valor mínimo é -1. (O leitor pode observar que, geometricamente, $(0,1)$ não pode ser ponto de mínimo de f condicionada a C, pois a curva de nível de f que passa por ele (a saber, a parábola $y = -x^2 + 1$) intersecta o círculo $x^2 + y^2 = 1$ em três pontos: $(-1,0), (0,1), (1,0)$.)

Na Figura 1.31 a seguir, apresentamos os esboços do círculo $x^2 + y^2 = 1$, das curvas de nível $y = -x^2 + 1$, $y = -x^2 + \frac{5}{4}$ que são tangentes a esse círculo, e os pontos de mínimo e de máximo de f condicionada a C.

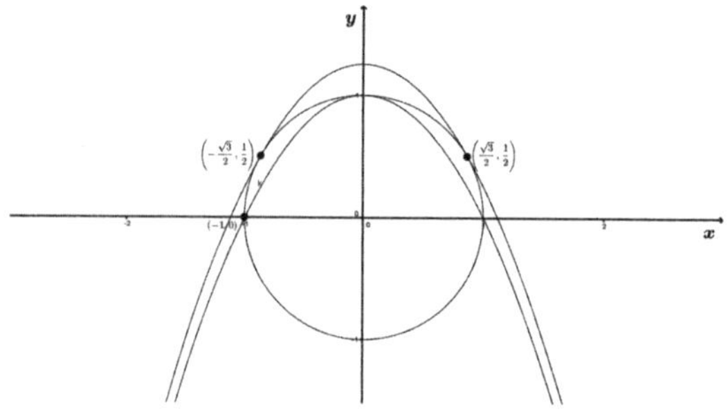

Figura 1.31: ponto de mínimo de $f : \mathbb{R}^2 \to \mathbb{R}, f(x, y) = x^2 + y$, condicionada a $C = \{(x, y) \in \mathbb{R}^2 : x^2 + y^2 = 1\}$.

Exemplo 7.

a) Dada $f : \{(x, y) \in \mathbb{R}^2 : x \geq 0, y \geq 0\} \to \mathbb{R}$, definida por $f(x, y) = \sqrt{xy}$, obtenha o máximo, bem como o respectivo ponto de máximo de f, condicionada a $C = \{(x, y) \in \mathbb{R}^2 : x \geq 0, y \geq 0, x + y = s,\ s > 0\}$ (s fixado arbitrariamente).

b) Deduza do item a) que, se x e y são números reais positivos, então $\sqrt{xy} \leq \dfrac{x+y}{2}$. (Esta desigualdade expressa o fato de que a média geométrica de dois números reais positivos é sempre menor que ou igual à média aritmética deles.)

c) Sob quais condições a média aritmética é igual à média geométrica?

Resolução:

a) Para cada número real $k > 0$, a curva de nível de f correspondente ao nível k, ou seja, $f(x, y) = k$, é a curva de equação

$$\sqrt{xy} = k.$$

As curvas $\sqrt{xy} = k$ e $x + y = s$ devem se intersectar para o maior valor de k ($k_{\text{máx}}$), o que equivale a obter k de modo que o sistema

$$\begin{cases} \sqrt{xy} = k \\ x + y = s \end{cases}$$

tenha solução única.

Da segunda equação do sistema acima decorre que $y = s - x$. Substituindo esse valor de y na primeira equação desse sistema, obtemos, após algumas operações algébricas simples, a seguinte equação do segundo grau em x:

$$x^2 - sx + k^2 = 0.$$

Para que o sistema acima tenha solução única, o discriminante dessa equação do segundo grau deve ser igual a zero:

$$(-s)^2 - 4 \cdot 1 \cdot k^2 = 0 \Rightarrow k = \frac{s}{2},$$

($k = -\dfrac{s}{2}(< 0)$ não convém, pois k deve ser positivo).

Substituindo esse valor de k na equação do segundo grau acima, resulta que $x^2 - sx + \dfrac{s^2}{4} = 0$, ou seja, $\left(x - \dfrac{s}{2}\right)^2 = 0$, de modo que $x = \dfrac{s}{2}$. Substituindo esse valor de x em $y = s - x$, obtemos $y = \frac{s}{2}$. Assim, o único ponto em que f pode ter um valor extremo é $\left(\frac{s}{2}, \frac{s}{2}\right)$. Como podemos escolher valores positivos para x e y que tornam $f(x, y)$ tão próximo de zero (mas não igual a zero) quanto desejarmos, f não tem valor mínimo. Logo, o ponto $\left(\frac{s}{2}, \frac{s}{2}\right)$ é ponto de máximo de f condicionada a C, de modo que o valor máximo de f é $f\left(\frac{s}{2}, \frac{s}{2}\right) = \frac{s}{2}$.

Na Figura 1.32 a seguir, apresentamos os esboços da reta $x + y = s$, da curva de nível $y = \frac{s^2}{4x}$ que é tangente a essa reta, e o ponto de máximo de f condicionada a C.

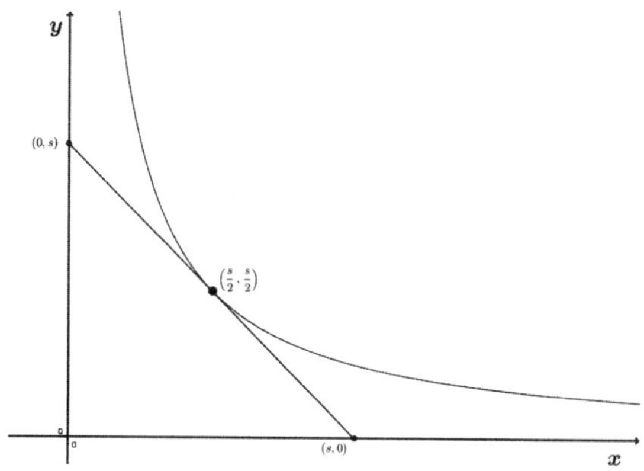

Figura 1.32: ponto de máximo de $f : \mathbb{R}^2 \to \mathbb{R}, f(x, y) = \sqrt{xy}$, condicionada a $C = \{(x, y) \in \mathbb{R}^2 : x \geq 0, y \geq 0, x + y = s,\ s > 0\}$.

b) Do item a), sabemos que o valor máximo de f condicionada a C é $\frac{s}{2}$, ou seja, pela definição de máximo, $f(x, y)(= \sqrt{xy}) \leq \frac{s}{2}$, para todos x e y reais positivos. Como $x + y = s$, podemos concluir que

$$\sqrt{xy} \leq \frac{x + y}{2},$$

para todos x e y reais positivos.

c) A média aritmética é igual à média geométrica precisamente quando f atinge propriamente o seu valor máximo $\frac{s}{2}$, o que ocorre apenas no (único) ponto de máximo $\left(\frac{s}{2}, \frac{s}{2}\right)$ que obtivemos no item a). Portanto, as médias aritmética e geométrica são iguais somente quando $x = y = \frac{s}{2}$.

Observação: a desigualdade entre as médias aritmética e geométrica tem várias aplicações teóricas e práticas. Para apresentar algumas dessas aplicações, observemos, inicialmente, o seguinte fato simples: se $h : A \subseteq \mathbb{R}^2 \to \mathbb{R}$ é uma função real positiva de duas variáveis reais (ou seja, $h(x, y) \geq 0$, para todo $(x, y) \in A$), e $f : A \subseteq \mathbb{R}^2 \to \mathbb{R}$ é a função real de duas variáveis definida por $f(x, y) = \sqrt{h(x, y)}$, para todo $(x, y) \in A$, então um ponto $p \in A$ é máximo (mínimo) absoluto de h em A se e somente se $p \in A$ é máximo (mínimo) absoluto de f em A. Assim, se $h : A \subseteq \mathbb{R}^2 \to \mathbb{R}$ é definida por $h(x, y) = xy$, para todos x e y reais positivos, $f : A \subseteq \mathbb{R}^2 \to \mathbb{R}$ é definida por $f(x, y) = \sqrt{xy}$ (ou seja, $f(x, y) = \sqrt{h(x, y)}$), para todos x e y reais positivos, e $C = \{(x, y) \in A : x + y = s,\ s > 0\}$, então o ponto $\left(\frac{s}{2}, \frac{s}{2}\right)$ de máximo de f

condicionada a C que obtivemos neste exemplo é o ponto de máximo de h condicionada a C (devido ao fato que ora mencionamos). Em outras palavras: "se dois números reais positivos x e y são tais que a sua soma é constante ($x + y = s$), então o seu produto xy é máximo quando eles são iguais ($x = y = \left(\frac{s}{2}, \frac{s}{2}\right)$)". Em particular, considerando x e y como os lados de um retângulo, decorre que, dentre todos os retângulos cujo perímetro $2x + 2y$ é conhecido, aquele de maior área é o quadrado. Portanto, dentre todas as mesas retangulares que permitem o mesmo número de cadeiras em volta, a quadrada é a que ocupa a maior área. Analogamente, "se dois números reais positivos x e y são tais que o seu produto é constante ($xy = p$), então a sua soma $x + y$ é mínima quando eles são iguais ($x = y = \sqrt{p}$)".

Exemplo 8. Dada a elipse $x^2 + \frac{y^2}{3} = 1$, obtenha o perímetro do triângulo retângulo de área mínima contido no 1º quadrante cujos catetos estão sobre os eixos coordenados e cuja hipotenusa é tangente a essa elipse.

Resolução:

Este problema requer, inicialmente, que obtenhamos os pontos nos quais a reta suporte da hipotenusa do triângulo retângulo mencionado no seu enunciado intersecta os eixos coordenados, de modo que necessitamos conhecer tal reta. Denotemos, pois, por (a, b) o ponto (a ser determinado) da elipse no qual essa reta a tangencia. Assim, $a^2 + \frac{b^2}{3} = 1$. Como (a, b) pertence à reta que desejamos determinar, para obtermos a sua equação basta calcularmos a sua inclinação nesse ponto. Derivando implicitamente a equação dada da elipse (considerando y como função implícita de x), temos

$$x^2 + \frac{y^2}{3} = 1 \Rightarrow 2x + \frac{2yy'}{3} = 0 \Rightarrow y' = -\frac{3x}{y},$$

de modo que a inclinação desejada em (a, b) é $y' \mid_{(a,b)} = -\frac{3a}{b}$. Logo, a equação da reta que necessitamos determinar é

$$y - b = -\frac{3a}{b}(x - a) \Rightarrow 3ax + by = 3a^2 + b^2 \Rightarrow ax + \frac{b}{3}y = a^2 + \frac{b^2}{3} \Rightarrow ax + \frac{b}{3}y = 1.$$

Os intersectos x e y dessa reta são, respectivamente, $\left(\frac{1}{a}, 0\right)$ e $\left(0, \frac{3}{b}\right)$. A área do triângulo que desejamos minimizar é, pois, dada por $\frac{3}{2ab}$. Portanto, o problema sob análise requer, essencialmente, que resolvamos o seguinte problema:

Dada $f : \{(a, b) \in \mathbb{R}^2 : a > 0, b > 0\} \to \mathbb{R}$, definida por $f(a, b) = \frac{3}{2ab}$, obtenha o ponto de mínimo de f condicionada a $C = \left\{(a, b) \in \mathbb{R}^2 : a^2 + \frac{b^2}{3} = 1, a > 0, b > 0\right\}$.

Para cada número real $k > 0$, a curva de nível de f correspondente ao nível k, ou seja, $f(a, b) = k$, é a curva de equação

$$\frac{3}{2ab} = k.$$

As curvas $\frac{3}{2ab} = k$ e $a^2 + \frac{b^2}{3} = 1$ devem se intersectar para o menor valor de k ($k_{\text{mín}}$), o que equivale a obter k de modo que o sistema

$$\begin{cases} \frac{3}{2ab} = k \\ a^2 + \frac{b^2}{3} = 1 \end{cases},$$

em que $a > 0, b > 0$, tenha solução única.

Da primeira equação do sistema acima decorre que $b = \frac{3}{2ka}$. Substituindo esse valor de b na segunda equação desse sistema, obtemos, após algumas operações algébricas simples, a seguinte equação biquadrada em a:

$$4k^2a^4 - 4k^2a^2 + 3 = 0.$$

Usando a substituição de variável $a^2 = t$ ($t > 0$), transformamos essa equação biquadrada na seguinte equação do segundo grau:

$$4k^2t^2 - 4k^2t + 3 = 0.$$

Para que o sistema acima tenha solução única, o discriminante dessa equação do segundo grau deve ser igual a zero:

$$(-4k^2)^2 - 4 \cdot (4k^2) \cdot 3 = 0 \Rightarrow 4k^2(4k^2 - 12) = 0 \Rightarrow k = \sqrt{3},$$

que é o valor da área mínima do triângulo do enunciado do exemplo.

Substituindo esse valor de k na equação do segundo grau acima, obtemos $12t^2 - 12t + 3 = 0$ ($\Leftrightarrow (2t-1)^2 = 0$), de modo que $t = \frac{1}{2}$. Assim, $a = \frac{\sqrt{2}}{2}$. Substituindo esse valor de a na segunda equação do sistema acima, obtemos $b = \frac{\sqrt{6}}{2}$. Desse modo, $\left(\frac{1}{a}, 0\right) = (\sqrt{2}, 0)$ e $\left(0, \frac{3}{b}\right) = (0, \sqrt{6})$. Logo, as medidas dos lados do triângulo do enunciado do exemplo correspondem à distância entre $(\sqrt{2}, 0)$ e $(0, \sqrt{6})$, bem como à distância de cada um desses pontos à origem, de modo que essas medidas são $2\sqrt{2}$ (hipotenusa), $\sqrt{2}$ (cateto sobre o semieixo x positivo) e $\sqrt{6}$ (cateto sobre o semieixo y positivo). Portanto, o perímetro solicitado é $\sqrt{2}(3 + \sqrt{3})$.

Na Figura 1.33 a seguir, apresentamos os esboços da elipse $x^2 + \frac{y^2}{3} = 1$, do triângulo retângulo de área mínima contido no 1º quadrante, cujos catetos estão sobre os eixos coordenados e cuja hipotenusa é tangente a essa elipse, e o ponto de mínimo $\left(\frac{\sqrt{2}}{2}, \frac{\sqrt{6}}{2}\right)$.

Exemplo 9. Calcule as dimensões de um retângulo de área máxima inscrito em um semicírculo de raio 1.

Resolução:

Denotemos por a e b as dimensões solicitadas, conforme Figura 1.34 a seguir.

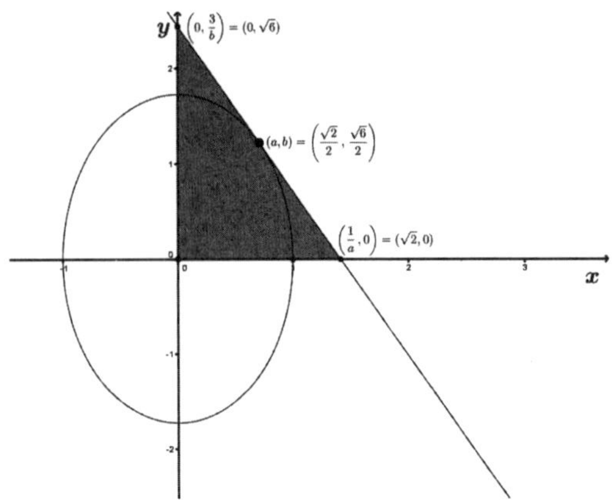

Figura 1.33: triângulo retângulo de área mínima contido no 1º quadrante cujos catetos estão sobre os eixos coordenados e cuja hipotenusa é tangente à elipse $x^2 + \frac{y^2}{3} = 1$.

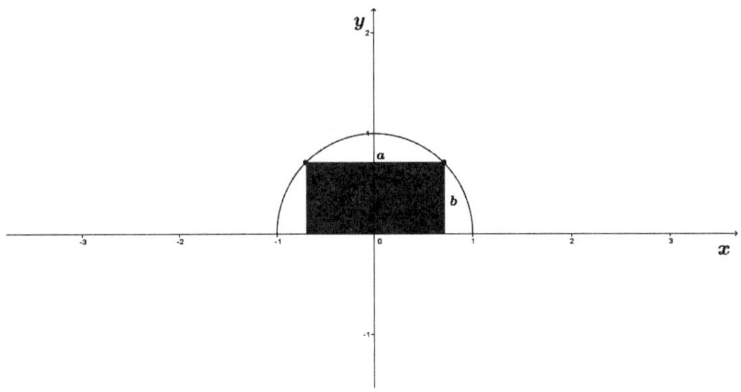

Figura 1.34: retângulo de dimensões a e b inscrito em um semicírculo de raio 1.

Ao inscrever, em um semicírculo de raio 1, um retângulo de dimensões a e b (conforme figura acima) cuja área é máxima, obtemos, usando o Teorema de Pitágoras, $b^2 + \frac{a^2}{4} = 1$. Assim, o problema que desejamos resolver é equivalente ao seguinte:

Dada $f : \{(a,b) \in \mathbb{R}^2 : a > 0, b > 0\} \to \mathbb{R}$, definida por $f(a,b) = ab$, obtenha o ponto de máximo de f condicionada a $C = \left\{(a,b) \in \mathbb{R}^2 : b^2 + \frac{a^2}{4} = 1, a > 0, b > 0\right\}$.

Para cada número real $k > 0$, pertencente à imagem de f, a curva de nível de f correspondente ao nível k, ou seja, $f(a,b) = k$, é

$$ab = k.$$

As curvas $ab = k$ e $b^2 + \frac{a^2}{4} = 1$ devem se intersectar para o maior valor de k ($k_{\text{máx}}$), o que equivale a obter k de modo que o sistema

$$\begin{cases} ab = k \\ b^2 + \dfrac{a^2}{4} = 1 \end{cases},$$

em que $a > 0, b > 0$, tenha solução única.

Da primeira equação do sistema acima decorre que $b = \dfrac{k}{a}$. Substituindo esse valor de b na segunda equação desse sistema, obtemos, após algumas operações algébricas simples, a seguinte equação biquadrada em a:

$$a^4 - 4a^2 + 4k^2 = 0.$$

Usando a substituição de variável $a^2 = t$ $(t > 0)$, transformamos essa equação biquadrada na seguinte equação do segundo grau:

$$t^2 - 4t + 4k^2 = 0.$$

Para que o sistema acima tenha solução única, o discriminante dessa equação do segundo grau deve ser igual a zero:

$$(-4)^2 - 4 \cdot 1 \cdot (4k^2) = 0 \Rightarrow 16(1 - k^2) = 0 \Rightarrow k = 1,$$

que é o valor da área máxima do retângulo do enunciado do exemplo.

Substituindo esse valor de k na equação do segundo grau acima, obtemos $t^2 - 4t + 4 = 0$ (equivalentemente, $(t-2)^2 = 0$), de modo que $t = 2$. Assim, $a = \sqrt{2}$. Substituindo esse valor de a na segunda equação do sistema acima, obtemos $b = \dfrac{\sqrt{2}}{2}$. Portanto, as dimensões do retângulo de área máxima, inscrito em um semicírculo de raio 1, são $a = \sqrt{2}$ e $b = \dfrac{\sqrt{2}}{2}$.

No último exemplo a seguir, consideramos como restrição de f um subconjunto do seu domínio determinado por desigualdades no plano (geometricamente, um quadrado).

Exemplo 10. Dada $f : \{(x, y) \in \mathbb{R}^2 : x \neq 1\} \to \mathbb{R}$, definida por $f(x, y) = \dfrac{y}{x-1}$, obtenha o máximo e o mínimo, bem como os respectivos pontos de máximo e de mínimo de f, condicionada a $C = \{(x, y) \in \mathbb{R}^2 : -2 \leq x \leq -1, 1 \leq y \leq 2\}$.

Resolução:

Para cada número real k fixado, pertencente à imagem de f, a curva de nível de f correspondente ao nível k, ou seja, $f(x, y) = k$, é a reta de equação

$$y = kx - k, \forall x \neq 1,$$

isto é, a reta que passa pelo ponto $(1, 0)$, de inclinação k, da qual excluímos tal ponto. Assim, interpretando essa inclinação como a tangente do ângulo entre essa reta e o eixo das abscissas (sentido anti-horário, a partir do eixo x), decorre que, quanto menor (respectivamente, maior) for esse ângulo, menor (respectivamente, maior) será o correspondente valor de k $(= f(x, y))$, pois a função tangente é crescente em todo o seu domínio.

Portanto, $(-2, 1)$ é o ponto de máximo e $(-1, 2)$ é o ponto de mínimo de f condicionada a C. Substituindo as coordenadas desses pontos na equação da reta acima, obtemos $k_{\text{máx}} = -\dfrac{1}{3}$ e $k_{\text{mín}} = -1$, que são os correspondentes valores de máximo e de mínimo de f condicionada a C.

Na Figura 1.35 a seguir, apresentamos os esboços do quadrado $C = \{(x, y) \in \mathbb{R}^2 : -2 \leq x \leq -1, 1 \leq y \leq 2\}$ e das retas $y = -\dfrac{1}{3}x + \dfrac{1}{3}$, $y = -x + 1$ que intersectam esse quadrado, respectivamente, nos pontos de máximo $(-2, 1)$ e de mínimo $(-1, 2)$ de $f : \mathbb{R}^2 \to \mathbb{R}, f(x, y) = \dfrac{y}{x-1}$, condicionada a C.

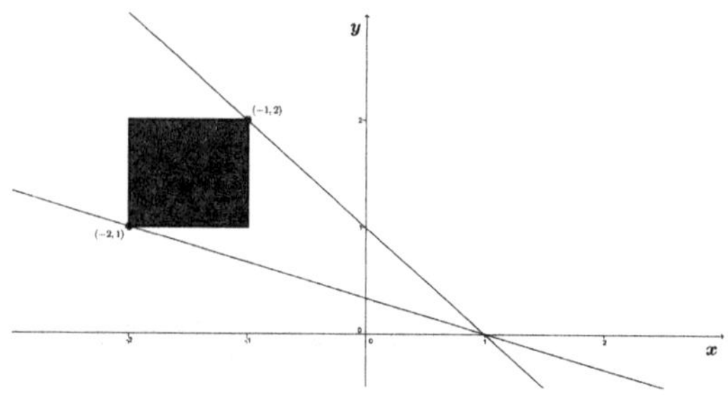

Figura 1.35: pontos de máximo e de mínimo de $f : \mathbb{R}^2 \to \mathbb{R}, f(x,y) = \dfrac{y}{x-1}$, condicionada a $C = \{(x,y) \in \mathbb{R}^2 : -2 \leq x \leq -1, 1 \leq y \leq 2\}$.

1.5 Funções reais de n variáveis reais

As definições de função real de n variáveis reais, gráfico, superfície de nível, máximos/mínimos e máximos/mínimos condicionados dessa classe de funções, são análogas àquelas de função real de duas variáveis reais, gráfico, conjunto de nível, máximos/mínimos e máximos/mínimos condicionados.

Observação. No que segue (em todo este livro), sempre que conveniente, para simplificar notações, expressaremos o argumento de uma função real de n variáveis reais na forma vetorial:

$$f(x_1, x_2, \ldots, x_n) \equiv f(\boldsymbol{r}), \ \boldsymbol{r} \in \mathbb{R}^n.$$

Definição 1.5.1. *Uma função real de n variáveis reais $f : A \subseteq \mathbb{R}^n \to \mathbb{R}$ $(A \neq \emptyset, n \in \mathbb{N}\ (n \geq 2))$ é uma regra que associa a cada n-upla de números reais $(x_1, x_2, \ldots, x_n) \in A$ um único valor $f(x_1, x_2, \ldots, x_n) \in \mathbb{R}$.*

Exemplo. Se uma companhia usa n ingredientes diferentes para a fabricação de um produto, c_i $(1 \leq i \leq n)$ é o custo por unidade do i-ésimo ingrediente e x_i unidades são usadas, então o custo total C desses ingredientes é uma função dessas n variáveis $x_1, x_2, \ldots, x_n$:

$$C(= f(x_1, x_2, \ldots, x_n)) = c_1x_1 + c_2x_2 + \ldots + c_nx_n.$$

Definição 1.5.2. *O gráfico de uma função real de n variáveis reais $f : A \subseteq \mathbb{R}^n \to \mathbb{R}$ é o subconjunto $G(f)$ de $\mathbb{R}^{n+1}$ que consiste nas $(n+1)$-uplas ordenadas $(x_1, x_2, \ldots, x_n, z)$ tais que $z = f(x_1, x_2, \ldots, x_n)$, para todo $(x_1, x_2, \ldots, x_n) \in A$.*

Em linguagem simbólica:

$$G(f) = \{(x_1, x_2, \ldots, x_n, z) \in \mathbb{R}^{n+1} : z = f(x_1, x_2, \ldots, x_n), \text{ para todo } (x_1, x_2, \ldots, x_n) \in A\}.$$

O gráfico de uma função real de n variáveis reais $f : A \subseteq \mathbb{R}^n \to \mathbb{R}$ é um subconjunto de $\mathbb{R}^{n+1}$, de modo que sua representação geométrica, para $n \geq 3$, é impossível.

Definição 1.5.3. *Dada uma função real de n variáveis reais $f : A \subseteq \mathbb{R}^n \to \mathbb{R}$, a superfície de nível de f é o subconjunto do domínio de f no qual f tem um valor fixo.*

Dentre as aplicações de conjunto de nível que apresentamos, a única análoga para superfície de nível que necessita de comentário é a aplicação (clássica) de conjuntos de nível à representação geométrica de uma função real de duas variáveis reais.

Observamos que a representação geométrica do gráfico de uma função real de n variáveis reais $f : A \subseteq \mathbb{R}^n \to \mathbb{R}$, por ser um subconjunto de $\mathbb{R}^{n+1}$, é, para $n \geq 3$, impossível. Por esse motivo, quando pretendemos obter a representação geométrica de tal função f, **no caso especial em que $n = 3$**, usamos as superfícies de nível de f. Entretanto, mesmo superfície de nível torna-se impossível de se visualizar, para $n > 3$.

Exemplo. As superfícies de nível de $f : \mathbb{R}^3 \to \mathbb{R}$, definida por $f(x, y, z) = x^2 + y^2 + z^2$, são $x^2 + y^2 + z^2 = k$, em que k é uma constante real. Se $k < 0$, elas se reduzem ao conjunto vazio. Se $k = 0$, elas se degeneram no ponto $(0, 0, 0)$. Se $k > 0$, elas constituem uma família de esferas concêntricas (com centros na origem) e raios $\sqrt{k}$.

No que segue, $\boldsymbol{r_0}$ representa um ponto de $A \subseteq \mathbb{R}^n$ fixado, a ser determinado.

Definição 1.5.4. *Consideremos uma função real de n variáveis reais $f : A \subseteq \mathbb{R}^n \to \mathbb{R}$ e $\boldsymbol{r_0} \in A$. $f(\boldsymbol{r_0})$ é denominado valor máximo absoluto (ou, simplesmente, máximo absoluto) (respectivamente, valor mínimo absoluto) (ou, simplesmente, mínimo absoluto) de f se, para todo $\boldsymbol{r} \in A$,*

$$f(\boldsymbol{r}) \geq f(\boldsymbol{r_0}) \quad (\textit{respectivamente, } f(\boldsymbol{r_0}) \leq f(\boldsymbol{r})).$$

Tal ponto $\boldsymbol{r_0}$ é denominado *ponto de máximo absoluto* (respectivamente, *ponto de mínimo absoluto*) de f.

Dada uma função real de n variáveis reais $f : A \subseteq \mathbb{R}^n \to \mathbb{R}$ e dado $C = \{\boldsymbol{r} \in A : g(\boldsymbol{r}) = c$, para algum $c \in \mathbb{R}$ fixado$\}$, desejamos, frequentemente, obter os valores extremos (máximos e mínimos) de f condicionada a C.

A definição a seguir, análoga a essa definição, fornece-nos os conceitos formais de *valor máximo* (respectivamente, *valor mínimo*) e de *ponto de máximo* (respectivamente, *ponto de mínimo*) de uma função real de n variáveis reais $f : A \subseteq \mathbb{R}^n \to \mathbb{R}$ condicionada a um conjunto C tal como consideramos acima.

Definição 1.5.5. *Consideremos uma função real de n variáveis reais $f : A \subseteq \mathbb{R}^n \to \mathbb{R}$, $C \subseteq A$ (subconjunto do domínio de f) e $\boldsymbol{r_0} \in C$. $f(\boldsymbol{r_0})$ é denominado valor máximo (ou, simplesmente, máximo) (respectivamente, valor mínimo) (ou, simplesmente, mínimo) de f condicionada a C se, para todo $\boldsymbol{r} \in C$,*

$$f(\boldsymbol{r_0}) \geq f(\boldsymbol{r}) \quad (\textit{respectivamente, } f(\boldsymbol{r_0}) \leq f(\boldsymbol{r})).$$

Sob essas condições, o ponto $\boldsymbol{r_0}$ é denominado *ponto de máximo* (respectivamente, *ponto de mínimo*) de f condicionada a C.

De resto, toda a discussão pertinente se mantém, tendo o leitor apenas o simples trabalho de adaptá-la para o caso de n variáveis reais: substituir $\mathbb{R}^2$ por $\mathbb{R}^n$; "duas" por n; (x, y) por $\boldsymbol{r}$ e, consequentemente, (a, b) por $\boldsymbol{r_0}$.

Exercícios

Seção 1.1

1. Considere $f : A \subseteq \mathbb{R}^2 \to \mathbb{R}$ uma função real de duas variávies reais. Demonstre as seguintes propriedades do conjunto imagem de f, em que X e Y são subconjuntos quaisquer de A:

a) $f(X \cup Y) = f(X) \cup f(Y)$.
b) $f(X \cap Y) \subset f(X) \cap f(Y)$.
c) $X \subset Y \Rightarrow f(X) \subset f(Y)$.
d) $f(A) \setminus f(X) \subset f(A \setminus X)$.
e) $f(\emptyset) = \emptyset$.

2. Considere $f : A \subseteq \mathbb{R}^2 \to \mathbb{R}$ uma função real de duas variávies reais. Dado $Y \subset \mathbb{R}$ (ou seja, dado um subconjunto Y do contradomínio $\mathbb{R}$ de f), a *imagem inversa* de Y por f é, por definição, o conjunto $f^{-1}(Y) = \{(x,y) \in A : f(x,y) \in Y\}$. Assim, a imagem inversa de Y por f é um subconjunto do domínio A de f. É possível que $f^{-1}(Y) = \emptyset$, mesmo que $Y \in \mathbb{R}$ seja não vazio? Justifique a sua resposta.

3. Os subconjuntos do plano definidos em Geometria Analítica por meio de equações, bem como desigualdades, são imagens inversas de certos conjuntos por determinadas funções. Em cada caso a seguir, obtenha a função real de duas variáveis reais $f : \mathbb{R}^2 \to \mathbb{R}$ tal que o conjunto dado seja a imagem inversa de um subconjunto conveniente de $\mathbb{R}$ por f:

a) a reta de equação $ax+by = c$ é o conjunto $\mathscr{R} = \{(x,y) \in \mathbb{R}^2 : ax+by = c$ $(a, b$ não simultaneamente nulos$)\}$.

b) o círculo de equação $(x-a)^2 + (y-b)^2 = r^2$ (centro no ponto (a,b) e raio $r > 0$) é o conjunto $\mathscr{C} = \{(x,y) \in \mathbb{R}^2 : (x-a)^2 + (y-b)^2 = r^2\}$.

c) o disco de equação $(x-a)^2 + (y-b)^2 \leq r^2$ (centro no ponto (a,b) e raio $r > 0$) é o conjunto $\mathscr{D} = \{(x,y) \in \mathbb{R}^2 : (x-a)^2 + (y-b)^2 \leq r^2\}$.

d) a elipse de equação $\dfrac{(x-h)^2}{a^2} + \dfrac{(y-k)^2}{b^2} = 1$ (centro no ponto (h,k) e semieixos de medidas a e b, (a, b não nulos)) é o conjunto $\mathscr{E} = \left\{(x,y) \in \mathbb{R}^2 : \dfrac{(x-h)^2}{a^2} + \dfrac{(y-k)^2}{b^2} = 1\right\}$.

e) a hipérbole de equação $\dfrac{(x-h)^2}{a^2} - \dfrac{(y-k)^2}{b^2} = 1$ (centro no ponto (h,k) e semieixos de medidas a e b, (a, b não nulos)) é o conjunto $\mathscr{H} = \left\{(x,y) \in \mathbb{R}^2 : \dfrac{(x-h)^2}{a^2} - \dfrac{(y-k)^2}{b^2} = 1\right\}$.

4. Considere $f : A \subseteq \mathbb{R}^2 \to \mathbb{R}$ uma função real de duas variávies reais. Demonstre as seguintes propriedades da imagem inversa de um subconjunto de $\mathbb{R}$ por f, em que X e Y são subconjuntos quaisquer de $\mathbb{R}$:
a) $f^{-1}(X \cup Y) = f^{-1}(X) \cup f^{-1}(Y)$.
b) $f^{-1}(X \cap Y) = f^{-1}(X) \cap f^{-1}(Y)$.
c) $f^{-1}(X^c) = [f^{-1}(X)]^c$ (W^c denota o complementar do conjunto W).
d) $Y \subset Y \Rightarrow f^{-1}(X) \subset f^{-1}(Y)$.
e) $f^{-1}(\mathbb{R}) = A$.
f) $f^{-1}(\emptyset) = \emptyset$.

5. Dado um conjunto L, cujos elementos denominamos *índices*, denotados genericamente por λ, uma *família* $(A_\lambda)_{\lambda \in L}$ de conjuntos com índices em L é, por definição, uma função que, a cada $\lambda \in L$, associa um único conjunto A_λ. Considere $f : A \subseteq \mathbb{R}^2 \to \mathbb{R}$ uma função real de duas variávies reais. Dadas uma família $(A_\lambda)_{\lambda \in L}$ de subconjuntos de A e uma família $(B_\mu)_{\mu \in L}$ de subconjuntos de $\mathbb{R}$, demonstre as seguintes propriedades:
a) $f(\cup A_\lambda) = \cup f(A_\lambda)$.
a) $f(\cap A_\lambda) \subset \cap f(A_\lambda)$.
b) $f^{-1}(\cup B_\mu) = \cup f^{-1}(B_\mu)$.
c) $f^{-1}(\cap B_\mu) = \cap f^{-1}(B_\mu)$.

[**Extra**] Considere $f : A \subseteq \mathbb{R}^2 \to \mathbb{R}$, $g : B \subseteq \mathbb{R} \to \mathbb{R}$, tais que $f(A) \subseteq B$ (**a imagem de f está contida no domínio de g**), de modo que a função composta $g \circ f : C \subseteq \mathbb{R}^2 \to \mathbb{R}$ está bem definida. Dado $Z \subset C$, demonstre que $(g \circ f)^{-1}(Z) = f^{-1}(g^{-1}(Z))$.

[**Exercícios: 6-15**] Obtenha a expressão de cada uma das funções reais de duas variáveis reais $f : A \subseteq \mathbb{R}^2 \to \mathbb{R}$ cujas descrições são dadas a seguir.

6. Dado um triângulo, $f(x,y)$ é o ângulo desse triângulo cuja medida do lado oposto é conhecida.

7. Dado um triângulo cujo semiperímetro é $\frac{1}{2}$, $f(x,y)$ é a área desse triângulo.

8. Dado um triângulo, $f(x,y)$ é a soma das distâncias de um ponto interior a esse triângulo a cada um dos seus vértices.

9. Dados um triângulo retângulo de hipotenusa a e catetos b e c, e θ um dos ângulos agudos (uma vez fixado um dos ângulos agudos de um triângulo retângulo como sendo α, o outro é completamente determinado como sendo $\dfrac{\pi}{2} - \theta$),
a) $f(a,\theta)$ é a área desse triângulo, em termos da hipotenusa a e do ângulo agudo θ.
b) $f(b,\theta)$ é a área desse triângulo, em termos do cateto b e do ângulo agudo θ.
c) $f(c,\theta)$ é a área desse triângulo, em termos do cateto c e do ângulo agudo θ.

10. Dado um retângulo com comprimento a e largura b, dividido em quatro retângulos menores por duas retas paralelas aos lados, $f(x,y)$ é a soma dos quadrados das áreas desses

retângulos menores, em que x e y denotam as distâncias dessas retas aos lados desse retângulo.

11. Dado um quadrado unitário dividido em quatro quadrados (dois brancos, dois hachurados, conforme Figura 1.36 a seguir), $f(x, y)$ é a área da parte hachurada do retângulo cujos lados x e y são paralelos aos lados desse quadrado, tal que um dos ângulos coincide com o do quadrado hachurado.

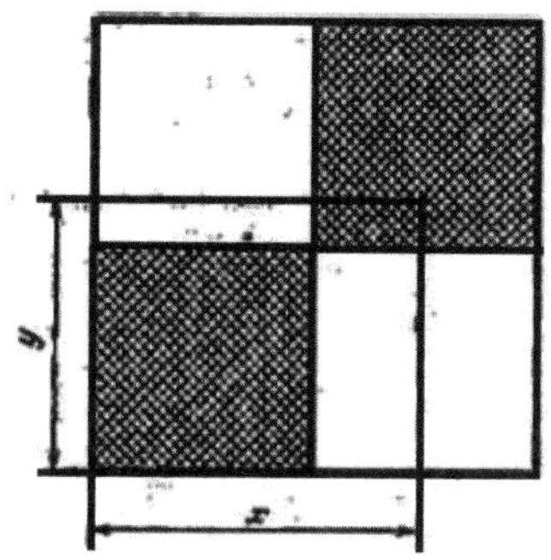

Figura 1.36: Exercício 11.

12. Uma caixa retangular de dimensões x, y, z deve ser fabricada (fixando-se a área (ou o volume) dessa caixa, é possível obter-se z como função de x e y).

a) $f(x, y)$ é o volume dessa caixa, dado que se dispõe de $A\,m^2$ de material para fabricá-la (desconsidere a tampa).

b) $f(x, y)$ é a área da superfície dessa caixa, dado que o volume dela deva ser $V\,m^3$.

c) $f(x, y)$ é o custo de fabricação dessa caixa, dado que o volume dela deva ser $V\,m^3$, o comprimento(x)×altura(z) (partes dianteira e traseira) custa $R\$5,00$, o comprimento($x$)× largura($y$) (tampa e fundo) custa $R\$10,00$ e a largura(y)×altura(z) (extremidades) custa $R\$15,00$.

13. Dada uma longa folha de metal galvanizado com a metros de largura, deseja-se fabricar uma calha dobrando-se as bordas dessa folha de iguais quantidades x, de modo que as abas façam o mesmo ângulo θ com a horizontal. $f(x, \theta)$ é a área da seção transversal dessa calha.

14. Dado um cone circular reto inscrito em uma esfera,

a) $f(r, h)$ é o volume desse cone, em termos do raio r da esfera e da altura h do cone.

b) $f(r, \theta)$ é o volume desse cone, em termos do raio r da esfera e do ângulo θ medido entre a altura do cone e o raio da esfera com extremidade na base do cone.

15. No planejamento de computadores modernos, é necessário considerar a velocidade da luz (aproximadamente 300.000 km/s) ao posicionar componentes elétricos, de modo que eles possam comunicar-se o mais rapidamente possível. Suponha que três componentes estejam localizados em um plano coordenado em $P_1(x, y)$, $P_2(x, y)$ e $P_3(x, y)$ (não colineares) e que cada ângulo do triângulo $P_1P_2P_3$ seja inferior a 120°. Um quarto componente, que se comunicará igualmente com esses três, deve ser colocado em um ponto $P(x, y)$ (necessariamente, interior a esse triângulo) que minimize a demora total entre a transmissão e a recepção de sinais. Se P é colocado adequadamente, o tempo mínimo entre a transmissão e a recepção de sinais corresponde ao valor de (x, y) que fornece o mínimo de $f(x, y)$.

[Extra] Demonstre que a função real de duas variáveis reais $f : A \subseteq \mathbb{R}^2 \to \mathbb{R}$ que representa a área de um triângulo inscrito em um círculo dado de raio r, em termos de dois (α e β) dos três ângulos centrais que subtendem os lados desse triângulo, é dada por $f(\alpha, \beta) = \frac{r^2}{2}[sen\alpha + sen\beta - sen(\alpha + \beta)]$. (Dado que tal função representa área, demonstre que $f \geq 0$, para todos α e β.)

[Exercícios: 16-35] Obtenha, descreva e esboce o domínio de cada uma das funções reais de duas variáveis reais $f : A \subseteq \mathbb{R}^2 \to \mathbb{R}$ cujas expressões são dadas a seguir:

16. $f(x,y) = \dfrac{xy}{\sqrt{5x^2 + 2y^2 + 2xy + 1}}$.
17. $f(x,y) = \dfrac{x - y}{x^3 - 3x^2 + 2xy - x^2y + y^2}$.
18. $f(x,y) = \dfrac{1}{lnx + lny}$.
19. $f(x,y) = \dfrac{ln(1+x) + ln(1+y)}{ln(1-x) + ln(1-y)}$.
20. $f(x,y) = ln(2x^2 + y^2 - 1)$.
21. $f(x,y) = ln[cos(x^2 - y^2)]$.
22. $f(x,y) = ln[sen(3x^2 + 2y^2)]$.
23. $f(x,y) = ln(x^2 - xy + y^2)$.
24. $f(x,y) = \dfrac{log(4 - x - y)}{\sqrt{xy - 3}}$.
25. $f(x,y) = log_{x+y}(xy)$.
26. $f(x,y) = \dfrac{1}{1 - x^y}$.
27. $f(x,y) = \dfrac{1 - cos(\sqrt{xy})}{x}$.
28. $f(x,y) = \dfrac{1}{senx\, cosy}$.
29. $f(x,y) = \dfrac{1}{sen^2(\pi x) + sen^2(\pi y)}$.
30. $f(x,y) = \dfrac{1}{sen(\pi x)} + \dfrac{1}{sen(\pi y)}$.
31. $f(x,y) = \dfrac{x - y}{senx - seny}$.
32. $f(x,y) = arcsen(x^2 - y^2)$.
33. $f(x,y) = \dfrac{1}{arcsen(2x^2 - 3y^2)}$.
34. $f(x,y) = arccos\left(\sqrt{\dfrac{x}{y}}\right)$.
35. $f(x,y) = arctg\left(\dfrac{x}{\sqrt{x^2 + y^2}}\right)$.

[Extra]

a) Dada $f : A \subseteq \mathbb{R}^2 \to \mathbb{R}$, definida por $f(x,y) = ln(xy)$, obtenha, descreva e esboce o domínio de f.

b) Dada $g : B \subseteq \mathbb{R}^2 \to \mathbb{R}$, definida por $g(x,y) = lnx + lny$, obtenha, descreva e esboce o domínio de g.

c) Duas funções $f : A \subseteq \mathbb{R}^2 \to B$ e $g : C \subseteq \mathbb{R}^2 \to D$ são denominadas *iguais* se $A = C$, $B = D$ e $f(x,y) = g(x,y)$, para todo $(x,y) \in A\ (= C)$ (ou seja, duas funções são iguais se têm o mesmo domínio, o mesmo contradomínio e a mesma regra de correspondência). As funções f (do item a) e g (do item b) são iguais? Se sim, justifique o porquê. Se não, por que não contradiz o fato de que $ln(xy) = lnx + lny$?

Seção 1.2

[Exercícios: 1-10] A equação de qualquer função linear real de duas variáveis reais é determinada quando se conhecem seu valor em um ponto dado, a inclinação do plano (representação geométrica do seu gráfico) na direção x e a inclinação também na direção y: se um plano passa pelo ponto (x_0, y_0, z_0), tem inclinação a na direção x e inclinação b na direção y, então sua equação é dada por $z = z_0 + a(x - x_0) + b(y - y_0)$. Esse plano é o gráfico da função linear $f(x,y) = z_0 + a(x - x_0) + b(y - y_0)$. Escrevendo $c = z_0 - ax_0 - by_0$, podemos expressar $f(x,y)$ na forma equivalente $f(x, y) = ax + by + c$. Uma função linear pode, igualmente, ser determinada por meio de uma tabela que tenha as seguintes características:

i) os dados em cada linha e em cada coluna são lineares;

ii) os dados em todas as colunas têm a mesma "inclinação" ("inclinação" na direção x);

iii) os dados em todas as linhas têm a mesma "inclinação" ("inclinação" na direção y) (embora a "inclinação" dos dados das colunas e a dos dados das linhas sejam, em geral, diferentes).

1. Suponha que z seja função linear de x e de y, com "inclinação" $1,5$ na direção x e "inclinição" $-0,5$ na direção y. Obtenha a variação de z quando x varia de $0,3$ e y varia de $-0,1$.

2. Obtenha a equação para o plano contendo a reta no plano xy em que $y = 1$ e a reta no plano xz em que $z = -1$.

3. Obtenha a equação da função linear $z = ax + by + c$ cujo gráfico intersecta o plano xz na reta $z = -3x + 1$ e intersecta o plano yz na reta $z = -y + 3$.

4. Obtenha a equação da função linear $z = ax + by + c$ cujo gráfico intersecta o plano xy na reta $y = -3x + 5$ e contém o ponto $(0, 0, -3)$.

5. Uma escola particular tem capacidade para 100 alunos. O número total de alunos depende de dois fatores: preço da mensalidade e reputação da escola. Quando o preço da mensalidade aumenta, o número de alunos diminui; quando a reputação da escola melhora, o número de alunos aumenta. Mesmo com a pior reputação possível, porém, a escola lota-se, se não cobra mensalidade. Supondo que todas essas relações sejam lineares, essas informações podem ser visualizadas como um plano no espaço tridimensional.

a) Qual é o sinal da inclinação desse plano na direção da mensalidade?

b) Qual é o sinal da inclinação desse plano na direção da reputação?

c) Quais são as coordenadas do ponto de interseção desse plano com o eixo z?

6. Uma empresa fabrica dois produtos, P_1 e P_2. Suponha que o custo (em centenas de reais) para produzir x unidades de P_1 e y unidades de P_2 seja uma função linear. Obtenha a função custo $C(x, y)$ com base nos seguintes dados: $C(10, 20) = 120$, $C(30, 15) = 210$ e $C(40, 50) = 330$.

7. Uma empresa que vende dois produtos, P_1 e P_2, tem um lucro de $R\$3,00$ por unidade do produto P_1 e $R\$5,00$ por unidade do produto P_2. Quando vende apenas 100 unidades de P_1 e 50 unidades de P_2, tem um prejuízo de $R\$500,00$. Obtenha a função lucro dessa empresa, sabendo que tal função é linear.

8. Os sociólogos que estudam as tendências da moda observaram que a adesão a uma nova moda é função do tempo (medido a partir do lançamento da moda) e do custo envolvido. Para uma moda em particular, o nível de participação foi de 50% do público-alvo duas semanas após o lançamento da nova moda, ocasião em que o custo associado era de $R\$30,00$. No caso dessa moda, os especialistas acreditam que a adesão seja uma função linear do tempo e do custo, com uma inclinação de $-0,2$ na direção do tempo e $-0,9$ na direção do custo. Obtenha tal função.

9. Suponha que a função custo de uma empresa que fabrica x unidades de um produto e y unidades de outro produto seja uma função linear. A tabela de uma função desse tipo é dada

a seguir:

$x \backslash y$	100	150	200
200	800	900	1000
300	850	950	1050

Obtenha essa função.

10. É dada a seguir uma tabela parcial de valores de uma função linear.
a) Complete-a.
b) Obtenha essa função.
c) Calcule o valor dessa função no ponto $(2,5; 0,5)$.

$x \backslash y$	-1,0	0,0	1,0
2,0	4,0	–	–
3,0	–	3,0	5,0

11. Uma indústria fabrica dois produtos a partir de duas matérias-primas. Considere q_1, q_2 as quantidades vendidas desses dois produtos, p_1, p_2 seus preços e m_1, m_2 as quantidades compradas dessas duas matérias-primas. Qual(is) das seguintes funções você espera que seja(m) linear(es)? (Em cada caso, suponha que todas as variáveis, exceto as mencionadas, permaneçam fixas).
a) Rendimento como função de q_1 e q_2.
b) Gasto com matérias-primas como função de m_1 e m_2.
c) Rendimento como função de p_1 e p_2.

12. Obtenha o grau da cada uma das seguintes funções homogêneas:
a) Função demanda: $D(p, y) = \dfrac{y}{kp}$.
b) Função de produção de Cobb-Douglas: $P(L, K) = CK^{\alpha}L^{1-\alpha}$.
c) Função de produção CES*: $P(L, K) = C(\alpha K^{-\rho} + \beta L^{-\rho})^{-\frac{m}{\rho}}$.
* CES (*Constant Elasticity of Substitution*).
d) Função de produção de Leontief: $P(L, K) = K + L + 2\sqrt{KL}$.
e) Função utilidade de substitutos perfeitos: $U(L, K) = \alpha K + \beta L$.
f) Função utilidade de complementos perfeitos: $U(L, K) = min\{\alpha L, \beta K\}$.

13. Dada $f : \mathbb{R}^2 \to \mathbb{R}$ uma função homogênea de grau 2 tal que $f(a, b) = a$, para todo (a, b) que satisfaz $a^2 + b^2 = 1$ (ou seja, (a, b) pertence ao círculo de centro na origem e raio 1), obtenha:
a) $f(2\sqrt{3}, 5)$.
b) $f(a, 0), a \neq 0$.
c) $f(x, y)$, para todo $(x, y) \neq (0, 0)$.
É possível generalizar este exercício para uma função homogênea de grau n qualquer? Justifique a sua resposta.

14. Dada $f : \mathbb{R}^2 \to \mathbb{R}$ uma função homogênea de grau n qualquer, tal que $f(a, b) = 0$, para todo (a, b) que satisfaz $a^2 + b^2 = 1$ (ou seja, (a, b) pertence ao círculo de centro na origem e raio 1), obtenha a expressão de $f(x, y)$, para todo $(x, y) \neq (0, 0)$.

15. Demonstre que uma função real de duas variáveis reais homogênea de grau $n \neq 0$ é completamente determinada quando se conhecem os seus valores sobre os pontos de um círculo de centro na origem (ou seja, dada $g : [0, 2\pi) \to \mathbb{R}$, existe uma única função $f : \mathbb{R}^2 \to \mathbb{R}$, homogênea de grau $n \neq 0$, tal que, para todo $\theta \in [0, 2\pi)$, $f(cos\theta, sen\theta) = g(\theta)$).

16. Dado $n \in \mathbb{R}$, demonstre que existe uma função $f : \mathbb{R}^2 - \{(0,0)\} \to \mathbb{R}$, homogênea de grau n, tal que $f(x, y) > 0$, para todo $(x, y) \neq (0, 0)$, que não é uma função polinomial.

17. Demonstre que uma função polinomial real de duas variáveis reais $f(x, y) = \sum_{i=0}^{m} \sum_{j=0}^{n} a_{ij} x^i y^j$ é uma função homogênea se e somente se $i + j = N$ $(N > 0)$, caso em que o grau de homogeneidade é precisamente N. (Em particular, uma função polinomial que tenha algum termo constante não nulo não pode ser homogênea.)

18. Dada uma função linear de duas variáveis reais $f : \mathbb{R}^2 \to \mathbb{R}$, $f(x, y) = ax + by + c$, a mudança em x (respectivamente, em y) necessária para manter z $(= f(x, y))$ fixado quando y (respectivamente, x) muda é denominada *trade-off* (troca).

a) qual é o *trade-off* em y quando x cresce por α?

b) qual é o *trade-off* em x quando y cresce por β?

19. Dada uma função linear de duas variáveis reais, suponha que o *trade-off* em y, quando x cresce por 1, seja -3.

a) Qual é o *trade-off* em y quando x decresce por 3?

b) Qual é o *trade-off* em x quando y cresce por 5?

20. Dada uma função linear de duas variáveis reais $f : \mathbb{R}^2 \to \mathbb{R}$, tal que $f(3, 7) = -1$, a inclinação na direção x é 3 e o *trade-off* em y, quando x cresce por 5, é -3, obtenha a expressão de f.

Seção 1.3

1. Dadas $f, g : A \subseteq \mathbb{R}^2 \to \mathbb{R}$ funções reais de duas variáveis reais, explique como podemos obter o gráfico de g com base no gráfico de f (analise cuidadosamente todos os casos possíveis de acordo com os valores dos parâmetros reais p, q, r, s dados):

a) $g(x, y) = p \pm f(x, y)$. $(p \neq 0)$

b) $g(x, y) = p \pm qf(x, y)$. $(q \neq 0)$

c) $g(x, y) = p \pm f(x - q, y - r)$. ($q$ e r não simultaneamente nulos)

d) $g(x, y) = p \pm qf(x - r, y - s)$. ($q \neq 0$, r e s não simultaneamente nulos)

e) $g(x, y) = p \pm f(qx, ry)$. ($q$ e r não simultaneamente nulos)

f) $g(x, y) = p \pm qf(rx, sy)$. ($q \neq 0$, r e s não simultaneamente nulos)

2. Dada $f : A \subseteq \mathbb{R}^2 \to \mathbb{R}$ uma função real de duas variáveis reais, explique como o gráfico de f depende dos parâmetros reais não nulos a, b, c dados:

a) $f(x, y) = e^{ax^2 + y^2}$.

b) $f(x, y) = (ax^2 + by^2)e^{-x^2 - y^2}$.

c) $f(x, y) = x^2 + cxy + y^2$.

3. Esboce o gráfico de cada uma das funções reais de duas variáveis reais dadas a seguir:

a) $f : \mathbb{R}^2 \to \mathbb{R}$, definida por $f(x,y) = \sqrt{x^2+y^2}$.
b) $f : \mathbb{R}^2 \to \mathbb{R}$, definida por $f(x,y) = e^{\sqrt{x^2+y^2}}$.
c) $f : \mathbb{R}^2 - \{(0,0)\} \to \mathbb{R}$, definida por $f(x,y) = ln(\sqrt{x^2+y^2})$.
d) $f : \mathbb{R}^2 \to \mathbb{R}$, definida por $f(x,y) = sen(\sqrt{x^2+y^2})$.
e) $f : \mathbb{R}^2 - \{(0,0)\} \to \mathbb{R}$, definida por $f(x,y) = \dfrac{1}{\sqrt{x^2+y^2}}$.

Em geral, se g é uma função real de uma única variável real, definida em $[0,+\infty)$ (de modo que possamos considerar $f(x,y) = g(\sqrt{x^2+y^2})$), como obter o gráfico de f com base no gráfico de g? Justifique a sua resposta.

4. Duas funções são iguais se elas têm os mesmos gráficos.

a) Dada $f : A \subseteq \mathbb{R}^2 \to \mathbb{R}$, definida por $f(x,y) = ln(xy)$, use o *Mathematica*™ para esboçar o gráfico de f.

b) Dada $g : B \subseteq \mathbb{R}^2 \to \mathbb{R}$, definida por $g(x,y) = lnx + lny$, use o *Mathematica*™ para esboçar o gráfico de g.

c) As funções f (do item a)) e g (do item b)) são iguais (no sentido de terem os mesmos gráficos)? Justifique a sua resposta.

5. Associe cada uma das funções reais de duas variáveis reais, cujas expressões são dadas a seguir $(a-j)$, ao seu respectivo gráfico ((I)-(X)).

a) $f(x,y) = |x| - |y|$.
b) $f(x,y) = |x-y|$.
c) $f(x,y) = \left|\dfrac{x}{y}\right|$.
d) $f(x,y) = \dfrac{y^4 - 8y^2 - 4x^2}{30}$.
e) $f(x,y) = \dfrac{xy^3 - x^3y}{3}$.
f) $f(x,y) = e^x seny$.
g) $f(x,y) = senxseny$.
h) $f(x,y) = senxy$.
i) $f(x,y) = \dfrac{sen(xy)}{xy}$.
j) $f(x,y) = min\{|x|,|y|\}$.

Nota.

$$min\{a,b\} \stackrel{\text{def.}}{=} \begin{cases} a, & \text{se} \quad a \le b \\ b, & \text{se} \quad b \le a \end{cases}$$

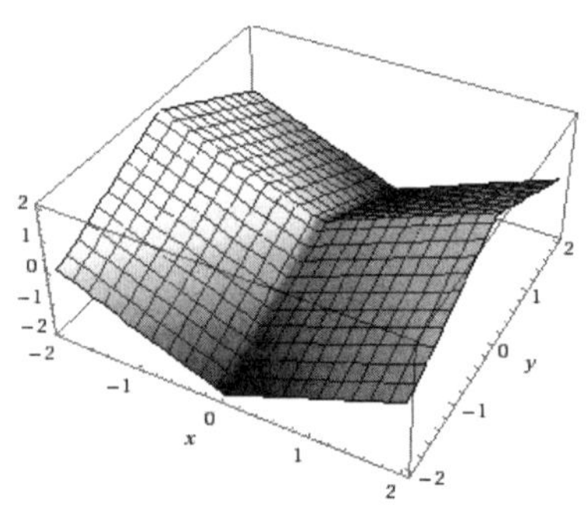

Figura 1.37: (I)

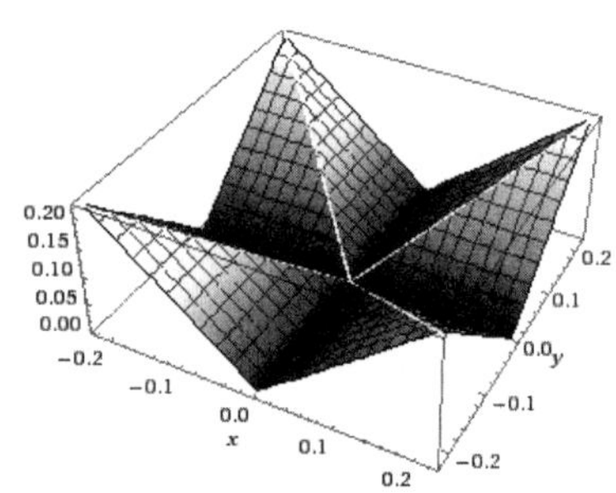

Figura 1.38: (II)

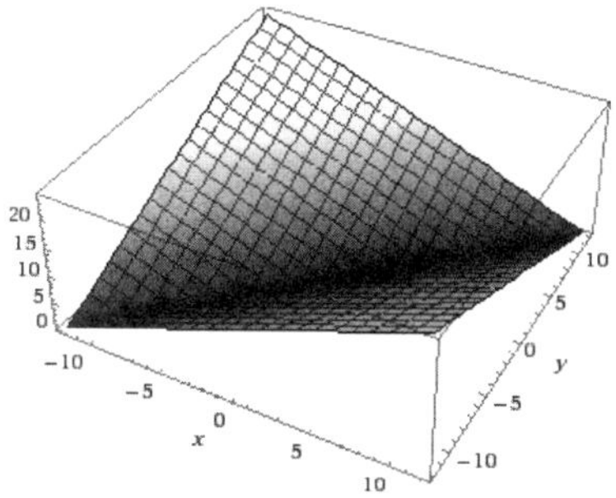

Figura 1.39: (III)

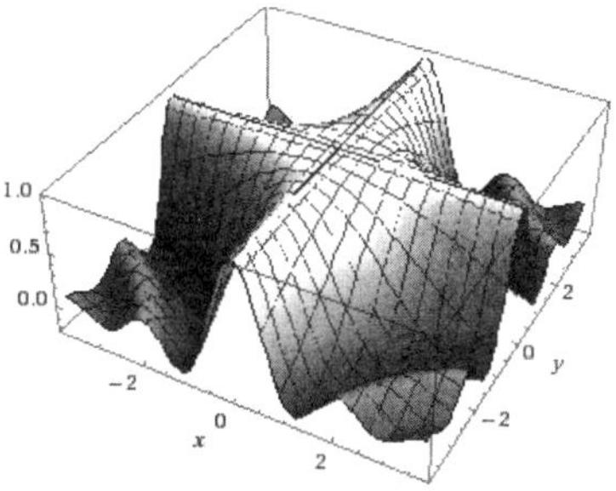

Figura 1.40: (IV)

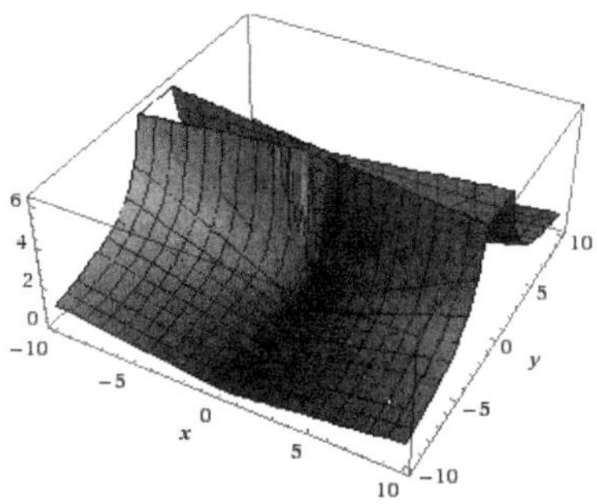

Figura 1.41: (V)

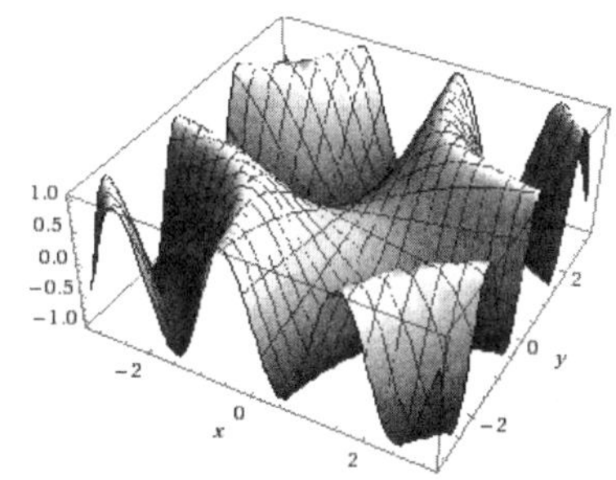

Figura 1.42: (VI)

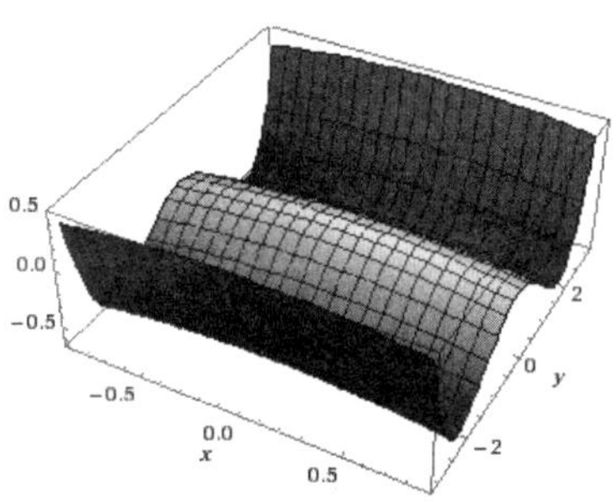

Figura 1.43: (VII)

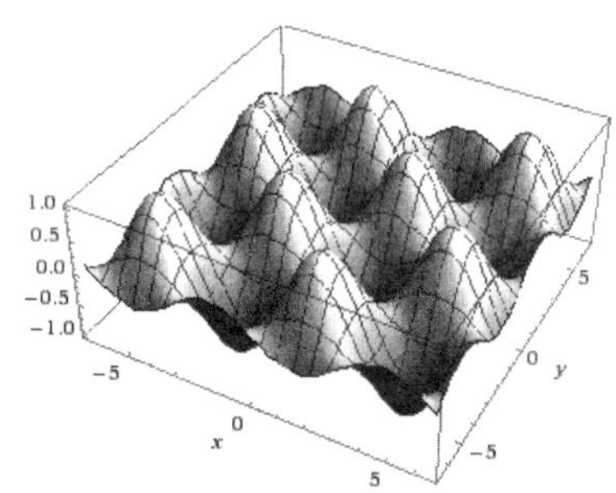

Figura 1.44: (VIII)

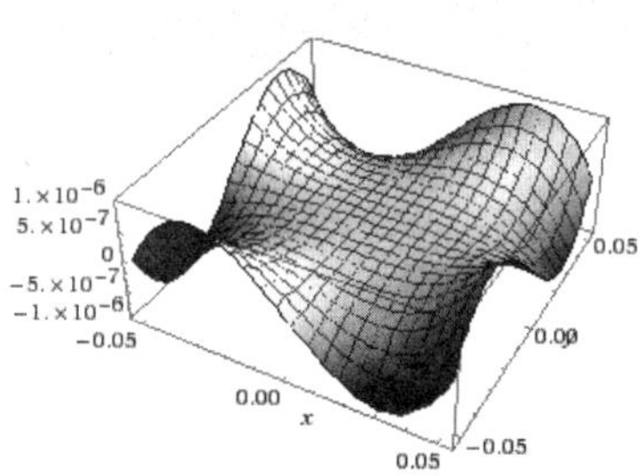

Figura 1.45: (IX)

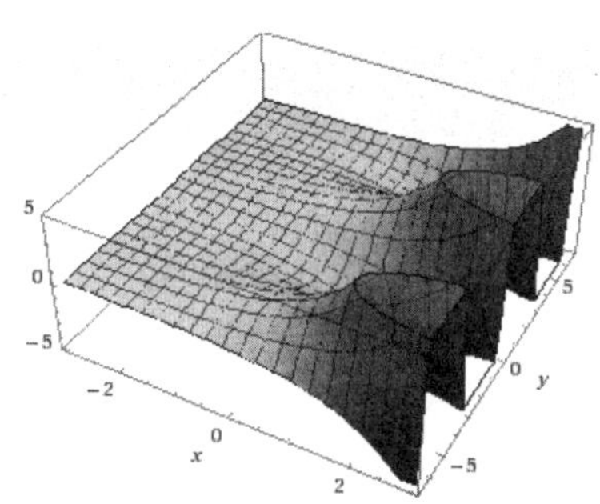

Figura 1.46: (X)

Seção 1.4

[Exercícios: 1-25] Obtenha, descreva e esboce as curvas de nível (mapas de contornos) das funções reais de duas variáveis reais cujas expressões são dadas a seguir.

1. $f : \{(x,y) \in \mathbb{R}^2 : y \neq x\} \to \mathbb{R}$, definida por $f(x,y) = \dfrac{x}{x-y}$.

2. $f : \mathbb{R}^2 - \{(0,0)\} \to \mathbb{R}$, definida por $f(x,y) = \dfrac{x^2-y^2}{x^2+y^2}$.

3. $f : \{(x,y) \in \mathbb{R}^2 : x^2+y^2 \leq 9\} \to \mathbb{R}$, definida por $f(x,y) = \sqrt{9-x^2-y^2}$.

4. $f : \{(x,y) \in \mathbb{R}^2 : y \geq -x-1, x \neq 1\} \to \mathbb{R}$, definida por $f(x,y) = \dfrac{\sqrt{x+y+1}}{x-1}$.

5. $f : \{(x,y) \in \mathbb{R}^2 : y \neq x\} \to \mathbb{R}$, definida por $f(x,y) = \dfrac{x^2+y^2}{y-x}$.

6. $f : \mathbb{R}^2 - \{(0,0)\} \to \mathbb{R}$, definida por $f(x,y) = \dfrac{1}{3x^2+5y^2}$.

7. $f : \left\{(x,y) \in \mathbb{R}^2 : y \neq \pm\frac{\sqrt{15}}{5}x\right\} \to \mathbb{R}$, definida por $f(x,y) = \dfrac{1}{3x^2-5y^2}$.

8. $f : \mathbb{R}^2 \to \mathbb{R}$, definida por $f(x,y) = xy$.

9. $f : \mathbb{R}^2 \to \mathbb{R}$, definida por $f(x,y) = |x| + y$.

10. $f : \mathbb{R}^2 \to \mathbb{R}$, definida por $f(x,y) = |x| + |y| - |x+y|$.

11. $f : \mathbb{R}^2 - \{(0,0)\} \to \mathbb{R}$, definida por $f(x,y) = \dfrac{1}{x^2+y^2}$.

12. $f : \mathbb{R}^2 - \{(0,0)\} \to \mathbb{R}$, definida por $f(x,y) = \dfrac{1}{\sqrt{x^2+y^2}}$.

13. $f : \mathbb{R}^2 - \{(0,0)\} \to \mathbb{R}$, definida por $f(x,y) = ln(x^2+y^2)$.

14. $f : \{(x,y) \in \mathbb{R}^2 : x < y^2\} \to \mathbb{R}$, definida por $f(x,y) = ln(y^2-x)$.

15. $f : \mathbb{R}^2 - \{(0,0)\} \to \mathbb{R}$, definida por $f(x,y) = \dfrac{x^2-y^2}{x^2+y^2}$.

16. $f : \mathbb{R}^2 \to \mathbb{R}$, definida por $f(x,y) = min\{|x|, |y|\}$.
Nota.
$$min\{a,b\} \stackrel{\text{def.}}{=} \begin{cases} a, & \text{se} \quad a \leq b \\ b, & \text{se} \quad b \leq a \end{cases}$$

17. $f : \mathbb{R}^2 \to \mathbb{R}$, definida por $f(x,y) = max\{|x|, |y|\}$.
Nota.
$$max\{a,b\} \stackrel{\text{def.}}{=} \begin{cases} a, & \text{se} \quad a \geq b \\ b, & \text{se} \quad b \geq a \end{cases}$$

18. $f : \mathbb{R}^2 \to \mathbb{R}$, definida por $f(x,y) = e^{y-x-x^2}$.

19. $f : \mathbb{R}^2 \to \mathbb{R}$, definida por $f(x,y) = e^{-x^2-y^2}$.

20. $f : \{(x,y) \in \mathbb{R}^2 : 0 < x^2 + y^2 < 1\} \to \mathbb{R}$, definida por $f(x,y) = ln\left(\dfrac{1+\sqrt{x^2+y^2}}{1-\sqrt{x^2+y^2}}\right)$.

21. $f : \mathbb{R}^2 \to \mathbb{R}$, definida por $f(x,y) = sen(x-y)$.

22. $f : \mathbb{R}^2 \to \mathbb{R}$, definida por $f(x,y) = sgn[(senx)(seny)]$.
Nota.

$$sgn(a) \overset{\text{def.}}{=} \begin{cases} -1, & \text{se} \quad a < 0 \\ 0, & \text{se} \quad a = 0 \\ 1, & \text{se} \quad a > 0 \end{cases}.$$

23. $f : \mathbb{R}^2 \to \mathbb{R}$, definida por $f(x,y) = arctg(3x^2 - 5y^2)$.

24. $f : \mathbb{R}^2 - \{(0,0)\} \to \mathbb{R}$, definida por $f(x,y) = ae^{-\frac{1}{x^2+y^2}}$, em que a é uma constante real positiva dada.

25. $f : \{(x,y) \in \mathbb{R}^2 : x^2 + y^2 \neq a^2\} \to \mathbb{R}$, definida por $f(x,y) = arctg\left(\dfrac{ay}{x^2+y^2-a^2}\right)$, em que a é uma constante real positiva dada.

[**Extra**] Compare as curvas de nível de $f : \mathbb{R}^2 \to \mathbb{R}$, definida por $f(x,y) = x^2 + y^2$ (cujo gráfico é um paraboloide), com as curvas de nível de $g : \mathbb{R}^2 \to \mathbb{R}$, definida por $g(x,y) = \sqrt{x^2+y^2}$ (cujo gráfico é um cone), descrevendo quaisquer semelhanças, bem como diferenças. Que você pode afirmar, com base em sua descrição, sobre toda função real de duas variáveis reais que dependa apenas de $x^2 + y^2$ (por exemplo, $F, G, H : \mathbb{R}^2 \to \mathbb{R}$, definidas por $F(x,y) = sen(x^2+y^2)$, $G(x,y) = e^{-(x^2+y^2)}$ e $G(x,y) = ln\left(\dfrac{1}{x^2+y^2}\right)$ (neste caso, $0 < x^2 + y^2 \neq 1$)?

[**Exercícios: 26-45**]. Nos Exercícios 26-45, ora são fornecidas funções reais de duas variáveis reais que modelam determinadas situações-problema de interesse prático geral do conhecimento humano, ora é solicitado que se obtenha tais funções. Obtenha, descreva e esboce as curvas de nível (mapa de contornos) de cada uma de tais funções. Explique o significado prático dessas curvas de nível (do ponto de vista da respectiva área do conhecimento a que se referem).

26. De acordo com a *lei dos gases ideais*, $PV = nRT$, em que P é a pressão, V é o volume, T é a temperatura, n é o número de mols do gás e R é a constante universal dos gases ideais. Expresse P como função de V e T; T como função de P e V; V como função de P e T.

27. A *equação de van der Waals* para n mols de um gás é $\left(P + \dfrac{n^2a}{V^2}\right)(V - nb) = nRT)$, em que P é a pressão, V é o volume, T é a temperatura do gás, R é a constante universal do gás e a, b são constantes positivas características de um gás em particular. (Essa equação generaliza aquela dos gases ideais). Expresse P como função de V e T; T como função de P e V; V como função de P e T.

28. De acordo com a *1ª lei de Ohm*, a resistência R, a corrente I e a voltagem V em um circuito elétrico estão relacionadas pela fórmula $V = RI$. Expresse I como função de R e V; R como função de I e V.

29. De acordo com a *2ª lei de Ohm*, a resistência elétrica R de um condutor cilíndrico de resistividade elétrica ρ, de comprimento L e de seção transversal A pode ser expressa por $R = \rho\frac{L}{A}$. Fixada uma dentre essas variáveis, expresse cada uma das demais em função das outras duas.

30. A *resistência total* R de dois resistores R_1, R_2, ligados em paralelo, é dada por $\frac{1}{R} = \frac{1}{R_1} + \frac{1}{R_2}$. Expresse R_1 como função de R e R_2; R_2 como função de R e R_1.

31. A *gravidade específica* s de um objeto mais denso que a água é dada por $s(A, W) = \frac{A}{A - W}$, em que A e W são os pesos (em libras) do objeto no ar e na água, respectivamente. Expresse A como função de s e W; W como função de s e A.

32. A maioria dos computadores tem apenas um processador que pode ser utilizado para cálculos. Os supercomputadores modernos, entretanto, têm entre dois e vários milhares de processadores. Um supercomputador multiprocessador é comparado a um computador uniprocessador em termos de *speedup*. A *speedup* S é o número de vezes mais rápido que um cálculo pode ser feito com um multiprocessador do que com um uniprocessador. A *lei de Amdahl* é uma fórmula usada para determinar S, dada por $S(p, q) = \frac{p}{q + p(1 - q)}$, em que p é o número de processadores e q é a fração do cálculo que pode ser realizado utilizando todos os processadores disponíveis em paralelo – isto é, usando-os de modo que os dados sejam processados concomitantemente por unidades separadas. A situação ideal, *paralelismo completo*, ocorre quando $q = 1$. Expresse p como função de S e q; q como função de S e p.

33. A *eficiência* E de um cálculo por multiprocessador pode ser calculada pela equação $E(p, q) = \frac{S(p, q)}{p}$, ou seja, $E(p, q) = \frac{1}{q + p(1 - q)}$. Expresse p como função de E e q; q como função de E e p.

34. A *capacidade vital* V dos pulmões é o maior volume de ar que pode ser exalado após uma inalação de ar. Para um indivíduo do sexo masculino de x anos de idade e y centímetros de altura, V pode ser aproximada pela função $V = 27,63y - 0,112xy$. Expresse x como função de V e y; y como função de V e x.

35. O *alcance horizontal* R de um projétil lançado com velocidade inicial v_0 segundo um ângulo θ_0 entre v_0 e o sentido positivo do eixo x (sem resistência do ar) é a distância horizontal que esse projétil percorre ao retornar à sua altura inicial (igual à altura de lançamento), cuja expressão é $R = \frac{v_0^2}{g} sen(2\theta_0)$, em que g é a aceleração da gravidade. Expresse v_0 como função de R e θ_0; θ_0 como função de R e v_0.

36. A *energia cinética* K de um corpo com massa m e velocidade v é $K = \frac{1}{2}mv^2$. Expresse m como função de K e v; v como função de K e m.

37. Dado um ioiô, a sua *aceleração linear* a é dada por $a = \dfrac{2gr^2}{2r^2 + R^2}$, em que g é a aceleração da gravidade, R é o raio do ioiô e r é o raio desde o centro de massa do ioiô até a parte externa da corda enrolada no seu eixo de rotação. Expresse r como função de a e R; R como função de a e r.

38. A *deflexão* S de uma viga horizontal, apoiada em suas duas extremidades, que suporta uma carga uniforme, é dada por $S(l, h) = \dfrac{c}{lh^3}$, em que l é a largura da viga, h é a sua altura e c é uma constante que depende do comprimento e da composição da viga e da quantidade de carga. Expresse l como função de S e h; h como função de S e l.

39. A *força* P *gerada por um rotor eólico* é proporcional ao produto da área A varrida pelas pás desse rotor e pela terceira potência da velocidade v do vento. Expresse P como função de A e v. Expresse A como função de P e v; v como função de P e A.

40. A *área* S *da superfície do corpo humano* (em m^2) como função do peso x (em kg) e da altura y (em cm) pode ser modelada pela *fórmula de Du bois e Du bois* $S(x, y) = 0,007184x^{0,425}y^{0,725}$. (Du Bois D., Du Bois E.F. (jun 1916). "*A formula to estimate the approximate surface area if height and weight be known*". Archives of Internal Medicine 17 (6): 863-871.) Expresse x como função de S e y; y como função de S e x.

41. Um balão meteorológico é liberado ao nível do mar, a uma distância R do "olho" de um furacão, e sua altitude aumenta à medida que ele se move em direção ao "olho". A *altitude* h que o balão atingirá no "olho" pode ser aproximada por $h = \pi^2 g \dfrac{R^4}{C^2}$, em que g é uma constante gravitacional e C é uma medida meteorológica denominada *circulação* da velocidade do vento. (A circulação está estreitamente relacionada com a intensidade e a direção dos ventos no interior do furacão). Expresse C como função de h e R; R como função de C e h.

42. O *fator de resfriamento eólico* F é função da velocidade x do vento (em m/s) e da temperatura y (em $°C$), conforme a fórmula $F(x, y) = (33 - y)(10\sqrt{x} - x + 10,5)$. Expresse x como função de F e y; y como função de F e x.

43. Biólogos marinhos determinaram que, quando um tubarão detecta a presença de sangue na água, ele nada na direção em que a concentração de sangue aumenta mais rapidamente. Com base em certos testes na água do mar, sabe-se que a *concentração* C *de sangue* (em partes por milhão) em um ponto $P(x, y)$ na superfície é de aproximadamente $C(x, y) = Ae^{-c(x^2+2y^2)}$, em que A e c são constantes positivas. Expresse x como função de C e y; y como função de C e x.

44. No estudo da penetração da geada em uma rodovia, a *temperatura* T no instante t (medido em dias) a uma profundidade x (medida em metros) pode ser modelada pela função $T(x, t) = T_0 + T_1 e^{-\lambda x} sen(\omega t - \lambda x)$, em que $\omega = \dfrac{2\pi}{365}$ e T_0, T_1 e λ são constantes positivas. Expresse x como função de T e t; t como função de T e x.

45. Quando um poluente, tal como óxido nítrico, é emitido por uma chaminé de h metros de altura, a *concentração* C *do poluente* (em $\mu g/m^3$) em um ponto a x quilômetros ($x \neq 0$)

da chaminé e à altura de y metros pode ser representada por $C(x,y)=\dfrac{a}{x^2}\left[e^{-\frac{b(y-h)^2}{x^2}}+e^{-\frac{b(y+h)^2}{x^2}}\right]$, em que a e b são constantes positivas que dependem das condições atmosféricas e da taxa de emissão do poluente. Expresse x como função de C e y; y como função de C e x.

46. A fronteira superior da região semicircular da Figura 1.47 a seguir é mantida à temperatura de 10^oC, enquanto a sua fronteira inferior é mantida em 0^oC. A temperatura de *estado estacionário* T (estado estacionário significa que T é independente do tempo) em um ponto (x,y) interior a essa região é dada por $T(x,y) = \dfrac{20}{\pi}arctg\left(\dfrac{2y}{1-x^2-y^2}\right)$. Demonstre que as isotérmicas são arcos de círculos de centro no eixo y negativo e que passam pelos pontos $(-1,0)$ e $(1,0)$.

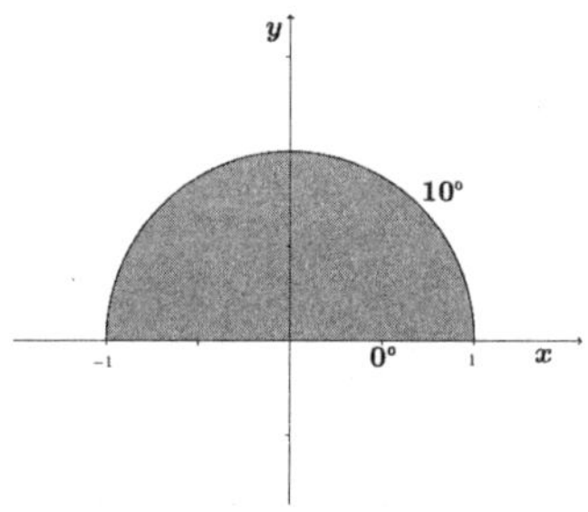

Figura 1.47: *estado estacionário* da fronteira superior de uma região semicircular.

47. A pressão atmosférica p nas proximidades do solo em certa região é dada por $p(x,y) = ax^2 + by^2 + c$, em que a, b, c são constantes positivas. Descreva as isobáricas nessa região para pressões superiores a c.

48. A *superfície minimal de Scherk* é denominada *minimal* porque tem a menor área de superfície dentre todas as superfícies com a mesma fronteira. (Se mergulhássemos um pedaço de arame com a forma da sua fronteira em água com sabão, a película de sabão que se formaria no arame teria a forma da superfície minimal). Essa superfície é o gráfico de $f(x,y) = ln(cosx) - ln(cosy)$ $(cosx > 0, cosy > 0)$. Obtenha, descreva e esboce as curvas de nível (mapa de contornos) dessa função.

49. Em um dia claro, a *intensidade I de luz solar* (em velas-pé) às t horas após o nascente e à profundidade oceânica de x metros pode ser aproximada pela função $I(x,t) = I_0 e^{-cx} sen^3\left(\dfrac{\pi t}{D}\right)$, em que I_0 é a intensidade ao meio-dia, D é a extensão do dia (em horas) e c é uma constante positiva. Para quais valores de k a equação $I(x,t) = k$ representa curvas de nível da intensidade de luz solar?

50. Um *modelo de densidade urbana* é uma fórmula que relaciona a densidade populacional (número de pessoas por quilômetro quadrado) e a distância do centro da cidade. Suponha introduzido um sistema retangular de coordenadas com o centro da cidade na origem, e considere $Q(x,y)$ a densidade populacional nas proximidades do ponto $P(x,y)$. Considere as seguintes funções de densidade urbana, em que a, b, c são constantes positivas:

a) $Q(x,y) = ae^{-b\sqrt{x^2+y^2}}$.

Para quais valores de k a equação $Q(x, y) = k$ representa curvas de nível dessa função densidade populacional urbana?

b) $Q(x, y) = ae^{-b\sqrt{x^2+y^2}+c(x^2+y^2)}$.

Para quais valores de k a equação $Q(x, y) = k$ representa curvas de nível dessa função densidade populacional urbana?

51. A superfície de um lago é representada por uma região D no plano xy de modo que a profundidade P (em metros) sob o ponto (x, y) é $P(x, y) = 300 - 2x^2 - 3y^2$. Em quais pontos a profundidade se mantém constante?

52. Deve-se construir uma usina de incineração de lixo para atender a duas cidades. Cada cidade gostaria de maximizar sua distância à usina, mas, por motivos econômicos, a soma das distâncias de cada cidade à usina não pode exceder M quilômetros. Demonstre que as curvas de nível para a localização da usina são elipses.

53. (*Problema de fazendeira*) Uma fazendeira, que está sentada no alpendre da sua fazenda, tem que ir buscar um balde de água no riacho próximo e levá-lo para sua vaca no estábulo (na Figura 1.48 a seguir, são dadas as localizações da fazendeira, da vaca e do riacho). Como a fazendeira pode determinar, graficamente, o lugar do rio a que deve ir para encher seu balde de modo a minimizar a distância total que ela tem de caminhar? Justifique a sua resposta.

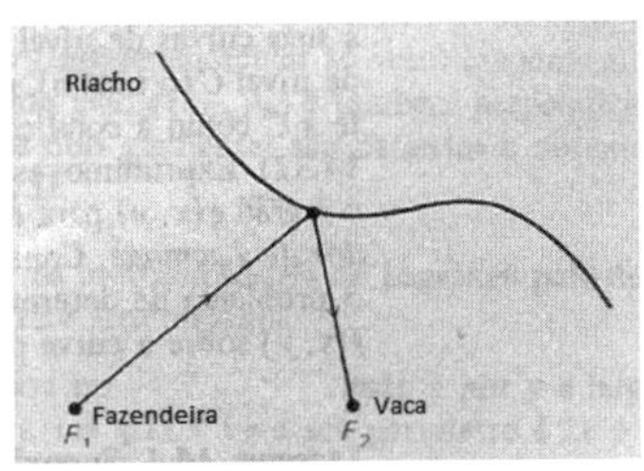

Figura 1.48: problema de fazendeira.

54. É possível que o conjunto de nível de uma função real de duas variáveis reais seja igual a todo o seu domínio? Justifique a sua resposta.

55. Que significa quando as isotermas de um campo de temperatura tendem a se aproximar umas das outras na vizinhança de um dado ponto?

56. Dado um mapa que mostra as isotermas de um campo de temperatura, explique como podemos obter o caminho, começando em um dado ponto, ao longo do qual a temperatura aumente mais rapidamente.

57. O mapa de uma determinada região mostra uma estrada e um cartaz. Suponha que $f(x, y)$ seja o ângulo subtendido por esse cartaz em um ponto (x, y). Demonstre que as curvas de nível de f são os arcos de círculos cujos pontos finais são as extremidades desse cartaz.

58.

a) Demonstre que quaisquer duas curvas de nível de uma função real de duas variáveis reais são sempre paralelas uma à outra.

b) Explique esse fato para o caso em que tal função é linear.

c) Para evitar voos vazios, as companhias aéreas vendem algumas passagens pelo preço normal (sem desconto) e outras com desconto. A receita R de certa campanhia aérea, no caso de determinada rota, durante um período de tempo, é uma função (linear) do número x de passagens vendidas pelo preço normal (sem desconto) e do número y de passagens vendidas com desconto. A tabela a seguir apresenta a renda(em reais) de determinada companhia aérea em função do número de passagens normais e do número de passagens com desconto.

$x\backslash y$	200	400	600	800	1000
100	75000	115000	155000	195000	235000
200	110000	150000	190000	230000	270000
300	145000	185000	225000	265000	305000
400	180000	220000	260000	300000	340000

Com base nessa tabela, esboce o mapa de contornos de R, interprete a inclinação de qualquer das suas curvas de nível e o fato mencionado no item a), em termos dos tipos de passagens vendidas.

59. Dada uma função linear de duas variáveis reais $f : \mathbb{R}^2 \to \mathbb{R}$, $f(x, y) = ax + by + c$, em que $b \neq 0$,

a) demonstre que todas as curvas de nível de f são retas de inclinação $-\dfrac{a}{b}$.

b) demonstre que, para quaisquer x e y, $f(x + b, y - a) = f(x, y)$. (Analogamente, $f(x - b, y + a) = f(x, y)$.)

c) Explique a relação entre os itens a) e b).

60. Dada uma função linear de duas variáveis reais $f : \mathbb{R}^2 \to \mathbb{R}$, a mudança em x (respectivamente, em y) necessária para manter z $(= f(x, y))$ fixado quando y (respectivamente, x) muda é denominada *trade-off*. O conjunto dos pontos tais que z é constante é denominado *reta de trade-off*.

a) Qual é a relação entre o conceito de reta de *trade-off* e aquele de curva de nível?

b) O que você pode afirmar, em termos do conceito de *trade-off*, sobre o item b) do Exercício 18 da Seção 1.2?

[Extra] Obtenha as curvas de nível da função z definida implicitamente pela equação $z + x\ln z + y = 0$.

Subseção 1.4.1

Pesquise tipos de curvas de nível (distintos daqueles fornecidos no texto) que desempenhem papel importante em áreas do conhecimento humano de modo geral.

Subseção 1.4.2 *i)*

Associe cada uma das funções reais de duas variáveis reais, cujas expressões são dadas a seguir $(a - j)$, ao seu respectivo mapa de contornos ((I)-(X)).

a) $f(x, y) = |x| - |y|$.

b) $f(x, y) = |x - y|$.

c) $f(x, y) = \left|\dfrac{x}{y}\right|$ $(y \neq 0)$.

d) $f(x,y) = \dfrac{y^4 - 8y^2 - 4x^2}{30}$.

e) $f(x,y) = \dfrac{xy^3 - x^3y}{3}$.

f) $f(x,y) = e^x seny$.

g) $f(x,y) = senxseny$.

h) $f(x,y) = senxy$.

i) $f(x,y) = \dfrac{sen(xy)}{xy}$ $(xy \neq 0)$.

j) $f(x,y) = min\{|x|,|y|\}$.

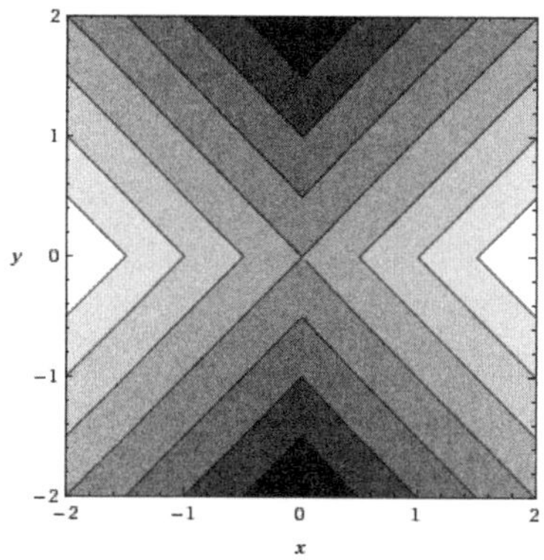

Figura 1.49: (I)

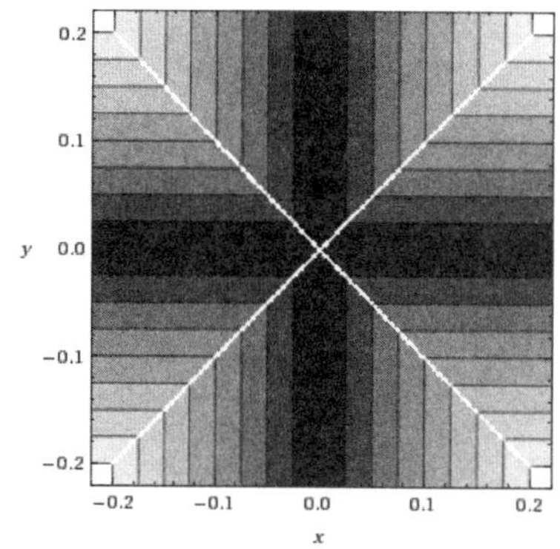

Figura 1.50: (II)

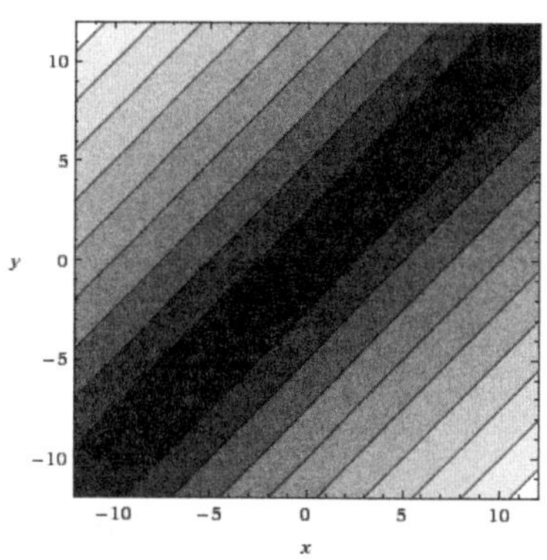

Figura 1.51: (III)

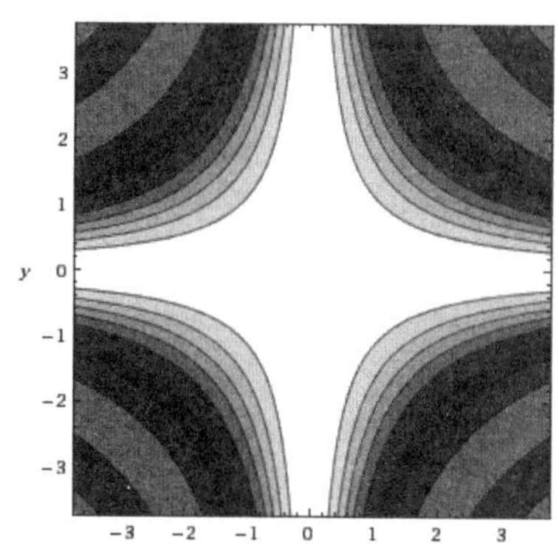

Figura 1.52: (IV)

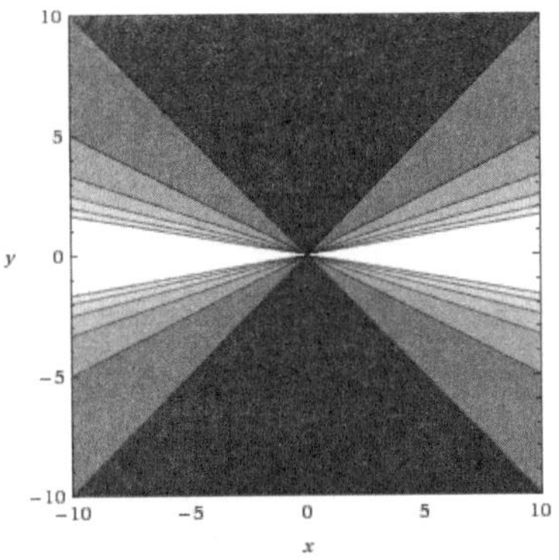

Figura 1.53: (V)

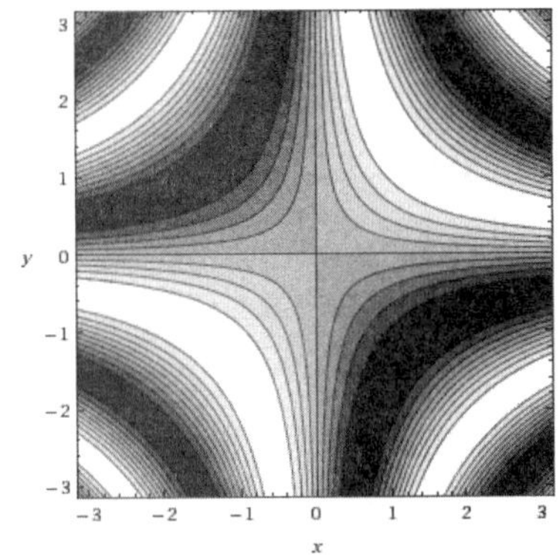

Figura 1.54: (VI)

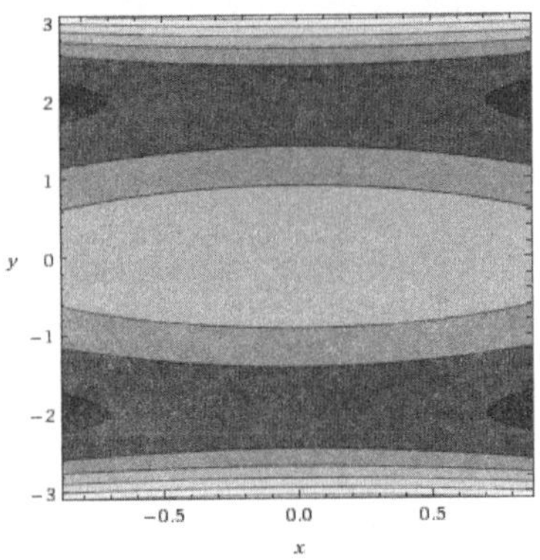

Figura 1.55: (VII)

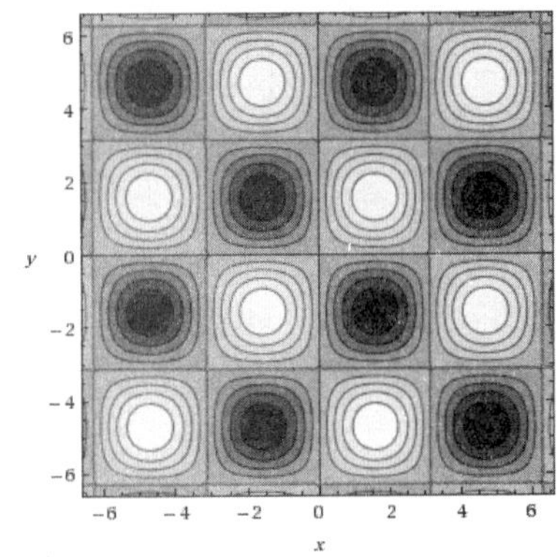

Figura 1.56: (VIII)

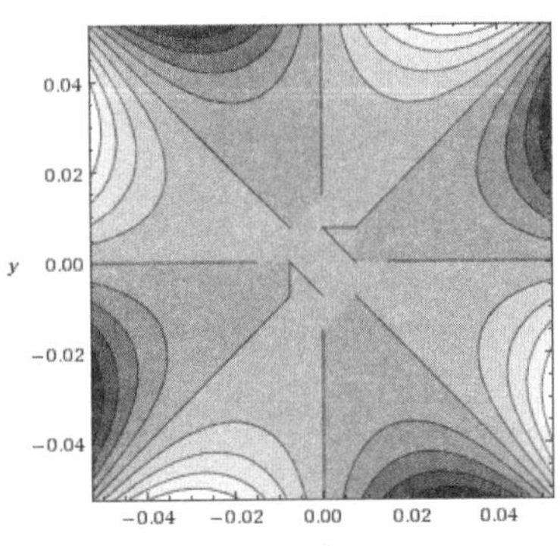

Figura 1.57: (IX)

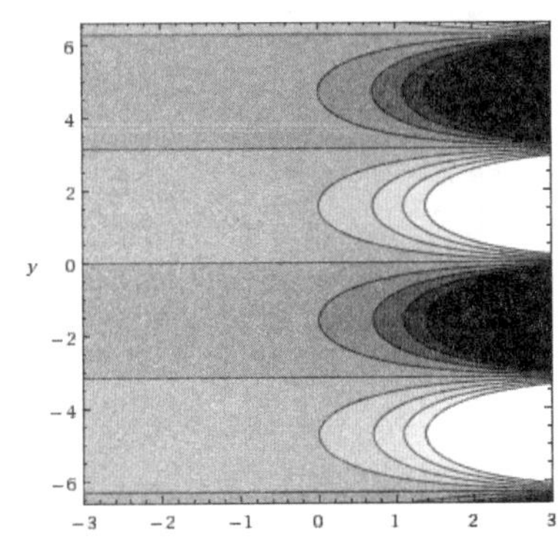

Figura 1.58: (X)

Subseção 1.4.2 *ii*)

[**Exercícios 1-5**] Dadas as funções reais de duas variáveis reais $f : A \subseteq \mathbb{R}^2 \to \mathbb{R}$ definidas a seguir, obtenha:

a) o conjunto imagem de f.

b) os valores mínimo e máximo de f.

c) os pontos de mínimo e de máximo de f.

1. $f : \mathbb{R}^2 - \{(0,0)\} \subseteq \mathbb{R}^2 \to \mathbb{R}$, definida por $f(x,y) = \dfrac{x^2y}{x^2+y^2}$.

2. $f : \mathbb{R}^2 - \{(0,0)\} \subseteq \mathbb{R}^2 \to \mathbb{R}$, definida por $f(x,y) = \dfrac{x^2}{x^2+y^2}$.

3. $f : \mathbb{R}^2 - \{(0,0)\} \subseteq \mathbb{R}^2 \to \mathbb{R}$, definida por $f(x,y) = \dfrac{xy}{x^2+y^2}$.

4. $f : \mathbb{R}^2 \to \mathbb{R}$, definida por $f(x,y) = \sqrt{(x+1)^2+y^2} + \sqrt{(x-1)^2+y^2}$.

5. $f : \mathbb{R}^2 \to \mathbb{R}$, definida por $f(x,y) = arctg(x^2+y^2)$.

[**Extra**] Forneça exemplos de funções polinomiais reais de duas variáveis reais tais que os seus conjuntos imagens sejam (para todo $c \in \mathbb{R}$):
a) $[c,c]$ (intervalo degenerado, correspondente ao único ponto c).
b) $(-\infty, c]$.
c) $[c, +\infty)$.
d) $(-\infty, c)$.
e) $(c, +\infty)$.
f) $(-\infty, +\infty)$ (a reta real).

Subseção 1.4.2 *iii)*

[**Exercícios 1-15**] Dadas as funções reais de duas variáveis reais a seguir, juntamente com subconjuntos do seu domínio, obtenha os máximos e os mínimos de tais funções condicionadas a esses correspondentes subconjuntos. Justifique as suas respostas, tanto algébrica quanto geometricamente.

1. $f : \mathbb{R}^2 \to \mathbb{R}$, definida por $f(x,y) = x^2 + y^2$;
$C = \{(x,y) \in \mathbb{R}^2 : 4x - 2y = 15\}$.

2. $f : \mathbb{R}^2 \to \mathbb{R}$, definida por $f(x,y) = x^2 + y$;
$C = \{(x,y) \in \mathbb{R}^2 : x^2 - y^2 = 1\}$.

3. $f : \mathbb{R}^2 \to \mathbb{R}$, definida por $f(x,y) = x + y^2$;
$C = \{(x,y) \in \mathbb{R}^2 : (x-1)^2 - y^2 = 1\}$.

4. $f : \mathbb{R}^2 \to \mathbb{R}$, definida por $f(x,y) = y + x^3$;
$C = \{(x,y) \in \mathbb{R}^2 : y - x^3 = 0\}$.

5. $f : \mathbb{R}^2 - \{(0,0)\} \to \mathbb{R}$, definida por $f(x,y) = \dfrac{1}{x} + \dfrac{1}{y}$;
$C = \left\{(x,y) \in \mathbb{R}^2 - \{(0,0)\} : \dfrac{1}{x^2} + \dfrac{1}{y^2}\right\}$.

6. $f : \mathbb{R}^2 \to \mathbb{R}$, definida por $f(x,y) = x^2 + 2xy + y^2$;
$C = \{(x,y) \in \mathbb{R}^2 : x + 2y = 1\}$.

7. $f : \mathbb{R}^2 \to \mathbb{R}$, definida por $f(x,y) = x^2 - 2xy + y^2$;
$C = \{(x,y) \in \mathbb{R}^2 : x^2 + y^2 = 1\}$.

8. $f : \mathbb{R}^2 \to \mathbb{R}$, definida por $f(x,y) = x^2 - 2y^2$;

$C = \{(x, y) \in \mathbb{R}^2 : x^2 - 2x + y^2 = 0\}$.

9. $f : \mathbb{R}^2 \to \mathbb{R}$, definida por $f(x, y) = 3x - y + 1$;
$C = \{(x, y) \in \mathbb{R}^2 : x \geq 0, y \geq 0, x + y \leq 1\}$.

10. $f : \mathbb{R}^2 \to \mathbb{R}$, definida por $f(x, y) = x + y + 3$;
$C = \{(x, y) \in \mathbb{R}^2 : x \geq 0, y \geq 0, x + 3y \leq 5, 3x + y \geq 1, y \geq x - 1\}$.

11. $f : \{(x, y) \in \mathbb{R}^2 : y \neq -3\} \to \mathbb{R}$, definida por $f(x, y) = \dfrac{x}{y+3}$;
$C = \left\{(x, y) \in \mathbb{R}^2 : 1 \leq x \leq 3; 1 \leq y \leq \dfrac{3}{2}\right\}$.

12. $f : \{(x, y) \in \mathbb{R}^2 : x \neq 3\} \to \mathbb{R}$, definida por $f(x, y) = \dfrac{y}{x-3}$;
$C = \{(x, y) \in \mathbb{R}^2 : (x - 3)^2 + (y - 1)^2 \leq 1, x \neq 3\}$.

13. $f : \{(x, y) \in \mathbb{R}^2 : x < 1\} \to \mathbb{R}$, definida por $f(x, y) = 2xy + 3ln(1 - x)$;
$C = \{(x, y) \in \mathbb{R}^2 : 0 < x < 1, -x < y < 4x\}$.

14. $f : \mathbb{R}^2 \to \mathbb{R}$, definida por $f(x, y) = x^2 + y^2$;
$C = \{(x, y) \in \mathbb{R}^2 : x^4 + y^4 = 1\}$.

15. $f : \mathbb{R}^2 \to \mathbb{R}$, definida por $f(x, y) = a^x b^y$ $(a, b > 0)$;
$C = \{(x, y) \in \mathbb{R}^2 : x^2 + y^2 = 1\}$.

16. Dadas as funções reais de duas variáveis reais a seguir, obtenha os seus valores máximo e mínimo sobre o círculo $x^2 + y^2 = 1$.

i) $f : \mathbb{R}^2 \to \mathbb{R}$, definida por $f(x, y) = x^2 - xy + y^2$.
ii) $f : \mathbb{R}^2 \to \mathbb{R}$, definida por $f(x, y) = x^2 + xy + y^2$.
iii) $f : \mathbb{R}^2 \to \mathbb{R}$, definida por $f(x, y) = 2x^2 + y^2 + y$.
iv) $f : \mathbb{R}^2 \to \mathbb{R}$, definida por $f(x, y) = 2x^2 + y^2 - y$.

a) Ao resolver o sistema

$$\begin{cases} f(x, y) = k \\ x^2 + y^2 = 1 \end{cases},$$

nos casos dos itens *i)* e *ii)* acima, você deve ter obtido, naturalmente, dois valores de k (máximo e mínimo de f), enquanto que, nos casos dos itens *iii)* e *iv)*, apenas um único valor de k. Este valor é máximo ou mínimo de f? Justifique a sua resposta.

b) Usando o fato de que as curvas de nível k de f (ou seja, $f(x, y) = k$) são elipses (para valores de k apropriados), esboce, em cada caso acima, aquelas que são tangentes ao círculo dado. Compare os esboços referentes aos itens *i)* e *ii)* com aqueles referentes aos itens *iii)* e *iv)*. Que você pode concluir dessa comparação?

c) Use o item b) para obter o outro possível valor de k, nos casos dos itens *iii)* e *iv)* acima. Compare este valor de k com aquele mencionado no item a), para decidir qual deles é máximo (respectivamente, mínimo) de f.

17. Dada a parábola $x^2 - 2xy + y^2 - 2x - 2y + 1 = 0$, obtenha o ponto dela mais próximo da origem.

18. Dada a elipse $x^2 + xy + y^2 - 5 = 0$, obtenha os seus semieixos.

19. Dada a hipérbole $x^2 - 5xy - 7y^2 + 1 = 0$, obtenha os pontos dela mais próximos da origem.

20. Dadas a elipse $3x^2 + 5y^2 = 7$ e a reta $x + y = 3$, obtenha o ponto P dessa elipse e o ponto Q dessa reta tais que a distância de P a Q seja a menor possível.

21. Um ponto P descreve uma curva sobre o gráfico da função $f : \mathbb{R}^2 \to \mathbb{R}$, definida por $f(x, y) = x^2 + y^2$, de modo que sua projeção Q sobre o plano xy descreve a reta $x + y = 3$.
a) Obtenha o ponto dessa curva mais próximo do plano xy.
b) Obtenha a expressão algébrica dessa curva.
c) Esboce a trajetória descrita por P.

22. Considerando a equação de uma reta expressa por $ax+by = c$ (a, b não simultaneamente nulos), demonstre que a (menor) distância dessa reta à origem do sistema de coordenadas cartesianas é dada por $\dfrac{|c|}{\sqrt{a^2 + b^2}}$.

23. Em uma vidraçaria, há um pedaço de espelho no formato de um triângulo retângulo de lados $60cm$, $80cm$ e $1m$. Usando esse pedaço de espelho, deseja-se fabricar um espelho retangular que tenha a maior área possível. Com o objetivo de economizar o material, supõe-se que pelo menos um dos lados do retângulo deva estar sobre um lado desse triângulo. Assim, sugerem-se, na Figura 1.59 a seguir (em escala), as posições desse retângulo.

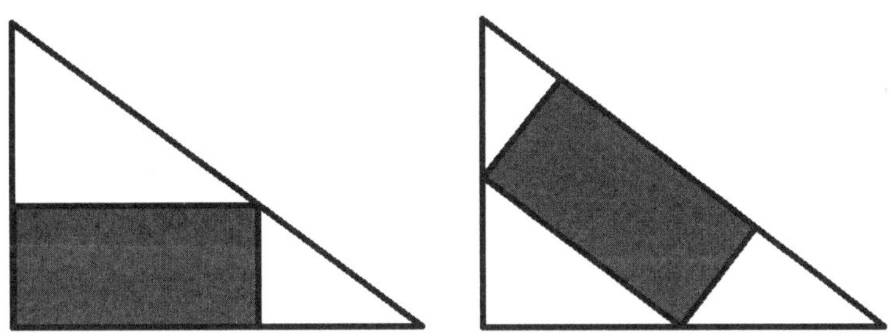

Figura 1.59: Exercício 23.

a) Em cada caso, obtenha as dimensões do retângulo de maior área possível e compare os resultados obtidos.
b) Discuta se a relação entre a área máxima do retângulo e a área do triângulo depende das dimensões do triângulo dado.
c) Discuta se a restrição de um lado do retângulo estar sobre um lado do triângulo é realmente necessária. (Em outras palavras, justifique por que a área do retângulo, obtida em a), é realmente máxima.)

24. Dada a elipse $3x^2 + 5y^2 = 1$, obtenha as dimensões do losango de perímetro mínimo que a contenha.

25. A Figura 1.60 a seguir mostra algumas curvas de nível de uma função $f : A \subseteq \mathbb{R}^2 \to \mathbb{R}$, juntamente com o gráfico de uma restrição $g(x, y) = c$. Obtenha os pontos aproximados de máximo e de mínimo de f condicionada a $C = \{(x, y) \in A : g(x, y) = c\}$.

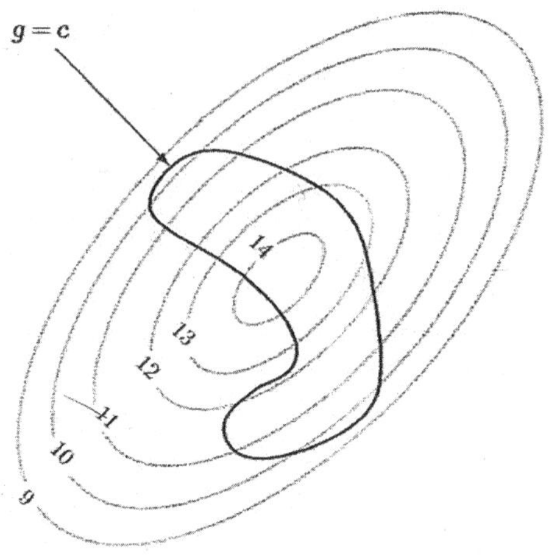

Figura 1.60: Exercício 25.

[Extras]

1. Supondo que a elipse $\dfrac{x^2}{a^2} + \dfrac{y^2}{b^2} = 1$ passe pelo ponto $(3, 1)$, obtenha os valores de a e de b que minimizem a área dela.

2. Supondo que a elipse $\dfrac{x^2}{a^2} + \dfrac{y^2}{b^2} = 1$ intersecte o círculo $x^2 - 2y + y^2 = 0$, obtenha os valores de a e de b que minimizem a área dela.

3. Considere a função-produção geral de Cobb-Douglas $P(L, K) = bL^{\alpha}K^{1-\alpha}$ $(b > 0, 0 < \alpha < 1)$. (P denota produção; L, mão de obra; K, capital.)

a) Considerando $b = 1,5$ e $\alpha = 0,75$, esboce algumas curvas de nível de P.

b) Como se relacionam L e K quando P é fixado? (Em outras palavras, como se relacionam L e K sobre uma curva de nível de P?) Justifique a sua resposta.

c) Demonstre que, se a mão de obra L e o capital K são multiplicados por uma constante positiva, então a produção P é também multiplicada por essa mesma constante. (Em outras palavras, a função-produção geral de Cobb-Douglas é positivamente homogênea de grau 1.)

d) Se o custo por unidade de trabalho é m, o custo por unidade de capital é n e uma companhia dispõe apenas de uma quantidade p de dinheiro para despesa total, então a maximização da produção P está sujeita à restrição $mL + nK = p$. Demonstre que a produção máxima ocorre quando $L = \dfrac{\alpha p}{m}$ e $K = \dfrac{(1-\alpha)p}{n}$.

e) Fixada a produção $P(L, K) = Q$ (Q é uma constante positiva), obtenha os valores de K e L que minimizem a função custo $C(L, K) = mL + nK$.

CAPÍTULO 2

Limites de funções reais de duas variáveis reais: noções gerais

In 1821, Cauchy established new requirements of rigor in this celebrated Cours d'Analyse. The questions he raised are the following:

– What is a derivative really? Answer: a limit.

– What is a integral really? Answer: a limit.

– What is a series really? Answer: a limit.

This leads to

– What is a limit? Answer: a number.

And, finally, the last question:

– What is a number?

Weierstrass (1815-1897) and his collaborators (Heine (1821-1881), Cantor (1845-1918)) answered this question around 1870-1872.

O conceito de limite de uma função real de duas variáveis reais é análogo ao de limite de uma função real de uma (única) variável real: baseia-se na noção intuitiva de *aproximação*.

Consideremos uma função real de duas variáveis reais $f : A \subseteq \mathbb{R}^2 \to \mathbb{R}$ e $(a,b) \in A'$, *tal que possamos aproximar* (a,b) *por pontos* $(x,y) \in A$. Usamos a notação $\lim\limits_{(x,y)\to(a,b)} f(x,y) = L$ ($L \in \mathbb{R}$) para significar, intuitivamente, o seguinte: os valores $f(x,y)$ se *aproximam* do número real L quando o ponto (x,y) se *aproxima* do ponto (a,b), tal que $(x,y) \neq (a,b)$, para todo $(x,y) \in A$. Em outras palavras: $\lim\limits_{(x,y)\to(a,b)} f(x,y) = L$ significa que podemos tornar os valores $f(x,y)$ *tão próximos de* L *quanto quisermos* considerando pontos (x,y) *suficientemente próximos* do ponto (a,b), mas diferentes de (a,b). Ou, ainda, de modo equivalente: $\lim\limits_{(x,y)\to(a,b)} f(x,y) = L$ significa que, à medida que um ponto qualquer (x,y) do domínio A de f se *aproxima* de um ponto (a,b), não necessariamente pertencente a A, a imagem de (x,y), por f — $f(x,y)$ —, se *aproxima* de algum número real L.

A seguir, mencionamos alguns dos conceitos que usam a noção de limite de uma função real de duas variáveis reais (o primeiro dos quais, em verdade, constitui-se no terceiro dos assuntos de que tratamos neste livro), com os quais o leitor terá a oportunidade de ter contato em seus estudos posteriores de Cálculo:

1) definição de função contínua;
2) definição de derivada parcial;
3) conceito de plano tangente;
4) definição de derivada direcional;
5) conceito de vetor gradiente;
6) definição de integral;
7) conexão com o conceito de derivada de uma função complexa.

Motivados pelo ora exposto, trataremos, neste capítulo, dos aspectos teóricos do conceito de limite. Consideraremos, inicialmente, algumas noções topológicas que lhe são inerentes: distância, vizinhança, ponto de acumulação (enfatizamos, em particular, a necessidade desta última ao definir formalmente o conceito de limite). Concluiremos este capítulo apresentando a clássica interpretação geométrica de limite.

2.1 Algumas noções topológicas

Para realizar, de modo matematicamente preciso, o estudo do conceito de limite de uma função real de duas variáveis reais, é necessário, inicialmente, considerarmos algumas noções topológicas[1], as quais lhe são inerentes, a saber:

i) distância (euclidiana) entre dois pontos de $\mathbb{R}^2$;
ii) vizinhança (de um ponto dado);
iii) ponto de acumulação (de um conjunto dado).

Definição 2.1.1. *Dados dois pontos quaisquer* (x_1, y_1) *e* (x_2, y_2) *de* $\mathbb{R}^2$, *a distância (euclidiana) entre eles é dada por*

$$d[(x_1, y_1), (x_2, y_2)] = \sqrt{(x_1 - x_2)^2 + (y_1 - y_2)^2}.$$

Definição 2.1.2. *Dado* $(a, b) \in \mathbb{R}^2$, *a vizinhança de* (a, b) *e raio* $r > 0$ *é o subconjunto de* $\mathbb{R}^2$ *dado por*

$$\mathscr{V}_r(a, b) = \{(x, y) \in \mathbb{R}^2 : d[(x, y), (a, b)] < r\}.$$

Em outras palavras, uma vizinhança de um ponto (a, b) é o conjunto de todos os pontos cuja distância a (a, b) é menor que algum número real positivo (região interna ao círculo de centro (a, b) e raio r).

No caso particular em que excluímos o próprio ponto (a, b), denominamos a vizinhança acima de *vizinhança reduzida* (ou *perfurada*) de (a, b) e raio $r > 0$, a qual denotamos por $\mathscr{V}_r^*(a, b)$.

[1]Ao leitor interessado em se aprofundar em noções topológicas correlatas a estas, sugerimos que consulte, por exemplo, qualquer uma das referências [10], [11] ou [12].

Definição 2.1.3. *Um ponto* $(a,b) \in \mathbb{R}^2$ *é denominado ponto de acumulação (ou ponto limite) de um conjunto* $A \subseteq \mathbb{R}^2$ *se toda vizinhança de centro* (a,b) *e raio* $r > 0$ *contém algum ponto de* A*, diferente de* (a,b).

Em linguagem simbólica:

$$\forall r > 0, \exists (x_0, y_0) \in A : 0 < \sqrt{(x_0 - a)^2 + (y_0 - b)^2} < r,$$

ou, mais simplificadamente,

$$\mathscr{V}_r(a,b) \cap A - \{(a,b)\} \neq \emptyset.$$

Dado $A \subseteq \mathbb{R}^2$, denotamos o conjunto dos pontos de acumulação de A por A' (denominado *derivado* de A).

Observamos que um ponto de acumulação de um conjunto pode ou não pertencer a esse conjunto.

Um ponto $(a,b) \in A$ que não é ponto de acumulação de A é denominado *ponto isolado* de A.

Em linguagem simbólica:

$$\exists r > 0 : \mathscr{V}_r(a,b) \cap A = \{(a,b)\}.$$

Um conjunto cujos pontos são todos isolados é denominado *discreto*.

Embora a definição de ponto de acumulação $(a,b) \in \mathbb{R}^2$ de um conjunto $A \subseteq \mathbb{R}^2$ requeira que toda vizinhança de centro em (a,b) e raio $r > 0$, $\mathscr{V}_r(a,b)$, contenha **algum** ponto de A, diferente de (a,b), em verdade, fixado (a,b), cada qual de tais vizinhanças contém uma **infinidade** de pontos de A, diferentes de (a,b), conforme nos mostra o seguinte

Teorema 2.1.1. *Dado um conjunto* $A \subseteq \mathbb{R}^2$, $A \neq \emptyset$, *se* (a,b) *é um ponto de acumulação de* A*, então, para todo número real positivo* r*, a vizinhança de centro* (a,b) *e raio* r, $\mathscr{V}_r(a,b)$*, contém infinitos pontos de* A.

Demonstração. **(Direta)** Se toda vizinhança de centro (a,b) e raio $r > 0$ contém uma infinidade de pontos de A, então, claramente, algum deles é diferente de (a,b) (se todos esses pontos fossem iguais entre si, então tal infinidade seria constituída por um só, o que é absurdo). Logo, da definição de ponto de acumulação decorre que $(a,b) \in A'$. Reciprocamente, se $(a,b) \in A'$, então, dada uma vizinhança $\mathscr{V}_r(a,b)$, existe $(x_1,y_1) \neq (a,b)$ tal que $(x_1,y_1) \in \mathscr{V}_r(a,b) \cap A$. Consideremos $r_1 = \sqrt{(x_1 - a)^2 + (y_1 - b)^2}$. Logo, $0 < r_1 < r$. Assim, existe $(x_2,y_2) \neq (a,b)$ tal que $(x_2,y_2) \in \mathscr{V}_{r_1}(a,b) \cap A$. Consideremos $r_2 = \sqrt{(x_2 - a)^2 + (y_2 - b)^2}$. Logo, $0 < r_2 < r_1 < r$. Assim, existe $(x_3,y_3) \neq (a,b)$ tal que $(x_3,y_3) \in \mathscr{V}_{r_2}(a,b) \cap A$. Consideremos $r_3 = \sqrt{(x_3 - a)^2 + (y_3 - b)^2}$. Logo, $0 < r_3 < r_2 < r_1 < r$. Esse procedimento nos mostra que $(x_1,y_1), (x_2,y_2), (x_3,y_3)$ são pontos distintos entre si, todos pertencentes a A, contidos na vizinhança $\mathscr{V}_r(a,b)$. Prosseguindo analogamente, obtemos uma infinidade de pontos $(x_1,y_1), (x_2,y_2), (x_3,y_3), \ldots$, pertencentes a A, contidos na vizinhança $\mathscr{V}_r(a,b)$ dada inicialmente, todos distintos entre si. □

Demonstração. **(Por contradição)** Se toda vizinhança de centro (a,b) e raio $r > 0$ contém uma infinidade de pontos de A, então, claramente, algum deles é diferente de (a,b) (se todos esses pontos fossem iguais entre si, então tal infinidade seria constituída por um só, o que é absurdo). Reciprocamente, suponhamos, por contradição, que exista uma vizinhança $\mathscr{V}_r(a,b)$, que contenha apenas um número finito n de pontos de A, distintos de (a,b), por exemplo, $(a_1,b_1),(a_2,b_2),\ldots,(a_n,b_n)$. Consideremos $r_0 = min\{\sqrt{(a_k-a)^2+(b_k-b)^2} : k=1,2,\ldots n\}$ (cada um desses n números é estritamente positivo, pois estamos supondo que $(a,b)\neq(a_k,b_k)$, $k=1,2,\ldots n$). Assim, $\mathscr{V}_{r_0}(a,b)$ não contém ponto algum de A, distinto de (a,b), o que contradiz a hipótese de que (a,b) é ponto de acumulação de A. □

Uma consequência imediata desse teorema é o seguinte

Corolário. Dado um conjunto $A\subseteq\mathbb{R}^2$, se $A'\neq\emptyset$, então A é infinito.

A seguir, apresentaremos alguns exemplos dos conceitos que introduzimos acima (com ênfase naquele de ponto de acumulação), o primeiro dos quais nos mostra que a recíproca desse corolário é falsa.

Exemplo 1. O conjunto $A=\mathbb{N}\times\mathbb{N}\subset\mathbb{R}\times\mathbb{R}$ é infinito, porém não contém ponto de acumulação algum. A razão desse fato é a seguinte: se considerarmos um ponto qualquer $(m,n)\in A$, escolhendo, por exemplo, $r=1$, então $\mathscr{V}_1(m,n)$ – ou seja, o conjunto dos pontos $(x,y)\in\mathbb{R}^2$ cuja distância ao ponto $(m,n)\in\mathbb{R}^2$ é menor do que 1 – não conterá ponto algum de A que satisfaça a condição $\sqrt{(x-m)^2+(y-n)^2}<1$, exceto o próprio (m,n), o que nos mostra que a definição de ponto de acumulação não é satisfeita. Portanto, A não contém ponto de acumulação algum (todos os pontos de A são pontos isolados, ou seja, A é um conjunto discreto).

Tendo mostrado que a simples hipótese de infinitude de A não é suficiente para assegurar que ele contenha ponto de acumulação algum, o leitor pode se perguntar: qual hipótese se deve adicionar para que a recíproca do corolário acima seja verdadeira? Para responder convenientemente a essa pergunta, é oportuno, por ora, nos determos sobre a justificativa do fato que apresentamos nesse exemplo, agora sob outro ponto de vista, a saber: uma vez que A é **ilimitado**, ele pode conter infinitos elementos, sem que seja necessário que estes estejam próximos uns dos outros. Assim, é, pois, precisamente a hipótese (adicional) de limitação que nos fornece a resposta precisa à pergunta ora formulada, de modo que, agora, podemos informar ao leitor o teorema fundamental pertinente (Teorema de Bolzano-Weierstrass): se $A\subseteq\mathbb{R}^2$ é infinito e limitado, então $A'\neq\emptyset$.

De modo geral, dado um conjunto $A\subset\mathbb{R}^2$, pode ocorrer qualquer uma das seguintes situações: $A'\subset A$, $A\subset A'$, $A=A'$, $A'\not\subset A$, $A\not\subset A'$. No Exemplo 1, apresentamos a primeira de tais situações, ao mostrarmos que $A=\mathbb{N}\times\mathbb{N}$ não contém ponto de acumulação algum, ou seja, $A'=\emptyset$, de modo que $A'\subset A$. No Exemplo 2 a seguir, apresentaremos as demais situações.

Exemplo 2.
a) $A=\mathbb{Q}\times\mathbb{Q}\subset\mathbb{R}\times\mathbb{R}$ é tal que $A'=\mathbb{R}\times\mathbb{R}$, de modo que $A\subset A'$.
b) $A=[0,1]\times[0,1]\subset\mathbb{R}\times\mathbb{R}$ é tal que $A=A'$.
c) $A=\mathbb{Q}\times\mathbb{Q}\subset\mathbb{R}\times\mathbb{R}$, definido por $A=\left\{\left(\frac{1}{n},\left(1+\frac{1}{n}\right)^n\right):n\in\mathbb{N}\right\}$. À medida que atribuímos a n valores cada vez maiores, podemos observar que os correspondentes pontos se

"acumulam" na vizinhança do ponto $(0, e)$, de modo que $A' = \{(0, e)\}$ (Figura 2.1 a seguir). Como, para todo $n \in \mathbb{N}$, $\left(\frac{1}{n}, \left(1 + \frac{1}{n}\right)^n\right) \neq (0, e)$, resulta que $A' \not\subset A$, bem como $A \not\subset A'$.

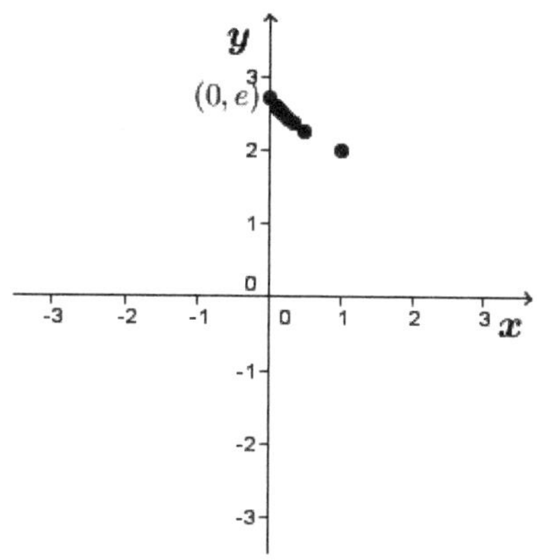

Figura 2.1: alguns dos pontos de $A = \left\{\left(\frac{1}{n}, \left(1 + \frac{1}{n}\right)^n\right) : n \in \mathbb{N}\right\}$, juntamente com o seu ponto de acumulação $(0, e)$.

Exemplo 3. Dado $A = \mathbb{R}^2 - \{(0, 0)\}$, $(0, 0)$ é ponto de acumulação de A, pois qualquer vizinhança reduzida $\mathscr{V}_r^*(0, 0)$ contém algum ponto de A, diferente de $(0, 0)$ (mais geralmente, uma infinidade de tais pontos, devido ao teorema desta seção). Na Figura 2.2 a seguir, apresentamos alguns desses infinitos pontos de A, bem como uma vizinhança típica de centro em $(0, 0)$ e raio $r > 0$ arbitrário fixado.

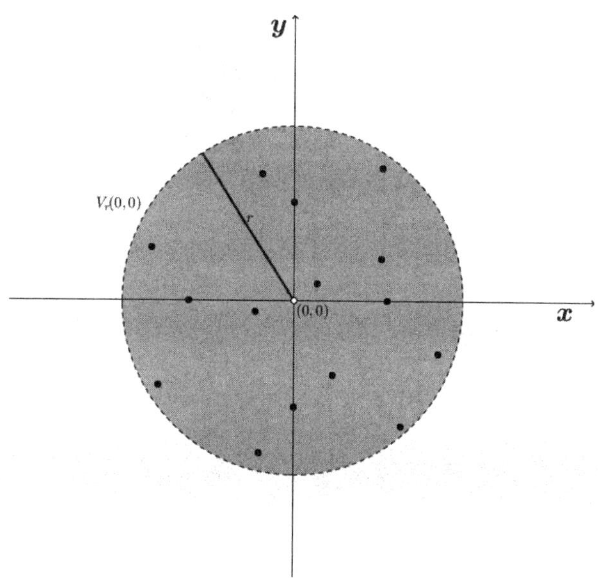

Figura 2.2: $(0, 0)$ é ponto de acumulação de $A = \mathbb{R}^2 - \{(0, 0)\}$: alguns dos infinitos pontos de A contidos em uma vizinhança reduzida de centro em $(0, 0)$ e raio $r > 0$ arbitrário fixado.

O exemplo a seguir, o qual nos mostra novamente que um ponto de acumulação de um conjunto pode não pertencer a esse conjunto, desempenha interesse especial, conforme a discussão que o segue.

Exemplo 4. Consideremos $A = \{(x, y) \in \mathbb{R}^2 : \sqrt{x^2 + y^2} < R,\ R > 0\}$.

Afirmação: todo ponto $(a, b) \in \mathbb{R}^2$, tal que $\sqrt{a^2 + b^2} = R$, é ponto de acumulação de A.

Demonstração: de acordo com a definição de ponto de acumulação, devemos demonstrar que

i) existe um ponto $(x_0, y_0) \in A$;

ii) $(x_0, y_0) \neq (a, b)$;

iii) $\forall r > 0$, $\sqrt{(x_0 - a)^2 + (y_0 - b)^2} < r$.

Essas condições requerem que o ponto (x_0, y_0) a ser obtido dependa de R, (a, b) e r. A condição *i*) equivale a $\sqrt{x_0^2 + y_0^2} < R$; *ii*) significa que podemos escolher (x_0, y_0) do tipo (ta, tb)[2], para algum $t \in \mathbb{R}$ tal que (ta, tb) satisfaça tanto *i*) quanto *iii*), ou seja, tal que $\sqrt{(ta)^2 + (tb)^2} < R$ e $\sqrt{(ta - a)^2 + (tb - b)^2} < r$. Assim, a escolha de (x_0, y_0) é determinada pela escolha de t. Decorre da primeira destas desigualdades, em virtude de *i*), que $|t| < 1$; decorre da segunda, por sua vez, também em virtude de *i*), que $|t - 1| < \frac{r}{R}$. Desse modo, devemos considerar t tal que $1 - \frac{r}{R} < t < 1$. Escolhendo, por exemplo, $t = 1 - \frac{r}{2R}$, obtemos $(x_0, y_0) = \left(\left(1 - \frac{r}{2R}\right)a, \left(1 - \frac{r}{2R}\right)b\right)$ (Figura 2.3 a seguir). Finalmente, o próprio procedimento acima nos assegura que tal ponto satisfaz as condições acima exigidas.

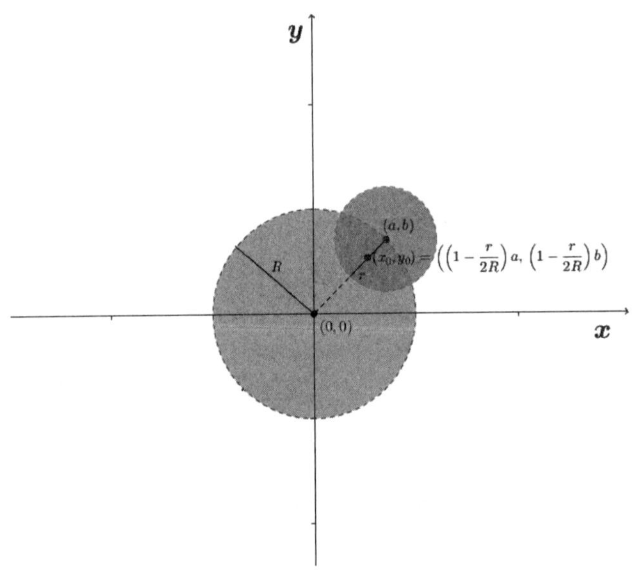

Figura 2.3: o ponto (a, b), tal que $\sqrt{a^2 + b^2} = R$, é ponto de acumulação de $A = \{(x, y) \in \mathbb{R}^2 : \sqrt{x^2 + y^2} < R,\ R > 0\}$.

Observação: o leitor se deparará, em seus estudos posteriores de Matemática, não com demonstrações (em detalhes) como esta que ora apresentamos, mas sim com demonstrações (por vezes, bastante resumidas), as quais requererão dele maturidade (a ser adquirida com

[2]Identificando o ponto (a, b) com o vetor de origem em $(0, 0)$ e extremidade em (a, b), basta escolhermos (x_0, y_0) como um múltiplo $t(a, b)$ ($= (ta, tb)$) desse vetor, para algum $t \in \mathbb{R}$ que satisfaça as condições *i*), *ii*) e *iii*) acima. (O leitor está convidado a tentar obter um ponto (x_0, y_0) **não múltiplo** de (a, b) que satisfaça tais condições.)

sua experiência) para entender, bem como saber justificar os argumentos utilizados (às vezes, implícitos) e, igualmente, as afirmações declaradas, como a seguinte:

Demonstração: dado $r > 0$, **podemos supor, sem perda de generalidade, que** $\boldsymbol{r < 2R}$. Assim, **o ponto** $\boldsymbol{(x_0, y_0) = \left(\left(1 - \frac{r}{2R}\right)a, \left(1 - \frac{r}{2R}\right)b\right)}$ **pertence a** $\boldsymbol{A}$**, é diferente de** $\boldsymbol{(a,b)}$ **e** $\boldsymbol{\sqrt{(x_0 - a)^2 + (y_0 - b)^2} = \frac{r}{2} < r}$.

Após a leitura de demonstrações como essa, esperamos que, naturalmente, o leitor formule (bem como tente, por si mesmo, responder a) perguntas como as seguintes:

a) por que se pode supor, sem perda de generalidade, que $r < 2R$?

b) qual a justificativa da escolha do ponto (x_0, y_0) do tipo acima?

c) as afirmações de que o ponto (x_0, y_0) escolhido acima pertence a A, é diferente de (a, b) e $\sqrt{(x_0 - a)^2 + (y_0 - b)^2} = \frac{r}{2} < r$, são verdadeiras? (Sim, mas é importante que o leitor se convença desse fato, verificando-as, o que é relativamente simples.)

Ademais, o exemplo ora apresentado é um dos tipos de exemplos a respeito dos quais esperamos que o leitor formule a seguinte pergunta: é possível generalizar tal exemplo? (Se sim, como demonstrar tal generalização? Se não, como fornecer um contraexemplo?). Mais precisamente, dado que foi solicitado demonstrar que todo ponto $(a, b) \in \mathbb{R}^2$, tal que $\sqrt{a^2 + b^2} = R$, é ponto de acumulação de A (ou seja, o conjunto de tais pontos está contido no derivado A' de A), podemos ampliar esse conjunto de pontos de acumulação de A?

Para responder a essa pergunta, observemos, inicialmente, que, em virtude da definição de ponto de acumulação de um conjunto, nenhum ponto $(a, b) \in \mathbb{R}^2$, tal que $\sqrt{a^2 + b^2} > R$, pode ser ponto de acumulação de A, pois sempre existe uma vizinhança de centro em qualquer de tais pontos e raio apropriado que não contém ponto algum de A. Assim, resta-nos tão somente verificar se algum ponto do próprio conjunto A é ponto de acumulação de A. Ora, ao contrário do que ocorre com pontos como os que acabamos de descrever, qualquer que seja o ponto (a, b) pertencente a A, toda vizinhança de centro nele e raio arbitrário contém pelo menos um (em verdade, uma infinidade de) ponto(s) de A, diferentes de (a, b). Portanto, $A' = \{(x, y) \in \mathbb{R}^2 : \sqrt{x^2 + y^2} \leq r\}$[3].

Em que pese a importância dos exemplos acima, o de mais interesse para os nossos propósitos é o que apresentamos a seguir, no qual ainda nos permitimos usar a noção intuitiva de *aproximação*.

Exemplo 5. Consideremos $f, g : A \subseteq \mathbb{R}^2 \to \mathbb{R}$ funções reais de duas variáveis reais, e $(a, b) \in A'$. Suponhamos que, à medida que (x, y) ($(x, y) \in A$) se aproxima de (a, b), tanto $f(x, y)$ quanto $g(x, y)$ se aproximem de 0. Definamos o seguinte subconjunto de A: $B = \{(x, y) \in A : g(x, y) \neq 0\}$, de modo a que $(a, b) \in B'$. Assim, a função $h := \frac{f}{g}$ está definida em B. Como B (domínio de h) contém pontos arbitrariamente próximos de (a, b) (devido ao Exemplo 3, pois $(a, b) \in B'$), há sentido em analisar o comportamento de $h(x, y) = \frac{f(x, y)}{g(x, y)}$ em

[3] A título de conhecimento, informamos ao leitor que este é, em verdade, um exemplo do seguinte fato geral: o derivado de um conjunto aberto é a união desse conjunto com a sua fronteira. O conjunto A deste exemplo é aberto. O conjunto dos pontos mencionados na afirmação é a fronteira de A. O derivado que obtivemos é, precisamente, a união desses conjuntos.

tais pontos (bem entendido: pontos nos quais tanto o numerador quanto o denominador de h se anulam (pontos de acumulação do domínio de h)).

2.2 Definição de limite de uma função real de duas variáveis reais

Algumas das noções topológicas que apresentamos na seção anterior relacionam-se com a noção de limite de uma função real de duas variáveis reais como segue.

Consideremos uma função real de duas variáveis reais $f : A \subseteq \mathbb{R}^2 \to \mathbb{R}$. Um ponto $(a, b) \in \mathbb{R}^2$ pode ou não pertencer ao domínio A de f. Interessa-nos estudar as seguintes possibilidades:

i) A contém infinitos pontos arbitrariamente próximos de (a, b), distintos de (a, b), ou seja, (a, b) é ponto de acumulação do domínio A de f (f não está definida em (a, b));

Exemplo: $f : \mathbb{R}^2 - \{(0, 0)\} \to \mathbb{R}$, definida por $f(x, y) = \dfrac{sen(x^2 + y^2)}{x^2 + y^2}$. ($(0, 0)$ é ponto de acumulação do domínio A $(= \mathbb{R}^2 - \{(0, 0)\})$ de f, ou seja, A contém infinitos pontos arbitrariamente próximos de $(0, 0)$, distintos de $(0, 0)$.

ii) A não contém pontos arbitrariamente próximos de (a, b), bem como f não está definida em (a, b);

Exemplo: $f : \{(x, y) \in \mathbb{R}^2 : xy \geq 0\} \to \mathbb{R}$, definida por $f(x, y) = \sqrt{xy}$. O ponto $(-1, 1)$, por exemplo, não pertence ao domínio A $(= \{(x, y) \in \mathbb{R}^2 : xy \geq 0\})$ de f. Consideremos uma vizinhança de centro em $(-1, 1)$ e raio 1, $\mathscr{V}_1(-1, 1)$. Tal vizinhança não contém pontos de A (Figura 2.4 a seguir, na qual $A = A_p \cup A_n$).

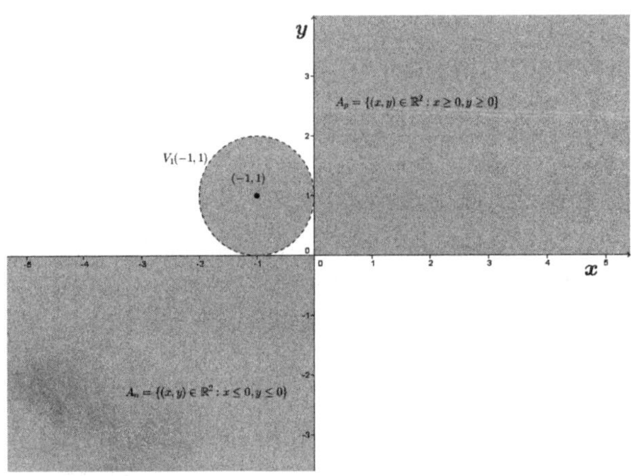

Figura 2.4: existência de vizinhança de centro em $(-1, 1)$ que não contém pontos do domínio A de f.

iii) A se degenera em (a, b) (f está definida apenas em (a, b)).

Exemplo: $f : A \to \mathbb{R}$, definida por $f(x, y) = \sqrt{-x^2 - y^2}$. O domínio A de f consiste no único ponto $(0, 0)$, de modo que não existe valor de f em qualquer ponto diferente da origem.

Em resumo: um ponto $(a, b) \in \mathbb{R}^2$ pode ou não pertencer ao domínio A de f. O limite de f em (a, b) não faz qualquer sentido se existe uma vizinhança de (a, b) que não contenha pontos de A, distintos, possivelmente, do próprio (a, b), pois, neste caso, é impossível analisar os valores de f em pontos arbitrariamente próximos de (a, b).

Motivados pelo prelúdio acima, torna-se, pois, necessário que definamos, de modo matematicamente preciso, o conceito de limite de uma função real de duas variáveis reais.

A definição a seguir, referida na literatura matemática como definição $\varepsilon-\delta$ de limite, cumpre tal desiderato.

Definição 2.2.1. *Consideremos uma função real de duas variáveis reais* $f : A \subseteq \mathbb{R}^2 \to \mathbb{R}$ *e* $(a, b) \in A'$. *O limite de* $f(x, y)$, *quando* (x, y) *tende a* (a, b), *é* L $(L \in \mathbb{R})$, *denotado por*

$$\lim_{(x,y)\to(a,b)} f(x, y) = L,$$

se, para todo número real $\varepsilon > 0$, *existe um número real* $\delta > 0$ *tal que,*

$$\textit{se } (x, y) \in A,\ 0 < \sqrt{(x-a)^2 + (y-b)^2} < \delta,\ \textit{então } |f(x, y) - L| < \varepsilon.$$

Em outras palavras: quando (a, b) é ponto de acumulação do domínio A de f, a expressão $\lim\limits_{(x,y)\to(a,b)} f(x, y) = L$ é uma abreviatura para a seguinte afirmação:

$$\forall\varepsilon > 0, \exists\delta > 0 : \forall(x, y) \in A, 0 < \sqrt{(x-a)^2 + (y-b)^2} < \delta \Rightarrow |f(x, y) - L| < \varepsilon.$$

Observações:

1) (**(a, b) não pode ser ponto isolado do domínio A de f**). De acordo com a definição $\varepsilon - \delta$ de limite, só há sentido em escrever $\lim\limits_{(x,y)\to(a,b)} f(x, y) = L$ quando (a, b) é ponto de acumulação do domínio A de f, pois, se $(a, b) \notin A'$, então todo número real L é limite de $f(x, y)$ quando (x, y) tende para (a, b). (Se $(a, b) \notin A'$, então, da definição de ponto de acumulação decorre que existe $\delta > 0$ tal que, para todo $(x, y) \in A$, é falso que $0 < \sqrt{(x-a)^2 + (y-b)^2} < \delta$. Considerando esse δ, é sempre verdade que, para todo $\varepsilon > 0$, $|f(x, y) - L| < \varepsilon$, qualquer que seja L. Portanto, $\lim\limits_{(x,y)\to(a,b)} f(x, y) = L$.)

2) (**o domínio A de f não precisa conter (a, b)**). Ao considerarmos $\lim\limits_{(x,y)\to(a,b)} f(x, y)$, não exigimos que (a, b) pertença ao domínio A da função f (nos casos mais interessantes de limite, $(a, b) \notin A$).

3) (**não há, em geral, relação entre o valor do limite de f e o valor de f em (a, b)**). Mesmo nos casos em que $(a, b) \in A$, a afirmação $\lim\limits_{(x,y)\to(a,b)} f(x, y) = L$ não se relaciona, de modo geral[4], com $f(a, b)$ (tal afirmação descreve apenas o comportamento dos valores $f(x, y)$ para (x, y) próximo de (a, b), mas $(x, y) \neq (a, b)$).

Uma vez que relacionamos os conceitos de distância, vizinhança e ponto de acumulação, por meio de uma única expressão – $\lim\limits_{(x,y)\to(a,b)} f(x, y) = L$ – é natural que eles mesmos estejam intimamente relacionados entre si, em conformidade com tal expressão. De outro modo, é necessário que (x, y) se aproxime de (a, b) para que $f(x, y)$ se aproxime de L, mas, de modo algum, é suficiente.

---

[4]Apenas se f é contínua em (a, b) é que, pela definição de continuidade, o valor L do limite de f coincide com o valor de f em (a, b), ou seja, $\lim\limits_{(x,y)\to(a,b)} f(x, y) = f(a, b)$ (*vide* Capítulo 3).

2.3 Interpretações geométricas da definição de limite de uma função real de duas variáveis reais

Podemos interpretar geometricamente a definição $\varepsilon - \delta$ de limite de uma função real de duas variáveis reais $f : A \subseteq \mathbb{R}^2 \to \mathbb{R}$, de qualquer das três formas seguintes (equivalentes entre si):

i) podemos tornar a distância entre $f(x, y)$ e L (ou seja, $|f(x, y) - L|$) arbitrariamente pequena (menor que qualquer $\varepsilon > 0$ dado), desde que consideremos a distância entre (x, y) e (a, b) (ou seja, $\sqrt{(x-a)^2 + (y-b)^2}$) suficientemente pequena (menor que algum $\delta > 0$), mas não nula.

ii) se $\varepsilon > 0$ é dado, então podemos obter $\delta > 0$ tal que, se (x, y) pertence à vizinhança $\mathscr{V}_\delta(a, b)$, $(x, y) \neq (a, b)$, então sua imagem em $\mathbb{S}$ (superfície que descreve o gráfico de f) está entre os planos horizontais $z = L - \varepsilon$ e $z = L + \varepsilon$.

iii) dado um pequeno intervalo aberto de centro L e raio ε, ou seja, $(L - \varepsilon, L + \varepsilon)$, contido no eixo z, então podemos obter uma vizinhança $\mathscr{V}_\delta(a, b)$ tal que f transforma todos os pontos de $\mathscr{V}_\delta(a, b)$ (exceto, possivelmente, (a, b)) no intervalo $(L - \varepsilon, L + \varepsilon)$.

Ao ter contato com os diversos gráficos de funções, no decorrer deste livro, o leitor não terá dificuldade em aplicar qualquer dessas formas de interpretação geométrica.

2.4 Limites de funções reais de n variáveis reais

O conceito de limite de uma função real de n variáveis reais é análogo ao de limite de uma função real de duas variáveis reais: baseia-se na noção intuitiva de *aproximação*.

Consideremos uma função real de n variáveis reais $f : A \subseteq \mathbb{R}^n \to \mathbb{R}$ e $\boldsymbol{r_0} \in A'$, *tal que possamos aproximar* $\boldsymbol{r_0}$ *por pontos* $\boldsymbol{r} \in A$. Usamos a notação $\lim\limits_{\boldsymbol{r} \to \boldsymbol{r_0}} f(\boldsymbol{r}) = L \, (L \in \mathbb{R})$ para significar, intuitivamente, o seguinte: os valores $f(\boldsymbol{r})$ se *aproximam* do número real L quando o ponto $\boldsymbol{r}$ se *aproxima* do ponto $\boldsymbol{r_0}$, tal que $\boldsymbol{r} \neq \boldsymbol{r_0}$, para todo $\boldsymbol{r} \in A$. Em outras palavras: $\lim\limits_{\boldsymbol{r} \to \boldsymbol{r_0}} f(\boldsymbol{r}) = L$ significa que podemos tornar os valores $f(\boldsymbol{r})$ *tão próximos de* L *quanto quisermos* considerando pontos $\boldsymbol{r}$ *suficientemente próximos* do ponto $\boldsymbol{r_0}$, mas diferentes de $\boldsymbol{r_0}$. Ou, ainda, de modo equivalente: $\lim\limits_{\boldsymbol{r} \to \boldsymbol{r_0}} f(\boldsymbol{r}) = L$ significa que, à medida que um ponto qualquer $\boldsymbol{r}$ do domínio A de f se *aproxima* de um ponto $\boldsymbol{r_0}$, não necessariamente pertencente a A, a imagem de $\boldsymbol{r}$, por f — $f(\boldsymbol{r})$ —, se *aproxima* de algum número real L.

Definição 2.4.1. *Consideremos uma função real de n variáveis reais* $f : A \subseteq \mathbb{R}^n \to \mathbb{R}$ *e* $\boldsymbol{r_0} \in A'$. *O limite de* $f(\boldsymbol{r})$, *quando* $\boldsymbol{r}$ *tende a* $\boldsymbol{r_0}$, *é* $L \, (L \in \mathbb{R})$, *denotado por*

$$\lim_{\boldsymbol{r} \to \boldsymbol{r_0}} f(\boldsymbol{r}) = L,$$

se, para todo número real $\varepsilon > 0$, *existe um número real* $\delta > 0$ *tal que,*

$$\text{se } \boldsymbol{r} \in A, \; 0 < ||\boldsymbol{r} - \boldsymbol{r_0}|| < \delta, \; \text{então } |f(\boldsymbol{r}) - L| < \varepsilon.$$

Em outras palavras: quando $\boldsymbol{r_0}$ é ponto de acumulação do domínio A de f, a expressão $\lim\limits_{\boldsymbol{r} \to \boldsymbol{r_0}} f(\boldsymbol{r}) = L$ é uma abreviatura para a seguinte afirmação:

$$\forall \varepsilon > 0, \exists \delta > 0 : \forall \boldsymbol{r} \in A, 0 < ||\boldsymbol{r} - \boldsymbol{r_0}|| < \delta \Rightarrow |f(\boldsymbol{r}) - L| < \varepsilon.$$

De resto, toda a discussão pertinente se mantém, tendo o leitor apenas o simples trabalho de adaptá-la para o caso de n variáveis reais: substituir $\mathbb{R}^2$ por $\mathbb{R}^n$; "duas" por n; (x, y) por $\boldsymbol{r}$; (a, b) por $\boldsymbol{r_0}$ e, consequentemente, $\sqrt{(x-a)^2+(y-b)^2}$ por $||\boldsymbol{r}-\boldsymbol{r_0}||$. (As interpretações geométricas da definição de limite de uma função real de n ($n \geq 3$) variáveis reais também, exceto a representação geométrica do gráfico de tal função, a qual é impossível, nesses casos.)

Exercícios

Seção 2.2

1. Considere uma função real de duas variáveis reais $f : A \subseteq \mathbb{R}^2 \to \mathbb{R}$ e $(a, b) \in A'$. Demonstre que as seguintes afirmações são equivalentes entre si:

a) $\lim\limits_{(x,y)\to(a,b)} f(x, y) = L$;

b) dada qualquer ε-vizinhança $\mathscr{V}_\varepsilon(L)$ de L, existe uma δ-vizinhança $\mathscr{V}_\delta(a, b)$ de (a, b) tal que, se $(x, y) \neq (a, b)$ é qualquer ponto em $\mathscr{V}_\delta(a, b) \cap A$, então $f(x, y) \in \mathscr{V}_\varepsilon(L)$.

2. Dada uma função real de duas variáveis reais $f : A \subseteq \mathbb{R}^2 \to \mathbb{R}$ e $(a, b) \in A'$, exprima a negação lógica de $\lim\limits_{(x,y)\to(a,b)} f(x, y) = L$.

3. Dada uma função real de duas variáveis reais $f : A \subseteq \mathbb{R}^2 \to \mathbb{R}$, definida por $f(x, y) = \dfrac{xy}{\sqrt{(x^2 + y^2)^3}}$, demonstre que $\lim\limits_{(x,y)\to(0,0)} f(x, y) \neq 0$.

4. Considere uma função real de duas variáveis reais $f : A \subseteq \mathbb{R}^2 \to \mathbb{R}$ e $(a, b) \in A'$. Demonstre que, se existem constantes $K \geq 0$ e L tais que $|f(x, y) - L| \leq K\sqrt{(x - a)^2 + (y - b)^2}$, então $\lim\limits_{(x,y)\to(a,b)} f(x, y) = L$.

5. Considere uma função real de duas variáveis reais $f : A \subseteq \mathbb{R}^2 \to \mathbb{R}$ e $(a, b) \in A'$.

a) Demonstre que, se $\lim\limits_{(x,y)\to(a,b)} f(x, y) = L$, então $\lim\limits_{(x,y)\to(a,b)} |f(x, y)| = |L|$.

b) Demonstre que a recíproca do item a) é falsa. Forneça contraexemplos tais que

b.1) $\lim\limits_{(x,y)\to(a,b)} |f(x, y)| = |L|$, $\lim\limits_{(x,y)\to(a,b)} f(x, y)$ exista, porém seja diferente de L.

b.2) $\lim\limits_{(x,y)\to(a,b)} |f(x, y)|$ exista, mas $\lim\limits_{(x,y)\to(a,b)} f(x, y)$ não exista.

6. Considere uma função real de duas variáveis reais $f : A \subseteq \mathbb{R}^2 \to \mathbb{R}$ e $(a, b) \in A'$. Se $\lim\limits_{(x,y)\to(a,b)} f(x, y) = L$ e se existem $K, M \in \mathbb{R}$ tais que $K < L < M$, demonstre que existe $\delta > 0$ tal que, para todo $(x, y) \in A$, $0 < \sqrt{(x - a)^2 + (y - b)^2} < \delta \Rightarrow K < f(x, y) < M$. (Em particular, se $f, g : A \subseteq \mathbb{R}^2 \to \mathbb{R}$ são funções reais de duas variáveis reais tais que

$\lim\limits_{(x,y)\to(a,b)} f(x,y) = L$ e $\lim\limits_{(x,y)\to(a,b)} g(x,y) = M$, $L < M$, então existe $\delta > 0$ tal que, para todo $(x,y) \in A$, $0 < \sqrt{(x-a)^2 + (y-b)^2} < \delta \Rightarrow f(x,y) < g(x,y)$).

7. Considere funções reais de duas variáveis reais $f, g : A \subseteq \mathbb{R}^2 \to \mathbb{R}$, $g(x,y) \neq 0$ para todo $(x,y) \in A$, e $(a,b) \in A'$. Se $\lim\limits_{(x,y)\to(a,b)} \dfrac{f(x,y)}{g(x,y)} = 0$, demonstre que existe $\delta > 0$ tal que, para todo $(x,y) \in A$, $0 < \sqrt{(x-a)^2 + (y-b)^2} < \delta \Rightarrow |f(x,y)| < |g(x,y)|$. Esse resultado continua válido se $\lim\limits_{(x,y)\to(a,b)} \dfrac{f(x,y)}{g(x,y)} = L$ $(L \neq 0)$? Se sim, demonstre-o. Se não, forneça um contraexemplo.

8. (*Princípio de permanência do sinal*) Considere uma função real de duas variáveis reais $f : A \subseteq \mathbb{R}^2 \to \mathbb{R}$ e $(a,b) \in A'$. Se $\lim\limits_{(x,y)\to(a,b)} f(x,y) = L$, tal que $L > M$, para algum $M \in \mathbb{R}$,

a) demonstre que existe $\delta > 0$ tal que, para todo $(x,y) \in A$, $0 < \sqrt{(x-a)^2 + (y-b)^2} < \delta \Rightarrow f(x,y) > M$. (Em particular, se $\lim\limits_{(x,y)\to(a,b)} f(x,y) = L$ $(L > 0)$, então existe $\delta > 0$ tal que, para todo $(x,y) \in A$, $0 < \sqrt{(x-a)^2 + (y-b)^2} < \delta \Rightarrow f(x,y) > 0$.)

b) resultados análogos valem para "$\leq$", bem como para "$>$" (em vez de "$<$"), e também para "$\geq$"? Se sim, demonstre-os. Se não, forneça contraexemplos.

c) use o resultado mencionado no item a) para demonstrar o Teorema 3.1.1 (Unicidade do Limite).

9. (*Princípio de permanência da desigualdade*) Considere funções reais de duas variáveis reais $f, g : A \subseteq \mathbb{R}^2 \to \mathbb{R}$ e $(a,b) \in A'$. Demonstre que, se $f(x,y) < g(x,y)$, para todo $(x,y) \in A$, $(x,y) \neq (a,b)$, $\lim\limits_{(x,y)\to(a,b)} f(x,y) = L$ e $\lim\limits_{(x,y)\to(a,b)} g(x,y) = M$, então $L \leq M$. (Em particular, se $f(x,y) \leq K$, para algum $K \in \mathbb{R}$, para todo $(x,y) \in A$, $(x,y) \neq (a,b)$, e $\lim\limits_{(x,y)\to(a,b)} f(x,y) = L$, então $L \leq K$.) Em outras palavras: se $f(x,y) < g(x,y)$, então, para todo $(x,y) \in A$, $(x,y) \neq (a,b)$, $\lim\limits_{(x,y)\to(a,b)} f(x,y) \leq \lim\limits_{(x,y)\to(a,b)} g(x,y)$, desde que esses limites existam (neste contexto, esse princípio é referido como "*passagem ao limite na desigualdade*").

10. Considere funções reais de duas variáveis reais $f, g : A \subseteq \mathbb{R}^2 \to \mathbb{R}$ e $(a,b) \in A'$. Se $f(x,y) < g(x,y)$, para todo $(x,y) \in A$, $(x,y) \neq (a,b)$, $\lim\limits_{(x,y)\to(a,b)} f(x,y) = L$ e $\lim\limits_{(x,y)\to(a,b)} g(x,y) = M$, é verdade que $L < M$? Se sim, demonstre-o. Se não, forneça um contraexemplo.

11. Considere funções reais de duas variáveis reais $f, g : A \subseteq \mathbb{R}^2 \to \mathbb{R}$ e $(a,b) \in A'$. Defina $h = max\{f, g\} : A \subseteq \mathbb{R}^2 \to \mathbb{R}$ por

$$h(x,y) = \begin{cases} f(x,y), & \text{se} \quad f(x,y) \geq g(x,y) \\ g(x,y), & \text{se} \quad g(x,y) \geq f(x,y) \end{cases}$$

Demonstre que, se $\lim\limits_{(x,y)\to(a,b)} f(x,y) = L$ e $\lim\limits_{(x,y)\to(a,b)} g(x,y) = M$, então $\lim\limits_{(x,y)\to(a,b)} h(x,y) = N$, em que $N = max\{L, M\}$ (ou seja, N é o maior dos números L e M).

12. Estabeleça resultado análogo ao anterior para $h = min\{f, g\}$.

13. Dada $f : A \subseteq \mathbb{R}^2 \to \mathbb{R}$, suponha que $\lim\limits_{(x,y)\to(a,b)} f(x,y)$ exista para todo (a,b) em uma bola aberta $\mathscr{B} \subseteq A$, e $g(x,y) = f(x,y)$, exceto em um conjunto B sem pontos de acumulação de $\mathscr{B}$. Que você pode afirmar sobre $\lim\limits_{(x,y)\to(a,b)} g(x,y)$, para todo $(a,b) \in \mathscr{B}$? Justifique a sua resposta.

14. Considere uma função real de duas variáveis reais $f : A \subseteq \mathbb{R}^2 \to \mathbb{R}$ tal que $\lim\limits_{(x,y)\to(0,0)} f(x,y) = L$. Demonstre que, se $\lim\limits_{(x,y)\to(0,0)} f(x,y) = L$, então $\lim\limits_{(x,y)\to(0,0)} f(a(x,y)) = L$, para todo $a \in \mathbb{R} \setminus \{0\}$ tal que $a(x,y) \in A$.

CAPÍTULO 3

Limites de funções reais de duas variáveis reais: demonstração de existência, demonstração de inexistência e métodos de cálculo

Neste capítulo, apresentamos a demonstração da existência de limites de funções reais de duas variáveis reais por meio da definição $\varepsilon - \delta$ de limite, demonstramos alguns resultados sobre a existência, bem como sobre a não existência, de limites de funções reais de duas variáveis reais, os quais aplicamos imediatamente a exemplos de cálculo efetivo (ou de demonstração de existência ou não existência) de limites de alguns tipos concretos de tais funções.

Esses resultados, sob o ponto de vista ora descrito, em verdade, constituem, pois, métodos (por vezes práticos) de demonstração de existência, bem como não existência, de limites de funções reais de duas variáveis reais.

Apesar de que o conceito de limite de funções reais de duas variáveis reais é análogo ao de limite de funções reais de uma (única) variável real, é conveniente revelar antecipadamente ao leitor a verdadeira realidade com a qual ele está prestes a ter contato: **o estudo de limite de funções reais de duas variáveis reais é, em geral, muito mais complexo do que o estudo de limite de funções reais de uma (única) variável real.** O leitor pode apreciar tal complexidade, tanto por meio da análise minuciosa dos exemplos fornecidos, quanto (principalmente) por meio dos exercícios propostos neste livro. É precisamente com o desejo de que o leitor consiga entender possivelmente todos esses exemplos, que fornecemos a resolução detalhada de cada qual deles, de modo que eles devam lhe servir como base inspiradora para a consecução de um dos principais objetivos a ser por ele almejado: a resolução de todos os exercícios propostos.

3.1 Demonstração da existência de limites por meio da definição $\varepsilon - \delta$

A demonstração da existência de limites de funções reais de duas variáveis reais por meio da definição $\varepsilon - \delta$ consiste, essencialmente, em estabelecer a conexão entre a desigualdade que envolve o ε dado e a desigualdade que envolve o δ correspondente que desejamos obter. Para estabelecer tal conexão, procedemos como segue:

i) desenvolvemos $|f(x,y) - L|$ até obtermos uma expressão que se relacione com $\sqrt{(x-a)^2 + (y-b)^2}$ (tal expressão a ser obtida decorre de uma sequência de desigualdades envolvendo $|f(x,y) - L|$ e, em geral, de um múltiplo positivo de $\sqrt{(x-a)^2 + (y-b)^2}$);

ii) exigimos que a expressão resultante acima seja menor que o $\varepsilon > 0$ dado arbitrariamente (essa exigência nos permite obter o $\delta > 0$ desejado), de modo que, assim, garantimos que $|f(x,y) - L| < \varepsilon$;

iii) (opcional) considerando o $\delta > 0$ obtido, podemos verificar que a definição $\varepsilon - \delta$ de limite é realmente satisfeita, de modo a nos assegurar que a demonstração esteja correta.

No exemplo a seguir, apresentaremos o uso do procedimento geral de demonstração de limites pela definição $\varepsilon - \delta$ que ora descrevemos, aplicado a três funções reais de duas variáveis reais especiais:

a) **função constante**: $f : \mathbb{R}^2 \to \mathbb{R}$, definida por $f(x,y) = c$;

b) **primeira** (respectivamente, **segunda**) **projeção**: $f : \mathbb{R}^2 \to \mathbb{R}$, definida por $f(x,y) = x$ (respectivamente, $f(x,y) = y$);

c) **função produto**: $f : \mathbb{R}^2 \to \mathbb{R}$, definida por $f(x,y) = xy$.

Conquanto o uso da definição $\varepsilon - \delta$ de limite para demonstrar a existência dos limites dessas três particulares funções possa parecer um tanto ingênuo ao leitor, os resultados que ali mencionamos desempenham fundamental importância, particularmente no que diz respeito a um dos principais tipos de funções reais de duas variáveis reais mais gerais com que lidamos, a saber, as funções polinomiais, como teremos oportunidade de estudar no decorrer deste livro. Ademais, a simplicidade de tais funções exibe a verdade a respeito da "dependência" entre o δ (a ser obtido), o ε (dado) e o ponto de acumulação do domínio da função no qual calculamos o limite:

1) no item a), mostramos que o δ **não depende de** ε;

2) no item b), mostramos que o δ **depende de** ε, **mas não do particular ponto de acumulação**;

3) no item c), mostramos que o δ **depende tanto de** ε **quanto do particular ponto de acumulação**.

Assim, é inapropriado afirmar que "δ **depende** de ε e, em geral, do ponto de acumulação (a,b) dado", denotando, consequentemente, δ por $\delta(\varepsilon; (a,b))$, para enfatizar tal afirmação (essa afirmação pressupõe, em particular, que δ **sempre** dependa de ε, o que não é verdade, conforme asseguramos no item a) do exemplo a seguir). O correto é afirmar que "δ **pode** depender de ε ou do ponto de acumulação (ou de ambos)" (essa afirmação pressupõe, por sua vez, que pode ocorrer qualquer dos três casos que mencionamos acima).

Exemplo. Demonstre que

a) $\lim\limits_{(x,y)\to(a,b)} c = c$, em que c é uma constante real arbitrária.

b) $\lim\limits_{(x,y)\to(a,b)} x = a$ (respectivamente, $\lim\limits_{(x,y)\to(a,b)} y = b$).

c) $\lim\limits_{(x,y)\to(a,b)} xy = ab$.

Demonstração.

a) De acordo com a definição $\varepsilon - \delta$ de limite de funções reais de duas variáveis reais, devemos demonstrar que

$$\forall \varepsilon > 0, \exists \delta > 0 : \forall (x,y) \in \mathbb{R}^2, 0 < \sqrt{(x-a)^2 + (y-b)^2} < \delta \Rightarrow |c - c| < \varepsilon,$$

em que (a,b) é um ponto de acumulação arbitrário fixado de $\mathbb{R}^2$.

Como a conclusão acima é satisfeita para todo $\varepsilon > 0$ dado, segue que podemos considerar qualquer $\delta > 0$ que satisfaça a hipótese acima.

Observamos, assim, que, neste caso, δ **não depende de** ε.

b) De acordo com a definição $\varepsilon - \delta$ de limite de funções reais de duas variáveis reais, devemos demonstrar que

$$\forall \varepsilon > 0, \exists \delta > 0 : \forall (x,y) \in \mathbb{R}^2, 0 < \sqrt{(x-a)^2 + (y-b)^2} < \delta \Rightarrow |x - a| < \varepsilon,$$

em que (a,b) é um ponto de acumulação arbitrário fixado de $\mathbb{R}^2$. Temos

$$|x-a| = \sqrt{(x-a)^2} \leq \sqrt{(x-a)^2 + (y-b)^2} < \delta,$$

de modo que, para termos $|x-a| < \varepsilon$, é suficiente considerarmos um δ tal que $0 < \delta \leq \varepsilon$ (por exemplo, $\delta = \varepsilon$).

Observamos, assim, que, neste caso, δ **depende de** ε (a escolha de um particular valor de δ não é única).

c) De acordo com a definição $\varepsilon - \delta$ de limite de funções reais de duas variáveis reais, devemos demonstrar que

$$\forall \varepsilon > 0, \exists \delta > 0 : \forall (x,y) \in \mathbb{R}^2, 0 < \sqrt{(x-a)^2 + (y-b)^2} < \delta \Rightarrow |xy - ab| < \varepsilon,$$

em que (a,b) é um ponto de acumulação arbitrário fixado de $\mathbb{R}^2$.

As desigualdades

$$|x-a| \leq \sqrt{(x-a)^2 + (y-b)^2} \; (< \delta)$$

e

$$|y-a| \leq \sqrt{(x-a)^2 + (y-b)^2} \; (< \delta)$$

nos sugerem considerar a seguinte identidade:

$$xy - ab = (x-a)(y-b) + a(y-b) + b(x-a).$$

Assim, temos

$$\begin{aligned} |xy - ab| &= |(x-a)(y-b) + a(y-b) + b(x-a)| \\ &\leq |x-a||y-b| + |a||y-b| + |b||x-a| \\ &\leq \delta^2 + (|a| + |b|)\delta. \end{aligned}$$

Agora, para cada $\varepsilon > 0$ fixado, exigimos que $\delta^2 + (|a| + |b|)\delta < \varepsilon$, ou seja, $\delta^2 + (|a| + |b|)\delta - \varepsilon < 0$. Resolvendo essa inequação em δ ($\delta > 0$), obtemos $0 < \delta < \dfrac{-(|a|+|b|) + \sqrt{(|a|+|b|)^2 + 4\varepsilon}}{2}$. □

Observamos, assim, que, neste caso, δ **depende tanto de** ε **quanto do ponto** (a, b) (a escolha de um particular valor de δ não é única).

A seguir, mencionamos algumas desigualdades que são frequentemente úteis para demonstrar a existência de limites de certas funções reais de duas variáveis reais por meio da definição $\varepsilon - \delta$ (tais desigualdades constituem propriamente o meio que nos permite estabelecer a conexão desejada entre o ε e o δ que descrevemos acima):

i) $x^2 \leq x^2 + y^2$, $\forall x, y \in \mathbb{R}$. (Em geral, $x^n \leq x^n + y^n, \forall n \in \mathbb{N}, n$ par.) (Analogamente, $y^2 \leq x^2 + y^2$, $\forall x, y \in \mathbb{R}$. (Em geral, $y^n \leq x^n + y^n, \forall n \in \mathbb{N}, n$ par.))

ii) $|x| \leq \sqrt{x^2+y^2}$, $\forall x, y \in \mathbb{R}$. (Em geral, $|x|^n \leq \left(\sqrt{x^2+y^2}\right)^n$, $\forall x, y \in \mathbb{R}$, $\forall n \in \mathbb{N}$.) (Analogamente, $|y| \leq \sqrt{x^2+y^2}$, $\forall x, y \in \mathbb{R}$. (Em geral, $|y|^n \leq \left(\sqrt{x^2+y^2}\right)^n$, $\forall x, y \in \mathbb{R}, \forall n \in \mathbb{N}$.))

iii) $|x|^3 \leq |x|(x^2 + y^2)$, $\forall x, y \in \mathbb{R}$. (Em geral, $|x|^n \leq |x|(x^{n-1} + y^{n-1})$, $\forall x, y \in \mathbb{R}, \forall n \in \mathbb{N}, n$ ímpar$, n \geq 3$.)(Analogamente, $|y|^3 \leq |x|(x^2 + y^2)$, $\forall x, y \in \mathbb{R}$. (Em geral, $|y|^n \leq |x|(x^{n-1} + y^{n-1})$, $\forall x, y \in \mathbb{R}, \forall n \in \mathbb{N}, n$ ímpar$, n \geq 3$.))

iv) $|xy| \leq x^2 + y^2$, $\forall x, y \in \mathbb{R}$. (Em geral, $|xy|^n \leq (x^2 + y^2)^n, \forall n \in \mathbb{N}$.)

v) $\sqrt{x^2+y^2} \leq \sqrt{x^2} + \sqrt{y^2}$ $(= |x| + |y|)$, $\forall x, y \in \mathbb{R}$.

vi) $\sqrt{x} - \sqrt{y} \leq \sqrt{x-y}$, $\forall x \geq y, x, y \in \mathbb{R}$.

vii) $ax^2 + by^2 \leq max\{a, b\}(x^2 + y^2)$, $\forall x, y \in \mathbb{R}$, $\forall a, b \in \mathbb{R}_+ - \{0\}$.

viii) $|x \pm y| \leq |x| + |y|$, $\forall x, y \in \mathbb{R}$.

ix) $\frac{2xy}{x+y} \leq \sqrt{xy} \leq \frac{x+y}{2}$, $\forall x, y \in \mathbb{R}_+ - \{0\}$.

x) $-1 \leq senx \leq 1$, bem como $-1 \leq cosx \leq 1$, $\forall x \in \mathbb{R}$. (Em geral, $-1 \leq sen^n x \leq 1$, bem como $-1 \leq cos^n x \leq 1$, $\forall x \in \mathbb{R}, \forall n \in \mathbb{N}, n$ ímpar, e $0 \leq sen^n x \leq 1$, bem como $0 \leq cos^n x \leq 1$, $\forall x \in \mathbb{R}, \forall n \in \mathbb{N}, n$ par.)

xi) $|senx| \leq 1$, bem como $|cosx| \leq 1$, $\forall x \in \mathbb{R}$. (Em geral, $|sen^n x| \leq 1$, bem como $|cos^n x| \leq 1$, $\forall x \in \mathbb{R}, \forall n \in \mathbb{N}$.)

xii) $|senx| \leq |x|$, $\forall x \in \mathbb{R}$. (Em geral, $|sen^n x| \leq |x^n|$, $\forall x \in \mathbb{R}, \forall n \in \mathbb{N}$.)

xiii) $senx^n \leq x^n$, $\forall x \in \mathbb{R}, \forall n$ par$, n \in \mathbb{N}$.

xiv) $|arctgx| \leq \dfrac{\pi}{2}$, $\forall x \in \mathbb{R}$.

Nos exemplos a seguir, apresentamos, em detalhes, o uso de algumas dessas desigualdades.

Exemplo 1. Dada $f : \mathbb{R}^2 - \{(0, 0)\} \to \mathbb{R}$, definida por $f(x, y) = \dfrac{x^2y}{x^2 + y^2}$, demonstre que $\lim\limits_{(x,y)\to(0,0)} f(x, y) = 0$.

Resolução:

De acordo com a definição $\varepsilon - \delta$ de limite, devemos demonstrar que

$$\forall \varepsilon > 0, \exists \delta > 0 : \forall (x, y) \in A, 0 < \sqrt{x^2 + y^2} < \delta \Rightarrow \left|\frac{x^2y}{x^2 + y^2}\right| < \varepsilon.$$

Para estabelecer a conexão entre $\sqrt{x^2+y^2} < \delta$ e $\left|\dfrac{x^2y}{x^2+y^2}\right| < \varepsilon$, procedemos como segue:

$$\begin{aligned}\left|\frac{x^2y}{x^2+y^2}\right| &= \frac{x^2|y|}{x^2+y^2}\\ &\leq \frac{(x^2+y^2)\sqrt{x^2+y^2}}{x^2+y^2}\\ &= \sqrt{x^2+y^2}\\ &< \delta.\end{aligned}$$

Portanto, para que $\left|\dfrac{x^2y}{x^2+y^2}\right| < \varepsilon$, é suficiente, de acordo com a última desigualdade acima, que consideremos um δ tal que $0 < \delta \leq \varepsilon$ (por exemplo, $\delta = \varepsilon$).

Exemplo 2. Dada $f : \mathbb{R}^2 - \{(0,0)\} \to \mathbb{R}$, definida por $f(x,y) = \dfrac{3x^3 - 2y^3}{x^2+y^2}$, demonstre que $\lim\limits_{(x,y)\to(0,0)} f(x,y) = 0$.

Resolução:

De acordo com a definição $\varepsilon - \delta$ de limite, devemos demonstrar que

$$\forall \varepsilon > 0, \exists \delta > 0 : \forall (x,y) \in A, 0 < \sqrt{x^2+y^2} < \delta \Rightarrow \left|\frac{3x^3-2y^3}{x^2+y^2}\right| < \varepsilon.$$

Para estabelecer a conexão entre $\sqrt{x^2+y^2} < \delta$ e $\left|\dfrac{3x^3-2y^3}{x^2+y^2}\right| < \varepsilon$, procedemos como segue:

$$\begin{aligned}\left|\frac{3x^3-2y^3}{x^2+y^2}\right| &= \frac{|3x^3-2y^3|}{x^2+y^2}\\ &\leq \frac{3|x^3|+2|y^3|}{x^2+y^2}\\ &= \frac{3x^2|x|+2y^2|y|}{x^2+y^2}\\ &= \frac{3x^2\sqrt{x^2}+2y^2\sqrt{y^2}}{x^2+y^2}\\ &\leq \frac{3(x^2+y^2)\sqrt{x^2+y^2}+2(x^2+y^2)\sqrt{x^2+y^2}}{x^2+y^2}\\ &\leq \frac{5(x^2+y^2)\sqrt{x^2+y^2}}{x^2+y^2}\\ &= 5\sqrt{x^2+y^2}\\ &< 5\delta.\end{aligned}$$

Portanto, para que $\left|\dfrac{3x^3-2y^3}{x^2+y^2}\right| < \varepsilon$, é suficiente, de acordo com a última desigualdade acima, que consideremos um $\delta > 0$ tal que $5\delta \leq \varepsilon$, ou seja, $0 < \delta \leq \dfrac{\varepsilon}{5}$ (por exemplo, $\delta = \dfrac{\varepsilon}{5}$).

Exemplo 3. Dada $f : \mathbb{R}^2 - \{(0,0)\} \to \mathbb{R}$, definida por $f(x,y) = \dfrac{x^2y^2}{x^2+y^2}$, demonstre que $\displaystyle\lim_{(x,y)\to(0,0)} f(x,y) = 0$.

Resolução:

De acordo com a definição $\varepsilon - \delta$ de limite, devemos demonstrar que

$$\forall \varepsilon > 0, \exists \delta > 0 : \forall (x,y) \in A, 0 < \sqrt{x^2+y^2} < \delta \Rightarrow \left|\frac{x^2y^2}{x^2+y^2}\right| < \varepsilon.$$

Para estabelecer a conexão entre $\sqrt{x^2+y^2} < \delta$ e $\left|\dfrac{x^2y^2}{x^2+y^2}\right| < \varepsilon$, procedemos como segue:

$$\begin{aligned}\left|\frac{x^2y^2}{x^2+y^2}\right| &= \frac{x^2y^2}{x^2+y^2}\\ &\leq \frac{(x^2+y^2)(x^2+y^2)}{x^2+y^2}\\ &= x^2+y^2\\ &= (\sqrt{x^2+y^2})^2\\ &< \delta^2.\end{aligned}$$

Portanto, para que $\left|\dfrac{x^2y^2}{x^2+y^2}\right| < \varepsilon$, é suficiente, de acordo com a última desigualdade acima, que consideremos um $\delta > 0$ tal que $\delta^2 \leq \varepsilon$, ou seja, $0 < \delta \leq \sqrt{\varepsilon}$ (por exemplo, $\delta = \sqrt{\varepsilon}$).

Exemplo 4. Dada $f : \{(x,y) \in \mathbb{R}^2 : y \neq 0\} \to \mathbb{R}$, definida por $f(x,y) = (x^2+y^2)arctg\left(\dfrac{x}{y}\right)$, demonstre que $\displaystyle\lim_{(x,y)\to(0,0)} f(x,y) = 0$.

Resolução:

De acordo com a definição $\varepsilon - \delta$ de limite, devemos demonstrar que

$$\forall \varepsilon > 0, \exists \delta > 0 : \forall (x,y) \in A, 0 < \sqrt{x^2+y^2} < \delta \Rightarrow \left|(x^2+y^2)arctg\left(\frac{x}{y}\right)\right| < \varepsilon.$$

Para estabelecer a conexão entre $\sqrt{x^2+y^2} < \delta$ e $\left|(x^2+y^2)arctg\left(\dfrac{x}{y}\right)\right| < \varepsilon$, procedemos como segue:

$$\begin{aligned}\left|(x^2+y^2)arctg\left(\frac{x}{y}\right)\right| &= (x^2+y^2)\left|arctg\left(\frac{x}{y}\right)\right|\\ &< (x^2+y^2)\frac{\pi}{2}\\ &= \frac{\pi}{2}(\sqrt{x^2+y^2})^2\\ &< \frac{\pi}{2}\delta^2.\end{aligned}$$

Portanto, para que $\left|(x^2+y^2)arctg\left(\dfrac{x}{y}\right)\right| < \varepsilon$, é suficiente, de acordo com a última desigualdade acima, que consideremos $\delta > 0$ tal que $\dfrac{\pi}{2}\delta^2 \leq \varepsilon$, ou seja, $0 < \delta \leq \sqrt{\dfrac{2\varepsilon}{\pi}}$ (por exemplo, $\delta = \sqrt{\dfrac{2\varepsilon}{\pi}}$).

Exemplo 5. Dada $f : \mathbb{R}^2 - \{(0,0)\} \to \mathbb{R}$, definida por $f(x,y) = \dfrac{y^5cos^3x + x^3sen^2y}{x^4 + y^4 + 2x^2y^2}$, demonstre que $\lim\limits_{(x,y)\to(0,0)} f(x,y) = 0$.

Resolução:

De acordo com a definição $\varepsilon - \delta$ de limite, devemos demonstrar que

$$\forall\varepsilon > 0, \exists\delta > 0 : \forall(x,y) \in A, 0 < \sqrt{x^2+y^2} < \delta \Rightarrow \left|\frac{y^5cos^3x + x^3sen^2y}{x^4 + y^4 + 2x^2y^2}\right| < \varepsilon.$$

Para estabelecer a conexão entre $\sqrt{x^2+y^2} < \delta$ e $\left|\dfrac{y^5cos^3x + x^3sen^2y}{x^4 + y^4 + 2x^2y^2}\right| < \varepsilon$, procedemos como segue:

$$\begin{aligned}
\left|\frac{y^5cos^3x + x^3sen^2y}{x^4 + y^4 + 2x^2y^2}\right| &= \frac{|y^5cos^3x + x^3sen^2y|}{x^4 + 2x^2y^2 + y^4} \\
&= \frac{|y^5cos^3x + x^3sen^2y|}{(x^2+y^2)^2} \\
&\leq \frac{|y^5cos^3x| + |x^3sen^2y|}{(x^2+y^2)^2} \\
&= \frac{|y^5||cos^3x| + |x^3||sen^2y|}{(x^2+y^2)^2} \\
&= \frac{y^4|y||cos^3x| + x^2|x||sen^2y|}{(x^2+y^2)^2} \\
&\leq \frac{(x^2+y^2)^2\sqrt{x^2+y^2}|cos^3x| + (x^2+y^2)\sqrt{x^2+y^2}|sen^2y|}{(x^2+y^2)^2} \\
&\leq \frac{(x^2+y^2)^2\sqrt{x^2+y^2} + (x^2+y^2)\sqrt{x^2+y^2}|y^2|}{(x^2+y^2)^2} \\
&\leq \frac{(x^2+y^2)^2\sqrt{x^2+y^2} + (x^2+y^2)\sqrt{x^2+y^2}(\sqrt{x^2+y^2})^2}{(x^2+y^2)^2} \\
&= \frac{(x^2+y^2)^{\frac{5}{2}} + (x^2+y^2)^{\frac{5}{2}}}{(x^2+y^2)^2} \\
&\leq \frac{2(x^2+y^2)^{\frac{5}{2}}}{(x^2+y^2)^2} \\
&= 2\sqrt{x^2+y^2} \\
&< 2\delta.
\end{aligned}$$

Portanto, para que $\left|\dfrac{y^5cos^3x + x^3sen^2y}{x^4 + y^4 + 2x^2y^2}\right| < \varepsilon$, é suficiente, de acordo com a última desigualdade acima, que consideremos um $\delta > 0$ tal que $2\delta \leq \varepsilon$, ou seja, $0 < \delta \leq \dfrac{\varepsilon}{2}$ (por exemplo, $\delta = \dfrac{\varepsilon}{2}$).

O primeiro resultado que apresentaremos, além de importante em si mesmo, constitui, de certo modo, a base de todo o nosso estudo sobre limites. Mais precisamente, conquanto a definição $\varepsilon - \delta$ de limite nos forneça apenas o critério formal para demonstrarmos que um dado número real L é o limite de uma dada função f em um dado ponto de acumulução (a,b) do seu domínio A, nada, até o presente momento, assegura-nos que tal número real L, em verdade, exista (na prática, um possível valor do limite é tipicamente desconhecido), tampouco, em caso afirmativo, se é ou não único. Pois bem, o resultado sob consideração assegura-nos que, se uma função real de duas variáveis reais tem limite, então esse limite é único. Esse resultado é, pois, conhecido na literatura matemática naturalmente como *unicidade do limite*. Todos os demais resultados que estudaremos são, por sua vez, de interesse prático: aplicamo-los a alguns exemplos de cálculo efetivo (ou de demonstração de existência ou não existência) do limite de uma dada função real de duas variáveis reais.

Teorema 3.1.1. (Unicidade do limite) *Se $f : A \subseteq \mathbb{R}^2 \to \mathbb{R}$ é uma função real de duas variáveis reais tal que $\lim_{(x,y)\to(a,b)} f(x,y) = L$ e $\lim_{(x,y)\to(a,b)} f(x,y) = M$, em que $(a,b) \in A'$, então $L = M$.*

Demonstração. Por hipótese, dado qualquer $\varepsilon > 0$, existem $\delta_1 > 0$ e $\delta_2 > 0$ tais que, para todo $(x,y) \in A$,

$$0 < \sqrt{(x-a)^2 + (y-b)^2} < \delta_1 \Rightarrow |f(x,y) - L| < \frac{\varepsilon}{2}$$

e

$$0 < \sqrt{(x-a)^2 + (y-b)^2} < \delta_2 \Rightarrow |f(x,y) - M| < \frac{\varepsilon}{2}.$$

Consideremos $\delta = min\{\delta_1, \delta_2\}$. Como (a,b) é um ponto de acumulação do domínio A de f, podemos obter $(\overline{x}, \overline{y}) \in A$ tal que $0 < \sqrt{(\overline{x}-a)^2 + (\overline{y}-b)^2} < \delta$. Usando esse $(\overline{x}, \overline{y})$, decorre que $|L - M| = |L - f(\overline{x},\overline{y}) + f(\overline{x},\overline{y}) - M| \leq |L - f(\overline{x},\overline{y})| + |f(\overline{x},\overline{y}) - M| < \frac{\varepsilon}{2} + \frac{\varepsilon}{2} = \varepsilon$, ou seja, $|L - M| < \varepsilon$. Portanto, como ε é arbitrário, resulta que $L = M$. □

3.2 Propriedades operatórias de limites

O teorema seguinte estabelece as propriedades operatórias básicas com limites de funções reais de duas variáveis reais definidas em um mesmo conjunto[1]: adição, multiplicação de função por constante, subtração, multiplicação de funções, divisão e radiciação.

O leitor pode desejar se deter na demonstração (descrita em detalhes) de cada uma dessas propriedades. Ao assim proceder, ele observará que a demonstração de cada uma delas exprime, em seu próprio direito, um autêntico uso da definição $\varepsilon - \delta$ de limite.

Teorema 3.2.1. (Propriedades operatórias de limites) *Consideremos $f, g : A \subseteq \mathbb{R}^2 \to \mathbb{R}$ funções reais de duas variáveis reais, $(a,b) \in A'$ e c um número real qualquer. Se $\lim_{(x,y)\to(a,b)} f(x,y) = L$ e $\lim_{(x,y)\to(a,b)} g(x,y) = M$, então*

i) $\lim_{(x,y)\to(a,b)} [f(x,y) + g(x,y)] = L + M.$

ii) $\lim_{(x,y)\to(a,b)} cf(x,y) = cL.$

[1]Apenas por simplicidade, consideramos funções f e g definidas em um mesmo conjunto A. Se f estiver definida em um conjunto A e g em um conjunto B ($A \neq B$ tal que $A \cap B \neq \emptyset$), deveremos exigir que $(a,b) \in A' \cap B'$: em *i*), *iii*) e *iv*), o domínio deve ser $A \cap B$, enquanto que em *v*), o domínio deve ser $A \cap B$, tal que $\lim_{(x,y)\to(a,b)} g(x,y) \neq 0$, em alguma vizinhança de (a,b).

iii) $\lim\limits_{(x,y)\to(a,b)} [f(x,y) - g(x,y)] = L - M.$

iv) $\lim\limits_{(x,y)\to(a,b)} [f(x,y)g(x,y)] = LM.$

v) $\lim\limits_{(x,y)\to(a,b)} \left[\dfrac{f(x,y)}{g(x,y)}\right] = \dfrac{L}{M}$, **desde que $M \neq 0$, em alguma vizinhança de (a,b).**

vi) $\lim\limits_{(x,y)\to(a,b)} \sqrt{f(x,y)} = \sqrt{L}$, **desde que $L > 0$, em alguma vizinhança de (a,b).**

Demonstração.

i) De acordo com a definição $\varepsilon - \delta$ de limite, devemos demonstrar que

$$\forall \varepsilon > 0, \exists \delta > 0 : \forall (x,y) \in A, 0 < \sqrt{(x-a)^2 + (y-b)^2} < \delta \Rightarrow |[f(x,y)+g(x,y)]-(L+M)| < \varepsilon.$$

Para estabelecer tal conexão entre essas desigualdades, observemos, inicialmente, que

$$\begin{aligned} |[f(x,y) + g(x,y)] - (L+M)| &= |[f(x,y) - L] + [g(x,y) - M]| \\ &\leq |f(x,y) - L| + |g(x,y) - M|. \end{aligned}$$

Assim, podemos tornar $|[f(x,y) + g(x,y)] - (L+M)| < \varepsilon$, desde que exista um $\delta > 0$ tal que tanto $|f(x,y) - L| < \frac{\varepsilon}{2}$ quanto $|g(x,y) - M| < \frac{\varepsilon}{2}$. Por hipótese, dado qualquer $\varepsilon > 0$, existem $\delta_1 > 0$ e $\delta_2 > 0$ tais que, para todo $(x,y) \in A$,

$$0 < \sqrt{(x-a)^2 + (y-b)^2} < \delta_1 \Rightarrow |f(x,y) - L| < \frac{\varepsilon}{2},$$

$$0 < \sqrt{(x-a)^2 + (y-b)^2} < \delta_2 \Rightarrow |g(x,y) - M| < \frac{\varepsilon}{2}.$$

Considerando $\delta = min\{\delta_1, \delta_2\}$, temos

$$\begin{aligned} |[f(x,y) + g(x,y)] - (L+M)| &= |f(x,y) - L| + |g(x,y) - M| \\ &< \frac{\varepsilon}{2} + \frac{\varepsilon}{2} \\ &= \varepsilon. \end{aligned}$$

Portanto, $\lim\limits_{(x,y)\to(a,b)} [f(x,y) + g(x,y)] = L + M.$

ii) De acordo com a definição $\varepsilon - \delta$ de limite, devemos demonstrar que

$$\forall \varepsilon > 0, \exists \delta > 0 : \forall (x,y) \in A, 0 < \sqrt{(x-a)^2 + (y-b)^2} < \delta \Rightarrow |cf(x,y) - cL| < \varepsilon.$$

O caso em que $c = 0$ é um caso particular do item a) do exemplo após a definição $\varepsilon - \delta$ de limite. Consideremos, pois, $c \neq 0$. Para estabelecer tal conexão entre essas desigualdades, observemos, inicialmente, que

$$|cf(x,y) - cL| = |c||f(x,y) - L|.$$

Assim, podemos tornar $|cf(x,y) - cL| < \varepsilon$ (equivalentemente, $|c||f(x,y) - L| < \varepsilon$), desde que exista um $\delta > 0$ tal que $|f(x,y) - L| < \dfrac{\varepsilon}{|c|}$.

Por hipótese, dado qualquer $\varepsilon > 0$, existe $\delta > 0$, tal que, para todo $(x,y) \in A$,

$$0 < \sqrt{(x-a)^2 + (y-b)^2} < \delta \Rightarrow |f(x,y) - L| < \frac{\varepsilon}{|c|}.$$

Assim, considerando esse mesmo $\delta > 0$, temos

$$\begin{aligned} |cf(x,y) - cL| &= |c||f(x,y) - L| \\ &< |c|\frac{\varepsilon}{|c|} \\ &= \varepsilon. \end{aligned}$$

Portanto, $\lim\limits_{(x,y)\to(a,b)} [cf(x,y)] = cL$.

iii) Como $f(x,y) - g(x,y) = f(x,y) + (-1)g(x,y)$, o resultado segue da aplicação dos itens *i)* e *ii)* $(c = -1)$ deste teorema.

Portanto, $\lim\limits_{(x,y)\to(a,b)} [f(x,y) - g(x,y)] = L - M$.

iv) De acordo com a definição $\varepsilon - \delta$ de limite, devemos demonstrar que

$$\forall\varepsilon > 0, \exists\delta > 0 : \forall(x,y) \in A, 0 < \sqrt{(x-a)^2 + (y-b)^2} < \delta \Rightarrow |f(x,y)g(x,y) - LM| < \varepsilon.$$

Para estabelecer tal conexão entre essas desigualdades, observemos, inicialmente, que

$$\begin{aligned} |f(x,y)g(x,y) - LM| &= |f(x,y)g(x,y) - f(x,y)M + f(x,y)M - LM| \\ &\leq |f(x,y)g(x,y) - f(x,y)M| + |f(x,y)M - LM| \\ &= |f(x,y)||g(x,y) - M| + |M||f(x,y) - L| \\ &\leq |f(x,y)||g(x,y) - M| + |1 + M||f(x,y) - L|. \end{aligned}$$

Assim, podemos tornar $|f(x,y)g(x,y) - LM| < \varepsilon$, desde que exista um $\delta > 0$ tal que tanto $|f(x,y)||g(x,y) - M| < \frac{\varepsilon}{2}$ quanto $|1 + M||f(x,y) - L| < \frac{\varepsilon}{2}$. Por hipótese, dado qualquer $\varepsilon > 0$, existem $\delta_1 > 0$, $\delta_2 > 0$ e $\delta_3 > 0$ tais que, para todo $(x,y) \in A$,

$$0 < \sqrt{(x-a)^2 + (y-b)^2} < \delta_1 \Rightarrow |f(x,y) - L| < 1$$

(considerando, por exemplo, $\varepsilon = 1$, de modo que $|f(x,y)| < 1 + |L|$),

$$0 < \sqrt{(x-a)^2 + (y-b)^2} < \delta_2 \Rightarrow |g(x,y) - M| < \frac{\varepsilon}{2(1 + |L|)}$$

e

$$0 < \sqrt{(x-a)^2 + (y-b)^2} < \delta_3 \Rightarrow |f(x,y) - L| < \frac{\varepsilon}{2(1 + |M|)}.$$

Considerando $\delta = min\{\delta_1, \delta_2, \delta_3\}$, temos

$$\begin{aligned} |f(x,y)g(x,y) - LM| &= |f(x,y)g(x,y) - f(x,y)M + f(x,y)M - LM| \\ &\leq |f(x,y)g(x,y) - f(x,y)M| + |f(x,y)M - LM| \\ &= |f(x,y)||g(x,y) - M| + |M||f(x,y) - L| \\ &\leq |f(x,y)||g(x,y) - M| + |1 + M||f(x,y) - L| \\ &< (1 + |L|)\frac{\varepsilon}{2(1 + |L|)} + (1 + M)\frac{\varepsilon}{2(1 + |M|)} \\ &= \frac{\varepsilon}{2} + \frac{\varepsilon}{2} \\ &= \varepsilon. \end{aligned}$$

Portanto, $\lim_{(x,y)\to(a,b)}[f(x,y)g(x,y)] = LM$.

v) Como $\frac{f(x,y)}{g(x,y)} = f(x,y)\frac{1}{g(x,y)}$, é suficiente demonstrar que $\lim_{(x,y)\to(a,b)} \frac{1}{g(x,y)} = \frac{1}{M}$, pois, assim, podemos obter o resultado desejado pela aplicação do item *iv)* deste teorema a esse produto.

De acordo com a definição $\varepsilon - \delta$ de limite, devemos, pois, demonstrar que

$$\forall\varepsilon > 0, \exists\delta > 0 : \forall(x,y) \in A, 0 < \sqrt{(x-a)^2 + (y-b)^2} < \delta \Rightarrow \left|\frac{1}{g(x,y)} - \frac{1}{M}\right| < \varepsilon.$$

Para estabelecer tal conexão entre essas desigualdades, observemos, inicialmente, que

$$\begin{aligned}\left|\frac{1}{g(x,y)} - \frac{1}{M}\right| &= \left|\frac{M - g(x,y)}{Mg(x,y)}\right| \\ &= \frac{1}{|M||g(x,y)|}|g(x,y) - M|.\end{aligned}$$

Assim, podemos tornar $\left|\frac{1}{g(x,y)} - \frac{1}{M}\right| < \varepsilon$, desde que exista um $\delta > 0$ tal que $\frac{1}{|M||g(x,y)|}|g(x,y) - M| < \varepsilon$. Por hipótese, dado qualquer $\varepsilon > 0$, existe $\delta_1 > 0$ tal que, para todo $(x,y) \in A$,

$$0 < \sqrt{(x-a)^2 + (y-b)^2} < \delta_1 \Rightarrow |g(x,y) - M| < \frac{|M|}{2}$$

(consideramos $\varepsilon = \frac{|M|}{2}$). Consequentemente, para todo tal (x,y), temos

$$\begin{aligned}|M| &= |g(x,y) + [M - g(x,y)]| \\ &\leq |g(x,y)| + |M - g(x,y)| \\ &< |g(x,y)| + \frac{|M|}{2},\end{aligned}$$

ou seja,

$$\frac{|M|}{2} < |g(x,y)|,$$

de modo que

$$\frac{1}{|g(x,y)|} < \frac{2}{|M|}.$$

Substituindo esse limitante superior de $\frac{1}{|g(x,y)|}$ na igualdade $\left|\frac{1}{g(x,y)} - \frac{1}{M}\right| = \frac{1}{|M||g(x,y)|}|g(x,y) - M|$, obtemos

$$\left|\frac{1}{g(x,y)} - \frac{1}{M}\right| < \frac{2}{|M|^2}|g(x,y) - M|,$$

de modo que, agora, tornar $\left|\dfrac{1}{g(x,y)} - \dfrac{1}{M}\right| < \varepsilon$ equivale a tornar $|g(x,y) - M| < \dfrac{|M|^2}{2}\varepsilon$. Por hipótese, dado qualquer $\varepsilon > 0$, existe $\delta_2 > 0$ tal que, para todo $(x,y) \in A$,

$$0 < \sqrt{(x-a)^2 + (y-b)^2} < \delta_2 \Rightarrow |g(x,y) - M| < \frac{|M|^2}{2}\varepsilon.$$

Finalmente, considerando $\delta = min\{\delta_1, \delta_2\}$, temos

$$\begin{aligned} \left|\frac{1}{g(x,y)} - \frac{1}{M}\right| &< \frac{2}{|M|^2}\frac{|M|^2}{2}\varepsilon \\ &= \varepsilon. \end{aligned}$$

Logo, $\displaystyle\lim_{(x,y)\to(a,b)} \frac{1}{g(x,y)} = \frac{1}{M}$.
Portanto,

$$\begin{aligned} \lim_{(x,y)\to(a,b)} \frac{f(x,y)}{g(x,y)} &= \lim_{(x,y)\to(a,b)} \left[f(x,y)\frac{1}{g(x,y)}\right] \\ &= \left[\lim_{(x,y)\to(a,b)} f(x,y)\right]\left[\lim_{(x,y)\to(a,b)} \frac{1}{g(x,y)}\right] \\ &= \frac{L}{M}, \end{aligned}$$

em que aplicamos o item *iv*) deste teorema à última igualdade, juntamente com o resultado auxiliar que ora demonstramos.

vi) De acordo com a definição $\varepsilon - \delta$ de limite, devemos demonstrar que

$$\forall\varepsilon > 0, \exists\delta > 0 : \forall(x,y) \in A, 0 < \sqrt{(x-a)^2 + (y-b)^2} < \delta \Rightarrow |\sqrt{f(x,y)} - \sqrt{L}| < \varepsilon.$$

Para estabelecer tal conexão entre essas desigualdades, observemos, inicialmente, que

$$\begin{aligned} |\sqrt{f(x,y)} - \sqrt{L}| &= \frac{|f(x,y) - L|}{\sqrt{f(x,y)} + \sqrt{L}} \\ &\leq \frac{|f(x,y) - L|}{\sqrt{L}}. \end{aligned}$$

Assim, podemos tornar $|\sqrt{f(x,y)} - \sqrt{L}| < \varepsilon$, desde que exista um $\delta > 0$ tal que $\dfrac{|f(x,y) - L|}{\sqrt{L}} < \varepsilon$. Por hipótese, dado qualquer $\varepsilon > 0$, existe $\delta > 0$ tal que, para todo $(x,y) \in A$,

$$0 < \sqrt{(x-a)^2 + (y-b)^2} < \delta \Rightarrow |f(x,y) - L| < \sqrt{L}\varepsilon.$$

Logo, considerando esse mesmo $\delta > 0$, temos

$$\begin{aligned} |\sqrt{f(x,y)} - \sqrt{L}| &= \frac{|f(x,y) - L|}{\sqrt{f(x,y)} + \sqrt{L}} \\ &\leq \frac{|f(x,y) - L|}{\sqrt{L}} \\ &< \frac{1}{\sqrt{L}}(\sqrt{L}\varepsilon) \\ &= \varepsilon. \end{aligned}$$

Portanto, $\lim_{(x,y)\to(a,b)} \sqrt{f(x,y)} = \sqrt{L}$. □

Referimo-nos comumente às propriedades operatórias básicas com limites que descrevemos no Teorema 3.2.1 do seguinte modo:

i) o limite da soma é a soma dos limites;

ii) o limite de uma constante vezes uma função é igual a essa constante vezes o limite dessa função;

iii) o limite da diferença é a diferença dos limites;

iv) o limite do produto é o produto dos limites;

v) o limite do quociente é o quociente dos limites, **desde que o limite do denominador seja diferente de zero**;

vi) o limite da raiz é a raiz do limite, **desde que o limite do radicando seja positivo**.

Em resumo: limites de funções comportam-se apropriadamente com respeito a adições, multiplicações por constante, subtrações, multiplicações, divisões e radiciações.

Observações:

1) por indução, resulta dos itens *i*) e *ii*) do Teorema 3.2.1, que, se $c_1, \ldots, c_n$ são constantes e $f_1, \ldots, f_n : A \subseteq \mathbb{R}^2 \to \mathbb{R}$ são funções reais de duas variáveis reais tais que $\lim_{(x,y)\to(a,b)} f_1(x,y), \ldots, \lim_{(x,y)\to(a,b)} f_n(x,y)$ existam, então

$$\lim_{(x,y)\to(a,b)} \left[\sum_{i=1}^{n} c_i f_i(x,y)\right] = \sum_{i=1}^{n} \left[c_i \lim_{(x,y)\to(a,b)} f_i(x,y)\right];$$

2) por indução, resulta do item *iv*) do Teorema 3.2.1, que, se $f_1, \ldots, f_n : A \subseteq \mathbb{R}^2 \to \mathbb{R}$ são funções reais de duas variáveis reais tais que $\lim_{(x,y)\to(a,b)} f_1(x,y), \ldots, \lim_{(x,y)\to(a,b)} f_n(x,y)$ existam, então

$$\lim_{(x,y)\to(a,b)} \left[\prod_{i=1}^{n} f_i(x,y)\right] = \prod_{i=1}^{n} \left[\lim_{(x,y)\to(a,b)} f_i(x,y)\right];$$

Caso especial: f é uma função real de duas variáveis reais separáveis, ou seja, pode ser escrita como o produto de uma função de x por uma função de y. Se $f(x,y) = g(x)h(y)$, então

$$\lim_{(x,y)\to(a,b)} f(x,y) = \lim_{(x,y)\to(a,b)} g(x)h(y) = \left[\lim_{(x,y)\to(a,b)} g(x)\right]\left[\lim_{(x,y)\to(a,b)} h(y)\right],$$

desde que ambos os limites existam.

Este caso especial generaliza o item b) do exemplo logo após a definição $\varepsilon - \delta$ de limite.

3) podemos generalizar o item *vi*) do seguinte modo: $\lim_{(x,y)\to(a,b)} \sqrt[n]{[f(x,y)]^m} = \sqrt[n]{L^m}$, para todos $m, n \in \mathbb{N}$, **desde que $\sqrt[n]{L^m}$ seja um número real** (isto é, **desde que n seja ímpar (L qualquer) ou n seja par e $L > 0$**);

4) resulta do item b) do exemplo após a definição $\varepsilon - \delta$ de limite, juntamente com a Observação 2 deste teorema, que

$$\lim_{(x,y)\to(a,b)} x^n = \underbrace{\left(\lim_{(x,y)\to(a,b)} x\right)\cdots\left(\lim_{(x,y)\to(a,b)} x\right)}_{n \text{ fatores}} = \underbrace{a\cdots a}_{n \text{ fatores}} = a^n$$

e

$$\lim_{(x,y)\to(a,b)} y^n = \underbrace{\left(\lim_{(x,y)\to(a,b)} y\right)\cdots\left(\lim_{(x,y)\to(a,b)} y\right)}_{n \text{ fatores}} = \underbrace{b\cdots b}_{n \text{ fatores}} = b^n;$$

5) resulta do item *iv*) do Teorema 3.2.1, juntamente com a Observação 4 deste teorema, que

$$\lim_{(x,y)\to(a,b)} x^n y^n = \lim_{(x,y)\to(a,b)} a^n b^n;$$

6) resulta das Observações 1) e 5) que, se f é uma função polinomial, então

$$\lim_{(x,y)\to(a,b)} f(x,y) = f(a,b).$$

Em outras palavras: **para calcular o limite de uma função polinomial em um ponto, basta calcular o valor dessa função nesse ponto**;

7) resulta do item *v*) do Teorema 3.2.1, juntamente com a Observação 6 deste teorema, que, se f é uma função polinomial e g também é uma função polinomial tal que $\lim\limits_{(x,y)\to(a,b)} g(x,y) \neq 0$ (ou seja, $g(a,b) \neq 0$), então existe $\lim\limits_{(x,y)\to(a,b)} \dfrac{f(x,y)}{g(x,y)}$, dado por

$$\lim_{(x,y)\to(a,b)} \frac{f(x,y)}{g(x,y)} = \frac{f(a,b)}{g(a,b)}.$$

Em outras palavras: **para calcular o limite de uma função racional em um ponto no qual o seu denominador não se anula, basta calcular o valor dessa função nesse ponto**;

8) com relação aos itens *i*) e *iv*) do Teorema 3.2.1, as condições sobre a existência dos limites das funções f e g são suficientes, mas não necessárias: o limite da soma (respectivamente, do produto) pode existir, mesmo que os limites das parcelas (respectivamente, dos fatores) não existam;

9) se $\lim\limits_{(x,y)\to(a,b)} g(x,y) = 0$, então o quociente $\dfrac{f(x,y)}{g(x,y)}$ só *pode* ter limite quando (x,y) se aproxima de (a,b) se, também, $\lim\limits_{(x,y)\to(a,b)} f(x,y) = 0$. Se $\lim_{(x,y)\to(a,b)} g(x,y) = 0$, mas $\lim\limits_{(x,y)\to(a,b)} f(x,y) \neq 0$, então o quociente $\dfrac{f(x,y)}{g(x,y)}$ não pode sequer ser limitado em uma vizinhança de (a,b). Portanto, pelo Teorema 3.9.1, *a fortiori*, $\lim\limits_{(x,y)\to(a,b)} \dfrac{f(x,y)}{g(x,y)}$ não pode existir;

10) em que pese a importância do Teorema 3.2.1, os exemplos mais interessantes de limites que surgem em Cálculo (em particular, de funções reais de várias variáveis reais) não podem ser calculados **diretamente** por meio de teoremas gerais como este, pois tais exemplos provêm das assim denominadas "expressões indeterminadas":

$$\frac{0}{0}, 0^0, (\pm\infty)^0, 1^{(\pm\infty)}, 0 \cdot (\pm\infty), \frac{\pm\infty}{\pm\infty}, \infty - \infty.$$

Talvez o exemplo mais importante desse fato (em particular, da expressão indeterminada $\frac{0}{0}$), que tem aplicação prática imediata, seja o das derivadas parciais: dada $f : A \subseteq \mathbb{R}^2 \to \mathbb{R}$ uma função real de duas variáveis reais, a *derivada parcial* de f em relação à x (respectivamente, y) em um ponto $(x_0, y_0) \in A$ é definida por

$$f_x(x_0, y_0) = \lim_{h \to 0} \frac{f(x_0 + h, y_0) - f(x_0, y_0)}{h}$$

$$(\text{respectivamente, } f_y(x_0, y_0) = \lim_{h \to 0} \frac{f(x_0, y_0 + h) - f(x_0, y_0)}{h}),$$

desde que tal limite exista.

São precisamente os limites provenientes das "expressões indeterminadas" que mencionamos acima (particularmente, $\frac{0}{0}$) que mais nos interessam: todos os métodos de cálculo de limite que estabeleceremos neste livro são, em verdade, métodos destinados ao cálculo de limites desses tipos.

Na tabela a seguir, apresentamos todos os tipos de expressões indeterminadas, as condições que as expressam em termos dos limites dos quais elas se originam e as correspondentes transformações para o tipo mais comum de tais expressões indeterminadas ($\frac{0}{0}$). É importante salientar que tais transformações têm o intuito apenas de informar ao leitor o relacionamento existente entre os vários tipos de expressões indeterminadas com aquele que é o mais comum dentre elas. Assim é que, a título de conhecimento para o leitor, informamos-lhe que, embora no caso de funções reais de uma (única) variável real, a Regra de l'Hôspital constitua-se no principal resultado utilizado para o estudo das expressões indeterminadas $\frac{0}{0}$, $\frac{\infty}{\infty}$, bem como $0 \cdot \infty$ e $\infty - \infty$ (estas, via equivalência com $\frac{0}{0}$), no caso presente de funções reais de várias varáveis reais o tratamento de tais expressões indeterminadas requer métodos próprios diversos, conforme o leitor terá a oportunidade de estudar no decorrer deste livro.

Expressões indeterminadas		
Tipos	**Condições**	**Transformação para $\frac{0}{0}$**
$\frac{0}{0}$	$\lim\limits_{(x,y)\to(a,b)} f(x,y) = 0,\ \lim\limits_{(x,y)\to(a,b)} g(x,y) = 0$	–
0^0	$\lim\limits_{(x,y)\to(a,b)} f(x,y) = 0,\ \lim\limits_{(x,y)\to(a,b)} g(x,y) = 0$	$\lim\limits_{(x,y)\to(a,b)} [f(x,y)]^{g(x,y)} = e^{\lim\limits_{(x,y)\to(a,b)} \frac{g(x,y)}{\frac{1}{ln[f(x,y)]}}}$
∞^0	$\lim\limits_{(x,y)\to(a,b)} f(x,y) = \infty,\ \lim\limits_{(x,y)\to(a,b)} g(x,y) = 0$	$\lim\limits_{(x,y)\to(a,b)} [f(x,y)]^{g(x,y)} = e^{\lim\limits_{(x,y)\to(a,b)} \frac{g(x,y)}{\frac{1}{ln[f(x,y)]}}}$
1^∞	$\lim\limits_{(x,y)\to(a,b)} f(x,y) = 1,\ \lim\limits_{(x,y)\to(a,b)} g(x,y) = \infty$	$\lim\limits_{(x,y)\to(a,b)} [f(x,y)]^{g(x,y)} = e^{\lim\limits_{(x,y)\to(a,b)} \frac{ln[f(x,y)]}{\frac{1}{ln[g(x,y)]}}}$
$0\cdot(\pm\infty)$	$\lim\limits_{(x,y)\to(a,b)} f(x,y) = 0,\ \lim\limits_{(x,y)\to(a,b)} g(x,y) = \pm\infty$	$\lim\limits_{(x,y)\to(a,b)} [f(x,y)g(x,y)] = \lim\limits_{(x,y)\to(a,b)} \frac{f(x,y)}{\frac{1}{g(x,y)}}$
$\frac{\pm\infty}{\pm\infty}$	$\lim\limits_{(x,y)\to(a,b)} f(x,y) = \pm\infty,\ \lim\limits_{(x,y)\to(a,b)} g(x,y) = \pm\infty$	$\lim\limits_{(x,y)\to(a,b)} \frac{f(x,y)}{g(x,y)} = \lim\limits_{(x,y)\to(a,b)} \frac{\frac{1}{g(x,y)}}{\frac{1}{f(x,y)}}$
$\infty-\infty$	$\lim\limits_{(x,y)\to(a,b)} f(x,y) = \infty,\ \lim\limits_{(x,y)\to(a,b)} g(x,y) = \infty$	$\lim\limits_{(x,y)\to(a,b)} [f(x,y)-g(x,y)] = \lim\limits_{(x,y)\to(a,b)} \frac{\frac{1}{g(x,y)} - \frac{1}{f(x,y)}}{\frac{1}{f(x,y)g(x,y)}}$

3.3 Limite da restrição de uma função

O próximo teorema assegura-nos que, se uma função tem limite, então qualquer restrição sua a um subconjunto do seu domínio que contenha em comum com este o ponto de acumulação, relativamente ao qual aquele limite está sendo considerado, não só tem limite, mas também tal limite coincide com o daquela função. Igualmente, informa-nos sob qual hipótese a recíproca desse fato é verdadeira. Usamos tal recíproca imediatamente na Seção 3.4. Como já tivemos a oportunidade de observar que, na prática, um possível valor do limite é tipicamente desconhecido, decorre da contrapositiva daquele fato estabelecido neste teorema que, se a referida restrição não tem limite, então também não tem limite a função dada. Usamos tal contrapositiva, por sua vez, na Seção 3.5. Esse teorema constitui-se, assim, a base para todos os métodos de cálculo de limites que apresentamos nas referidas seções.

Teorema 3.3.1. (Limite da restrição de uma função) *Consideremos $f : A \subseteq \mathbb{R}^2 \to \mathbb{R}$ uma função real de duas variáveis reais e $(a,b) \in A'$. Dado $B \subset A$ tal que $(a,b) \in B'$, definamos a restrição $g : B \subset A \to \mathbb{R}$ de f (ou seja, $g = f_{|B}$).*

i) Se $\lim\limits_{(x,y)\to(a,b)} f(x,y) = L$, então $\lim\limits_{(x,y)\to(a,b)} g(x,y) = L$.

ii) Se $B = \mathscr{B} \cap A$, em que $\mathscr{B}$ é uma bola aberta de centro (a,b) e raio $\delta > 0$ tal que $\lim\limits_{(x,y)\to(a,b)} g(x,y) = L$, então $\lim\limits_{(x,y)\to(a,b)} f(x,y) = L$.

Demonstração.

$i)$ Este item é uma consequência imediata da própria definição $\varepsilon - \delta$ de limite.

Por hipótese, temos

$$\forall\varepsilon > 0, \exists\delta > 0 : \forall(x,y) \in A, 0 < \sqrt{(x-a)^2 + (y-b)^2} < \delta \Rightarrow |f(x,y) - L| < \varepsilon.$$

Restringindo (x,y) a B $(\subset A)$, decorre, evidentemente, que a condição acima permanece satisfeita para tal (x,y), ou seja,

$$\forall\varepsilon > 0, \exists\delta > 0 : \forall(x,y) \in B, 0 < \sqrt{(x-a)^2 + (y-b)^2} < \delta \Rightarrow |g(x,y) - L| < \varepsilon.$$

Portanto, $\lim\limits_{(x,y)\to(a,b)} g(x,y) = L$.

ii) Este item é, de certo modo, o próprio Teorema 3.1.1 (Unicidade do limite).

Por hipótese, temos

$$\forall \varepsilon > 0, \exists \delta > 0 : \forall (x,y) \in B(= \mathscr{B} \cap A), 0 < \sqrt{(x-a)^2 + (y-b)^2} < \delta \Rightarrow |g(x,y) - L| < \varepsilon.$$

Ora, a condição acima é, evidentemente, satisfeita, em particular, para todo $(x,y) \in A$, ou seja,

$$\forall \varepsilon > 0, \exists \delta > 0 : \forall (x,y) \in A, 0 < \sqrt{(x-a)^2 + (y-b)^2} < \delta \Rightarrow |f(x,y) - L| < \varepsilon.$$

Portanto, $\lim\limits_{(x,y)\to(a,b)} f(x,y) = L$. □

Observações:

1) o item *i*) afirma que, se existe $\lim\limits_{(x,y)\to(a,b)} f(x,y)$, então o seu valor deve ser o mesmo ao longo de qualquer curva (contida no domínio de f) que passa por (a,b). (É instrutivo que o leitor compare esse resultado com o seu análogo para funções reais de uma (única) variável real: se existe $\lim\limits_{x\to a} f(x)$, então também existem os limites laterais $\lim\limits_{x\to a^-} f(x)$ e $\lim\limits_{x\to a^+} f(x)$, sendo os seus valores todos iguais.)

2) o item *ii*), por sua vez, afirma que a existência e o valor de $\lim\limits_{(x,y)\to(a,b)} f(x,y)$ dependem apenas do comportamento de f em uma vizinhança de (a,b), ou seja, o conceito de limite é um conceito *local*. Mais precisamente, dadas as funções[2] $f, g : A \subseteq \mathbb{R}^2 \to \mathbb{R}$ e dado $(a,b) \in A'$, se existe uma vizinhança $\mathscr{V}$ de (a,b) tal que $f(x,y) = g(x,y)$, para todo $(x,y) \neq (a,b)$, $(x,y) \in \mathscr{V} \cap A$, então existe $\lim\limits_{(x,y)\to(a,b)} f(x,y)$ se (e somente se) existe $\lim\limits_{(x,y)\to(a,b)} g(x,y)$. Além disso, se esses limites existem, então eles são iguais. Fundamenta-se, igualmente, nesta observação, outro modo pelo qual podemos nos referir ao Teorema 3.1.1 (Unicidade do Limite): se $\lim\limits_{(x,y)\to(a,b)} f(x,y) = L$, $\lim\limits_{(x,y)\to(a,b)} g(x,y) = M$ e $f(x,y) = g(x,y)$, para todo $(x,y) \neq (a,b)$, $(x,y) \in \mathscr{V} \cap A$ ($\mathscr{V}$ uma vizinhança de (a,b)), então $L = M$. Essa propriedade é conhecida na literatura matemática também como "*passagem do limite na igualdade*".

3) usamos a propriedade referida em 2) acima com muita frequência nos cálculos de certos limites, como em alguns dos que apresentaremos na próxima seção[3].

3.4 Método da simplificação algébrica, método da racionalização e métodos mistos

São bem conhecidos do leitor, no que diz respeito aos seus estudos anteriores do cálculo de limites de funções reais de uma (única) variável real, os seguintes métodos usados para tal

---

[2]Na prática, apenas a função f é dada, da qual desejamos calcular o limite em um dado ponto de acumulação do seu domínio. Obtemos, por meio de métodos próprios (*vide* Seção 3.4), a função g. Somente após tal procedimento é que verificamos, efetivamente, o caráter local do limite que descrevemos.

[3]Igualmente, no próximo capítulo: do ponto de vista da continuidade (conforme estudaremos no próximo capítulo), a propriedade referida em 2) acima, de acordo com esta observação, é equivalente à "relação entre uma função que tem limite e uma função conínua", a saber: **se $f : A \subseteq \mathbb{R}^2 \to \mathbb{R}$ é uma função real de duas variáveis reais, e $(a,b) \in A'$, então $\lim\limits_{(x,y)\to(a,b)} f(x,y) = L$ se e somente se existe uma função $g : B \subseteq \mathbb{R}^2 \to \mathbb{R}$, tal que $g(x,y) = f(x,y)$, para todo $(x,y) \in A$, $(x,y) \neq (a,b)$, g contínua em (a,b).**

cálculo:

i) método da simplificação algébrica (fatoração);

ii) método da racionalização;

iii) métodos mistos.

Podemos usar métodos análogos a esses para calcular limites de algumas funções reais de duas variáveis reais[4], conforme descrevemos a seguir.

3.4.1 Simplificação algébrica

Usamos o *método da simplificação algébrica (fatoração)* para o cálculo de limites de algumas funções racionais inteiras de uma (única) variável real, como segue.

Consideremos $f : A \subseteq \mathbb{R} \to \mathbb{R}$, definida por $f(x) = \dfrac{p(x)}{q(x)}$, e a, um ponto de acumulação do domínio A de f, tal que $p(a) = q(a) = 0$ (ou seja, a é um zero comum ao numerador e ao denominador de $f(x)$). O limite $\lim_{x \to a} f(x)$ tem a expressão indeterminada $\dfrac{0}{0}$. Devido à hipótese $p(a) = q(a) = 0$, decorre, do ponto de vista algébrico, que tanto $p(x)$ quanto $q(x)$ têm em comum pelo menos um fator do tipo $x - a$ em suas decomposições (fator este responsável, precisamente, pela indeterminação acima). Assim, para calcular tal limite, usamos o *método da simplificação algébrica*, o qual consiste na simplificação da fração $\dfrac{p(x)}{q(x)}$ (tanto o seu numerador quanto o seu denominador) pelo binômio $x - a$, tantas vezes quantas forem necessárias (precisamente, a menor das multiplicidades de a como zero de p e de q), até conseguirmos eliminar a indeterminação (o que ocorre, necessariamente, quando pudermos calcular o limite da fração resultante diretamente por substituição).

Motivados pela discussão acima, podemos usar método da simplificação algébrica análogo para o cálculo do limite de uma função algébrica racional fracionária (bem como algébrica irracional) de duas variáveis reais, como segue:

1) usando um (ou mais) produto(s) notável(is) conveniente(s), transformamos (fatoramos) a expressão que define a função dada em uma fração cujos termos têm um (ou mais) fator(es) em comum (como o ponto de acumulação é um zero tanto do numerador quanto do denominador de tal expressão, esse procedimento torna em evidência, necessariamente, o(s) fator(es) comum(ns) responsável(is) por aquela indeterminação);

2) simplificamos a fração obtida em 1) (o caráter local do conceito de limite de uma função nos garante que tal procedimento é correto);

3) aplicamos, finalmente, o Teorema 3.2.1 (Propriedades operatórias de limites) (uma vez eliminada a indeterminação, de modo que as hipóteses desse teorema tornam-se satisfeitas, podemos, prontamente, aplicá-lo).

A seguir, apresentaremos alguns exemplos de aplicação do método da simplificaçao algébrica (fatoração).

---

[4]Em todo o estudo desses particulares métodos de cálculo de limites de algumas funções reais de duas variáveis reais, não nos preocupamos em definir precisamente tais funções, mas sim em apresentar aquelas às quais podemos aplicar tais métodos.

Exemplo 1. Dada $f : \mathbb{R}^2 - \{(0,0)\} \to \mathbb{R}$, definida por $f(x,y) = \dfrac{x^4 - y^4}{x^2 + y^2}$, calcule $\lim\limits_{(x,y)\to(0,0)} f(x,y)$.

Resolução:

$$\begin{aligned}\lim_{(x,y)\to(0,0)} \frac{x^4 - y^4}{x^2 + y^2} &= \lim_{(x,y)\to(0,0)} \frac{(x^2+y^2)(x^2-y^2)}{x^2+y^2} \\ &= \lim_{(x,y)\to(0,0)} (x^2 - y^2) \\ &= 0.\end{aligned}$$

Portanto, $\lim\limits_{(x,y)\to(0,0)} \dfrac{x^4 - y^4}{x^2 + y^2} = 0.$

Comentário: a função dada $f : \mathbb{R}^2 - \{(0,0)\} \to \mathbb{R}$, definida por $f(x,y) = \dfrac{x^4 - y^4}{x^2 + y^2}$, e a função $g : \mathbb{R}^2 \to \mathbb{R}$, definida por $g(x,y) = x^2 - y^2$, coincidem em alguma vizinhança $\mathscr{V}$ de $(0,0)$, para todo $(x,y) \neq (0,0)$, $(x,y) \in \mathscr{V} \cap (\mathbb{R}^2 - \{(0,0)\})$. Uma vez que $\lim\limits_{(x,y)\to(0,0)} g(x,y)$ existe ($= 0$, pelo Teorema 3.2.1 (Propriedades operatórias de limites)), decorre, devido ao cárater local do limite, que $\lim\limits_{(x,y)\to(0,0)} f(x,y)$ também existe, tal que $\lim\limits_{(x,y)\to(0,0)} f(x,y) = \lim\limits_{(x,y)\to(0,0)} g(x,y)$, o que justifica o procedimento acima).

Exemplo 2. Dada $f : \{(x,y) \in \mathbb{R}^2 : y \neq x\} \to \mathbb{R}$, definida por $f(x,y) = \dfrac{x^4 - x + y - x^3y}{x - y}$, calcule $\lim\limits_{(x,y)\to(0,0)} f(x,y)$.

Resolução:

$$\begin{aligned}\lim_{(x,y)\to(0,0)} \frac{x^4 - x + y - x^3y}{x - y} &= \lim_{(x,y)\to(0,0)} \frac{x^3(x-y) - (x-y)}{x-y} \\ &= \lim_{(x,y)\to(0,0)} \frac{(x-y)(x^3-1)}{x-y} \\ &= \lim_{(x,y)\to(0,0)} (x^3 - 1) \\ &= -1.\end{aligned}$$

Portanto, $\lim\limits_{(x,y)\to(0,0)} \dfrac{x^4 - x + y - x^3y}{x - y} = -1.$

Comentário: a função dada $f : \{(x,y) \in \mathbb{R}^2 : y \neq x\} \to \mathbb{R}$, definida por $f(x,y) = \dfrac{x^4 - x + y - x^3y}{x - y}$, e a função $g : \mathbb{R}^2 \to \mathbb{R}$, definida por $g(x,y) = x^3 - 1$, coincidem em alguma vizinhança $\mathscr{V}$ de $(0,0)$, para todo $(x,y) \neq (0,0)$, $(x,y) \in \mathscr{V} \cap \{(x,y) \in \mathbb{R}^2 : y \neq x\}$. Uma vez que $\lim\limits_{(x,y)\to(0,0)} g(x,y)$ existe ($= -1$, pelo Teorema 3.2.1 (Propriedades operatórias de limites)), decorre, devido ao cárater local do limite, que $\lim\limits_{(x,y)\to(0,0)} f(x,y)$ também existe, tal que $\lim\limits_{(x,y)\to(0,0)} f(x,y) = \lim\limits_{(x,y)\to(0,0)} g(x,y)$, o que justifica o procedimento acima).

Exemplo 3. Dada $f : \{(x,y) \in \mathbb{R}^2 : x \neq -1, y \neq 3\} \to \mathbb{R}$, definida por $f(x,y) = \dfrac{x^2y - 3x^2 + 2xy - 6x + y - 3}{xy - 3x + y - 3}$, calcule $\lim\limits_{(x,y)\to(-1,3)} f(x,y)$.

Resolução:

$$\begin{aligned}\lim_{(x,y)\to(-1,3)} \frac{x^2y-3x^2+2xy-6x+y-3}{xy-3x+y-3} &= \lim_{(x,y)\to(-1,3)} \frac{x^2(y-3)+2x(y-3)+(y-3)}{x(y-3)+(y-3)}\\ &= \lim_{(x,y)\to(-1,3)} \frac{(y-3)(x^2+2x+1)}{(y-3)(x+1)}\\ &= \lim_{(x,y)\to(-1,3)} \frac{(x+1)^2}{(x+1)}\\ &= \lim_{(x,y)\to(-1,3)} (x+1)\\ &= 0.\end{aligned}$$

Portanto, $\displaystyle\lim_{(x,y)\to(0,0)} \frac{x^2y-3x^2+2xy-6x+y-3}{xy-3x+y-3} = 0.$

Comentário: a função dada $f : \{(x,y) \in \mathbb{R}^2 : x \neq -1, y \neq 3\} \to \mathbb{R}$, definida por $f(x,y) = \dfrac{x^2y-3x^2+2xy-6x+y-3}{xy-3x+y-3}$, e a função $g : \mathbb{R}^2 \to \mathbb{R}$, definida por $g(x,y) = x+1$, coincidem em alguma vizinhança $\mathscr{V}$ de $(-1,3)$, para todo $(x,y) \neq (-1,3)$, $(x,y) \in \mathscr{V} \cap \{(x,y) \in \mathbb{R}^2 : x \neq -1, y \neq 3\}$. Uma vez que $\displaystyle\lim_{(x,y)\to(-1,3)} g(x,y)$ existe (= 0, pelo Teorema 3.2.1 (Propriedades operatórias de limites)), decorre, devido ao cárater local do limite, que $\displaystyle\lim_{(x,y)\to(0,0)} f(x,y)$ também existe, tal que $\displaystyle\lim_{(x,y)\to(-1,3)} f(x,y) = \lim_{(x,y)\to(-1,3)} g(x,y)$, o que justifica o procedimento acima).

Exemplo 4. Dada $f : \left\{(x,y) \in \mathbb{R}^2 : y \neq -\frac{1}{2}x\right\} \to \mathbb{R}$, definida por $f(x,y) = \dfrac{x^3+8y^3}{x+2y}$, calcule $\displaystyle\lim_{(x,y)\to(0,0)} f(x,y)$.

Resolução:

$$\begin{aligned}\lim_{(x,y)\to(0,0)} \frac{x^3+8y^3}{x+2y} &= \lim_{(x,y)\to(0,0)} \frac{x^3+(2y)^3}{x+2y}\\ &= \lim_{(x,y)\to(0,0)} \frac{(x+2y)(x^2-2xy+4y^2)}{x+2y}\\ &= \lim_{(x,y)\to(0,0)} (x^2-2xy+4y^2)\\ &= 0.\end{aligned}$$

Portanto, $\displaystyle\lim_{(x,y)\to(0,0)} \frac{x^3+8y^3}{x+2y} = 0.$

Comentário: a função dada $f : \left\{(x,y) \in \mathbb{R}^2 : y \neq -\frac{1}{2}x\right\} \to \mathbb{R}$, definida por $f(x,y) = \dfrac{x^3+8y^3}{x+2y}$, e a função $g : \mathbb{R}^2 \to \mathbb{R}$, definida por $g(x,y) = x^2-2xy+4y^2$, coincidem em alguma vizinhança $\mathscr{V}$ de $(0,0)$, para todo $(x,y) \neq (0,0)$, $(x,y) \in \mathscr{V} \cap \left\{(x,y) \in \mathbb{R}^2 : y \neq -\frac{1}{2}x\right\}$. Uma vez que $\displaystyle\lim_{(x,y)\to(0,0)} g(x,y)$ existe (=0, pelo Teorema 3.2.1 (Propriedades operatórias de limites)), decorre, devido ao cárater local do limite, que $\displaystyle\lim_{(x,y)\to(0,0)} f(x,y)$ também existe, ocorrendo que $\displaystyle\lim_{(x,y)\to(0,0)} f(x,y) = \lim_{(x,y)\to(0,0)} g(x,y)$, o que justifica o procedimento acima).

Exemplo 5. Dada $f : \{(x, y) \in \mathbb{R}^2 : x \geq 0, x \neq 9 \text{ e } y \geq 0, y \neq 1\} \to \mathbb{R}$, definida por $f(x,y) = \dfrac{y\sqrt{x} - 3y - \sqrt{x} + 3}{9 - x + x\sqrt{y} - 9\sqrt{y}}$, calcule $\displaystyle\lim_{(x,y)\to(9,1)} f(x,y)$.

Resolução:

$$
\begin{aligned}
\lim_{(x,y)\to(9,1)} \frac{y\sqrt{x} - 3y - \sqrt{x} + 3}{9 - x + x\sqrt{y} - 9\sqrt{y}} &= \lim_{(x,y)\to(9,1)} \frac{\sqrt{x}(y-1) - 3(y-1)}{9(1-\sqrt{y}) - x(1-\sqrt{y})} \\
&= \lim_{(x,y)\to(9,1)} \frac{(\sqrt{x}-3)(y-1)}{(x-9)(\sqrt{y}-1)} \\
&= \lim_{(x,y)\to(9,1)} \frac{(\sqrt{x}-3)(\sqrt{y}+1)(\sqrt{y}-1)}{(\sqrt{x}+3)(\sqrt{x}-3)(\sqrt{y}-1)} \\
&= \lim_{(x,y)\to(9,1)} \frac{\sqrt{y}+1}{\sqrt{x}+3} \\
&= \frac{1}{3}.
\end{aligned}
$$

Portanto, $\displaystyle\lim_{(x,y)\to(9,1)} \frac{y\sqrt{x} - 3y - \sqrt{x} + 3}{9 - x + x\sqrt{y} - 9\sqrt{y}} = \frac{1}{3}$.

Comentário: a função dada $f : \{(x, y) \in \mathbb{R}^2 : x \geq 0, x \neq 9 \text{ e } y \geq 0, y \neq 1\} \to \mathbb{R}$, definida por $f(x,y) = \dfrac{y\sqrt{x} - 3y - \sqrt{x} + 3}{9 - x + x\sqrt{y} - 9\sqrt{y}}$, e a função $g : \{(x, y) \in \mathbb{R}^2 : x \geq 0, y \geq 0\} \to \mathbb{R}$, definida por $g(x,y) = \dfrac{\sqrt{y}+1}{\sqrt{x}+3}$, coincidem em alguma vizinhança $\mathscr{V}$ de $(9,1)$, para todo $(x,y) \neq (9,1)$, $(x,y) \in \mathscr{V} \cap \{(x, y) \in \mathbb{R}^2 : x \geq 0, x \neq 9 \text{ e } y \geq 0, y \neq 1\}$. Uma vez que $\displaystyle\lim_{(x,y)\to(9,1)} g(x,y)$ existe ($= \dfrac{1}{3}$, pelo Teorema 3.2.1 (Propriedades operatórias de limites)), decorre, devido ao cárater local do limite, que $\displaystyle\lim_{(x,y)\to(9,1)} f(x,y)$ também existe, tal que $\displaystyle\lim_{(x,y)\to(9,1)} f(x,y) = \lim_{(x,y)\to(9,1)} g(x,y)$, o que justifica o procedimento acima).

3.4.2 Racionalização

Usamos o *método da racionalização* para o cálculo de limites de algumas funções algébricas irracionais de uma (única) variável real, o qual consiste na multiplicação, tanto do numerador quanto do denominador, pelo conjugado (fator racionalizante) da expressão irracional presente em um termo (ou outro ou ambos) da expressão (fração) que define a função da qual desejamos calcular o limite em um ponto que anula tanto o seu numerador quanto o seu denominador (ponto de acumulação do domínio dessa função).

Motivados pela discussão acima, podemos usar método da racionalização análogo para o cálculo do limite de algumas funções algébricas irracionais de duas variáveis reais, como segue:

1) multiplicamos numerador e denominador da expressão que define a função dada pelo conjugado da expressão irracional presente (como o ponto de acumulação é um zero comum ao numerador e ao denominador da expressão original, esse procedimento torna em evidência, necessariamente (possivelmente após uma fatoração subsequente), o fator comum responsável por aquela indeterminação);

2) simplificamos a fração obtida em 1) (o caráter local do conceito de limite de uma função nos garante que tal procedimento é correto);

3) aplicamos, finalmente, o Teorema 3.2.1 (Propriedades operatórias de limites) (uma vez eliminada a indeterminação, de modo que as hipóteses desse teorema tornam-se satisfeitas, podemos, prontamente, aplicá-lo).

A seguir, apresentaremos alguns exemplos de aplicação do método da racionalização.

Exemplo 1. Dada $f : \mathbb{R}^2 - \{(0,0)\} \to \mathbb{R}$, definida por $f(x,y) = \dfrac{x^2+y^2}{\sqrt{x^2+y^2+1}-1}$, calcule $\lim\limits_{(x,y)\to(0,0)} f(x,y)$.

Resolução:

$$\begin{aligned}
\lim_{(x,y)\to(0,0)} \frac{x^2+y^2}{\sqrt{x^2+y^2+1}-1} &= \lim_{(x,y)\to(0,0)} \left(\frac{x^2+y^2}{\sqrt{x^2+y^2+1}-1}\right)\left(\frac{\sqrt{x^2+y^2+1}+1}{\sqrt{x^2+y^2+1}+1}\right)\\
&= \lim_{(x,y)\to(0,0)} \frac{(x^2+y^2)(\sqrt{x^2+y^2+1}+1)}{x^2+y^2}\\
&= \lim_{(x,y)\to(0,0)} (\sqrt{x^2+y^2+1}+1)\\
&= 2.
\end{aligned}$$

Portanto, $\lim\limits_{(x,y)\to(0,0)} \dfrac{x^2+y^2}{\sqrt{x^2+y^2+1}-1} = 2.$

Comentário: a função dada $f : \mathbb{R}^2 - \{(0,0)\} \to \mathbb{R}$, definida por $f(x,y) = \dfrac{x^2+y^2}{\sqrt{x^2+y^2+1}-1}$, e a função $g : \mathbb{R}^2 \to \mathbb{R}$, definida por $g(x,y) = \sqrt{x^2+y^2+1}+1$, coincidem em alguma vizinhança $\mathscr{V}$ de $(0,0)$, para todo $(x,y) \neq (0,0)$, $(x,y) \in \mathscr{V} \cap \mathbb{R}^2 - \{(0,0)\}$. Uma vez que $\lim\limits_{(x,y)\to(0,0)} g(x,y)$ existe ($= 2$, pelo Teorema 3.2.1 (Propriedades operatórias de limites)), decorre, devido ao cárater local do limite, que $\lim\limits_{(x,y)\to(0,0)} f(x,y)$ também existe, tal que $\lim\limits_{(x,y)\to(0,0)} f(x,y) = \lim\limits_{(x,y)\to(0,0)} g(x,y)$, o que justifica o procedimento acima).

Exemplo 2. Dada $f : \{(x,y) \in \mathbb{R}^2 : x \geq 0, y \leq 3, y \neq -x+3\} \to \mathbb{R}$, definida por $f(x,y) = \dfrac{x+y-3}{\sqrt{x}-\sqrt{3-y}}$, calcule $\lim\limits_{(x,y)\to(0,3)} f(x,y)$.

Resolução:

$$\begin{aligned}
\lim_{(x,y)\to(0,3)} \frac{x+y-3}{\sqrt{x}-\sqrt{3-y}} &= \lim_{(x,y)\to(0,3)} \left(\frac{x+y-3}{\sqrt{x}-\sqrt{3-y}}\right)\left(\frac{\sqrt{x}+\sqrt{3-y}}{\sqrt{x}+\sqrt{3-y}}\right)\\
&= \lim_{(x,y)\to(0,3)} \frac{(x+y-3)(\sqrt{x}+\sqrt{3-y})}{x-(3-y)}\\
&= \lim_{(x,y)\to(0,3)} (\sqrt{x}+\sqrt{3-y})\\
&= 0.
\end{aligned}$$

Portanto, $\lim\limits_{(x,y)\to(0,3)} \dfrac{x+y-3}{\sqrt{x}-\sqrt{3-y}} = 0$.

Comentário: a função dada $f : \{(x,y) \in \mathbb{R}^2 : x \geq 0, y \leq 3, y \neq -x+3\} \to \mathbb{R}$, definida por $f(x,y) = \dfrac{x+y-3}{\sqrt{x}-\sqrt{3-y}}$, e a função $g : \{(x,y) \in \mathbb{R}^2 : x \geq 0, y \leq 3\} \to \mathbb{R}$, definida por $g(x,y) = \sqrt{x}+\sqrt{3-y}$, coincidem em alguma vizinhança $\mathscr{V}$ de $(0,3)$, para todo $(x,y) \neq (0,3)$, $(x,y) \in \mathscr{V} \cap \{(x,y) \in \mathbb{R}^2 : x \geq 0, -x+3 \neq y \leq 3\}$. Uma vez que $\lim\limits_{(x,y)\to(0,3)} g(x,y)$ existe $(= 0$, pelo Teorema 3.2.1 (Propriedades operatórias de limites)), decorre, devido ao cárater local do limite, que $\lim\limits_{(x,y)\to(0,3)} f(x,y)$ também existe, tal que $\lim\limits_{(x,y)\to(0,0)} f(x,y) = \lim\limits_{(x,y)\to(0,3)} g(x,y)$, o que justifica o procedimento acima).

Exemplo 3. Dada $f : \{(x,y) \in \mathbb{R}^2 : x \geq -3, x \neq 0, y \neq 1\} \to \mathbb{R}$, definida por $f(x,y) = \dfrac{\sqrt{x+3}-\sqrt{3}}{xy-x}$, calcule $\lim\limits_{(x,y)\to(0,0)} f(x,y)$.

Resolução:

$$\begin{aligned}
\lim_{(x,y)\to(0,0)} \frac{\sqrt{x+3}-\sqrt{3}}{xy-x} &= \lim_{(x,y)\to(0,0)} \left(\frac{\sqrt{x+3}-\sqrt{3}}{xy-x}\right)\left(\frac{\sqrt{x+3}+\sqrt{3}}{\sqrt{x+3}+\sqrt{3}}\right) \\
&= \lim_{(x,y)\to(0,0)} \frac{(x+3)-3}{(xy-x)(\sqrt{x+3}+\sqrt{3})} \\
&= \lim_{(x,y)\to(0,0)} \frac{x}{x(y-1)(\sqrt{x+3}+\sqrt{3})} \\
&= \lim_{(x,y)\to(0,0)} \frac{1}{(y-1)(\sqrt{x+3}+\sqrt{3})} \\
&= -\frac{\sqrt{3}}{6}.
\end{aligned}$$

Portanto, $\lim\limits_{(x,y)\to(0,0)} \dfrac{\sqrt{x+3}-\sqrt{3}}{xy-x} = -\dfrac{\sqrt{3}}{6}$.

Comentário: a função dada $f : \{(x,y) \in \mathbb{R}^2 : x \geq -3, x \neq 0, y \neq 1\} \to \mathbb{R}$, definida por $f(x,y) = \dfrac{\sqrt{x+3}-\sqrt{3}}{xy-x}$, e a função $g : \{(x,y) \in \mathbb{R}^2 : x \geq -3, y \neq 1\} \to \mathbb{R}$, definida por $g(x,y) = \dfrac{1}{(y-1)(\sqrt{x+3}+\sqrt{3})}$, coincidem em alguma vizinhança $\mathscr{V}$ de $(0,0)$, para todo $(x,y) \neq (0,0)$, $(x,y) \in \mathscr{V} \cap \{(x,y) \in \mathbb{R}^2 : 0 \neq x \geq -3, y \neq 1\}$. Uma vez que $\lim\limits_{(x,y)\to(0,0)} g(x,y)$ existe $(= -\dfrac{\sqrt{3}}{6}$, pelo Teorema 3.2.1 (Propriedades operatórias de limites)), decorre, devido ao cárater local do limite, que $\lim\limits_{(x,y)\to(0,0)} f(x,y)$ também existe, tal que $\lim\limits_{(x,y)\to(0,0)} f(x,y) = \lim\limits_{(x,y)\to(0,0)} g(x,y)$, o que justifica o procedimento acima).

Exemplo 4. Dada $f : \{(x,y) \in \mathbb{R}^2 : x \geq 0, y \geq 0, y \neq x\} \to \mathbb{R}$, definida por $f(x,y) = \dfrac{x-y+3\sqrt{x}-3\sqrt{y}}{\sqrt{x}-\sqrt{y}}$, calcule $\lim\limits_{(x,y)\to(0,0)} f(x,y)$.

Resolução:

$$\begin{aligned}
\lim_{(x,y)\to(0,0)} \frac{x-y+3\sqrt{x}-3\sqrt{y}}{\sqrt{x}-\sqrt{y}} &= \lim_{(x,y)\to(0,0)} \left(\frac{x-y+3\sqrt{x}-3\sqrt{y}}{\sqrt{x}-\sqrt{y}}\right)\left(\frac{\sqrt{x}+\sqrt{y}}{\sqrt{x}+\sqrt{y}}\right)\\
&= \lim_{(x,y)\to(0,0)} \frac{[(x-y)+3(\sqrt{x}-\sqrt{y})](\sqrt{x}+\sqrt{y})}{x-y}\\
&= \lim_{(x,y)\to(0,0)} \frac{(x-y)[\sqrt{x}+\sqrt{y}+3]}{x-y}\\
&= \lim_{(x,y)\to(0,0)} (\sqrt{x}+\sqrt{y}+3)\\
&= 3.
\end{aligned}$$

Portanto, $\lim\limits_{(x,y)\to(0,0)} \dfrac{x-y+3\sqrt{x}-3\sqrt{y}}{\sqrt{x}-\sqrt{y}} = 3.$

Comentário: a função dada $f : \{(x,y) \in \mathbb{R}^2 : x \geq 0, y \geq 0, y \neq x\} \to \mathbb{R}$, definida por $f(x,y) = \dfrac{x-y+3\sqrt{x}-3\sqrt{y}}{\sqrt{x}-\sqrt{y}}$, e a função $g : \{(x,y) \in \mathbb{R}^2 : x \geq 0, y \geq 0\} \to \mathbb{R}$, definida por $g(x,y) = \sqrt{x}+\sqrt{y}+3$, coincidem em alguma vizinhança $\mathscr{V}$ de $(0,0)$, para todo $(x,y) \neq (0,0)$, $(x,y) \in \mathscr{V} \cap \{(x,y) \in \mathbb{R}^2 : x \geq 0, y \geq 0, y \neq x\}$. Uma vez que $\lim\limits_{(x,y)\to(0,0)} g(x,y)$ existe (= 3, pelo Teorema 3.2.1 (Propriedades operatórias de limites)), decorre, devido ao cárater local do limite, que $\lim\limits_{(x,y)\to(0,0)} f(x,y)$ também existe, tal que $\lim\limits_{(x,y)\to(0,0)} f(x,y) = \lim\limits_{(x,y)\to(0,0)} g(x,y)$, o que justifica o procedimento acima).

Exemplo 5. Dada $f : \{(x,y) \in \mathbb{R}^2 : x \geq -1, y \geq 0, y \geq x, y \neq x+1\} \to \mathbb{R}$, definida por $f(x,y) = \dfrac{\sqrt{y-x}-1}{\sqrt{y}-\sqrt{x+1}}$, calcule $\lim\limits_{(x,y)\to(0,1)} f(x,y)$.

Resolução:

$$\begin{aligned}
\lim_{(x,y)\to(0,1)} \frac{\sqrt{y-x}-1}{\sqrt{y}-\sqrt{x+1}} &= \lim_{(x,y)\to(0,1)} \left(\frac{\sqrt{y-x}-1}{\sqrt{y}-\sqrt{x+1}}\right)\left(\frac{\sqrt{y-x}+1}{\sqrt{y-x}+1}\right)\left(\frac{\sqrt{y}+\sqrt{x+1}}{\sqrt{y}+\sqrt{x+1}}\right)\\
&= \lim_{(x,y)\to(0,1)} \frac{[(y-x)-1](\sqrt{y}+\sqrt{x+1})}{(\sqrt{y-x}+1)[y-(x+1)]}\\
&= \lim_{(x,y)\to(0,1)} \frac{\sqrt{y}+\sqrt{x+1}}{\sqrt{y-x}+1}\\
&= 1.
\end{aligned}$$

Portanto, $\lim\limits_{(x,y)\to(0,1)} \dfrac{\sqrt{y-x}-1}{\sqrt{y}-\sqrt{x+1}} = 1.$

Comentário: a função dada $f : \{(x,y) \in \mathbb{R}^2 : x \geq -1, y \geq 0, y \geq x, y \neq x+1\} \to \mathbb{R}$, definida por $f(x,y) = \dfrac{\sqrt{y-x}-1}{\sqrt{y}-\sqrt{x+1}}$, e a função $g : \{(x,y) \in \mathbb{R}^2 : x \geq -1, y \geq 0, y \geq x\} \to \mathbb{R}$, definida por $g(x,y) = \dfrac{\sqrt{y}+\sqrt{x+1}}{\sqrt{y-x}+1}$, coincidem em alguma vizinhança $\mathscr{V}$ de $(0,1)$, para todo $(x,y) \neq (0,1)$, $(x,y) \in \mathscr{V} \cap \{(x,y) \in \mathbb{R}^2 : x \geq -1, y \geq 0, x \leq y \neq x+1\}$. Uma vez que $\lim\limits_{(x,y)\to(0,1)} g(x,y)$ existe (= 1, pelo Teorema 3.2.1 (Propriedades operatórias de limites)), decorre, devido ao cáráter local do limite, que $\lim_{(x,y)\to(0,1)} f(x,y)$ também existe, tal que $\lim_{(x,y)\to(0,1)} f(x,y) = \lim_{(x,y)\to(0,1)} g(x,y)$, o que justifica o procedimento acima).

3.4.3 Métodos mistos

Existem algumas funções para cujos limites não podemos usar diretamente nem o método da simplificação algébrica, nem o método da racionalização, que descrevemos anteriormente, ou nem mesmo qualquer de tais métodos:

1) funções cujas expressões requerem, antes do uso de um desses métodos, um tratamento precedente (tal como uma mudança de variável);

2) funções cujas expressões requerem, após o uso de um desses métodos, um tratamento subsequente (tal como trigonométrico);

3) funções cujas expressões não permitem o uso de qualquer desses métodos.

A seguir, apresentaremos alguns exemplos de cálculo de limites de tais funções.

No primeiro exemplo a seguir, reduziremos a expressão da função algébrica irracional dada à forma racional, por meio de uma mudança de variável conveniente. (O leitor pode observar que a simples racionalização do denominador da expressão dada não o conduz ao cálculo efetivo do limite.)

Exemplo 1. Dada $f:\{(x,y)\in\mathbb{R}^2 : 0 \le xy \ne 1\} \to \mathbb{R}$, definida por $f(x,y) = \dfrac{\sqrt[3]{xy}-1}{\sqrt{xy}-1}$, calcule $\lim_{(x,y)\to(1,1)} f(x,y)$.

Resolução:

Consideremos, inicialmente, a seguinte mudança de variável: $xy = t^6$ (escolhemos o expoente de t como o mínimo múltiplo comum dos índices das raízes presentes na expressão da função dada, o que nos permite eliminar tais raízes). Quando $(x,y)\to(1,1)$, temos $t\to 1$. Assim, podemos proceder como segue:

$$\begin{aligned}
\lim_{(x,y)\to(1,1)} \frac{\sqrt[3]{xy}-1}{\sqrt{xy}-1} &= \lim_{t\to 1} \frac{\sqrt[3]{t^6}-1}{\sqrt{t^6}-1} \\
&= \lim_{t\to 1} \frac{t^2-1}{t^3-1} \\
&= \lim_{t\to 1} \frac{(t-1)(t+1)}{(t-1)(t^2+t+1)} \\
&= \lim_{t\to 1} \frac{t+1}{t^2+t+1} \\
&= \frac{2}{3}.
\end{aligned}$$

Observação: alternativamente, em vez de proceder à fatoração como acima, podemos aplicar a Regra de l'Hôspital para calcular (mais facilmente) o limite da expressão que obtivemos logo após a eliminação das raízes.

No segundo exemplo a seguir, multiplicaremos o numerador e o denominador da expressão da função dada por uma expressão conveniente que nos permitirá usar uma identidade trigonométrica, a qual nos conduzirá ao "limite trigonométrico fundamental".

Exemplo 2. Dada $f : \{(x, y) \in \mathbb{R}^2 : x < 0, y \leq 0 \text{ ou } x > 0, y \geq 0\} \rightarrow \mathbb{R}$, definida por $f(x, y) = \dfrac{1 - cos\sqrt{xy}}{x}$, calcule $\displaystyle\lim_{(x,y)\rightarrow(0,0)} f(x, y)$.

Resolução:

$$\begin{aligned}
\lim_{(x,y)\rightarrow(0,0)} \frac{1 - cos\sqrt{xy}}{x} &= \lim_{(x,y)\rightarrow(0,0)} \left(\frac{1 - cos\sqrt{xy}}{x}\right)\left(\frac{1 + cos\sqrt{xy}}{1 + cos\sqrt{xy}}\right) \\
&= \lim_{(x,y)\rightarrow(0,0)} \frac{1 - cos^2\sqrt{xy}}{x(1 + cos\sqrt{xy})} \\
&= \lim_{(x,y)\rightarrow(0,0)} \frac{sen^2\sqrt{xy}}{x(1 + cos\sqrt{xy})} \\
&= \lim_{(x,y)\rightarrow(0,0)} \frac{y sen^2\sqrt{xy}}{xy(1 + cos\sqrt{xy})} \\
&= \lim_{(x,y)\rightarrow(0,0)} \left(\frac{y}{1 + cos\sqrt{xy}}\right)\left(\frac{sen\sqrt{xy}}{\sqrt{xy}}\right)^2 \\
&= \lim_{(x,y)\rightarrow(0,0)} \left(\frac{y}{1 + cos\sqrt{xy}}\right) \lim_{(x,y)\rightarrow(0,0)} \left(\frac{sen\sqrt{xy}}{\sqrt{xy}}\right)^2 \\
&= 0,
\end{aligned}$$

pois $\displaystyle\lim_{(x,y)\rightarrow(0,0)} \left(\frac{y}{1 + cos\sqrt{xy}}\right) = 0$ e $\displaystyle\lim_{(x,y)\rightarrow(0,0)} \left(\frac{sen\sqrt{xy}}{\sqrt{xy}}\right)^2 = 1$ (o conhecimento prévio da existência desses limites justifica o uso do Teorema 3.2.1 (Propriedades operatórias de limites) na penúltima igualdade acima). Portanto, $\displaystyle\lim_{(x,y)\rightarrow(0,0)} \frac{1 - cos\sqrt{xy}}{x} = 0$.

No terceiro exemplo a seguir, usaremos algumas estratégias simples para transformar o limite que desejamos calcular no produto de limites do tipo "limite trigonométrico fundamental".

Exemplo 3. Dada $f : \{(x, y) \in \mathbb{R}^2 : x \neq m\pi, y \neq n\pi,\ m, n \in \mathbb{Z}\} \rightarrow \mathbb{R}$, definida por $f(x, y) = \dfrac{sen xy}{sen x\, sen y}$, calcule $\displaystyle\lim_{(x,y)\rightarrow(0,0)} f(x, y)$.

Resolução:

$$\begin{aligned}
\lim_{(x,y)\rightarrow(0,0)} \frac{sen xy}{sen x\, sen y} &= \lim_{(x,y)\rightarrow(0,0)} \left(\frac{sen xy}{xy} \cdot \frac{x}{sen x} \cdot \frac{y}{sen y}\right) \\
&= \lim_{(x,y)\rightarrow(0,0)} \left(\frac{sen xy}{xy} \cdot \frac{1}{\frac{sen x}{x}} \cdot \frac{1}{\frac{sen y}{y}}\right) \\
&= \lim_{(x,y)\rightarrow(0,0)} \left(\frac{sen xy}{xy}\right) \cdot \frac{1}{\displaystyle\lim_{(x,y)\rightarrow(0,0)} \left(\frac{sen x}{x}\right)} \cdot \frac{1}{\displaystyle\lim_{(x,y)\rightarrow(0,0)} \left(\frac{sen y}{y}\right)} \\
&= 1,
\end{aligned}$$

pois $\lim\limits_{u\to 0} \dfrac{senu}{u} = 1$ ("limite trigonométrico fundamental") (o conhecimento prévio da existência desse limite justifica o uso do Teorema 3.2.1 (Propriedades operatórias de limites) na penúltima igualdade acima). Portanto, $\lim\limits_{(x,y)\to(0,0)} \dfrac{senxy}{senx\,seny} = 1$.

No quarto exemplo a seguir, usaremos fórmulas de transformação em produto e de arco duplo, do conhecimento do leitor dos seus estudos anteriores de Trigonometria.

Exemplo 4.

Dada $f : \left\{(x,y) \in \mathbb{R}^2 : x \neq (2k-1)\frac{\pi}{2}, y \neq (2l-1)\frac{\pi}{2}, y \neq x + m\pi,\ k, l, m \in \mathbb{Z}\right\} \to \mathbb{R}$, definida por $f(x,y) = \dfrac{senx - seny}{tgx - tgy}$, calcule $\lim\limits_{(x,y)\to(0,0)} f(x,y)$.

Resolução:

$$\begin{aligned}
\lim_{(x,y)\to(0,0)} \frac{senx - seny}{tgx - tgy} &= \lim_{(x,y)\to(0,0)} \frac{2cos\left(\frac{x+y}{2}\right) sen\left(\frac{x-y}{2}\right)}{\frac{sen(x-y)}{cosx\,cosy}} \\
&= \lim_{(x,y)\to(0,0)} \frac{2cos\left(\frac{x+y}{2}\right) sen\left(\frac{x-y}{2}\right) cosx\,cosy}{sen(x-y)} \\
&= \lim_{(x,y)\to(0,0)} \frac{2cos\left(\frac{x+y}{2}\right) sen\left(\frac{x-y}{2}\right) cosx\,cosy}{2sen\left(\frac{x-y}{2}\right) cos\left(\frac{x-y}{2}\right)} \\
&= \lim_{(x,y)\to(0,0)} \frac{cos\left(\frac{x+y}{2}\right) cosx\,cosy}{cos\left(\frac{x-y}{2}\right)} \\
&= 1.
\end{aligned}$$

Portanto, $\lim\limits_{(x,y)\to(0,0)} \dfrac{senx - seny}{tgx - tgy} = 1$.

No último exemplo a seguir, usaremos simplesmente uma das propriedades básicas de logaritmos, também do conhecimento do leitor dos seus estudos anteriores desse assunto.

Exemplo 5. Dada $f : \{(x,y) \in \mathbb{R}^2 : x > 0, y > 0, y \neq x\} \to \mathbb{R}$, definida por $f(x,y) = \dfrac{lnx - lny}{ln\left(\frac{y}{x}\right)}$, calcule $\lim\limits_{(x,y)\to(1,1)} f(x,y)$.

Resolução:

Podemos proceder como segue:

$$\begin{aligned}
\lim_{(x,y)\to(1,1)} \frac{lnx - lny}{ln\left(\frac{y}{x}\right)} &= \lim_{(x,y)\to(1,1)} \frac{lnx - lny}{lny - lnx} \\
&= -\lim_{(x,y)\to(1,1)} \frac{lnx - lny}{lnx - lny} \\
&= -1.
\end{aligned}$$

Portanto, $\lim\limits_{(x,y)\to(1,1)} \dfrac{lnx - lny}{ln\left(\frac{y}{x}\right)} = -1.$

3.5 Limites ao longo de curvas

Iniciaremos o estudo dos limites relativos de funções reais de duas variáveis reais considerando aquele que, comumente, é o mais distinguido de tais limites: *limites ao longo de curvas* (também referido como *limites (por ou ao longo de) caminhos* ou *limites direcionais*).

O resultado fundamental intimamente relacionado com esse método é a contrapositiva do item *i*) do Teorema 3.3.1 (Limite da restrição de uma função).

Para as funções reais f de uma (única) variável real, quando x tende a a, existem *apenas duas direções* possíveis de aproximação (pela esquerda e pela direita), de modo que, se os limites laterais são distintos, ou seja, $\lim\limits_{x\to a^-} f(x) \neq \lim\limits_{x\to a^+} f(x)$, então $\lim\limits_{x\to a} f(x)$ não existe, enquanto que, para as funções reais f de duas variáveis reais, existem infinitos modos pelos quais podemos aproximar (x, y) de (a, b) por uma *quantidade infinita de direções*, de qualquer modo que desejemos, bastando manter (x, y) no domínio de f.

Do ponto de vista geométrico, a definição de limite de funções reais de duas variáveis reais $f : A \subseteq \mathbb{R}^2 \to \mathbb{R}$ refere-se somente à *distância* entre (x, y) e (a, b), mas não à sua direção de aproximação, pelo motivo exposto acima. Assim, se $\lim\limits_{(x,y)\to(a,b)} f(x, y)$ existe, então $f(x, y)$ deve aproximar-se do mesmo valor limite L (devido ao Teorema 3.1.1 (Unicidade do limite)), independentemente do modo como (x, y) aproxima-se de (a, b). Equivalentemente, se conseguirmos obter duas curvas (contidas no domínio A de f) que passem por (a, b) (ponto de acumulação comum), tais que, quando (x, y) se aproxima de (a, b), f tenha limites distintos, então $\lim\limits_{(x,y)\to(a,b)} f(x, y)$ não existirá.

Estamos, agora, em condições de enunciar o teorema principal desta seção. Esse teorema, o qual torna precisa a discussão que ora descrevemos, é uma consequência imediata do Teorema 3.1.1 (Unicidade do Limite). Eis, pois, o enunciado do teorema que trata de *limites ao longo de curvas*.

Teorema 3.5.1. (Limites ao longo de curvas) *Consideremos $f : A \subseteq \mathbb{R}^2 \to \mathbb{R}$ uma função real de duas variáveis reais e $(a, b) \in A'$. Se $\lim\limits_{(x,y)\to(a,b)} f(x, y) = L_1$ quando (x, y) tende a (a, b) ao longo de uma curva $C_1 \subset A$ e $\lim\limits_{(x,y)\to(a,b)} f(x, y) = L_2$, $L_1 \neq L_2$, quando (x, y) tende a (a, b) ao longo de outra curva $C_2 \subset A$, tais que $(a, b) \in C_1' \cap C_2'$, então $\lim\limits_{(x,y)\to(a,b)} f(x, y)$ não existe.*

Demonstração. Por hipótese, temos,

$$\text{para todo } (x, y) \in C_1 \subset A\text{: } \lim_{(x,y)\to(a,b)} f(x, y) = L_1,$$
$$\text{para todo } (x, y) \in C_2 \subset A\text{: } \lim_{(x,y)\to(a,b)} f(x, y) = L_2,$$

em que $L_1 \neq L_2$, sendo $(a, b) \in A'$ tal que $(a, b) \in C_1' \cap C_2'$. Agora, suponhamos que $\lim\limits_{(x,y)\to(a,b)} f(x, y)$ exista. Então, pelo Teorema 3.1.1 (Unicidade do limite), L_1 deve ser igual a L_2, o que contradiz a hipótese de que $L_1 \neq L_2$. Portanto, $\lim\limits_{(x,y)\to(a,b)} f(x, y)$ não existe. □

Ressaltamos que o Teorema 3.5.1 é bastante útil para demonstrar a **não existência** do limite de uma determinada função: dada $f : A \subseteq \mathbb{R}^2 \to \mathbb{R}$, se $C_1 \subset A$ e $C_2 \subset A$ são duas curvas tais que $(a, b) \in C_1' \cap C_2'$, então

$$\lim_{\substack{(x,y)\to(a,b)\\(x,y)\in C_1}} f(x, y) = \lim_{\substack{(x,y)\to(a,b)\\(x,y)\in C_2}} f(x, y)$$

não significa que $\lim\limits_{(x,y)\to(a,b)} f(x, y)$ exista.

Mais geralmente, dada $f : A \subseteq \mathbb{R}^2 \to \mathbb{R}$, se $C_1, C_2, \ldots, C_n$ ($C_i \subset A$, para todo $i, 1 \leq i \leq n$) são n (fixo, porém arbitrário) curvas que passam pelo ponto de acumulação (a, b) de A, então

$$\lim_{\substack{(x,y)\to(a,b)\\(x,y)\in C_1}} f(x, y) = \lim_{\substack{(x,y)\to(a,b)\\(x,y)\in C_2}} f(x, y) = \ldots = \lim_{\substack{(x,y)\to(a,b)\\(x,y)\in C_n}} f(x, y)$$

não significa que $\lim\limits_{(x,y)\to(a,b)} f(x, y)$ exista.

De outro modo, dada $f : A \subseteq \mathbb{R}^2 \to \mathbb{R}$, a definição de $\lim\limits_{(x,y)\to(a,b)} f(x, y)$, $(a, b) \in A'$, obriga a: para que exista $\lim\limits_{(x,y)\to(a,b)} f(x, y)$, é necessário (**mas não suficiente**) que existam e tenham o mesmo valor os limites ao longo de **todas** as curvas contidas no domínio A de f que passem por (a, b).

Conquanto não possamos aplicar o Teorema 3.5.1 para demonstrar a existência do limite de uma função dada, ele é útil, nesse caso, para conjecturar o valor de tal limite: caso ocorra a situação que descrevemos acima (possivelmente, a mais geral), podemos conjecturar que a função dada tenha limite, o qual, devido ao Teorema 3.1.1 (Unicidade do limite), deve ser, necessariamente, igual ao valor comum do limite obtido ao longo das curvas $C_i, 1 \leq i \leq n$. De posse de tal conjectura, resta-nos, pois, demonstrar a sua veracidade ou falsidade. Nesse estágio é que devemos estar preparados para usar, de modo eficiente, algum dos métodos de demonstração de existência de limite.

Na prática, ao usarmos o Teorema 3.5.1, transformamos o limite sob consideração no limite de uma função real de uma (única) variável real, para cada escolha apropriada de cada uma das curvas $C_i, 1 \leq i \leq n$. Tal escolha deve ser realizada de tal modo que quaisquer curvas fixadas C_i e C_j $(i \neq j)$ satisfaçam simultaneamente as seguintes condições:

i) $C_i, C_j \subset A$;

ii) $(a, b) \in C_i' \cap C_j'$;

iii) $\lim\limits_{\substack{(x,y)\to(0,0)\\(x,y)\in C_i}} f(x, y) \neq \lim\limits_{\substack{(x,y)\to(0,0)\\(x,y)\in C_j}} f(x, y)$ (o que, em particular, ocorre se pelo menos um desses limites não existe).

Devido a *i)* acima, não especificamos, no enunciado de cada exemplo, o domínio A da função dada, pois entendemos que, como a escolha apropriada das curvas $C_i's$ dependem, em parte, do conhecimento dele, é importante que o leitor saiba obtê-lo, como parte integrante do uso do Teorema 3.5.1.

Estruturaremos a apresentação dos exemplos de aplicação do Teorema 3.5.1 do seguinte modo:

Um modo: com base na descrição do domínio da função dada da qual desejamos calcular o limite, apresentaremos duas curvas que satisfazem as hipóteses do Teorema 3.5.1, de modo que tenhamos assegurada a inexistência de tal limite;

Outro modo: com base na descrição do domínio da função dada da qual desejamos calcular o limite, apresentamos uma quantidade arbitrária (infinita) de curvas que satisfazem as hipóteses do Teorema 3.5.1, de modo que tenhamos assegurada a inexistência de tal limite: C_p $(p \in \mathbb{R})$ representa toda uma quantidade arbitrária (infinita) de curvas, cada uma das quais é determinada por um valor específico permitido do parâmetro p ali mencionado, de modo que, nesse contexto, para demonstrar a não existência do limite de uma determinada função, é suficiente demonstrar que o valor de tal limite depende de uma constante arbitrária fixada. Trata-se, pois, de um modo alternativo àquele que mencionamos acima, em que apresentamos apenas (mas suficientemente) duas particulares curvas dessa quantidade arbitrária (infinita). Assim procedendo, temos o objetivo de que o leitor observe que, em geral, para aplicar o Teorema 3.5.1, ele dispõe, em princípio, de uma quantidade infinita das curvas requeridas por tal resultado, devendo saber escolher convenientemente apenas duas delas.

Gráfico: embora qualquer dos modos acima seja, cada qual por si só, suficiente para demonstrar a inexistência do limite da função dada em cada exemplo, finalizamos todos os exemplos com a apresentação do gráfico da respectiva função da qual desejamos calcular o limite, tendo como objetivo que o leitor possa entender geometricamente cada resolução fornecida, em conformidade com qualquer das interpretações geométricas pertinentes que apresentamos na Seção 2.3.

Exemplo 1. Dada $f : A \subseteq \mathbb{R}^2 \to \mathbb{R}$, definida por $f(x,y) = \dfrac{x-y}{x+y}$, demonstre que não existe $\lim\limits_{(x,y)\to(0,0)} f(x,y)$.

Resolução:

Um modo:

O domínio de f é $A = \{(x,y) \in \mathbb{R}^2 : y \neq -x\}$. Consideremos $C_1 = \{(x,0) \in A : x \neq 0\}$ (C_1 é o eixo x, menos a origem) e $C_2 = \{(0,y) \in A : y \neq 0\}$ (C_2 é o eixo y, menos a origem). Assim, temos

$$\lim_{\substack{(x,y)\to(0,0)\\(x,y)\in C_1}} f(x,y) = \lim_{x\to 0} f(x,0) = \lim_{x\to 0} \frac{x}{x} = 1,$$

$$\lim_{\substack{(x,y)\to(0,0)\\(x,y)\in C_2}} f(x,y) = \lim_{x\to 0} f(0,y) = \lim_{y\to 0} \left(-\frac{y}{y}\right) = -1.$$

Logo, $\lim\limits_{\substack{(x,y)\to(0,0)\\(x,y)\in C_1}} f(x,y) \neq \lim\limits_{\substack{(x,y)\to(0,0)\\(x,y)\in C_2}} f(x,y)$. Portanto, decorre do Teorema 3.5.1 que $\lim\limits_{(x,y)\to(0,0)} f(x,y)$ não existe.

Comentário: a antissimetria das variáveis na expressão de f, ou seja, $f(x,y) = -f(y,x)$, justifica a escolha de C_1 e C_2 como acima, pois, assim, temos certeza de que os valores dos limites ao longo dessas curvas são, necessariamente, distintos entre si.

Outro modo:

Consideremos C_p qualquer reta do tipo $y = px, p \neq -1$, menos a origem, ou C_p qualquer reta do tipo $x = py, p \neq -1$, menos a origem (ou seja, quaisquer retas que passem pela origem, contidas no domínio A de f). Assim:

$$\lim_{\substack{(x,y)\to(0,0)\\(x,y)\in C_p}} f(x,y) = \lim_{x\to 0} f(x,px) = \lim_{x\to 0} \frac{(1-p)x}{(1+p)x} = \frac{1-p}{1+p},$$

ou

$$\lim_{\substack{(x,y)\to(0,0)\\(x,y)\in C_p}} f(x,y) = \lim_{y\to 0} f(py,y) = \lim_{y\to 0} \frac{(p-1)y}{(p+1)y} = \frac{p-1}{p+1}.$$

Logo, em qualquer dos casos, o valor do limite depende de p $(p \neq -1)$. Portanto, $\lim\limits_{(x,y)\to(0,0)} f(x,y)$ não existe.

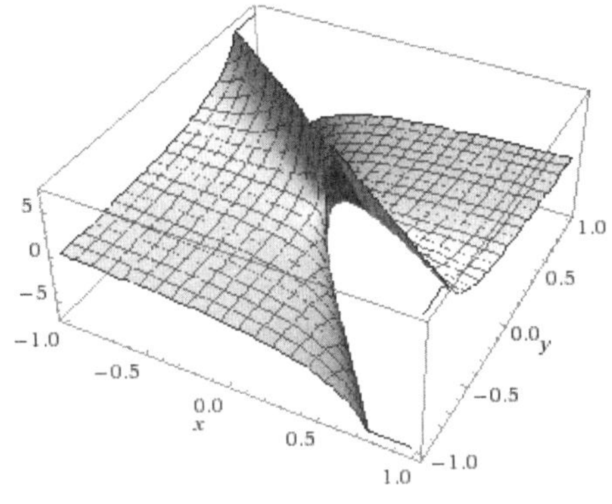

Figura 3.1: gráfico de $f : \{(x,y) \in \mathbb{R}^2 : y \neq -x\} \to \mathbb{R}, f(x,y) = \dfrac{x-y}{x+y}$.

Exemplo 2. Dada $f : A \subseteq \mathbb{R}^2 \to \mathbb{R}$, definida por $f(x,y) = \dfrac{xy}{x^2+y^2}$, demonstre que não existe $\lim\limits_{(x,y)\to(0,0)} f(x,y)$.

Resolução:

Um modo:

O domínio de f é $A = \{(x,y) \in \mathbb{R}^2 : (x,y) \neq (0,0)\}$. Consideremos $C_1 = \{(x,0) \in A : x \neq 0\}$ (C_1 é o eixo x, menos a origem) e $C_2 = \{(x,x) \in A : x \neq 0\}$ (C_2 é a reta $y = x$, menos a origem). Assim, temos

$$\lim_{\substack{(x,y)\to(0,0)\\(x,y)\in C_1}} f(x,y) = \lim_{x\to 0} f(x,0) = \lim_{x\to 0} 0 = 0,$$

$$\lim_{\substack{(x,y)\to(0,0)\\(x,y)\in C_2}} f(x,y) = \lim_{x\to 0} f(x,x) = \lim_{x\to 0} \frac{x^2}{2x^2} = \frac{1}{2}.$$

Logo, $\lim\limits_{\substack{(x,y)\to(0,0)\\(x,y)\in C_1}} f(x,y) \neq \lim\limits_{\substack{(x,y)\to(0,0)\\(x,y)\in C_2}} f(x,y)$. Portanto, decorre do Teorema 3.5.1 que $\lim\limits_{(x,y)\to(0,0)} f(x,y)$ não existe.

Comentário:

(Escolha de C_1): como o numerador da expressão de f é xy, é indiferente escolhermos C_1 o eixo x, menos a origem, tal como acima, ou C_1 o eixo y, menos a origem, pois o valor do limite ao longo dessas curvas é o mesmo, de modo que apenas uma dessas escolhas de C_1 é realmente suficiente.

(Escolha de C_2): precisamos escolher uma curva que passe pela origem, contida no domínio A de f, ao longo da qual os termos que ocorrem no numerador e no denominador se tornem potências de mesma base e mesmo expoente, para que possamos, efetivamente, simplificá-los.

Outro modo:

Consideremos C_p qualquer reta do tipo $y = px$, menos a origem, ou C_p qualquer reta do tipo $x = py$, menos a origem (ou seja, quaisquer retas que passem pela origem, contidas no domínio A de f). Assim, devido à simetria das variáveis na expressão de f, o valor do limite, qualquer que seja C_p, depende de p:

$$\lim_{\substack{(x,y)\to(0,0)\\(x,y)\in C_p}} f(x,y) = \lim_{x\to 0} f(x,px) = \lim_{x\to 0} \frac{px^2}{(1+p^2)x^2} = \frac{p}{1+p^2}$$

ou

$$\lim_{\substack{(x,y)\to(0,0)\\(x,y)\in C_p}} f(x,y) = \lim_{y\to 0} f(py,y) = \lim_{y\to 0} \frac{py^2}{(1+p^2)y^2} = \frac{p}{1+p^2}.$$

Portanto, $\lim\limits_{(x,y)\to(0,0)} f(x,y)$ não existe.

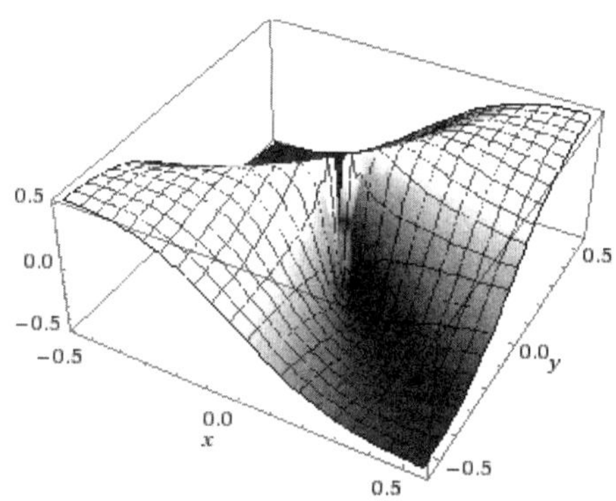

Figura 3.2: gráfico de $f : \{(x,y) \in \mathbb{R}^2 : (x,y) \neq (0,0)\} \to \mathbb{R}, f(x,y) = \dfrac{xy}{x^2+y^2}$.

Exemplo 3. Dada $f : A \subseteq \mathbb{R}^2 \to \mathbb{R}$, definida por $f(x,y) = \dfrac{xy^2}{x^2+y^4}$, demonstre que não existe $\lim\limits_{(x,y)\to(0,0)} f(x,y)$.

Resolução:

Um modo:

O domínio de f é $A = \{(x,y) \in \mathbb{R}^2 : (x,y) \neq (0,0)\}$. Consideremos $C_1 = \{(x,0) \in A : x \neq 0\}$ (C_1 é o eixo x, menos a origem) e $C_2 = \{(y^2,y) \in A : y \neq 0\}$ (C_2 é a parábola $x = y^2$, menos a origem). Assim, temos

$$\lim_{\substack{(x,y)\to(0,0)\\(x,y)\in C_1}} f(x,y) = \lim_{x\to 0} f(x,0) = \lim_{x\to 0} 0 = 0,$$

$$\lim_{\substack{(x,y)\to(0,0)\\(x,y)\in C_2}} f(x,y) = \lim_{y\to 0} f(y^2,y) = \lim_{x\to 0} \frac{y^4}{2y^4} = \frac{1}{2}.$$

Logo, $\lim\limits_{\substack{(x,y)\to(0,0)\\(x,y)\in C_1}} f(x,y) \neq \lim\limits_{\substack{(x,y)\to(0,0)\\(x,y)\in S_2}} f(x,y)$. Portanto, do Teorema 3.5.1 decorre que $\lim\limits_{(x,y)\to(0,0)} f(x,y)$ não existe.

Comentários:

(Escolha de C_1): como o numerador da expressão de f é xy^2, é indiferente escolhermos C_1 o eixo x, menos a origem, tal como acima, ou C_1 o eixo y, menos a origem, pois o valor do limite ao longo dessas curvas é o mesmo, de modo que apenas uma dessas escolhas de C_1 é realmente suficiente.

(Escolha de C_2): precisamos escolher uma curva que passe pela origem, contida no domínio A de f, ao longo da qual os termos que ocorrem no denominador se tornem potências de mesma base e mesmo expoente, para que possamos, efetivamente, adicioná-los. (Também podemos escolher C_2 como sendo a parábola $x = -y^2$, menos a origem. Neste caso, o leitor pode observar que um cálculo análogo ao acima o conduz a $\lim\limits_{\substack{(x,y)\to(0,0)\\(x,y)\in C_2}} f(x,y) = -\frac{1}{2}$.)

Outro modo:

Consideremos C_p qualquer parábola do tipo $x = py^2$ $(p \neq 0)$ (ou seja, qualquer parábola cujo eixo coincida com o das abscissas, vértice na origem, contida no domínio A de f). Assim, temos

$$\lim_{\substack{(x,y)\to(0,0)\\(x,y)\in C_p}} f(x,y) = \lim_{y\to 0} f(py^2, y) = \lim_{x\to 0} \frac{py^4}{(1+p^2)y^4} = \frac{p}{1+p^2}.$$

Logo, o valor do limite depende de p. Portanto, $\lim\limits_{(x,y)\to(0,0)} f(x,y)$ não existe.

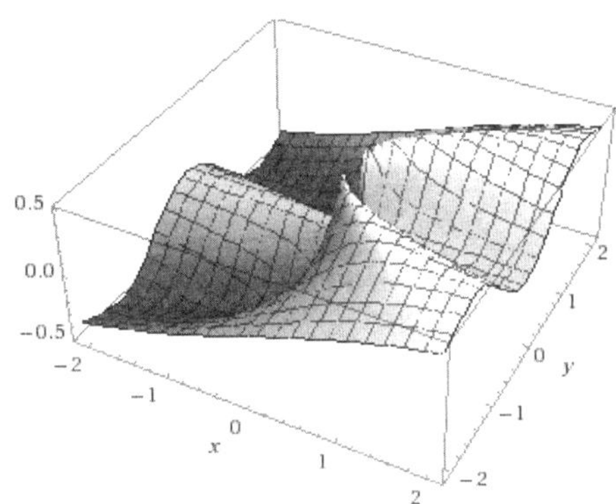

Figura 3.3: gráfico de $f : \{(x,y) \in \mathbb{R}^2 : (x,y) \neq (0,0)\} \to \mathbb{R}, f(x,y) = \dfrac{xy^2}{x^2+y^4}$.

Exemplo 4. Dada $f : A \subseteq \mathbb{R}^2 \to \mathbb{R}$, definida por $f(x,y) = \dfrac{x^3y}{x^6 - 3y^2}$, demonstre que não existe $\lim\limits_{(x,y)\to(0,0)} f(x,y)$.

Resolução:

Um modo:

O domínio de f é $A = \left\{(x,y) \in \mathbb{R}^2 : y \neq \pm\frac{\sqrt{3}}{3}x^3\right\}$. Consideremos $C_1 = \{(x,0) \in A : x \neq 0\}$ (C_1 é o eixo x, menos a origem) e $C_2 = \{(x,x^3) \in A : x \neq 0\}$ (C_2 é a cúbica $y = x^3$, menos a origem). Assim, temos

$$\lim_{\substack{(x,y)\to(0,0)\\(x,y)\in C_1}} f(x,y) = \lim_{x\to 0} f(x,0) = \lim_{x\to 0} 0 = 0,$$

$$\lim_{\substack{(x,y)\to(0,0)\\(x,y)\in C_2}} f(x,y) = \lim_{x\to 0} f(x,x^3) = \lim_{x\to 0}\left(-\frac{x^6}{2x^6}\right) = -\frac{1}{2}.$$

Logo, $\lim\limits_{\substack{(x,y)\to(0,0)\\(x,y)\in C_1}} f(x,y) \neq \lim\limits_{\substack{(x,y)\to(0,0)\\(x,y)\in C_2}} f(x,y)$. Portanto, do Teorema 3.5.1 decorre que $\lim\limits_{(x,y)\to(0,0)} f(x,y)$ não existe.

Comentários:

(Escolha de C_1): como o numerador da expressão de f é x^3y, é indiferente escolhermos C_1 o eixo x, menos a origem, tal como acima, ou C_1 o eixo y, menos a origem, pois o valor do limite é o mesmo, de modo que apenas uma dessas escolhas de C_1 é realmente suficiente.

(Escolha de C_2): precisamos escolher uma curva que passe pela origem, contida no domínio A de f, ao longo da qual os termos que ocorrem no denominador se tornem potências de mesma base e mesmo expoente, para que possamos, efetivamente, adicioná-los, bem como simplificá-los.

Outro modo:

Consideremos C_p qualquer curva do tipo $y = px^3$ $\left(p \neq \pm\frac{\sqrt{3}}{3}\right)$ (em particular, se, também, $p \neq 0$, então C_p representa uma infinidade de cúbicas que passam pela origem, contidas no domínio A de f). Assim,

$$\lim_{\substack{(x,y)\to(0,0)\\(x,y)\in C_p}} f(x,y) = \lim_{x\to 0} f(x,px^3) = \lim_{x\to 0}\frac{px^6}{(1-3p^2)x^6} = \frac{p}{1-3p^2}.$$

Logo, o valor do limite depende de p $\left(p \neq \pm\frac{\sqrt{3}}{3}\right)$. Portanto, $\lim\limits_{(x,y)\to(0,0)} f(x,y)$ não existe.

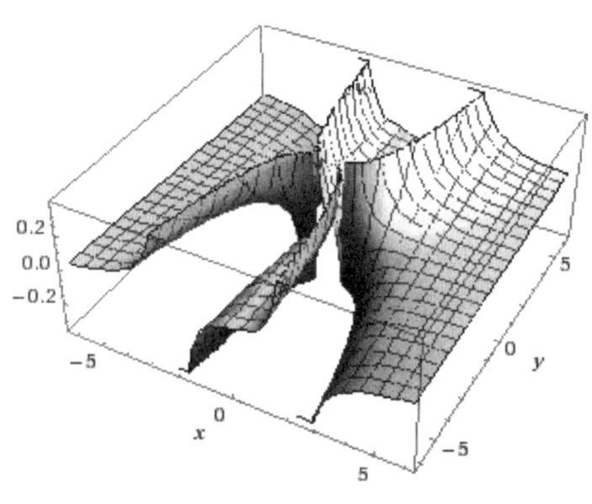

Figura 3.4: gráfico de $f : \left\{(x,y)\in\mathbb{R}^2 : y \neq \pm\frac{\sqrt{3}}{3}x^3\right\} \to \mathbb{R},\ f(x,y) = \frac{x^3y}{x^6 - 3y^2}$.

Exemplo 5. Dada $f : A \subseteq \mathbb{R}^2 \to \mathbb{R}$, definida por $f(x,y) = \frac{x^3}{x^2 - y}$, demonstre que não existe $\lim\limits_{(x,y)\to(0,0)} f(x,y)$.

Resolução:

Um modo:

O domínio de f é $A = \{(x, y) \in \mathbb{R}^2 : y \neq x^2\}$. Consideremos $C_1 = \{(0, y) \in A : y \neq 0\}$ (C_1 é o eixo y, menos a origem) e $C_2 = \{(x, x^2 - x^3) \in A : x \neq 0\}$ (C_2 é a "perturbação" da parábola $y = x^2$ pela cúbica $y = -x^3$, menos a origem). Assim, temos

$$\lim_{\substack{(x,y)\to(0,0)\\(x,y)\in C_1}} f(x, y) = \lim_{y\to 0} f(0, y) = \lim_{y\to 0} 0 = 0,$$

$$\lim_{\substack{(x,y)\to(0,0)\\(x,y)\in C_2}} f(x, y) = \lim_{x\to 0} f(x, x^2 - x^3) = \lim_{x\to 0} \frac{x^3}{x^3} = 1.$$

Logo, $\lim\limits_{\substack{(x,y)\to(0,0)\\(x,y)\in C_1}} f(x, y) \neq \lim\limits_{\substack{(x,y)\to(0,0)\\(x,y)\in C_2}} f(x, y)$. Portanto, do Teorema 3.5.1 decorre que $\lim\limits_{(x,y)\to(0,0)} f(x, y)$ não existe.

Comentários:

(Escolha de C_1): como o numerador da expressão de f é x^3, é mais natural escolhermos C_1 o eixo y, menos a origem, tal como acima (embora também possamos escolher C_1 o eixo x, menos a origem, pois o valor do limite ao longo dessas curvas é o mesmo), de modo que apenas uma dessas escolhas de C_1 é realmente suficiente.

(Escolha de C_2): precisamos escolher uma curva contida no domínio A de f que passe pela origem e tal que, quando x tenda a zero, tanto o seu limite seja zero, quanto o limite da função calculado ao longo dela seja diferente de zero: a curva que escolhemos ($y = x^2 - x^3$) satisfaz, pois, essas condições.

Outro modo:

Consideremos C_p qualquer curva do tipo $y = x^2 - px^n$ ($p \neq 0$), $n \in \mathbb{Z}$ (se $p = 1$, consideramos $n \neq 2$) (ou seja, a "perturbação" da parábola $y = x^2$ pela curva potência $y = -px^n$, menos a origem). Assim, temos

$$\begin{aligned}
\lim_{\substack{(x,y)\to(0,0)\\(x,y)\in C_p}} f(x, y) &= \lim_{x\to 0} f(x, x^2 - px^n) \\
&= \lim_{x\to 0} \frac{x^3}{px^n} \\
&= \lim_{x\to 0} \frac{1}{px^{n-3}} \\
&= \begin{cases} 0\ , & \text{se} \quad n < 3 \\ \dfrac{1}{p}\ , & \text{se} \quad n = 3 \\ \pm\infty, & \text{se} \quad n > 3\ (n \text{ par}) \\ +\infty, & \text{se} \quad n > 3\ (n \text{ ímpar}) \end{cases}.
\end{aligned}$$

Portanto, $\lim\limits_{(x,y)\to(0,0)} f(x, y)$ não existe.

Exemplo 6. Dada $f : A \subseteq \mathbb{R}^2 \to \mathbb{R}$, definida por $f(x, y) = \dfrac{ln(1 - x)}{ln(1 - y)}$, demonstre que não existe $\lim\limits_{(x,y)\to(0,0)} f(x, y)$.

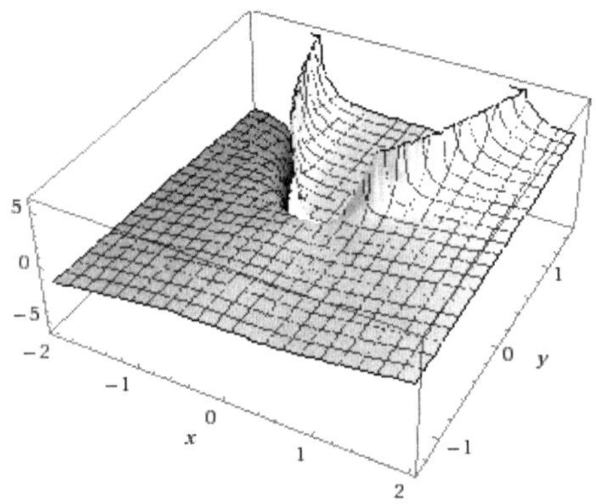

Figura 3.5: gráfico de $f : \{(x,y) \in \mathbb{R}^2 : y \neq x^2\} \to \mathbb{R}, f(x,y) = \dfrac{x^3}{x^2 - y}$.

Resolução:

Um modo:

O domínio de f é $A = \{(x,y) \in \mathbb{R}^2 : x < 1, y < 1, y \neq 0\}$. Consideremos $C_1 = \{(x,x) \in A : 0 \neq x < 1\}$ (C_1 é a porção da reta $y = x$, limitada acima pela reta $y = 1$ e à direita pela reta $x = 1$, menos a origem) e $C_2 = \{(x, 1-(1-x)^2) \in A : 0 \neq x < 1\}$ (C_2 é a porção da parábola $y = 1-(1-x)^2$, limitada acima pela reta $y = 1$ e à direita pela reta $x = 1$, menos a origem). Assim, temos

$$\lim_{\substack{(x,y)\to(0,0)\\(x,y)\in C_1}} f(x,y) = \lim_{x\to 0} f(x,x) = \lim_{x\to 0} \frac{ln(1-x)}{ln(1-x)} = 1,$$

$$\lim_{\substack{(x,y)\to(0,0)\\(x,y)\in C_2}} f(x,y) = \lim_{x\to 0} f(x, 1-(1-x)^2) = \lim_{x\to 0} \frac{ln(1-x)}{ln(1-x)^2} = \lim_{x\to 0} \frac{ln(1-x)}{2ln(1-x)} = \frac{1}{2}.$$

Logo, $\lim\limits_{\substack{(x,y)\to(0,0)\\(x,y)\in C_1}} f(x,y) \neq \lim\limits_{\substack{(x,y)\to(0,0)\\(x,y)\in C_2}} f(x,y)$. Portanto, do Teorema 3.5.1 decorre que $\lim\limits_{(x,y)\to(0,0)} f(x,y)$ não existe.

Comentários:

(Escolha de C_1): devido à forma do logaritmando do numerador da expressão de f, é natural escolhermos C_1 como acima, o qual torna iguais os logaritmandos (consequentemente, os logaritmos) do numerador e do denominador.

(Escolha de C_2): precisamos escolher uma curva que passe pela origem, contida no domínio A de f, a qual transforme o logaritmando do denominador $(1-y)$ em uma potência não nula do logaritmando do numerador $(1-x)$. (Também podemos escolher C_2 a curva $x = 1-(1-y)^2$, contida no domínio A de f, a qual passa pela origem e transforma o logaritmando do numerador $(1-x)$ em uma potência não nula do logaritmando do denominador $(1-y)$.)

Outro modo:

Consideremos C_p qualquer curva do tipo $y = 1-(1-x)^p$, tal que $0 \neq x < 1$, $p \neq 0; 1$, ou C_p qualquer curva do tipo $x = 1-(1-y)^p$, tal que $0 \neq x < 1$, $p \neq 0; 1$ (ou seja, qualquer curva que passe pela origem, contida no domínio A de f, que transforme o logaritmando do denominador $(1-y)$ em uma potência não nula do logaritmando do numerador $(1-x)$, ou vice-versa). Assim, temos

$$\lim_{\substack{(x,y)\to(0,0)\\(x,y)\in C_p}} f(x,y) = \lim_{x\to 0} f(x, 1-(1-x)^p) = \lim_{x\to 0} \frac{ln(1-x)}{ln(1-x)^p} = \lim_{x\to 0} \frac{ln(1-x)}{pln(1-x)} = \frac{1}{p}$$

ou

$$\lim_{\substack{(x,y)\to(0,0)\\(x,y)\in C_p}} f(x,y) = \lim_{y\to 0} f(1-(1-y)^p, y) = \lim_{y\to 0} \frac{ln(1-y)^p}{ln(1-y)} = \lim_{y\to 0} \frac{pln(1-y)}{ln(1-y)} = p.$$

Logo, em qualquer dos casos, o valor do limite depende de p. Portanto, $\lim_{(x,y)\to(0,0)} f(x,y)$ não existe.

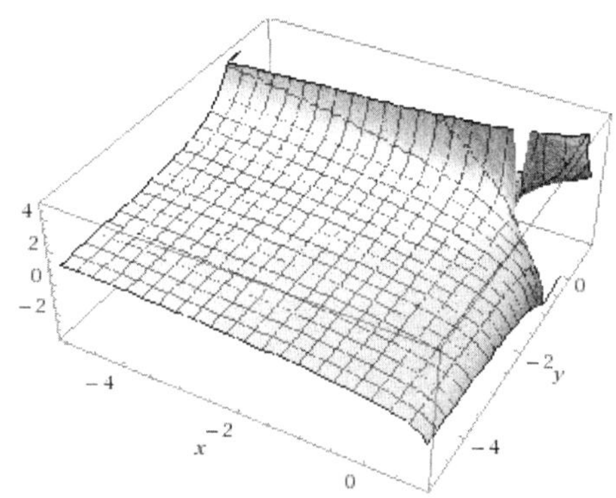

Figura 3.6: gráfico de $f : A \subseteq \mathbb{R}^2 \to \mathbb{R}, f(x,y) = \dfrac{ln(1-x)}{ln(1-y)}$.

Exemplo 7. Se $f : \mathbb{R}^2 \to \mathbb{R}$ e $g : \mathbb{R}^2 \to \mathbb{R}$ são funções reais homogêneas de grau n de duas variáveis reais que satisfazem as seguintes condições:

i) $g(1,0) \neq 0$;

ii) $g(1,1) \neq 0$;

iii) $f(1,0)\cdot g(1,1) \neq f(1,1)\cdot g(1,0)$,

demonstre que $\lim_{(x,y)\to(0,0)} \dfrac{f(x,y)}{g(x,y)}$ não existe.

Resolução:

Inicialmente, observemos que a condição *iii)* é equivalente à condição $\dfrac{f(1,0)}{g(1,0)} \neq \dfrac{f(1,1)}{g(1,1)}$ (pelas condições *i)* e *ii)*, esses quocientes estão bem definidos), de modo que, para demonstrar o solicitado, é suficiente demonstrar que $\lim_{(x,y)\to(0,0)} \dfrac{f(x,y)}{g(x,y)}$ é igual a um desses quocientes, ao longo de uma curva de $\mathbb{R}^2$ (domínio de f), e igual ao outro, ao longo de outra curva, também conveniente, de $\mathbb{R}^2$. Da hipótese de que f e g são funções homogêneas de grau n decorre que $f(1,0) = \left(\dfrac{1}{x}\right)^n f(x,0)$, $g(1,0) = \left(\dfrac{1}{x}\right)^n g(x,0)$, $f(1,1) = \left(\dfrac{1}{x}\right)^n f(x,x)$ e

$g(1,1) = \left(\dfrac{1}{x}\right)^n g(x,x)$. Essas relações nos sugerem a escolha das curvas C_1: eixo x (ou seja, $y = 0$) e C_2: reta $y = x$. Assim,

$$\lim_{\substack{(x,y)\to(0,0)\\(x,y)\in C_1}} \frac{f(x,y)}{g(x,y)} = \lim_{x\to 0} \frac{f(x,0)}{g(x,0)} = \lim_{x\to 0} \frac{x^n f(1,0)}{x^n g(1,0)} = \frac{f(1,0)}{g(1,0)},$$

$$\lim_{\substack{(x,y)\to(0,0)\\(x,y)\in C_2}} \frac{f(x,y)}{g(x,y)} = \lim_{x\to 0} \frac{f(x,x)}{g(x,x)} = \lim_{x\to 0} \frac{x^n f(1,1)}{x^n g(1,1)} = \frac{f(1,1)}{g(1,1)}.$$

Portanto, como os limites ao longo das curvas C_1 e C_2 acima são distintos (pela condição *iii*)), resulta que $\displaystyle\lim_{(x,y)\to(0,0)} \frac{f(x,y)}{g(x,y)}$ não existe.

Finalizamos esta seção com um resumo de alguns fatos importantes sobre limites direcionais (consequências do Teorema 3.5.1 (Limites ao longo de curvas)):

1) se algum dos limites direcionais não existe (ou seja, é igual a $-\infty$ ou $+\infty$ ou o seu valor oscila), então o limite propriamente não existe;

2) se qualquer quantidade finita arbitrária (≥ 2) de limites direcionais existe, mas (pelo menos) dois deles são distintos entre si, então o limite propriamente não existe;

3) se qualquer limite direcional depende da curva arbitrária fixada (ou seja, o valor do limite varia segundo tal curva), então o limite propriamente não existe.

3.6 Limite do produto de um infinitésimo por uma função limitada

Conforme observamos (*vide* Observação 8 referente, em particular, ao item *iv* do Teorema 3.2.1 (Propriedades operatórias de limites)), as condições sobre a existência dos limites das funções f e g ali mencionadas são suficientes, mas não necessárias. Assim, há casos em que, mesmo que uma dessas condições não seja satisfeita, o limite do produto dessas funções pode ainda existir. Nesta seção, tratamos de um de tais casos.

O teorema a seguir trata do limite de uma função que podemos expressar como o produto de duas funções: uma, cujo limite é zero (infinitésimo), e outra, que é apenas limitada (o seu limite pode não existir), no sentido da definição a seguir. Esse resultado assegura-nos que, sob essas condições, o limite do produto dessas duas funções – o limite da função dada – é também zero. Na prática, para usar tal resultado, devemos verificar se é possível expressar (**em pelo menos um modo**) a função dada como o produto de funções que satisfazem tais condições.

Definição 3.6.1. *Uma função real de duas variáveis reais* $g : A \subseteq \mathbb{R}^2 \to \mathbb{R}$ *é denominada limitada se existe um número real* $M > 0$ *tal que* $|g(x,y)| < M$*, para todo* $(x,y) \in A$.

Em outras palavras, uma função é denominada limitada se o seu conjunto imagem é limitado.

Exemplo. Demonstre que $f : \mathbb{R}^2 \to \mathbb{R}$, definida por

$$f(x,y) = \begin{cases} \dfrac{xy^2}{x^2+y^4}, & \text{se} \quad (x,y) \neq (0,0) \\ 0 \quad , & \text{se} \quad (x,y) = (0,0) \end{cases},$$

é limitada (em $\mathbb{R}^2$).

Demonstração:

Avaliemos $|f(x,y)|$, para todo $(x,y) \neq (0,0)$:

$$|f(x,y)| = \left|\frac{xy^2}{x^2+y^4}\right| = \frac{y^2}{x^2+y^4}|x| = \frac{\sqrt{y^4}\sqrt{x^2}}{x^2+y^4} < \frac{\sqrt{x^2+y^4}\sqrt{x^2+y^4}}{x^2+y^4} = 1,$$

ou seja, $|f(x,y)| < 1$, para todo $(x,y) \neq (0,0)$, o que mostra que f é limitada (em $\mathbb{R}^2$).

Agora, estamos em condições de enunciar o teorema que mencionamos no início desta seção.

Teorema 3.6.1. (Limite do produto de um infinitésimo por uma função limitada) *Consideremos $f, g : A \subseteq \mathbb{R}^2 \to \mathbb{R}$ funções reais de duas variáveis reais. Se $\lim\limits_{(x,y)\to(a,b)} f(x,y) = 0$, em que $(a,b) \in A'$, e g é limitada, para todo $(x,y) \in A - \{(a,b)\}$, então $\lim\limits_{(x,y)\to(a,b)} [f(x,y)g(x,y)] = 0$, mesmo que não exista $\lim\limits_{(x,y)\to(a,b)} g(x,y)$.*

Demonstração. De acordo com a definição $\varepsilon - \delta$ de limite, devemos demonstrar que

$$\forall \varepsilon > 0, \exists \delta > 0 : \forall (x,y) \in A, 0 < \sqrt{(x-a)^2 + (y-b)^2} < \delta \Rightarrow |f(x,y)g(x,y)| < \varepsilon.$$

Por hipótese, dado qualquer $\varepsilon > 0$, existem $\delta_1 > 0$, $\delta_2 > 0$ e $M > 0$ tais que, para todo $(x,y) \in A$,

$$0 < \sqrt{(x-a)^2 + (y-b)^2} < \delta_1 \Rightarrow |f(x,y)| < \frac{\varepsilon}{M}$$

e

$$0 < \sqrt{(x-a)^2 + (y-b)^2} < \delta_2 \Rightarrow |g(x,y)| < M.$$

Considerando $\delta = min\{\delta_1, \delta_2\}$, temos

$$|f(x,y)g(x,y)| = |f(x,y)||g(x,y)| < \frac{\varepsilon}{M}M = \varepsilon,$$

ou seja,

$$|f(x,y)g(x,y)| < \varepsilon.$$

Portanto, $\lim\limits_{(x,y)\to(a,b)} [f(x,y)g(x,y)] = 0$. □

Exemplo 1. Dada a função $h : \mathbb{R}^2 - \{(0,0)\} \to \mathbb{R}$, definida por $h(x,y) = \dfrac{x^2y}{x^2+y^2}$, demonstre que $\lim\limits_{(x,y)\to(0,0)} h(x,y) = 0$.

Resolução:

Podemos expressar a função h como $h = fg$, em que $f : \mathbb{R}^2 - \{(0,0)\} \to \mathbb{R}$ é definida por $f(x,y) = x$, e $g : \mathbb{R}^2 - \{(0,0)\} \to \mathbb{R}$ é definida por $g(x,y) = \dfrac{xy}{x^2+y^2}$[5]. Pelo item *ii*) do exemplo

[5] Embora seja irrelevante para uso do teorema acima, informamos ao leitor, apenas a título de conhecimento, que $\lim\limits_{(x,y)\to(0,0)} g(x,y)$ não existe (*vide* Exemplo 2 da seção anterior).

após a definição $\varepsilon - \delta$ de limite sabemos que $\lim\limits_{(x,y)\to(0,0)} f(x,y) = 0$. Assim, de acordo com o Teorema 3.6.1, para demonstrar o solicitado, devemos demonstrar que g é limitada.

Para todo $(x,y) \in \mathbb{R}^2 - \{(0,0)\}$, temos

$$\begin{aligned} |g(x,y)| &= \left|\frac{xy}{x^2+y^2}\right| \\ &= \frac{|x||y|}{x^2+y^2} \\ &= \frac{\sqrt{x^2}\sqrt{y^2}}{x^2+y^2} \\ &\leq \frac{\sqrt{x^2+y^2}\sqrt{x^2+y^2}}{x^2+y^2} \\ &= \frac{x^2+y^2}{x^2+y^2} \\ &= 1, \end{aligned}$$

ou seja, $|g(x,y)| \leq 1$, para todo $(x,y) \in \mathbb{R}^2 - \{(0,0)\}$, o que mostra que g é limitada. Portanto, $\lim\limits_{(x,y)\to(0,0)} h(x,y) = 0$.

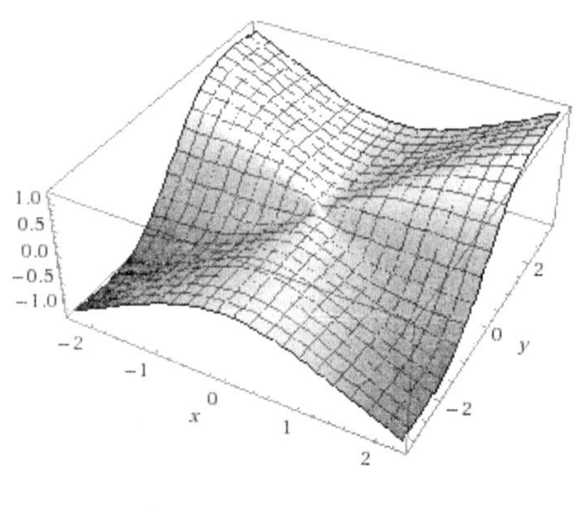

Figura 3.7: gráfico de $h : \mathbb{R}^2 - \{(0,0)\} \to \mathbb{R}, h(x,y) = \dfrac{x^2y}{x^2+y^2}$.

Observação: o leitor pode observar que podemos expressar a função h também como $h = fg$, em que $f : \mathbb{R}^2 - \{(0,0)\} \to \mathbb{R}$ é definida por $f(x,y) = x^2y$, e $g : \mathbb{R}^2 - \{(0,0)\} \to \mathbb{R}$ é definida por $g(x,y) = \dfrac{1}{x^2+y^2}$. Assim, novamente $\lim\limits_{(x,y)\to(0,0)} f(x,y) = 0$, mas, agora, g não é limitada em uma vizinhança da origem. Entretanto, tal modo de expressar a função dada não contradiz o teorema, devido à discussão que o precede.

Exemplo 2. Dada a função $h : \{(x,y) \in \mathbb{R}^2 : y \neq 0\} \to \mathbb{R}$, definida por $h(x,y) = xsen\left(\dfrac{1}{y}\right)$, demonstre que $\lim\limits_{(x,y)\to(0,0)} h(x,y) = 0$.

Resolução:

Podemos expressar a função h como $h = fg$, em que $f : \{(x,y) \in \mathbb{R}^2 : y \neq 0\} \to \mathbb{R}$ é definida por $f(x,y) = x$, e $g : \{(x,y) \in \mathbb{R}^2 : y \neq 0\} \to \mathbb{R}$ é definida por $g(x,y) = sen\left(\frac{1}{y}\right)$[6]. Pelo item *ii*) do exemplo após a definição $\varepsilon - \delta$ de limite sabemos que $\lim\limits_{(x,y)\to(0,0)} f(x,y) = 0$. Assim, de acordo com o Teorema 3.6.1, para demonstrar o solicitado, devemos demonstrar que g é limitada.

Para todo $y \neq 0$, sabemos que $\left|sen\left(\frac{1}{y}\right)\right| \leq 1$, o que mostra que g é limitada. Portanto, pelo Teorema 3.6.1 resulta que $\lim\limits_{(x,y)\to(0,0)} h(x,y) = 0$.

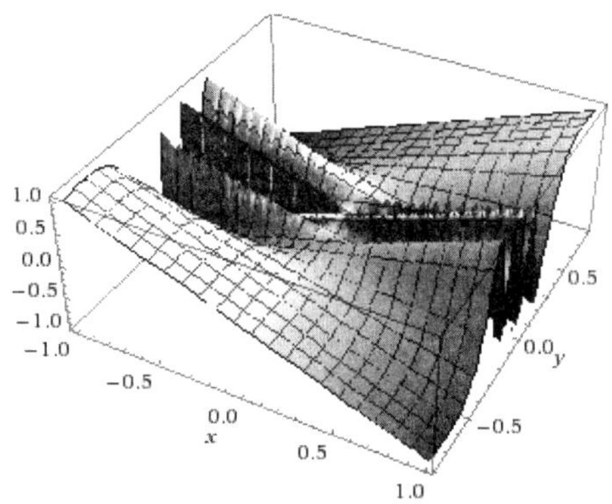

Figura 3.8: gráfico de $f : \{(x,y) \in \mathbb{R}^2 : y \neq 0\} \to \mathbb{R}, h(x,y) = xsen\left(\frac{1}{y}\right)$.

Observação: o leitor pode observar que, ao contrário do exemplo anterior, o modo acima como expressamos a função dada neste exemplo é única.

Exemplo 3. Dada a função $h : \{(x,y) \in \mathbb{R}^2 : x \neq 0, y = 0, \text{ ou } y > 0\} \to \mathbb{R}$, definida por $h(x,y) = \dfrac{x^2\sqrt{y}}{\sqrt{x^2+y^2}}$, demonstre que $\lim\limits_{(x,y)\to(0,0)} h(x,y) = 0$.

Resolução:

Podemos expressar a função h como $h = fg$, em que $f : \{(x,y) \in \mathbb{R}^2 : x \neq 0 \text{ e } y = 0, \text{ ou } y > 0\} \to \mathbb{R}$ é definida por $f(x,y) = x\sqrt{y}$, e $g : \{(x,y) \in \mathbb{R}^2 : x \neq 0, y = 0, \text{ ou } y > 0\} \to \mathbb{R}$ é definida por $g(x,y) = \dfrac{x}{\sqrt{x^2+y^2}}$. Ora, $\lim\limits_{(x,y)\to(0,0)} f(x,y) = 0$. Assim, de acordo com o Teorema 3.6.1, para demonstrar o solicitado, devemos demonstrar que g é limitada.

Para todo (x,y) pertencente ao domínio de g, temos

$$\begin{aligned} |g(x,y)| &= \left|\frac{x}{\sqrt{x^2+y^2}}\right| \\ &= \frac{|x|}{\sqrt{x^2+y^2}} \\ &= \frac{\sqrt{x^2}}{\sqrt{x^2+y^2}} \end{aligned}$$

[6]Embora seja irrelevante para uso do teorema acima, informamos ao leitor, apenas a título de conhecimento, que $\lim\limits_{(x,y)\to(0,0)} g(x,y)$ não existe.

$$\leq \frac{\sqrt{x^2+y^2}}{\sqrt{x^2+y^2}}$$
$$= 1,$$

ou seja, $|g(x,y)| \leq 1$, para todo (x,y) pertencente ao domínio de g, o que mostra que g é limitada. Portanto, $\lim\limits_{(x,y)\to(0,0)} h(x,y) = 0$.

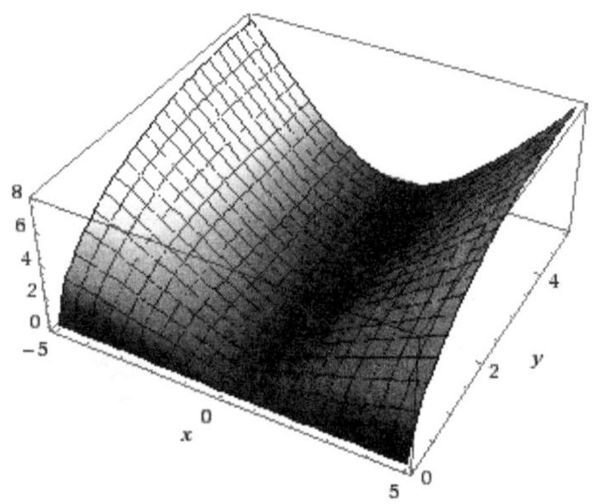

Figura 3.9: gráfico de $h : \{(x,y) \in \mathbb{R}^2 : x \neq 0, y = 0, \text{ ou } y > 0\} \to \mathbb{R}, h(x,y) = \dfrac{x^2\sqrt{y}}{\sqrt{x^2+y^2}}$.

3.7 Teorema do confronto

O próximo teorema assegura-nos que, se duas funções têm o **mesmo limite**, então qualquer função limitada inferiormente por uma delas e superiormente pela outra (todas definidas em um mesmo conjunto) também tem limite, o qual coincide com o limite comum daquelas duas funções. Mais precisamente, para calcular o limite de uma função f dada, necessitamos, de acordo com as hipóteses ali descritas, obter funções g e h tais que $g \leq f \leq h$, cujos limites (necessariamente iguais) conhecemos a princípio. Tal resultado consiste, pois, em uma estratégia bastante geral que nos permite verificar se uma função dada tem limite.

Teorema 3.7.1. (Teorema do confronto) *Se $f, g, h : A \subseteq \mathbb{R}^2 \to \mathbb{R}$ são funções reais de duas variáveis reais tais que, para todo $(x,y) \neq (a,b), (a,b) \in A'$, $g(x,y) \leq f(x,y) \leq h(x,y)$*[7] *e $\lim\limits_{(x,y)\to(a,b)} g(x,y) = \lim\limits_{(x,y)\to(a,b)} h(x,y) = L$, então $\lim\limits_{(x,y)\to(a,b)} f(x,y) = L$.*

Demonstração. Por hipótese, dado qualquer $\varepsilon > 0$, existem $\delta_1 > 0$ e $\delta_2 > 0$ tais que, para todo $(x,y) \in A$,

$$0 < \sqrt{(x-a)^2 + (y-b)^2} < \delta_1 \Rightarrow |g(x,y) - L| < \varepsilon \, (\Leftrightarrow L - \varepsilon < g(x,y) < L + \varepsilon)$$

e

$$0 < \sqrt{(x-a)^2 + (y-b)^2} < \delta_2 \Rightarrow |h(x,y) - L| < \varepsilon \, (\Leftrightarrow L - \varepsilon < h(x,y) < L + \varepsilon).$$

[7] O teorema do confronto permanece válido se substituirmos $\leq$ por $<$.

Em particular, $L - \varepsilon < g(x,y)$ e $h(x,y) < L + \varepsilon$. Consideremos $\delta = min\{\delta_1, \delta_2\}$. Assim, para todo $(x,y) \in A$, decorre que

$$0 < \sqrt{(x-a)^2 + (y-b)^2} < \delta \Rightarrow L - \varepsilon < g(x,y) \leq f(x,y) \leq h(x,y) < L + \varepsilon,$$

pois, por hipótese, $g(x,y) \leq f(x,y) \leq h(x,y)$. Logo, $L - \varepsilon < f(x,y) < L + \varepsilon$ (que equivale a $0 < |f(x,y) - L| < \varepsilon$). Portanto, $\lim\limits_{(x,y)\to(a,b)} f(x,y) = L$. □

Exemplo. Dada a função $f : \{(x,y) \in \mathbb{R}^2 : y \neq 0\} \to \mathbb{R}$, definida por $f(x,y) = |x+y|e^{sen\left(\frac{\pi}{y}\right)}$, calcule $\lim\limits_{(x,y)\to(0,0)} f(x,y)$.

Resolução:

Sabemos que, para todo $t \in \mathbb{R}$, $-1 \leq sent \leq 1$. Assim, para todo $y \neq 0$, temos

$$-1 \leq sen\left(\frac{\pi}{y}\right) \leq 1,$$

de modo que

$$\frac{1}{e} \leq e^{sen\left(\frac{\pi}{y}\right)} \leq e \Rightarrow \frac{|x+y|}{e} \leq |x+y|e^{sen\left(\frac{\pi}{y}\right)} \leq e|x+y|,$$

pois a função exponencial é crescente e a função modular é positiva.

Esta última relação nos sugere escolher $g : \{(x,y) \in \mathbb{R}^2 : y \neq 0\} \to \mathbb{R}$, definida por $g(x,y) = \dfrac{|x+y|}{e}$, e $h : \{(x,y) \in \mathbb{R}^2 : y \neq 0\} \to \mathbb{R}$, definida por $h(x,y) = e|x+y|$. Tais funções satisfazem as condições do Teorema 3.7.1 (Teorema do confronto), pois $g(x,y) \leq f(x,y) \leq h(x,y)$ e $\lim\limits_{(x,y)\to(0,0)} g(x,y) = \lim\limits_{(x,y)\to(0,0)} h(x,y) = 0$. Portanto, resulta do Teorema 3.7.1 (Teorema do confronto) que $\lim\limits_{(x,y)\to(0,0)} f(x,y) = 0$.

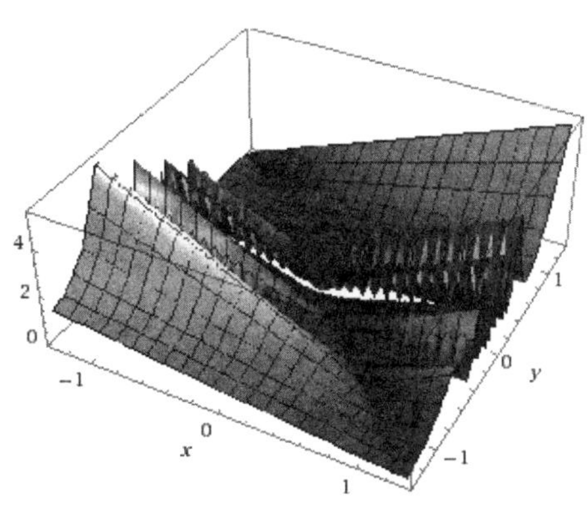

Figura 3.10: gráfico de $f : \{(x,y) \in \mathbb{R}^2 : y \neq 0\} \subseteq \mathbb{R}^2 \to \mathbb{R}, f(x,y) = |x+y|e^{sen\left(\frac{\pi}{y}\right)}$.

3.8 Limite do valor absoluto de uma função

O teorema a seguir, o qual é uma consequência do Teorema 3.7.1 (Teorema do confronto), é frequentemente útil para demonstrar que o limite de uma função dada é zero. Ele estabelece que, se o limite do valor absoluto de tal função é zero, então o próprio limite da função dada deve também ser zero (e reciprocamente). Assim, uma vez que o valor absoluto de um número real é, por definição, maior que ou igual a zero, tudo de que necessitamos, essencialmente, para usar tal teorema, é obter um limitante superior (cujo limite seja zero) para o valor absoluto da função dada.

Teorema 3.8.1. (Limite do valor absoluto de uma função) *Se* $f : A \subseteq \mathbb{R}^2 \to \mathbb{R}$ *é uma função real de duas variáveis reais e* $(a, b) \in A'$, *então*

$$\lim_{(x,y)\to(a,b)} f(x,y) = 0 \text{ se e somente se } \lim_{(x,y)\to(a,b)} |f(x,y)| = 0.$$

Demonstração.

$\displaystyle\lim_{(x,y)\to(a,b)} |f(x,y)| = 0 \Rightarrow \lim_{(x,y)\to(a,b)} f(x,y) = 0.$

Resulta da aplicação do Teorema 3.7.1 (Teorema do confronto) às seguintes desigualdades

$$-|f(x,y)| \le f(x,y) \le |f(x,y)|.$$

$\displaystyle\lim_{(x,y)\to(a,b)} f(x,y) = 0 \Rightarrow \lim_{(x,y)\to(a,b)} |f(x,y)| = 0.$

Resulta da aplicação do Teorema 3.7.1 (Teorema do confronto) às seguintes desigualdades

$$min\{-f(x,y), f(x,y)\} \le |f(x,y)| \le max\{-f(x,y), f(x,y)\}.$$

□

As mesmas desigualdades que usamos para demonstrar a existência de limites de algumas funções reais de duas variáveis reais pela definição $\varepsilon - \delta$ de limite desempenham papel análogo igualmente importante, ao usarmos o Teorema 3.8.1 (Limite do valor absoluto de uma função), conforme o próprio leitor pode observar, ao estudar os exemplos a seguir.

Exemplo 1. Dada a função $f : \mathbb{R}^2 - \{(0,0)\} \to \mathbb{R}$, definida por $f(x,y) = \dfrac{x^2y}{x^2+y^2}$, demonstre que $\displaystyle\lim_{(x,y)\to(0,0)} f(x,y) = 0$.

Resolução:

Temos

$$0 \le \left|\frac{x^2y}{x^2+y^2}\right| = \frac{x^2|y|}{x^2+y^2} \le \frac{(x^2+y^2)|y|}{x^2+y^2} = |y|.$$

Uma vez que $\displaystyle\lim_{(x,y)\to(0,0)} 0 = 0 = \lim_{(x,y)\to(0,0)} |y|$, decorre do teorema do confronto que $\displaystyle\lim_{(x,y)\to(0,0)} |f(x,y)| = 0$. Portanto, resulta do Teorema 3.8.1 que $\displaystyle\lim_{(x,y)\to(0,0)} f(x,y) = 0$.

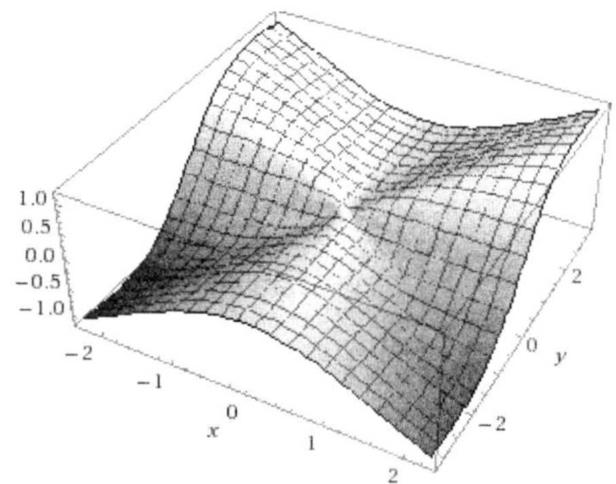

Figura 3.11: gráfico de $f : \mathbb{R}^2 - \{(0,0)\} \to \mathbb{R}, f(x,y) = \dfrac{x^2 y}{x^2 + y^2}$.

Exemplo 2. Dada a função $f : \mathbb{R}^2 - \{(0,0)\} \to \mathbb{R}$, definida por $f(x,y) = \dfrac{x^3 + y^3}{x^2 + y^2}$, demonstre que $\lim\limits_{(x,y)\to(0,0)} f(x,y) = 0$.

Resolução:

Temos

$$0 \leq \left|\frac{x^3 + y^3}{x^2 + y^2}\right| = \frac{|x^3 + y^3|}{x^2 + y^2} \leq \frac{|x^3| + |y^3|}{x^2 + y^2} \leq \frac{(|x| + |y|)(x^2 + y^2)}{x^2 + y^2} = |x| + |y|.$$

Uma vez que $\lim\limits_{(x,y)\to(0,0)} 0 = 0 = \lim\limits_{(x,y)\to(0,0)} (|x| + |y|)$, decorre do teorema do confronto que $\lim\limits_{(x,y)\to(0,0)} |f(x,y)| = 0$. Portanto, resulta do Teorema 3.8.1 que $\lim\limits_{(x,y)\to(0,0)} f(x,y) = 0$.

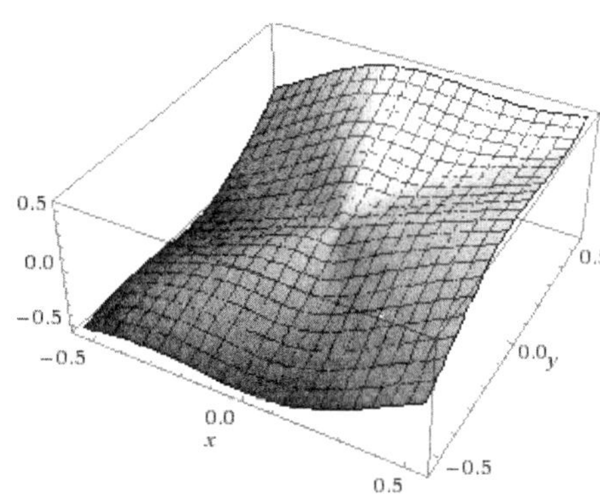

Figura 3.12: gráfico de $f : \mathbb{R}^2 - \{(0,0)\} \to \mathbb{R}, f(x,y) = \dfrac{x^3 + y^3}{x^2 + y^2}$.

Exemplo 3. Dada a função $f : \mathbb{R}^2 - \{(0,0)\} \to \mathbb{R}$, definida por $f(x,y) = \dfrac{x^5 y^3}{x^6 + y^4}$, demonstre que $\lim\limits_{(x,y)\to(0,0)} f(x,y) = 0$.

Resolução:

Inicialmente, observemos que ou $|x| \leq |y|$ ou $|y| \leq |x|$, para todo $(x,y) \in \mathbb{R}^2 - \{(0,0)\}$.

Caso: $|x| \leq |y|$.
Neste caso, temos

$$0 \leq \left|\frac{x^5y^3}{x^6+y^4}\right| \leq \frac{y^8}{y^4} = y^4.$$

Caso: $|y| \leq |x|$.
Neste caso, temos

$$0 \leq \left|\frac{x^5y^3}{x^6+y^4}\right| \leq \frac{x^8}{y^6} = x^2.$$

Assim,

$$0 \leq \left|\frac{x^5y^3}{x^6+y^4}\right| \leq max\{y^4, x^2\} \leq x^2 + y^4.$$

Uma vez que $\lim\limits_{(x,y)\to(0,0)} 0 = 0 = \lim\limits_{(x,y)\to(0,0)} (x^2+y^4)$, decorre do Teorema do confronto que $\lim\limits_{(x,y)\to(0,0)} |f(x,y)| = 0$. Portanto, resulta do Teorema 3.8.1 que $\lim\limits_{(x,y)\to(0,0)} f(x,y) = 0$.

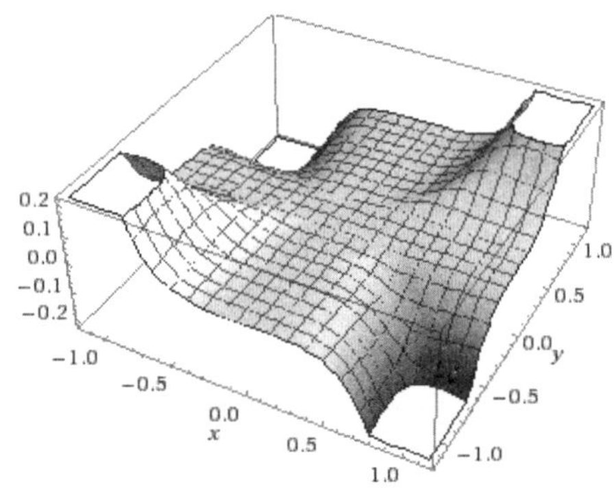

Figura 3.13: gráfico de $f : \mathbb{R}^2 - \{(0,0)\} \to \mathbb{R}, f(x,y) = \dfrac{x^5y^3}{x^6+y^4}$.

Exemplo 4. Dada a função $f : \mathbb{R}^2 - \{(0,0)\} \to \mathbb{R}$, definida por $f(x,y) = \dfrac{sen(x^4)+sen(y^4)}{\sqrt{x^4+y^4}}$, demonstre que $\lim\limits_{(x,y)\to(0,0)} f(x,y) = 0$.

Resolução:
Como $sen(x^4) \leq x^4$ e $sen(y^4) \leq y^4$, decorre que $sen(x^4) + sen(y^4) \leq x^4 + y^4$. Assim,

$$0 \leq \left|\frac{sen(x^4)+sen(y^4)}{\sqrt{x^4+y^4}}\right| \leq \frac{x^4+y^4}{\sqrt{x^4+y^4}} = \sqrt{x^4+y^4}.$$

Uma vez que $\lim\limits_{(x,y)\to(0,0)} 0 = 0 = \lim\limits_{(x,y)\to(0,0)} \sqrt{x^4+y^4}$, decorre do teorema do confronto que $\lim\limits_{(x,y)\to(0,0)} |f(x,y)| = 0$. Portanto, resulta do Teorema 3.8.1 que $\lim\limits_{(x,y)\to(0,0)} f(x,y) = 0$.

Exemplo 5. Dada a função $f : \mathbb{R}^2 - \{(0,0)\} \to \mathbb{R}$, definida por $f(x,y) = \dfrac{xseny}{\sqrt{x^2+y^2}}$, demonstre que $\lim\limits_{(x,y)\to(0,0)} f(x,y) = 0$.

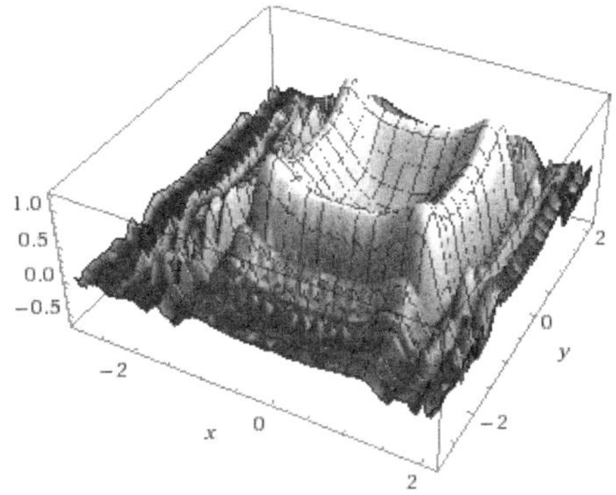

Figura 3.14: gráfico de $f : \mathbb{R}^2 - \{(0,0)\} \to \mathbb{R}, f(x,y) = \dfrac{sen(x^4) + sen(y^4)}{\sqrt{x^4+y^4}}$.

Resolução:
Temos

$$0 \leq \left| \frac{xseny}{\sqrt{x^2+y^2}} \right| = \frac{|x|}{\sqrt{x^2+y^2}}|seny| \leq \frac{\sqrt{x^2+y^2}}{\sqrt{x^2+y^2}}|seny| = |seny|.$$

Uma vez que $\lim\limits_{(x,y)\to(0,0)} 0 = 0 = \lim\limits_{(x,y)\to(0,0)} |seny|$, decorre do teorema do confronto que $\lim\limits_{(x,y)\to(0,0)} |f(x,y)| = 0$. Portanto, pelo Teorema 3.8.1 resulta que $\lim\limits_{(x,y)\to(0,0)} f(x,y) = 0$.

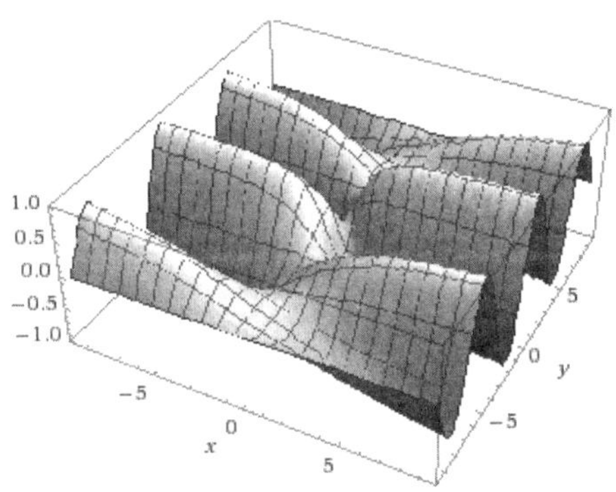

Figura 3.15: gráfico de $f : \mathbb{R}^2 - \{(0,0)\} \to \mathbb{R}, f(x,y) = \dfrac{xseny}{\sqrt{x^2+y^2}}$.

3.9 Limitação local

O próximo teorema assegura-nos que há uma estreita relação entre a existência do limite de uma função real de duas variáveis reais e a limitação local de tal função, no sentido de que esta é uma consequência daquela.

Teorema 3.9.1. (Limitação local) *Consideremos $f : A \subseteq \mathbb{R}^2 \to \mathbb{R}$ uma função real de duas variáveis reais e $(a,b) \in A'$. Se existe $\lim\limits_{(x,y)\to(a,b)} f(x,y)$, então f é limitada em uma (logo, qualquer) vizinhança de (a,b) (ou seja, existem $M > 0$, $\delta > 0$ tais que, para todo $(x,y) \in A$, $0 < \sqrt{(x-a)^2+(y-b)^2} < \delta \Rightarrow |f(x,y)| < M$).*

Demonstração. Por hipótese, podemos escrever $\lim\limits_{(x,y)\to(a,b)} f(x,y) = L$. Considerando, por exemplo, $\varepsilon = 1$ na definição desse limite, obtemos $\delta > 0$, tal que, para todo $(x,y) \in A$, $0 < \sqrt{(x-a)^2+(y-b)^2} < \delta \Rightarrow |f(x,y) - L| < 1$, de modo que $|f(x,y)| < 1+|L|$. Logo, considerando esse δ, basta escolhermos $M = 1+|L|$ (mais geralmente, qualquer número real M tal que $M \geq 1+|L|$) para obter a conclusão desejada. □

Desse teorema segue (por contrapositividade) que, se uma função é ilimitada em uma (logo, qualquer) vizinhança de um ponto de acumulação do seu domínio, então o limite dessa função em tal ponto não existe.

Observação: dada uma função real de duas variáveis reais $f : A \subseteq \mathbb{R}^2 \to \mathbb{R}$, definida por $f(x,y) = \dfrac{g(x,y)}{h(x,y)}$, tal que $\lim\limits_{(x,y)\to(a,b)} h(x,y) = 0$, mas $\lim\limits_{(x,y)\to(a,b)} g(x,y) \neq 0$, decorre que f é, necessariamente, ilimitada em uma vizinhança de (a,b), de modo que, pela contrapositiva do Teorema 3.9.1, $\lim\limits_{(x,y)\to(a,b)} f(x,y)$ não existe (*vide* Observação 9 ao Teorema 3.2.1 (Propriedades operatórias de limites)).

Exemplo 1. Dada a função real de duas variáveis reais $f : \{(x,y) \in \mathbb{R}^2 : y \neq x^2\} \to \mathbb{R}$, definida por $f(x,y) = \dfrac{x^3}{x^2-y}$, demonstre que não existe $\lim\limits_{(x,y)\to(0,0)} f(x,y)$.

Resolução:

Um modo:

Para demonstrar o solicitado, é suficiente, devido à contrapositiva do Teorema 3.9.1, que observemos o seguinte: podemos escolher pontos $\{(x,y) \in \mathbb{R}^2 : y \neq x^2\}$ suficientemente próximos de $(0,0)$ quanto quisermos, tais que y se aproxima de x^2 $(y \neq x^2)$, de modo que o denominador de f se aproxima de zero, enquanto x^3, numerador de f, não se aproxima de zero, ou seja, o quociente (expressão que define f) tende a $\pm\infty$, quando (x,y) tende a $(0,0)$ (em outras palavras: o denominador de f se anula ao longo da curva $y = x^2$, enquanto, ao longo dessa mesma curva, o numerador de f só se anula em $x = 0$). Logo, f é ilimitada em qualquer vizinhança de $(0,0)$. Portanto, em virtude da contrapositiva do Teorema 3.9.1, $\lim\limits_{(x,y)\to(0,0)} f(x,y)$ não existe.

Outro modo: (**demonstração por contradição**)

Suponhamos que $\lim\limits_{(x,y)\to(0,0)} f(x,y) = L$. Então, do Teorema 3.9.1 decorre que existe $\delta > 0$ tal que, para todo $(x,y) \in A, 0 < \sqrt{x^2+y^2} < \delta \Rightarrow L-1 < f(x,y) < L+1$. Entretanto, para todo $x_0 > 0$ (resp. $x_0 < 0$) fixado, $f(x_0,y) = \dfrac{x_0^3}{x_0^2-y}$ tende a $+\infty$ (resp. $-\infty$) quando y tende a x_0^2 pela esquerda (resp. direita), o que contradiz o Teorema 3.9.1.

O leitor pode, agora, comparar qualquer das resoluções acima com aquela que apresentamos no Exemplo 5 do Teorema 3.5.1 (Limites ao longo de curvas).

Exemplo 2. Dada a função real de duas variáveis reais $f : \{(x,y) \in \mathbb{R}^2 : y < x^2\} \to \mathbb{R}$, definida por $f(x,y) = \dfrac{xy}{\sqrt{x^2-y}}$, demonstre que não existe $\lim\limits_{(x,y)\to(0,0)} f(x,y)$.

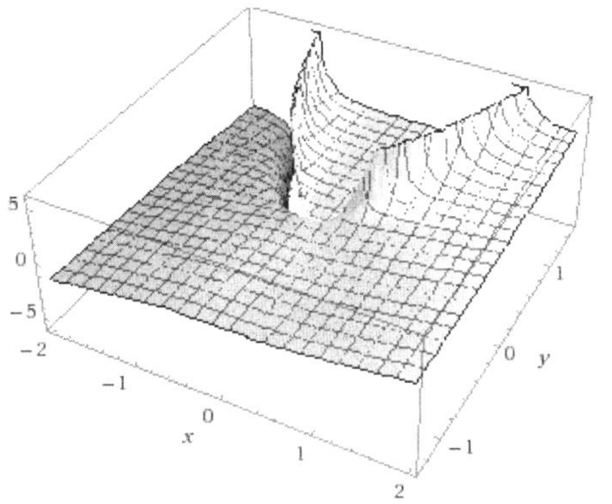

Figura 3.16: gráfico de $f : \{(x,y) \in \mathbb{R}^2 : y \neq x^2\} \to \mathbb{R}, f(x,y) = \dfrac{x^3}{x^2 - y}$.

Resolução:

Para demonstrar o solicitado, é suficiente, devido à contrapositiva do Teorema 3.9.1, que observemos o seguinte: podemos escolher pontos (x, y) suficientemente próximos de $(0,0)$ quanto quisermos, tais que y se aproxima de x^2 $(y < x^2)$, de modo que o denominador de f se aproxima de zero, enquanto que o numerador de f não se aproxima de zero, ou seja, o quociente (expressão que define f) tende a infinito. Logo, f é ilimitada em qualquer vizinhança de $(0,0)$. Portanto, em virtude da contrapositiva do Teorema 3.9.1, $\lim\limits_{(x,y)\to(0,0)} f(x,y)$ não existe.

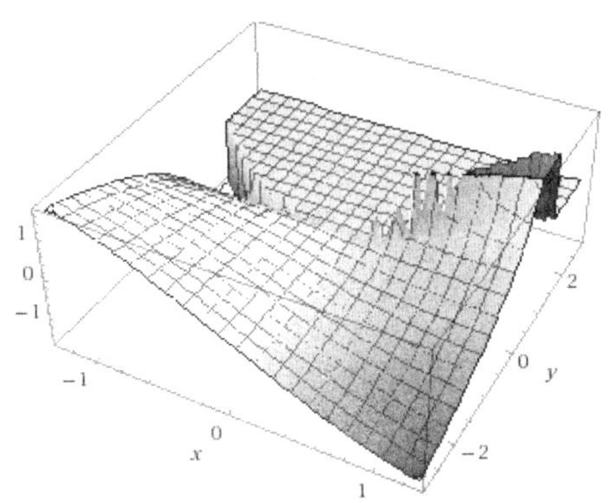

Figura 3.17: gráfico de $f : \{(x,y) \in \mathbb{R}^2 : y < x^2\} \to \mathbb{R}, f(x,y) = \dfrac{xy}{\sqrt{x^2 - y}}$.

Exemplo 3. Dada a função real de duas variáveis reais $f : \{(x,y) \in \mathbb{R}^2 : y \neq -x\} \to \mathbb{R}$, definida por $f(x,y) = \dfrac{cos(x^2 + y)}{x + y}$, demonstre que não existe $\lim\limits_{(x,y)\to(0,0)} f(x,y)$.

Resolução:

Podemos expressar f como $f = \frac{g}{h}$, em que $g : \{(x,y) \in \mathbb{R}^2 : y \neq -x\} \to \mathbb{R}$ é definida por $g(x,y) = cos(x^2 + y)$, e $h : \{(x,y) \in \mathbb{R}^2 : y \neq -x\} \to \mathbb{R}$ é definida por $h(x,y) = x + y$. Assim, $\lim\limits_{(x,y)\to(0,0)} h(x,y) = 0$, mas $\lim\limits_{(x,y)\to(0,0)} g(x,y) = 1$ $(\neq 0)$. Portanto, da observação subsequente ao Teorema 3.9.1 resulta que $\lim\limits_{(x,y)\to(0,0)} f(x,y)$ não existe.

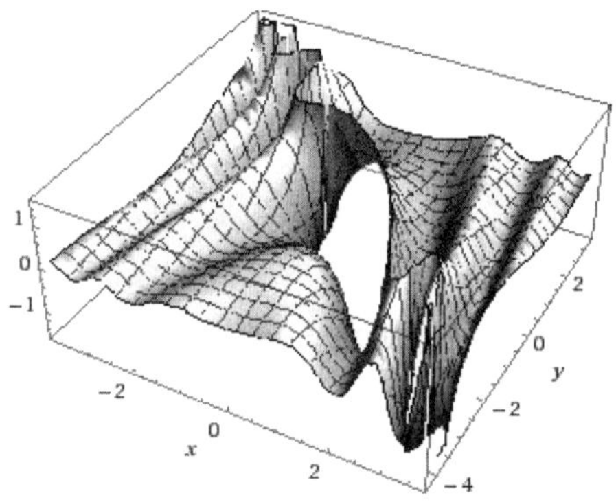

Figura 3.18: gráfico de $f : \{(x, y) \in \mathbb{R}^2 : y \neq -x\} \to \mathbb{R}, f(x, y) = \dfrac{cos(x^2 + y)}{x + y}$.

3.10 Limite de uma função composta

Estamos interessados, agora, em estudar a relação entre limite e composição de funções. Consideremos, pois, $f : A \subseteq \mathbb{R}^2 \to \mathbb{R}$, $g : B \subseteq \mathbb{R} \to \mathbb{R}$, $(a, b) \in A'$, $\lim\limits_{(x,y)\to(a,b)} f(x, y) = L$ ($L \in B'$), $\lim\limits_{u\to L} g(u) = M$ e $f(A) \subseteq B$ (de modo que a composta $g \circ f : C \subseteq \mathbb{R}^2 \to \mathbb{R}$, em que $C = \{(x, y) \in A : f(x, y) \in B\}$, dada por $(g \circ f)(x, y) = g(f(x, y))$, esteja bem definida). Com base em tais considerações, desejamos estudar o limite $\lim\limits_{(x,y)\to(a,b)} g(f(x, y))$. Dado que $\lim\limits_{(x,y)\to(a,b)} f(x, y) = L$, é razoável esperarmos que

$$\lim_{(x,y)\to(a,b)} g(f(x, y)) = M.$$

É, pois, oportuno observarmos o que segue:

1) como $g \circ f : C \subseteq \mathbb{R}^2 \to \mathbb{R}$ é definida por $(g \circ f)(x, y) = g(f(x, y))$, para todo $(x, y) \in C$, em que $C = \{(x, y) \in A : f(x, y) \in B\}$, para que haja sentido em considerarmos $\lim\limits_{(x,y)\to(a,b)} g(f(x, y))$, é nessário que $(a, b) \in C'$, bem como que esse limite exista;

2) mesmo atendida a necessidade de que $(a, b) \in C'$, pode ocorrer que, quando (x, y) se aproxima de (a, b), $f(x, y)$ atinja infinitas vezes o valor L, para valores de (x, y) diferentes entre si. Nesse caso, se $M \neq g(c)$ (ou seja, se g não é contínua em c), então não existe $\lim\limits_{(x,y)\to(a,b)} g(f(x, y))$;

3) como, por hipótese, $\lim\limits_{u\to L} g(u) = M$, é plausível esperarmos que possamos considerar tal suposição também para u da forma $u = f(x, y)$. Entretanto, há um problema que ora se impõe, a saber: para que $g(u)$ se aproxime de M, é necessário que u'se aproxime de L, mas sempre seja tal que $u \neq L$. Porém, ao considerarmos u da forma $u = f(x, y)$, nada nos garante que $f(x, y) \neq L$.

Pois bem, tendo exposto ao leitor os possíveis problemas que mencionamos acima, o teorema a seguir torna precisa essa discussão, no sentido de que ele garante que $\lim\limits_{(x,y)\to(a,b)} g(f(x, y)) = M$, nos seguintes casos:

i) g é contínua em L;

ii) g não está definida em L;

iii) g está definida em L, não é contínua em L, mas $f(x,y) \neq L$, para todo (x,y) próximo de (a,b).

Teorema 3.10.1. (Limite de uma função composta) *Consideremos* $f : A \subseteq \mathbb{R}^2 \to \mathbb{R}$, $g : B \subseteq \mathbb{R} \to \mathbb{R}$, $(a,b) \in A'$, $L \in B'$ *e* $f(A) \subseteq B$.

i) Se $\lim\limits_{(x,y)\to(a,b)} f(x,y) = L$ *e* g *é contínua em* L, *então* $\lim\limits_{(x,y)\to(a,b)} g(f(x,y)) = g(L)$.

ii) Se $\lim\limits_{(x,y)\to(a,b)} f(x,y) = L$, $\lim\limits_{u\to L} g(u) = M$ *e* $(x,y) \neq (a,b) \Rightarrow f(x,y) \neq L$, *então* $\lim\limits_{(x,y)\to(a,b)} g(f(x,y)) = M$.

Demonstração.

i) De acordo com a definição $\varepsilon - \delta$ de limite, devemos demonstrar que

$$\forall \varepsilon > 0, \exists \delta > 0 : \forall (x,y) \in A, 0 < \sqrt{(x-a)^2 + (y-b)^2} < \delta \Rightarrow |g(f(x,y)) - g(L)| < \varepsilon.$$

Como, por hipótese, g é contínua em L, decorre da definição de continuidade de função real de uma (única) variável real que

$$\forall \varepsilon > 0, \exists \eta > 0 : \forall u \in B, |u - L| < \eta \Rightarrow |g(u) - g(L)| < \varepsilon.$$

(Interpretação geométrica: *todo ponto* $u \in B$, *cuja distância ao ponto* L *é menor do que* η, *é transformado por* g *em um único ponto* $g(u)$, *cuja distância ao ponto* $g(L)$ *é menor do que* ε.)

Também, como, por hipótese, $\lim\limits_{(x,y)\to(a,b)} f(x,y) = L$, decorre da definição de limite de funções reais de duas variáveis reais que (considerando o η acima)

$$\exists \delta > 0 : \forall (x,y) \in A, 0 < \sqrt{(x-a)^2 + (y-b)^2} < \delta \Rightarrow |f(x,y) - L| < \eta.$$

Portanto,

$$\forall \varepsilon > 0, \exists \delta > 0 : \forall (x,y) \in A, 0 < \sqrt{(x-a)^2 + (y-b)^2} < \delta \Rightarrow |g(f(x,y)) - g(L)| < \varepsilon,$$

em que usamos a interpretação geométrica acima, ao considerarmos $u = f(x,y)$.

ii) De acordo com a definição $\varepsilon - \delta$ de limite, devemos demonstrar que

$$\forall \varepsilon > 0, \exists \delta > 0 : \forall (x,y) \in A, 0 < \sqrt{(x-a)^2 + (y-b)^2} < \delta \Rightarrow |g(f(x,y)) - M| < \varepsilon.$$

Como, por hipótese, $\lim\limits_{u\to L} g(u) = M$, decorre da definição de limite que

$$\forall \varepsilon > 0, \exists \eta > 0 : \forall u \in B, 0 < |u - L| < \eta \Rightarrow |g(u) - M| < \varepsilon.$$

(Interpretação geométrica: *todo ponto* $u \in B$ *(*$u \neq L$*), cuja distância ao ponto* c *é menor do que* η, *é transformado por* g *em um único ponto* $g(u)$, *cuja distância ao ponto* M *é menor do que* ε.)

Também, como, por hipótese, $\lim\limits_{(x,y)\to(a,b)} f(x,y) = L$, decorre da definição de limite que (considerando o η acima)

$$\exists \delta > 0 : \forall (x,y) \in A, 0 < \sqrt{(x-a)^2 + (y-b)^2} < \delta \Rightarrow |f(x,y) - L| < \eta.$$

Agora, a hipótese $(x,y) \neq (a,b) \Rightarrow f(x,y) \neq L$ nos permite afirmar que

$$\exists \delta > 0 : \forall (x,y) \in A, 0 < \sqrt{(x-a)^2 + (y-b)^2} < \delta \Rightarrow 0 < |f(x,y) - L| < \eta.$$

Portanto,

$$\forall \varepsilon > 0, \exists \delta > 0 | \forall (x,y) \in A, 0 < \sqrt{(x-a)^2 + (y-b)^2} < \delta \Rightarrow |g(f(x,y)) - g(L)| < \varepsilon,$$

em que usamos a interpretação geométrica acima, ao considerarmos $u = f(x,y)$. □

A importância desse teorema reside no fato de que ele nos fornece condições que nos permitem calcular o limite (possivelmente difícil) de uma dada função real de duas variáveis reais por meio do cálculo do limite (possivelmente fácil) de uma função real de uma (única) variável real, conforme o próprio leitor poderá comprovar por meio da análise dos exemplos a seguir.

Exemplo 1. Dada $h : \mathbb{R}^2 \to \mathbb{R}$, definida por $h(x,y) = e^{xy}$, calcule $\lim\limits_{(x,y)\to(0,0)} h(x,y)$.

Resolução:

Observemos que $h(x,y) = g(f(x,y))$, em que $f : \mathbb{R}^2 \to \mathbb{R}$ é definida por $f(x,y) = xy$, e $g : \mathbb{R} \to \mathbb{R}$ é definida por $g(u) = e^u$. Assim, temos

$$\lim_{(x,y)\to(0,0)} f(x,y) = \lim_{(x,y)\to(0,0)} xy = 0,$$

e g é contínua (em particular, g é contínua em 0). Portanto, do item *i*) do Teorema 3.10.1 (Limite de uma função composta) decorre que

$$\lim_{(x,y)\to(0,0)} h(x,y) = \lim_{(x,y)\to(0,0)} g(f(x,y)) = g(0) = e^0 = 1,$$

ou, de modo equivalente (mais simples),

$$\lim_{(x,y)\to(0,0)} h(x,y) = \lim_{(x,y)\to(0,0)} e^{xy} = e^{\left[\lim\limits_{(x,y)\to(0,0)} xy\right]} = e^0 = 1.$$

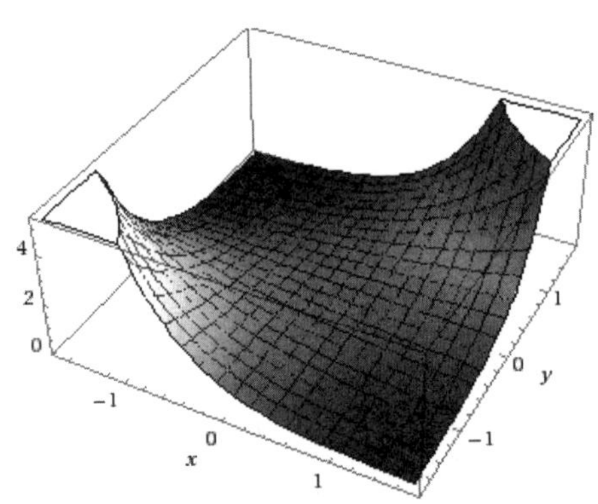

Figura 3.19: gráfico de $h : \mathbb{R}^2 \to \mathbb{R}, h(x,y) = e^{xy}$.

Exemplo 2. Dada $h : \mathbb{R}^2 - \{(0,0)\} \to \mathbb{R}$, definida por $h(x,y) = \dfrac{sen(x^2+y^2)}{x^2+y^2}$, calcule $\lim\limits_{(x,y)\to(0,0)} h(x,y)$.

Resolução:

Um modo:

Consideremos $f : \mathbb{R}^2 - \{(0,0)\} \to \mathbb{R}$, definida por $f(x,y) = x^2+y^2$, e $g : \mathbb{R} \to \mathbb{R}$, definida por $g(u) = \begin{cases} \dfrac{sen(u)}{u}, & \text{se} \quad u \neq 0 \\ 1 \quad , & \text{se} \quad u = 0 \end{cases}$, de modo que $h(x,y) = g(f(x,y))$. Assim, $\lim\limits_{(x,y)\to(0,0)} f(x,y) = 0$ e $\lim\limits_{u\to 0} g(u) = 1$ ("limite trigonométrico fundamental"), ou seja, g é contínua em 0. Portanto, do item *i)* do Teorema 3.10.1 (Limite de uma função composta) decorre que

$$\lim_{(x,y)\to(0,0)} h(x,y) = \lim_{(x,y)\to(0,0)} \frac{sen(x^2+y^2)}{x^2+y^2} = \lim_{(x,y)\to(0,0)} g(f(x,y)) = g(0) = 1.$$

Outro modo:

Consideremos $f : \mathbb{R}^2 - \{(0,0)\} \to \mathbb{R}$, definida por $f(x,y) = x^2+y^2$, $g : \mathbb{R} - \{0\} \to \mathbb{R}$, definida por $g(u) = \dfrac{sen(u)}{u}$, de modo que $h(x,y) = g(f(x,y))$[8]. Assim, $\lim\limits_{(x,y)\to(0,0)} f(x,y) = 0$, $\lim\limits_{u\to 0} g(u) = 1$ ("limite trigonométrico fundamental") e $(x,y) \neq (0,0) \Rightarrow f(x,y) \neq 0$. Portanto, pelo item *ii)* do Teorema 3.10.1 (Limite de uma função composta), temos

$$\lim_{(x,y)\to(0,0)} h(x,y) = \lim_{(x,y)\to(0,0)} \frac{sen(x^2+y^2)}{x^2+y^2} = \lim_{(x,y)\to(0,0)} g(f(x,y)) = 1.$$

Observação: na prática, costumamos proceder como segue. Consideramos a mudança de variável $t = x^2+y^2$. Quando $(x,y) \to (0,0)$, decorre que $t = x^2+y^2 \to 0$, de modo que $\lim\limits_{(x,y)\to(0,0)} \dfrac{sen(x^2+y^2)}{x^2+y^2} = \lim\limits_{t\to 0} \dfrac{sen(t)}{t} = 1$.

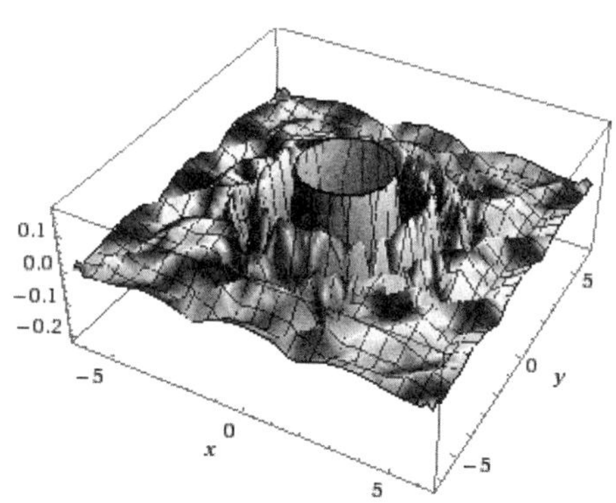

Figura 3.20: gráfico de $h : \mathbb{R}^2 - \{(0,0)\} \to \mathbb{R}, h(x,y) = \dfrac{sen(x^2+y^2)}{x^2+y^2}$.

[8] O leitor pode observar que a imagem de f não contém zero (ou seja, é $\mathbb{R} - \{0\}$, o qual é o domínio de g), de modo que a composta $g(f(x,y))$ está bem definida.

Observações:

1) é útil interpretarmos o item *i)* do seguinte modo: **funções contínuas são aquelas que comutam com o símbolo de limite**. A conclusão $\lim\limits_{(x,y)\to(a,b)} g(f(x,y)) = g(L)$, em vista das hipóteses, equivale a $g\left[\lim\limits_{(x,y)\to(a,b)} f(x,y)\right] = g(L)$. Em particular, considerando $g:\mathbb{R}\to\mathbb{R}$, definida por $g(u) = |u|$ (ou seja, g é a função valor absoluto, a qual é contínua), se $\lim\limits_{(x,y)\to(a,b)} f(x,y) = L$, então $\lim\limits_{(x,y)\to(a,b)} |f(x,y)| = |L|$ (isto é, o limite do valor absoluto é o valor absoluto do limite).

Exemplo 3. Dada $h:\mathbb{R}^2 - \{(0,0)\}\to\mathbb{R}$, definida por $h(x,y) = cos\left(\dfrac{x^3}{x^2+y^2}\right)$, calcule $\lim\limits_{(x,y)\to(0,0)} h(x,y)$.

Resolução:

Podemos expressar a função h como $h(x,y) = g(f(x,y))$, em que $f:\mathbb{R}^2 - \{(0,0)\}\to\mathbb{R}$ é definida por $f(x,y) = \dfrac{x^3}{x^2+y^2}$, e $g:\mathbb{R}\to\mathbb{R}$ é definida por $g(u) = cos u$. Como a função cosseno é contínua, decorre que, se existe $\lim\limits_{(x,y)\to(0,0)} \dfrac{x^3}{x^2+y^2}$, então, devido ao Teorema 3.10.1 (Limite de uma função composta), $\lim\limits_{(x,y)\to(0,0)} cos\left(\dfrac{x^3}{x^2+y^2}\right)$ também existe, dado por $cos\left(\lim\limits_{(x,y)\to(0,0)} \dfrac{x^3}{x^2+y^2}\right)$. O problema, pois, resume-se a verificar se este último limite existe.

De acordo com a definição $\varepsilon - \delta$ de limite, devemos demonstrar que

$$\forall\varepsilon\, 0, \exists\delta > 0 : \forall(x,y)\in\mathbb{R}^2 - \{(0,0)\}, 0 < \sqrt{x^2+y^2} < \delta \Rightarrow \left|\frac{x^3}{x^2+y^2}\right| < \varepsilon.$$

Para estabelecer a conexão entre $\sqrt{x^2+y^2} < \delta$ e $\left|\dfrac{x^3}{x^2+y^2}\right| < \varepsilon$, procedemos como segue:

$$\begin{aligned}\left|\frac{x^3}{x^2+y^2}\right| &= \frac{|x^3|}{x^2+y^2}\\ &= \frac{x^2|x|}{x^2+y^2}\\ &\leq \frac{(x^2+y^2)\sqrt{x^2+y^2}}{x^2+y^2}\\ &= \sqrt{x^2+y^2}\\ &< \delta.\end{aligned}$$

Portanto, para que $\left|\dfrac{x^3}{x^2+y^2}\right| < \varepsilon$, é suficiente, de acordo com a última desigualdade acima, que consideremos um δ tal que $0 < \delta \leq \varepsilon$ (por exemplo, $\delta = \varepsilon$). Demonstramos, assim, que

$\lim\limits_{(x,y)\to(0,0)} \dfrac{x^3}{x^2+y^2} = 0$. Portanto,

$$\lim_{(x,y)\to(0,0)} cos\left(\frac{x^3}{x^2+y^2}\right) = cos\left(\lim_{(x,y)\to(0,0)} \frac{x^3}{x^2+y^2}\right) = cos(0) = 1.$$

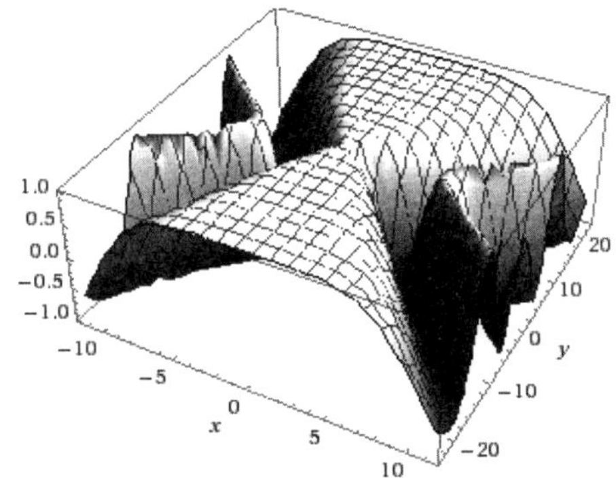

Figura 3.21: gráfico de $h : \mathbb{R}^2 - \{(0,0)\} \to \mathbb{R}, h(x,y) = cos\left(\dfrac{x^3}{x^2+y^2}\right)$.

2) se g não está definida em L (caso b) acima), resulta da hipótese $f(A) \subseteq B$ (a imagem de f está contida no domínio de g) que $f(x,y) \neq L$, para todo $(x,y) \in A$, de modo que, nesse caso, a condição "$f(x,y) \neq L$, para todo (x,y) próximo de (a,b)" (caso ii)) torna-se dispensável.

3) tanto a hipótese em i), de que g é contínua, quanto a hipótese em ii), de que $(x,y) \neq (a,b) \Rightarrow f(x,y) \neq c$, são essenciais no teorema acima, conforme mostramos no exemplo a seguir.

Exemplo 4. Consideremos $f : \mathbb{R}^2 \to \mathbb{R}$, definida por $f(x,y) = x + y$, e $g : \mathbb{R} \to \mathbb{R}$, definida por

$$g(u) = \begin{cases} 1, & \text{se} \quad u = 0 \\ 0, & \text{se} \quad u \neq 0 \end{cases}.$$

Apesar de que g está definida em 0, ela não é contínua em 0. A composta $g \circ f$ é dada por

$$g(f(x,y)) = \begin{cases} 1, & \text{se} \quad y = -x \\ 0, & \text{se} \quad y \neq -x \end{cases}.$$

Assim, temos

$$\lim_{(x,y)\to(0,0)} f(x,y) = 0, \ \lim_{u\to 0} g(u) = 0,$$

mas

$$(0 =) \lim_{\substack{(x,y)\to(0,0) \\ y\neq -x}} g(f(x,y)) \neq \lim_{\substack{(x,y)\to(0,0) \\ y=-x}} g(f(x,y)) (= 1),$$

ou seja, $\lim\limits_{(x,y)\to(0,0)} g(f(x,y))$ não existe.

Uma consequência extremamente importante do item ii) é o teorema que segue imediatamente após a seguinte

Definição 3.10.1. *Uma curva paramétrica em* $\mathbb{R}^2$ *é uma função vetorial contínua* $\gamma : [a, b] \subset \mathbb{R} \to \mathbb{R}^2$, *definida por* $\gamma(t) = (x(t), y(t))$ *(*$x(t)$ *e* $y(t)$ *são funções reais contínuas), para todo* $t \in [a, b]$.

Teorema 3.10.2. (Limites ao longo de curvas) *Se* $f : A \subseteq \mathbb{R}^2 \to \mathbb{R}$ *é uma função real de duas variáveis reais tal que* $\lim\limits_{(x,y)\to(a,b)} f(x, y) = L$, *e* $\gamma : B \subset \mathbb{R} \to \mathbb{R}^2$ *é uma curva paramétrica contínua em* t_0, *tal que* $\gamma(t_0) = (a, b)$, *e, para todo* $t \neq t_0, \gamma(t) \neq (a, b)$, $\gamma(t) \subset A$, *então*

$$\lim_{t\to t_0} f(\gamma(t)) = L.$$

Demonstração.

De acordo com a definição $\varepsilon - \delta$ de limite, devemos demonstrar que

$$\forall \varepsilon > 0, \exists \delta > 0 : \forall t \in A, 0 < |t - t_0| < \delta \Rightarrow |f(\gamma(t)) - L| < \varepsilon.$$

Como, por hipótese, $\lim\limits_{(x,y)\to(a,b)} f(x, y) = L$, decorre que, dado $\varepsilon > 0$, existe δ_1 tal que, para todo $(x, y) \in A$,

$$0 < \sqrt{(x-a)^2 + (y-b)^2} < \delta \Rightarrow |f(x, y) - L| < \varepsilon.$$

Como, por hipótese, γ é contínua, decorre que, para o δ_1 acima, existe $\delta > 0$ tal que, para todo $t \in B$,

$$|t - t_0| < \delta \Rightarrow |\gamma(t) - \gamma(t_0)| < \delta_1.$$

Logo, em vista da hipótese que, para todo $t \neq t_0, \gamma(t) \neq (a, b)$, resulta que

$$0 < |t - t_0| < \delta \Rightarrow |\gamma(t) - \gamma(t_0)| < \delta_1.$$

Portanto,

$$0 < |t - t_0| < \delta \Rightarrow |f(\gamma(t)) - L| < \varepsilon,$$

o que mostra que

$$\lim_{t\to t_0} f(\gamma(t)) = L.$$

□

Observação: ressaltamos que a contrapositiva do Teorema 3.10.2 é bastante útil para demonstrar a **não existência** do limite de uma determinada função: dada $f : A \subseteq \mathbb{R}^2 \to \mathbb{R}$, se γ_1 e γ_2 são duas curvas que satisfazem as hipóteses de tal teorema, tais que ocorra qualquer dos casos a seguir:

i) $\lim\limits_{t\to t_0} f(\gamma(t)) = c_1$ e $\lim\limits_{t\to t_0} f(\gamma(t)) = c_2$, $c_1 \neq c_2$;

ii) $\lim\limits_{t\to t_0} f(\gamma_i(t))$ não existe ($= \pm\infty$), para algum $i, 1 \leq i \leq 2$;

iii) $\lim\limits_{t\to t_0} f(\gamma(t))$ depende de algum(ns) parâmetro(s) arbitrário(s) fixado(s)[9],

então $\lim\limits_{(x,y)\to(a,b)} f(x, y)$ não existe.

Observamos, ademais, que o Teorema 3.10.2 é simplesmente uma reformulação do Teorema 3.5.1 (Limites ao longo de curvas).

[9]Pode ocorrer que este caso seja simplesmente uma generalização do primeiro caso.

A seguir, apresentaremos um exemplo de cada um dos casos acima.

Exemplo 5. Dada $f : A \subseteq \mathbb{R}^2 \to \mathbb{R}$, definida por $f(x,y) = \dfrac{x^2 - y^2}{x^2 + y^2}$, demonstre que não existe $\displaystyle\lim_{(x,y)\to(0,0)} f(x,y)$.

Resolução:

O domínio de f é $A = \mathbb{R}^2 - \{(0,0)\}$.

Um modo:

Consideremos $\gamma_1 : \mathbb{R} - \{0\} \to \mathbb{R}^2$ definida por $\gamma_1(t) = (t,0)$ e $\gamma_2 : \mathbb{R} - \{0\} \to \mathbb{R}^2$ definida por $\gamma_2(t) = (0,t)$ $(\gamma_1(t), \gamma_2(t) \subset \mathbb{R}^2 - \{(0,0)\})$. Assim, temos

$$\lim_{t\to 0} f(\gamma_1(t)) = \lim_{t\to 0} \frac{t^2}{t^2} = 1,$$

$$\lim_{t\to 0} f(\gamma_2(t)) = \lim_{t\to 0} \frac{-t^2}{t^2} = -1.$$

Logo, $\displaystyle\lim_{t\to 0} f(\gamma_1(t)) \neq \lim_{t\to 0} f(\gamma_2(t))$. Portanto, do Teorema 3.10.2 decorre que $\displaystyle\lim_{(x,y)\to(0,0)} f(x,y)$ não existe.

Comentário: a antissimetria das variáveis na expressão de f, ou seja, $f(x,y) = -f(y,x)$, justifica a escolha de γ_1 e γ_2 como acima, o que nos garante que os valores dos limites ao longo dessas curvas são, necessariamente, distintos entre si.

Outro modo:

Consideremos γ_p qualquer curva do tipo $\gamma_p = (pt, 0), p \neq 0$, ou γ_q qualquer curva do tipo $\gamma_q = (0, qt), q \neq 0$ ou, ainda, mais geralmente, $\gamma_{p,q}$ qualquer curva do tipo $\gamma_{p,q} = (pt, qt)$, (p e q não simultaneamente nulos). Assim,

$$\lim_{t\to 0} f(\gamma_p(t)) = \lim_{t\to 0} \frac{p^2t^2}{p^2t^2} = 1,$$

ou

$$\lim_{t\to 0} f(\gamma_q(t)) = \lim_{t\to 0} \frac{-q^2t^2}{q^2t^2} = -1,$$

ou, ainda,

$$\lim_{t\to 0} f(\gamma_{p,q}(t)) = \lim_{t\to 0} \frac{(p^2 - q^2)t^2}{(p^2 + q^2)t^2} = \frac{p^2 - q^2}{p^2 + q^2}.$$

Logo, em particular, ao escolher $\gamma_{p,q}$ como acima, observamos que o valor do limite depende de p e q (p e q não simultaneamente nulos). Portanto, $\displaystyle\lim_{(x,y)\to(0,0)} f(x,y)$ não existe.

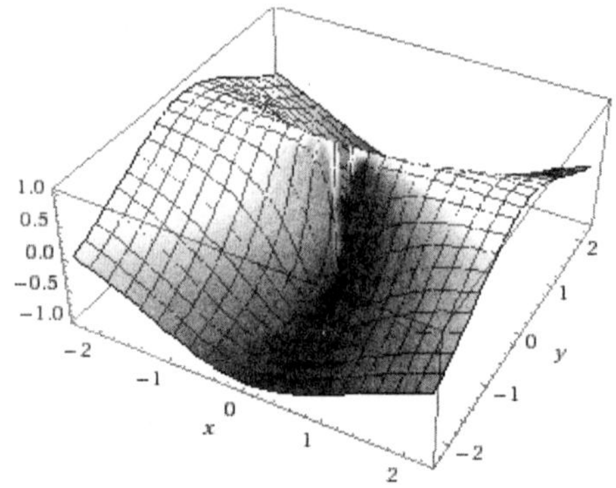

Figura 3.22: gráfico de $f : \mathbb{R}^2 - \{(0,0)\} \to \mathbb{R}, f(x,y) = \dfrac{x^2 - y^2}{x^2 + y^2}$.

Exemplo 6. Dada $f : A \subseteq \mathbb{R}^2 \to \mathbb{R}$, definida por $f(x,y) = \dfrac{xy}{x^2 + y^2}$, demonstre que não existe $\lim\limits_{(x,y)\to(0,0)} f(x,y)$.

Resolução:

O domínio de f é $A = \mathbb{R}^2 - \{(0,0)\}$.

Um modo:

Consideremos $\gamma_1 : \mathbb{R} - \{0\} \to \mathbb{R}^2$ definida por $\gamma_1(t) = (t,0)$ e $\gamma_2 : \mathbb{R} - \{0\} \to \mathbb{R}^2$ definida por $\gamma_2(t) = (t,t)$ $(\gamma_1(t), \gamma_2(t) \subset \mathbb{R}^2 - \{(0,0)\})$. Assim, temos

$$\lim_{t\to 0} f(\gamma_1(t)) = \lim_{t\to 0} 0 = 0,$$

$$\lim_{t\to 0} f(\gamma_2(t)) = \lim_{t\to 0} \frac{t^2}{2t^2} = \frac{1}{2}.$$

Logo, $\lim\limits_{t\to 0} f(\gamma_1(t)) \neq \lim\limits_{t\to 0} f(\gamma_2(t))$. Portanto, resultado do Teorema 3.10.2 que $\lim\limits_{(x,y)\to(0,0)} f(x,y)$ não existe.

Comentários:

(Escolha de γ_1): como o numerador da expressão de f é xy, é indiferente escolhermos $\gamma_1(t) = (t,0)$, tal como acima, ou $\gamma_1(t) = (0,t)$, pois o valor do limite ao longo de qualquer dessas curvas é o mesmo, de modo que apenas uma dessas escolhas é realmente suficiente.

(Escolha de γ_2): precisamos escolher uma curva que passe pela origem, contida no domínio A de f, ao longo da qual os termos que ocorrem no denominador se tornem potências de mesma base e mesmo expoente, para que possamos, efetivamente, adicioná-los, bem como simplificá-los.

Outro modo:

Consideremos $\gamma_{p,q}$ qualquer curva do tipo $\gamma_{p,q} = (pt, qt)$ (p e q não simultaneamente nulos). Assim,

$$\lim_{t\to 0} f(\gamma_{p,q}(t)) = \lim_{t\to 0} \frac{pqt^2}{(p^2 + q^2)t^2} = \frac{pq}{p^2 + q^2}.$$

Logo, o valor do limite depende de p e q. Portanto, $\lim\limits_{(x,y)\to(0,0)} f(x,y)$ não existe.

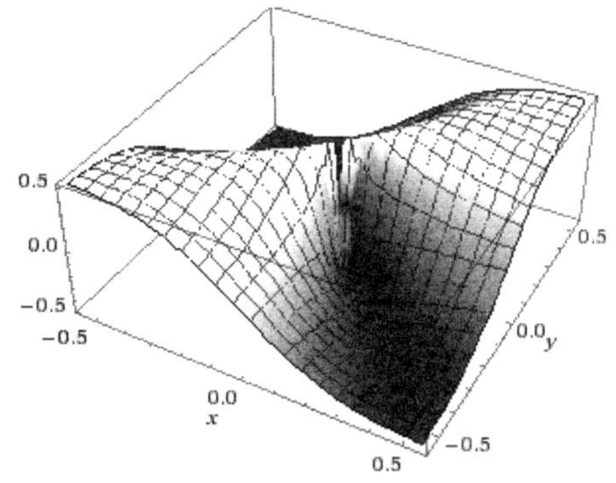

Figura 3.23: gráfico de $f : \mathbb{R}^2 - \{(0,0)\} \to \mathbb{R}, f(x,y) = \dfrac{xy}{x^2+y^2}$.

Exemplo 7. Dada $f : A \subseteq \mathbb{R}^2 \to \mathbb{R}$, definida por $f(x,y) = \dfrac{xy}{y - x^3}$, demonstre que não existe $\lim\limits_{(x,y)\to(0,0)} f(x,y)$.

Resolução:

O domínio de f é $A = \{(x,y) \in \mathbb{R}^2 : y \neq x^3\}$.

Um modo:

Consideremos $\gamma_1 : \mathbb{R} - \{0\} \to \mathbb{R}^2$ definida por $\gamma_1(t) = (t,0)$ e $\gamma_2 : \mathbb{R} - \{0\} \to \mathbb{R}^2$ definida por $\gamma_2(t) = (t, t^3 + t^4)$.

$$\lim_{t\to 0} f(\gamma_1(t)) = \lim_{t\to 0} 0 = 0,$$

$$\lim_{t\to 0} f(\gamma_2(t)) = \lim_{t\to 0} \frac{t(t^3+t^4)}{t^4} = \lim_{t\to 0} \frac{t^4(1+t)}{t^4} = \lim_{t\to 0}(1+t) = 1.$$

Logo, $\lim\limits_{t\to 0} f(\gamma_1(t)) \neq \lim\limits_{t\to 0} f(\gamma_2(t))$. Portanto, resultado do Teorema 3.10.2 que $\lim\limits_{(x,y)\to(0,0)} f(x,y)$ não existe.

Comentários:

(Escolha de γ_1): como o numerador da expressão de f é xy, é indiferente escolhermos $\gamma_1(t) = (t,0)$, tal como acima, ou $\gamma_1(t) = (0,t)$, pois o valor do limite ao longo de qualquer dessas curvas é o mesmo, de modo que apenas uma dessas escolhas de γ_1 é realmente suficiente.

(Escolha de γ_2): precisamos escolher uma curva contida no domínio A de f que passe pela origem e tal que, quando t tenda a zero, tanto o seu limite seja zero, quanto o limite da função calculada nela seja diferente de zero: a curva que escolhemos ($\gamma_2(t) = (t, t^3 + t^4)$) satisfaz, pois, essas condições.

Outro modo:

Consideremos $\gamma_{p,q}$ qualquer curva do tipo $\gamma_{p,q} = (pt, p^3t^3 + qt^n), p \neq 0, q \neq 0, n \in \mathbb{Z}$. Assim,

$$\begin{aligned}
\lim_{t\to 0} f(\gamma_{p,q}) &= \lim_{t\to 0} f(pt, p^3t^3 + qt^n) \\
&= \lim_{t\to 0} \frac{t^4(p^4 + pqt^{n-3})}{qt^n} \\
&= \lim_{t\to 0} \left(\frac{p^4}{qt^{n-4}} + pt \right)
\end{aligned}$$

$$= \begin{cases} 0 \ , & \text{se} \quad n < 4 \\ \dfrac{p^4}{q} \ , & \text{se} \quad n = 4 \\ \pm\infty, & \text{se} \quad n > 4 \end{cases}.$$

O primeiro desses casos nos mostra que existe uma infinidade de curvas ao longo das quais $\lim_{(x,y)\to(0,0)} f(x,y) = 0$. O segundo nos mostra que $\lim_{(x,y)\to(0,0)} f(x,y)$ depende tanto de p quanto de q. Finalmente, o terceiro nos mostra que existe uma infinidade de curvas ao longo das quais $\lim_{(x,y)\to(0,0)} f(x,y) = \pm\infty$. Portanto, conforme qualquer desses casos, $\lim_{(x,y)\to(0,0)} f(x,y)$ não existe.

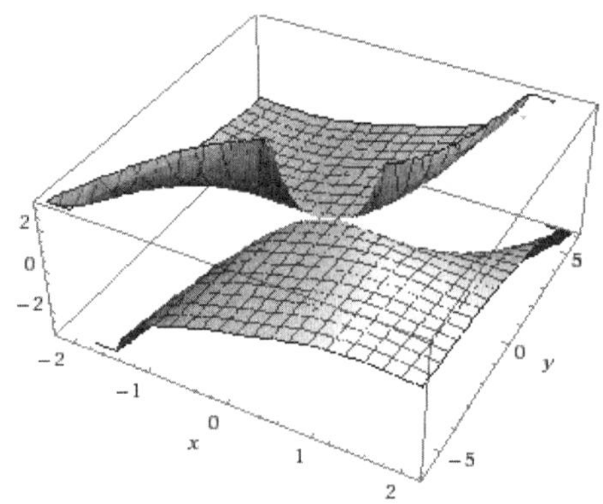

Figura 3.24: gráfico de $f : \{(x,y) \in \mathbb{R}^2 : y \neq x^3\} \to \mathbb{R}, f(x,y) = \dfrac{xy}{y - x^3}$.

3.11 Expressões indeterminadas: 0^0, 1^∞ e ∞^0

As expressões indeterminadas 0^0, 1^∞ e ∞^0 estão intimamente relacionadas com o Teorema 3.10.1 (Limite de uma função composta), como descrevemos a seguir.

Conforme as notações que usamos no Teorema 3.10.1, consideremos $h(x,y) = g(f(x,y))$ expressa no modo $h(x,y) = [F(x,y)]^{G(x,y)}$, em que $f(x,y) = G(x,y)ln[F(x,y)]$, $F(x,y) > 0$[10], em alguma vizinhança $\mathscr{V}$ de $(a,b) \in A'$, para todo $(x,y) \neq (a,b)$, $(x,y) \in \mathscr{V} \cap A$, e $g(u) = e^u$, $\forall u \in B$. Usando a identidade logarítmica básica[11] $F(x,y) = e^{ln[F(x,y)]}$, podemos expressar $h(x,y)$ do seguinte modo:

$$h(x,y) = [F(x,y)]^{G(x,y)} = \{e^{ln[F(x,y)]}\}^{G(x,y)} = e^{G(x,y)ln[F(x,y)]}.$$

Assim, resulta do Teorema 3.10.1 que uma indeterminação de $h(x,y)$, sob essas considerações, ocorre, precisamente, quando há indeterminação no produto $G(x,y)ln[F(x,y)]$. A expressão indeterminada resultante nesse produto é de um dos tipos $0 \cdot (\pm\infty)$. Devemos, pois, analisar, separadamente, os seguintes casos:

---

[10]No estudo das expressões indeterminadas, no presente contexto, exigiremos, sempre que necessário, que o domínio da função h dada satisfaça a hipótese de que $F(x,y) > 0$, a qual é condição *sine qua non* para a validade da expressão daquela função em termos da exponencial, conforme descrevemos.

[11]Equivalentemente, aplicando logaritmo natural a ambos os membros de $h(x,y) = [F(x,y)]^{G(x,y)}$.

Caso 1: $\lim\limits_{(x,y)\to(a,b)} G(x,y) = 0$ **e** $\lim\limits_{(x,y)\to(a,b)} ln[F(x,y)] = -\infty$.

Conforme o Teorema 3.10.1, $\lim\limits_{(x,y)\to(a,b)} ln[F(x,y)] = -\infty$ equivale a $\lim\limits_{(x,y)\to(a,b)} F(x,y) = 0$, de modo que, neste caso, a expressão indeterminada de $h(x,y)$ é do tipo 0^0.

Caso 2: $\lim\limits_{(x,y)\to(a,b)} G(x,y) = +\infty$ **e** $\lim\limits_{(x,y)\to(a,b)} ln[F(x,y)] = 0$.

Conforme o Teorema 3.10.1, $\lim\limits_{(x,y)\to(a,b)} ln[F(x,y)] = 0$ equivale a $\lim\limits_{(x,y)\to(a,b)} F(x,y) = 1$, de modo que, neste caso, a expressão indeterminada de $h(x,y)$ é do tipo 1^∞.

Caso 3: $\lim\limits_{(x,y)\to(a,b)} G(x,y) = 0$ **e** $\lim\limits_{(x,y)\to(a,b)} ln[F(x,y)] = +\infty$.

Conforme o Teorema 3.10.1, $\lim\limits_{(x,y)\to(a,b)} ln[F(x,y)] = +\infty$ equivale a $\lim\limits_{(x,y)\to(a,b)} F(x,y) = +\infty$, de modo que, neste caso, a expressão indeterminada de $h(x,y)$ é do tipo ∞^0.

Esses casos constituem, em seu próprio direito, os métodos de cálculo de limites das expressões indeterminadas sob análise, no seguinte sentido:

1) $\lim\limits_{(x,y)\to(a,b)} G(x,y)ln[F(x,y)]$ não existe (consequentemente, $\lim\limits_{(x,y)\to(a,b)} h(x,y)$ também não existe);

2) $\lim\limits_{(x,y)\to(a,b)} G(x,y)ln[F(x,y)]$ existe $(= L)$.

Neste caso, decorre de $h(x,y) = e^{G(x,y)ln[F(x,y)]}$ que $\lim\limits_{(x,y)\to(a,b)} h(x,y) = e^L$.

A seguir, apresentaremos um exemplo de cálculo efetivo de limite de cada um dos tipos das expressões indeterminadas que estamos analisando. (O leitor é convidado a verificar, em cada qual deles, que C_1 e C_2 escolhidas são subconjuntos do domínio de h.)

Exemplo 1. Dada $h : \{(x,y) \in \mathbb{R}^2 : x > 0\} \to \mathbb{R}$, definida por $h(x,y) = [ln(x+1)]^{x+y}$, calcule $\lim\limits_{(x,y)\to(0,0)} h(x,y)$.

Resolução:

A expressão indeterminada de $\lim\limits_{(x,y)\to(0,0)} h(x,y)$ é 0^0.

Usando a identidade logarítmica básica, podemos expressar $h(x,y) = [ln(x+1)]^{x+y}$ como $h(x,y) = e^{(x+y)ln[ln(x+1)]}$, para todo $x > 0$. De acordo com as considerações nesta seção (**Caso 1**), devemos, a partir de agora, concentrar-nos no cálculo de $\lim\limits_{(x,y)\to(0,0)} (x+y)ln[ln(x+1)]$. Consideremos, pois,

$C_1 = \{(x,y) \in \mathbb{R}^2 : x > 0, y = -x\}$;

$C_2 = \left\{(x,y) \in \mathbb{R}^2 : x > 0, x \neq e-1, y = \dfrac{1}{ln[ln(x+1)]}\right\}$.

Assim, temos

$$\lim_{\substack{(x,y)\to(0,0)\\(x,y)\in C_1}} (x+y)ln[ln(x+1)] = 0,$$

$$\begin{aligned}\lim_{\substack{(x,y)\to(0,0)\\(x,y)\in C_2}} (x+y)ln[ln(x+1)] &= \lim_{x\to 0}\left\{x + \frac{1}{ln[ln(x+1)]}\right\} ln[ln(x+1)] \\ &= \lim_{x\to 0}\{xln[ln(x+1)] + 1\} \\ &= 1.\end{aligned}$$

Logo, $\lim\limits_{\substack{(x,y)\to(0,0)\\(x,y)\in C_1}} (x+y)ln[ln(x+1)] \neq \lim\limits_{\substack{(x,y)\to(0,0)\\(x,y)\in C_2}} (x+y)ln[ln(x+1)]$. Portanto, resulta do Teorema 3.5.1 que $\lim\limits_{(x,y)\to(0,0)} h(x,y)$ não existe.

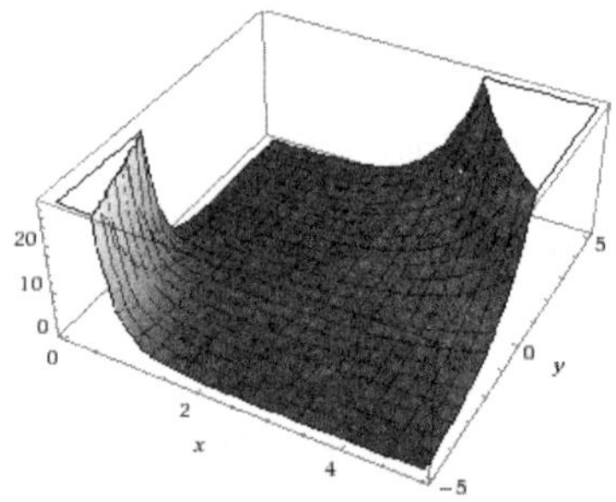

Figura 3.25: gráfico de $h : \{(x,y) \in \mathbb{R}^2 : x > 0\} \to \mathbb{R}, h(x,y) = [ln(x+1)]^{x+y}$.

Exemplo 2. Dada $h : \{(x,y) \in \mathbb{R}^2 : x > -1, y \neq 0\} \to \mathbb{R}$, definida por $h(x,y) = (1+x)^{\frac{1}{y}}$, calcule $\lim\limits_{(x,y)\to(0,0)} h(x,y)$.

Resolução:

A expressão indeterminada de $\lim\limits_{(x,y)\to(0,0)} h(x,y)$ é 1^∞.

Usando a identidade logarítmica básica, podemos expressar $h(x,y) = (1+x)^{\frac{1}{y}}$ como $h(x,y) = e^{\frac{1}{y}ln(x+1)}$, para todos $x > -1, y \neq 0$. De acordo com as considerações iniciais nesta seção (**Caso 2**), devemos, a partir de agora, concentrar-nos no cálculo de $\lim\limits_{(x,y)\to(0,0)} \frac{1}{y}ln(x+1)$. Consideremos, pois,

$C_1 = \{(x,y) \in \mathbb{R}^2 : x = 0, y \neq 0\}$;

$C_2 = \{(x,y) \in \mathbb{R}^2 : x > -1, x \neq 0, y = ln(1+x)\}$.

Assim, temos

$$\lim_{\substack{(x,y)\to(0,0)\\(x,y)\in C_1}} \frac{1}{y}ln(x+1) = 0,$$

$$\begin{aligned}\lim_{\substack{(x,y)\to(0,0)\\(x,y)\in C_2}} \frac{1}{y}ln(x+1) &= \lim_{x\to 0} \frac{1}{ln(x+1)}ln(x+1)\\ &= 1.\end{aligned}$$

Logo, $\lim\limits_{\substack{(x,y)\to(0,0)\\(x,y)\in C_1}} \frac{1}{y}ln(x+1) \neq \lim\limits_{\substack{(x,y)\to(0,0)\\(x,y)\in C_2}} \frac{1}{y}ln(x+1)$. Portanto, do Teorema 3.5.1 resulta que $\lim\limits_{(x,y)\to(0,0)} h(x,y)$ não existe.

Exemplo 3. Dada $h : \{(x,y) \in \mathbb{R}^2 : x > 0\} \to \mathbb{R}$, definida por $h(x,y) = \frac{1}{x^y}$, calcule $\lim\limits_{(x,y)\to(0,0)} h(x,y)$.

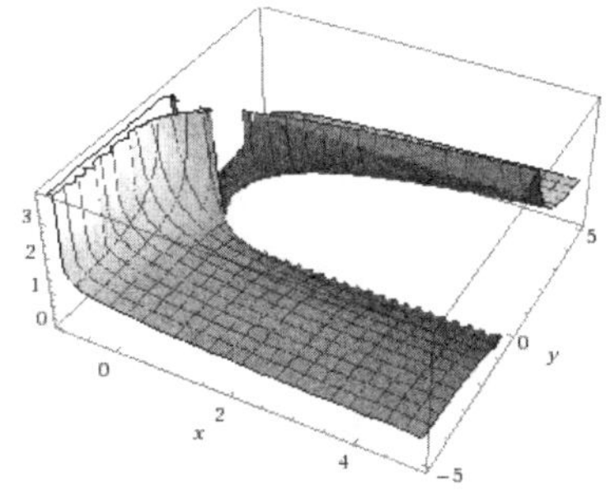

Figura 3.26: gráfico de $h : \{(x,y) \in \mathbb{R}^2 : x > -1, y \neq 0\} \to \mathbb{R}, h(x,y) = (1+x)^{\frac{1}{y}}$.

Resolução:

Inicialmente, observemos que $h(x,y) = \left(\frac{1}{x}\right)^y$, de modo que a expressão indeterminada de $\lim\limits_{(x,y)\to(0,0)} h(x,y)$ é ∞^0.

Usando a identidade logarítmica básica, podemos expressar $h(x,y) = \left(\frac{1}{x}\right)^y$ como $h(x,y) = e^{yln\left(\frac{1}{x}\right)} = e^{-ylnx}$, para todo $x > 0$. De acordo com as considerações iniciais desta seção (**Caso 3**), devemos, a partir de agora, concentrar-nos no cálculo de $\lim\limits_{(x,y)\to(0,0)}(-ylnx)$. Consideremos, pois,

$C_1 = \{(x,y) \in \mathbb{R}^2 : x > 0, y = 0\}$;

$C_2 = \{(x,y) \in \mathbb{R}^2 : x > 0, x \neq 1, y = \frac{1}{lnx}\}$.

Assim, temos

$$\lim_{\substack{(x,y)\to(0,0)\\(x,y)\in C_1}} (-ylnx) = 0,$$

$$\begin{aligned}\lim_{\substack{(x,y)\to(0,0)\\(x,y)\in C_2}} (-ylnx) &= \lim_{x\to 0}\left[-\left(\frac{1}{lnx}\right)lnx\right]\\ &= -1.\end{aligned}$$

Logo, $\lim\limits_{\substack{(x,y)\to(0,0)\\(x,y)\in C_1}} (-ylnx) \neq \lim\limits_{\substack{(x,y)\to(0,0)\\(x,y)\in C_2}} (-ylnx)$. Portanto, resulta do Teorema 3.5.1 que $\lim\limits_{(x,y)\to(0,0)} h(x,y)$ não existe.

3.12 Coordenadas polares

O *sistema de coordenas polares* é o sistema de coordenadas bidimensional no qual cada ponto do plano é determinado, univocamente, pela sua distância em relação a um ponto fixo e por um determinado ângulo em relação a uma direção fixa. Esse ponto fixado (análogo à origem do sistema de coordenadas cartesianas) é denominado *polo*. O segmento, a partir do polo, em uma determinada direção, é denominado *eixo polar* (análogo ao eixo das abscissas no sistema de coordenadas cartesianas). A distância entre o polo e tal ponto é denominada *raio*. Tal ângulo, por sua vez, é denominado *ângulo polar*. O raio e o ângulo polar, assim definidos,

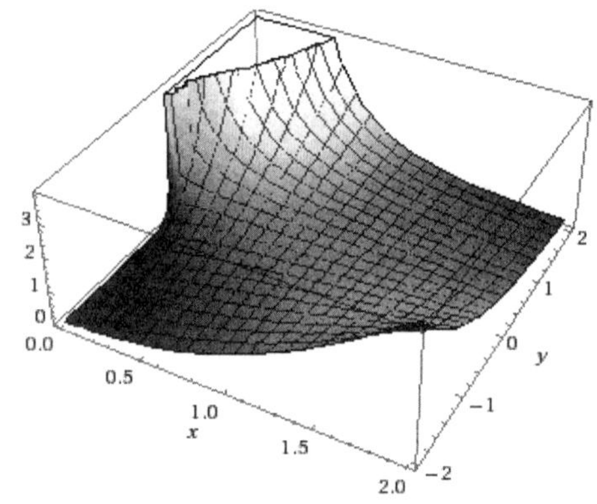

Figura 3.27: gráfico de $h : \{(x,y) \in \mathbb{R}^2 : x > 0\} \to \mathbb{R}, h(x,y) = \dfrac{1}{x^y}$.

constituem as *coordenadas polares* propriamente ditas (coordenada radial e coordenada angular, respectivamente). Mais precisamente, temos o que segue.

Dado um ponto qualquer $(x,y) \in \mathbb{R}^2 - \{(0,0)\}$, a sua localização é univocamente determinada por sua distância ρ $(\rho > 0)$ à origem O e pelo ângulo θ entre o semieixo positivo x e a semirreta que parte de O e passa por ele (por convenção, o ângulo positivo $\theta, \theta \in [0, 2\pi)$, é medido em radianos, no sentido anti-horário). Essas quantidades ρ e θ são denominadas *coordenadas polares* do ponto (x,y).

As expressões das coordenadas cartesianas (x,y) em termos das coordenadas polares (ρ,θ) são as seguintes[12]:

$$\begin{cases} x = \rho cos\theta \\ y = \rho sen\theta \end{cases}.$$

Assim, usando essas relações, podemos expressar os valores $f(x,y)$ (em coordenadas cartesianas) de uma função real de duas variáveis reais $f : A \subseteq \mathbb{R}^2 \to \mathbb{R}$ em termos dos valores $F(\rho,\theta)$ (em coordenadas polares) de uma função real de duas variáveis reais $F : (0,+\infty) \times [0,2\pi) \to \mathbb{R}$ por meio da seguinte relação:

$$F(\rho,\theta) = f(\rho cos\theta, \rho sen\theta).$$

Observemos que, quando variamos ρ (mantendo θ fixado), $F(\rho,\theta)$ fornece-nos os valores de $f(x,y)$ sobre a semirreta determinada por θ; quando variamos θ (mantendo ρ fixado), $F(\rho,\theta)$ fornece-nos os valores de $f(x,y)$ sobre o círculo $x^2 + y^2 = \rho^2$.

Com o objetivo de preparar o leitor para o estudo profícuo do uso de coordenadas polares destinado ao cálculo de limites de algumas funções reais de duas variáveis reais, é conveniente proceder à seguinte análise propedêutica.

Como ρ é a distância do ponto (x,y) à origem, podemos tornar (x,y) próximo de $(0,0)$ tornando ρ próximo de 0. Assim, sob esse ponto de vista, o estudo de $\lim\limits_{(x,y)\to(0,0)} f(x,y)$ reduz-

[12]Apenas a título de informação, as expressões análogas correspondentes das coordenadas polares (ρ,θ) em termos das coordenadas cartesianas (x,y) são as seguintes:

$$\begin{cases} \rho = \sqrt{x^2 + y^2} \\ \theta = arctg\left(\dfrac{y}{x}\right) \end{cases}.$$

se, pelo menos *em princípio*, ao estudo de $\lim_{\rho \to 0} F(\rho, \theta)$, para todos os possíveis valores de θ. Entretanto, é muito importante observarmos que, para um valor fixado do ângulo θ, calcular o limite de $F(\rho, \theta)$ quando ρ tende a 0 é, em verdade, equivalente a calcular o *limite direcional* de $f(x, y)$ ao longo da semirreta determinada pelo ângulo θ (a qual, a menos de casos especiais, é a parte da reta de equação $y = (tg\theta)x$ contida no quadrante ao qual pertence o ângulo θ, conforme Figura 3.28 a seguir).

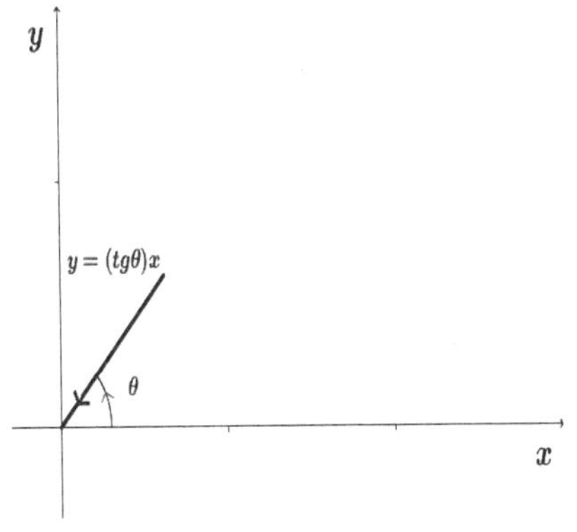

Figura 3.28: semirreta determinada por um ângulo θ fixado.

Em outras palavras, conforme tal análise, o estudo de $\lim_{\rho \to 0} F(\rho, \theta)$ coincide com o estudo dos *limites direcionais*. Logo, desse modo, o limite $\lim_{(x,y) \to (0,0)} f(x, y)$, como sabemos, pode não existir, mesmo que todos os limites direcionais (supondo existentes) coincidam. De outro modo, embora $\lim_{(x,y) \to (0,0)} f(x, y) = L \Rightarrow \lim_{\rho \to 0} F(\rho, \theta) = L$, para todos os possíveis valores de θ, a recíproca, *em geral*, é falsa. Equivalentemente, se $\lim_{\rho \to 0} F(\rho, \theta)$ não existe (é igual a $-\infty$, $+\infty$ ou depende apenas de θ), então $\lim_{(x,y) \to (0,0)} f(x, y)$ também não existe.

Tendo, pois, apresentado ao leitor as nuances inerentes ao uso de coordenadas polares para o cálculo de limites de funções reais de duas variáveis reais, o que por ora desejamos inquirir é o seguinte: **sob que condições (necessárias e suficientes), podemos garantir que $\lim_{(\rho,\theta) \to (0,\overline{\theta})} F(\rho, \theta)$, para todos os possíveis valores de $\overline{\theta}$, equivalha a $\lim_{(x,y) \to (0,0)} f(x, y)$?** A resposta **precisa** a essa pergunta requer a análise minuciosa dos casos que apresentaremos a seguir.

Caso 1: $F(\rho, \theta)$ depende apenas de θ.

Exemplo 1. Dada $f : \mathbb{R}^2 - \{(0,0)\} \to \mathbb{R}$, definida por $f(x, y) = arccos\left(\frac{x}{\sqrt{x^2 + y^2}}\right)$, calcule $\lim_{(x,y) \to (0,0)} f(x, y)$.

Resolução:

Efetuando a mudança de coordenadas cartesianas para coordenadas polares, obtemos $F(\rho, \theta) =$

$arccos\left(\dfrac{\rho cos\theta}{\rho}\right)$, para todo $\theta \in [0, 2\pi)$, de modo que

$$F(\rho,\theta) = \begin{cases} \theta &, \text{ se } \theta \in [0,\pi] \\ 2\pi - \theta, & \text{ se } \theta \in (\pi, 2\pi) \end{cases}.$$

Logo, considerando $\theta \in [0, 2\pi)$ fixado, temos

$$\lim_{\rho\to 0} F(\rho,\theta) = \begin{cases} \theta &, \text{ se } \theta \in [0,\pi] \\ 2\pi - \theta, & \text{ se } \theta \in (\pi, 2\pi) \end{cases}.$$

Portanto, em qualquer dos casos acima, o limite $\lim\limits_{\rho\to 0} F(\rho,\theta)$ depende de θ, de modo que $\lim\limits_{(x,y)\to(0,0)} f(x,y)$ não existe.

Comentário: em verdade, é suficiente considerar apenas um dos limites direcionais acima, para concluir que o limite não existe.

Caso 2: $F(\rho,\theta)$ depende apenas de ρ.

É possível que a mudança de coordenadas cartesianas para coordenadas polares simplifique o cálculo do limite nestas coordenadas de tal modo que esse cálculo se torne trivial. Um caso em que tal possibilidade se mostra efetivamente real é aquele no qual o cálculo do limite em coordenadas cartesianas se reduz, por meio da mudança para coordenadas polares, ao cálculo do limite de uma função que depende apenas de ρ (logo, de uma única variável real). Mais precisamente, se $f(x, y)$ toma valores constantes sobre circunferências centradas em $(0, 0)$ (um valor constante sobre cada círculo fixado de centro em $(0, 0)$), então o limite desejado reduz-se ao limite, em coordenadas polares, de uma função F que depende apenas de ρ (ou seja, $F(\rho,\theta) \equiv F(\rho)$). Em outras palavras, se $F(\rho,\theta)$ depende apenas de ρ, então $\lim\limits_{(x,y)\to(0,0)} f(x,y)$ é simplesmente o limite $\lim\limits_{\rho\to 0} F(\rho)$. (Este limite, conforme mencionamos na introdução do Caso 4 a seguir, é denominado "limite radial".)

Comentário: este é um dos casos em que a recíproca que mencionamos acima é verdadeira (o outro é o Caso 3 a seguir). Enquanto que, no Caso 2, $F(\rho,\theta)$ depende **apenas** de ρ, no Caso 3, $F(\rho,\theta)$ depende tanto de ρ quanto de θ.

Exemplo 2. Dada $f : \mathbb{R}^2 - \{(0,0)\} \to \mathbb{R}$, definida por $f(x,y) = \dfrac{sen(x^2+y^2)}{x^2+y^2}$, calcule $\lim\limits_{(x,y)\to(0,0)} f(x,y)$.

Resolução:

Efetuando a mudança de coordenadas cartesianas para coordenadas polares, obtemos $F(\rho,\theta) = \dfrac{sen\,\rho^2}{\rho^2}$, de modo que

$$\begin{aligned} \lim_{\rho\to 0} F(\rho,\theta) &= \lim_{\rho\to 0} \frac{sen\,\rho^2}{\rho^2} \\ &= \lim_{\rho\to 0} \left(\frac{sen\,\rho}{\rho}\right)^2 \\ &= 1. \end{aligned}$$

Portanto, $\lim_{(x,y)\to(0,0)} f(x,y) = 1$.

Caso 3: $F(\rho,\theta)$ depende tanto de ρ quanto de θ.

Finalmente, consideremos o caso em que $F(\rho,\theta)$ depende tanto de ρ quanto de θ, o qual subdividimos nos seguintes.

Caso 3.1: podemos expressar $F(\rho,\theta)$ como $F(\rho,\theta) = G(\rho)H(\theta)$, em que $\lim_{\rho\to 0} G(\rho) = 0$ e $H(\theta)$ é limitada em $[0,2\pi)$.

Este caso é análogo ao Teorema 3.10.1 (Limite do produto de um infinitésimo por uma função limitada): $\lim_{\rho\to 0} F(\rho,\theta) = 0$ ($\Rightarrow \lim_{(x,y)\to(0,0)} f(x,y) = 0$).

Naturalmente, este caso inclui aquele em que, em particular, H é constante.

Observamos, no início desta seção, que, embora $\lim_{(x,y)\to(0,0)} f(x,y) = L \Rightarrow \lim_{\rho\to 0} F(\rho,\theta) = L$, para todos os possíveis valores de θ, a recíproca, *em geral*, é falsa. Pois bem, tendo frisado que, *em geral*, a recíproca da implicação acima é falsa, agora estamos em condições de informar ao leitor que o caso presente sob análise constitui-se em um cuja recíproca é verdadeira[13]: $\lim_{\rho\to 0} F(\rho,\theta) = L \Rightarrow \lim_{(x,y)\to(0,0)} f(x,y) = L$, pois, apesar de que $F(\rho,\theta)$ depende (como naturalmente ocorre) tanto de ρ quanto de θ, a expressão de F acima satisfaz as hipóteses do Teorema 3.10.1.

Observação: observemos que, como, por hipótese, H é limitada, ou seja, existe uma constante real positiva M tal que $|H(\theta)| \leq M$, para todo $\theta \in [0,2\pi)$, decorre que $|F(\rho,\theta)| = |G(\rho)||H(\theta)| \leq M|G(\rho)|(= I(\rho))$, de modo que tal caso expressa, em verdade, uma condição suficiente para a existência do limite. Assim, podemos expressar o caso acima do seguinte modo alternativo (em sua forma mais geral):

Caso 3.1': se existe uma função I, a qual depende apenas de ρ, tal que $\lim_{\rho\to 0} I(\rho) = 0$, que satisfaz $|F(\rho,\theta) - L| \leq I(\rho)$, para todo $\theta \in [0,2\pi)$, então $\lim_{(x,y)\to(0,0)} f(x,y) = L$.

Ademais, podemos interpretar esse modo alternativo como uma consequência do fato de que, quando variamos θ (mantendo ρ fixado), $F(\rho,\theta)$ fornece-nos os valores de $f(x,y)$ sobre o círculo $x^2 + y^2 = \rho^2$.

Exemplo 3. Dada $f : \mathbb{R}^2 - \{(0,0)\} \to \mathbb{R}$, definida por $f(x,y) = \dfrac{xy}{\sqrt{x^2+y^2}}$, calcule $\lim_{(x,y)\to(0,0)} f(x,y)$.

Resolução:

Efetuando a mudança de coordenadas cartesianas para coordenadas polares, obtemos $F(\rho,\theta) = \dfrac{\rho^2 cos\theta sen\theta}{\rho} = \rho cos\theta sen\theta$. Assim, podemos expressar $F(\rho,\theta)$ como $F(\rho,\theta) = G(\rho)H(\theta)$, em que $G(\rho) = \rho$ e $H(\theta) = cos\theta sen\theta$. Como $\lim_{\rho\to 0} G(\rho) = 0$ e $|H(\theta)| \leq 1$, decorre que

$$\lim_{\rho\to 0} F(\rho,\theta) = \lim_{\rho\to 0}(\rho cos\theta sen\theta)$$

[13] O Caso 2 também, embora não tenhamos o mencionado explicitamente.

$$= 0.$$

Portanto, $\lim\limits_{(x,y)\to(0,0)} f(x,y) = 0$.

O estudo dos demais casos requer a seguinte caracterização: $\boldsymbol{\lim\limits_{(x,y)\to(0,0)} f(x,y) = L}$ **se e somente se $\lim\limits_{\rho\to 0} F(\rho) = L$, uniformemente em θ, ou seja, $\lim\limits_{(x,y)\to(0,0)} f(x,y)$ existe se e somente se o limite radial de f, expresso em coordenadas polares centrado em $(0,0)$, não depende de θ.**

Assim, observamos, *a posteriori*, que o Caso 1 é um caso particular dessa caracterização.

Caso 3.2: podemos expressar $F(\rho,\theta)$ como $F(\rho,\theta) = G(\rho)H(\theta)$, em que $\lim\limits_{\rho\to 0} G(\rho) = 0$, mas $H(\theta)$ não é limitada em $[0, 2\pi)$.

Exemplo 4. Dada $f : \{(x,y) \in \mathbb{R}^2 : y \neq \pm x\} \to \mathbb{R}$, definida por $f(x,y) = \dfrac{x^3}{x^2 - y^2}$, calcule $\lim\limits_{(x,y)\to(0,0)} f(x,y)$.

Resolução:

Efetuando a mudança de coordenadas cartesianas para coordenadas polares, obtemos $F(\rho,\theta) = \dfrac{\rho^3 cos^3\theta}{\rho^2 cos^2\theta - \rho^2 sen^2\theta} = \rho \dfrac{cos^3\theta}{cos^2\theta - sen^2\theta}$. Assim, podemos expressar $F(\rho,\theta)$ como $F(\rho,\theta) = G(\rho)H(\theta)$, em que $G(\rho) = \rho$ e $H(\theta) = \dfrac{cos^3\theta}{cos^2\theta - sen^2\theta}$, de modo que $\lim\limits_{\rho\to 0} G(\rho) = 0$ mas $H(\theta)$ não é limitada (logo, a convergência **não é uniforme em θ**): para valores de θ próximos de $\dfrac{\pi}{4}$ (ou $\dfrac{3\pi}{4}$ ou $\dfrac{5\pi}{4}$ ou $\dfrac{7\pi}{4}$), obtemos valores de H arbitrariamente grandes (o denominador de H aproxima-se de zero quando θ se aproxima de qualquer desses valores). Portanto, $\lim\limits_{(x,y)\to(0,0)} f(x,y)$ não existe.

Caso 3.3: não podemos expressar $F(\rho,\theta)$ como $F(\rho,\theta) = G(\rho)H(\theta)$.

Pode ocorrer que a mudança de coordenadas cartesianas para coordenadas polares, ao transformar $f(x,y)$ em $F(\rho,\theta)$ de modo que não seja possível expressarmos $F(\rho,\theta)$ como $G(\rho)H(\theta)$, resulte em que $\lim\limits_{\theta\to\overline{\theta}} F(\rho,\theta)$ não exista, **independentemente** do valor de ρ (consequentemente, $\lim\limits_{(x,y)\to(0,0)} f(x,y)$ também não exista), conforme monstramos no exemplo a seguir.

Exemplo 5. Dada $f : \{(x,y) \in \mathbb{R}^2 : y < x^2\} \to \mathbb{R}$, definida por $f(x,y) = \dfrac{xy}{\sqrt{x^2 - y}}$, calcule $\lim\limits_{(x,y)\to(0,0)} f(x,y)$.

Resolução:

Efetuando a mudança de coordenadas cartesianas para coordenadas polares, obtemos $F(\rho,\theta) = \dfrac{\rho^2 cos\theta sen\theta}{\sqrt{\rho cos^2\theta - sen\theta}}$, de modo que não podemos expressar $F(\rho,\theta)$ como $F(\rho,\theta) = G(\rho)H(\theta)$. Assim, procedemos como segue. O círculo de centro em $(0,0)$ e raio ρ intersecta a parábola $y = x^2$ nos pontos de coordenadas polares (ρ,θ_1) e (ρ,θ_2), tais que θ_1 e θ_2 são as soluções, em $[0, 2\pi)$, da equação polar $\rho cos^2\theta - sen\theta = 0$ dessa parábola (Figura 3.29 a seguir).

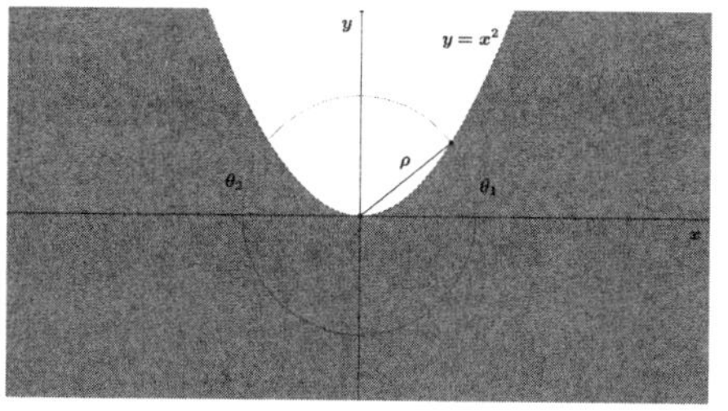

Figura 3.29: a região hachurada corresponde ao domínio de f.

Geometricamente, podemos observar que um dos ângulos (θ_1) pertence a $\left(0, \dfrac{\pi}{2}\right)$, e o outro ($\theta_2$) pertence a $\left(\dfrac{\pi}{2}, \pi\right)$. Como $\rho cos^2\theta_1 - sen\theta_1 = 0$ (igualmente, $\rho cos^2\theta_2 - sen\theta_2 = 0$), decorre que $\lim_{\theta \to \theta_1^-} F(\rho, \theta) = +\infty$ (igualmente, $\lim_{\theta \to \theta_2^+} F(\rho, \theta) = -\infty$), o que nos mostra que $|F(\rho, \theta)|$ pode tornar-se arbitrariamente grande (ou seja, F não é limitada), *independentemente* do valor de ρ. Portanto, $\lim_{(x,y) \to (0,0)} f(x, y)$ não existe.

O leitor pode, agora, comparar a resolução acima com aquela que apresentamos no Exemplo 2 do Teorema 3.9.1 (Limitação local).

Tendo já observado que

$$\lim_{(x,y) \to (0,0)} f(x, y) = L \tag{3.1}$$

implica

$$\lim_{\rho \to 0} F(\rho, \theta) = L, \text{ para todos os possíveis valores de } \theta, \tag{3.2}$$

mas a recíproca, *em geral*, é falsa (equivalentemente, se $\lim_{\rho \to 0} F(\rho, \theta)$ não existe (é igual a $-\infty$ ou $+\infty$ ou depende apenas de θ), então $\lim_{(x,y) \to (0,0)} f(x, y)$ também não existe), devemos obter uma condição (necessariamente mais forte do que (3.2)) que seja suficiente para garantir que o limite em coordenadas polares implique o limite correspondente em coordenadas cartesianas. É plausível inquirir se (3.1) também implica

$$\lim_{(\rho,\theta) \to (0,\overline{\theta})} F(\rho, \theta) = L, \text{ para todos os possíveis valores de } \overline{\theta}, \tag{3.3}$$

uma vez que a condição (3.3), sendo mais forte que a condição (3.2), é precisamente a condição que desejamos obter, ou seja, a condição que nos assegurará que (3.3) implica (3.1). (Em (3.3), consideramos que $\overline{\theta}$ (ao contrário de θ) pertence ao intervalo **compacto** $[0, 2\pi]$.). Não apenas (3.1) implica (3.3), como tais condições são, em verdade, equivalentes entre si, basicamente como uma consequência da compacidade do intervalo $[0, 2\pi]$[14].

Exemplo 6. Dada $f : \mathbb{R}^2 - \{(0,0)\} \to \mathbb{R}$, definida por $f(x, y) = \dfrac{\sqrt{x^2 + y^2}}{[x^2y^2 + \sqrt{x^2 + y^2}]sen(x^2 + y^2)}$, calcule $\lim_{(x,y) \to (0,0)} f(x, y)$.

[14]Para mais informações sobre o resultado que garante a equivalência entre (3.1) e (3.3), sugerimos ao leitor que consulte o Teorema 5, Seção 5, p. 432-433, de [5].

Resolução:

Efetuando a mudança de coordenadas cartesianas para coordenadas polares, obtemos $F(\rho,\theta) = \dfrac{1}{[\rho^3(cos^2\theta)(sen^2\theta)+1]sen(\rho^2)}$, de modo que não podemos expressar $F(\rho,\theta)$ como $F(\rho,\theta) = G(\rho)H(\theta)$. Entretanto, podemos observar que

$$\lim_{(\rho,\theta)\to(0,\overline{\theta})} F(\rho,\theta) = +\infty,$$

para todo $\overline{\theta} \in [0, 2\pi]$. Portanto, $\lim\limits_{(\rho,\theta)\to(0,\overline{\theta})} F(\rho,\theta)$ não existe (consequentemente, $\lim\limits_{(x,y)\to(0,0)} f(x,y)$ também não existe, devido à equivalência entre (3.1) e (3.3).

O último exemplo do caso sob análise que apresentaremos tem como objetivo não apenas aplicar a equivalência entre (3.1) e (3.3), mas também desmentir a falácia de que **"A mudança para coordenadas polares nem sempre ajuda, contudo, e pode até mesmo nos levar a conclusões falsas"**[15], a qual consta da referência [20].

Exemplo 7. Dada $f : \mathbb{R}^2 - \{(0,0)\} \to \mathbb{R}$, definida por $f(x,y) = \dfrac{2x^2y}{x^4+y^2}$, calcule $\lim\limits_{(x,y)\to(0,0)} f(x,y)$.

Resolução:

Efetuando a mudança de coordenadas cartesianas para coordenadas polares, obtemos

$$F(\rho,\theta) = \frac{2\rho(cos^2\theta)sen\theta}{\rho^2cos^4\theta + sen^2\theta},$$

de modo que não podemos expressar $F(\rho,\theta)$ como $F(\rho,\theta) = G(\rho)H(\theta)$. Entretanto, uma simples análise da expressão de F acima nos permite afirmar que

$$\lim_{(\rho,\theta)\to(0,\overline{\theta})} \frac{2\rho(cos^2\theta)sen\theta}{\rho^2cos^4\theta + sen^2\theta} = 0,$$

desde que $\overline{\theta} \in [0, 2\pi] - \{0, \pi, 2\pi\}$[16]. (Enfatizamos que, neste estágio da resolução, é fundamental observarmos que **o valor do limite obtido acima é válido apenas sob a condição de que $\overline{\boldsymbol{\theta}} \in [0, 2\pi] - \{0, \pi, 2\pi\}$.**)

Para concluir o cálculo de $\lim\limits_{(\rho,\theta)\to(0,\overline{\theta})} \dfrac{2\rho(cos^2\theta)sen\theta}{\rho^2cos^4\theta + sen^2\theta}$, devemos, pois, analisar o que ocorre quando $\overline{\theta} = 0$, $\overline{\theta} = \pi$ e $\overline{\theta} = 2\pi$. Antecipamo-nos informando ao leitor que podemos realizar tal análise de uma só vez. Assim procedendo, temos, para $\overline{\theta} \in \{0, \pi, 2\pi\}$[17],

---

[15]Tradução livre do original: "Shifting to polar coordinates does not always help, however, and may even tempt us to false conclusions". Tivemos o cuidado de garantir que tal falácia ainda não fora corrigida (se é que, em algum dia no futuro, o será!), ao nos basearmos na edição original mais recente da obra mencionada. Ademais, em contato com o Prof. Joel Hass (um dos atuais responsáveis pela referida obra, em virtude do falecimento do autor Prof. George Brinton Thomas (1914-2006); os outros são o Prof. Christopher Heil e o Prof. Maurice D. Weir) admitiu esse erro, ao declarar que "Certainly if one knows how to make substitutions like $\theta = arcsin\,\rho$ one will not make such false conclusions. But this substitution will not be obvious to a beginning student".

[16]Quando $\rho \to 0$, tanto $2\rho(cos^2\overline{\theta})(sen\overline{\theta})$ quanto $\rho^2cos^4\overline{\theta}$ tendem a 0, de modo que esse limite é, efetivamente, igual a 0, se e somente se $sen^2\overline{\theta} \neq 0$, o que ocorre se e somente se $\overline{\theta} \neq 0, \pi, 2\pi$.

[17]Como $sen(0) = sen\pi = sen2\pi = 0$, a curva $\theta = arcsen\rho$ é uma das infinitas curvas (contidas no domínio de F) que passam por $(\rho = 0, \theta = 0), (\rho = 0, \theta = \pi), (\rho = 0, \theta = 2\pi)$ no plano $\rho\theta$, de modo que podemos usá-la para aproximar qualquer desses três pontos.

$$\begin{aligned}
\lim_{\substack{(\rho,\theta)\to(0,\bar{\theta})\\ \theta=arcsen\,\rho}} F(\rho,\theta) &= \lim_{\rho\to 0} F(\rho, arcsen\rho)\\
&= \lim_{\substack{(\rho,\theta)\to(0,\bar{\theta})\\ \theta=arcsen\rho}} \frac{2\rho(cos^2\theta)sen\theta}{\rho^2cos^4\theta+sen^2\theta}\\
&= \lim_{\rho\to 0}\frac{2\rho(1-\rho^2)\rho}{\rho^2(1-\rho^2)^2+\rho^2}\\
&= \lim_{\rho\to 0}\frac{2\rho^2(1-\rho^2)}{\rho^2[(1-\rho^2)^2+1]}\\
&= \lim_{\rho\to 0}\frac{2(1-\rho^2)}{[(1-\rho^2)^2+1]}\\
&= 1.
\end{aligned}$$

Portanto, $\lim_{(\rho,\theta)\to(0,\bar{\theta})} F(\rho,\theta)$ não existe (consequentemente, $\lim_{(x,y)\to(0,0)} f(x,y)$ também não existe, devido à equivalência entre (3.1) e (3.3)).

Para concluir esta seção, apresentamos ao leitor um exemplo de aplicação do método de cálculo de limites por meio de coordenadas polares que exibe a generalidade de tal método.

Exemplo [extra]. Considere $f:\mathbb{R}^2\to\mathbb{R}$, definida por

$$f(x,y)=\begin{cases}\dfrac{x^py^q}{2x^2-xy+3y^2}, & \text{se} \quad (x,y)\neq(0,0)\\ \quad 0 \quad , & \text{se} \quad (x,y)=(0,0)\end{cases},$$

em que $p>0$ e $q>0$ são parâmetros (números reais fixados). Discuta a existência de $\lim_{(x,y)\to(0,0)} f(x,y)$ em termos de p e q.

Resolução:

Inicialmente, observemos (apenas a título de informação) que f está bem definida, ou seja, o denominador $2x^2-xy+3y^2$ anula-se apenas em $(x,y)=(0,0)$ (de modo que o domínio de f é realmente todo o $\mathbb{R}^2$):

$$\begin{aligned}
2x^2-xy+3y^2=0 &\Leftrightarrow 2\left(x^2-\frac{xy}{2}+\frac{1}{16}y^2\right)+3y^2-\frac{1}{8}y^2=0\\
&\Leftrightarrow 2\left(x-\frac{1}{4}y\right)^2+\frac{23}{8}y^2=0\\
&\Leftrightarrow y=0 \text{ e } x=0.
\end{aligned}$$

Para proceder propriamente à discussão solicitada, expressemos, inicialmente, $f(x,y)$ em coordenadas polares:

$$\begin{aligned}
F(\rho,\theta) &= f(\rho cos\theta, \rho sen\theta)\\
&= \frac{(\rho cos\theta)^p(\rho sen\theta)^q}{2(\rho cos\theta)^2-(\rho cos\theta)(\rho sen\theta)+3(\rho sen\theta)^2}\\
&= \rho^{p+q-2}\frac{cos^p\theta sen^q\theta}{2-cos\theta sen\theta+sen^2\theta}.
\end{aligned}$$

Assim, devemos analisar, separadamente, os casos a seguir:

Caso I: $p + q - 2 < 0$.
Neste caso, quando $(\rho, \theta) \to (0,0)$, $\rho^{p+q-2} \to \infty$, de modo que $\lim_{(\rho,\theta)\to(0,0)} F(\rho,\theta)$ não existe, pois, por exemplo:

i) segundo a direção $\theta = 0$, $\lim_{(\rho,\theta)\to(0,0)} F(\rho,\theta) = 0$;

ii) segundo a direção $\theta = \frac{\pi}{4}$, $\lim_{(\rho,\theta)\to(0,0)} F(\rho,\theta) = \infty$.

Caso II: $p + q - 2 = 0$.
Neste caso, a expressão de f acima em coordenadas polares depende (apenas) de θ, de modo que, segundo qualquer direção $\theta = \theta_0$ fixada, $\lim_{(\rho,\theta)\to(0,0)} F(\rho,\theta)$ não existe.

Caso III: $p + q - 2 > 0$.
Neste caso, quando $(\rho, \theta) \to (0,0)$, $\rho^{p+q-2} \to 0$, de modo que $\lim_{(\rho,\theta)\to(0,0)} F(\rho,\theta) = 0$, pois

$$\begin{aligned} |F(\rho,\theta) - 0| &= \rho^{p+q-2} \left| \frac{cos^p\theta sen^q\theta}{2 + sen^2\theta - cos\theta sen\theta} \right| \\ &< (0,6)\rho^{p+q-2}, \end{aligned}$$

uma vez que, para todo θ, $|cos^p\theta sen^q\theta| < 1$ e $\frac{1}{|2 + sen^2\theta - cos\theta sen\theta|} < 0,6$.

Em resumo: $\lim_{(x,y)\to(0,0)} f(x,y)$ **existe ($= 0$) apenas quando $p + q - 2 > 0$.**

3.13 Regra de l'Hôspital

É bem conhecida do leitor, no que diz respeito aos seus estudos anteriores do Cálculo de Funções Reais de Uma (única) Variável Real, a denominada Regra de l'Hôspital, a qual é bastante útil para calcular os limites de algumas funções naquele contexto.

Usaremos a Regra de l'Hôspital em associação com um dos seguintes métodos de cálculo de limites de funções reais de duas variáveis reais:

i) Teorema 3.5.1 (Limites ao longo de curvas);

ii) Teorema 3.10.1 (Limite de uma função composta);

iii) coordenadas polares.

A seguir, apresentaremos três exemplos de aplicação da Regra de l'Hôspital (que denotamos simplesmente por l'H), conforme descrevemos acima.

Exemplo 1. Dada $f : \{(x,y) \in \mathbb{R}^2 : y \neq -x\} \to \mathbb{R}$, definida por $f(x,y) = \frac{x^2y^2}{x^3 + y^3}$, calcule $\lim_{(x,y)\to(0,0)} f(x,y)$.

Resolução:

Consideremos $C_1 = \{(x,y) \in \mathbb{R}^2 : y = 0, x \neq 0\}$ (C_1 é o eixo x, menos a origem) e $C_2 = \{(x,y) \in \mathbb{R}^2 : y = -xe^x, x \neq 0\}$ (C_2 é a "perturbação" da reta $y = -x$ pela exponencial

e^x, menos a origem). Assim, temos

$$\lim_{\substack{(x,y)\to(0,0)\\(x,y)\in C_1}} f(x,y) = \lim_{x\to 0} f(x,0) = \lim_{x\to 0} 0 = 0,$$

$$\begin{aligned}
\lim_{\substack{(x,y)\to(0,0)\\(x,y)\in C_2}} f(x,y) &= \lim_{x\to 0} \frac{x^2(-xe^x)^2}{x^3+(-xe^x)^3} \\
&= \lim_{x\to 0} \frac{x^4e^{2x}}{x^3(1-e^{3x})} \\
&= \lim_{x\to 0} \frac{xe^{2x}}{1-e^{3x}} \\
&\overset{\text{l'H}}{=} \lim_{x\to 0} \frac{e^{2x}+2xe^{2x}}{-3e^{3x}} \\
&= -\frac{1}{3}.
\end{aligned}$$

Logo, $\lim\limits_{\substack{(x,y)\to(0,0)\\(x,y)\in C_1}} f(x,y) \neq \lim\limits_{\substack{(x,y)\to(0,0)\\(x,y)\in C_2}} f(x,y)$. Portanto, do Teorema 3.5.1 resulta que $\lim\limits_{(x,y)\to(0,0)} f(x,y)$ não existe.

Comentários:

(Escolha de C_1): como o numerador da expressão de f é xy, é indiferente escolhermos C_1 o eixo x, menos a origem, tal como acima, ou C_1 o eixo y, menos a origem, pois o valor do limite ao longo dessas curvas é o mesmo, de modo que apenas uma dessas escolhas de C_1 é realmente suficiente.

(Escolha de C_2): precisamos escolher uma curva contida no domínio de f que passe pela origem e tal que, quando x tenda a zero, tanto o seu limite seja zero, quanto o limite da função calculada nela seja diferente de zero: a curva que escolhemos ($y = -xe^x$) satisfaz, pois, essas condições. Ademais, é indiferente escolhermos C_2 a curva $y = -xe^x$, menos a origem, como acima, ou C_2 a curva $y = -xe^{-x}$, menos a origem, pois o valor do limite ao longo de qualquer dessas curvas é o mesmo, de modo que apenas uma dessas escolhas de C_2 é realmente suficiente.

Exemplo 2. Dada $f : \{(x,y) \in \mathbb{R}^2 : x \neq 0, y \neq 0\} \to \mathbb{R}$, definida por $f(x,y) = \dfrac{1-cos(xy)}{xy}$, calcule $\lim\limits_{(x,y)\to(0,0)} f(x,y)$.

Resolução:

Usando a compactação de variáveis $t = xy$, decorre que, quando $(x,y) \to (0,0)$, $t \to 0$, de modo que podemos proceder como segue:

$$\begin{aligned}
\lim_{(x,y)\to(0,0)} \frac{1-cos(xy)}{xy} &= \lim_{t\to 0} \frac{1-cost}{t} \\
&\overset{\text{l'H}}{=} \lim_{t\to 0} (sent) \\
&= 0.
\end{aligned}$$

Portanto, $\lim\limits_{(x,y)\to(0,0)} \dfrac{1-cos(xy)}{xy} = 0$.

Exemplo 3. Dada $f : \mathbb{R}^2 - \{(0,0)\} \to \mathbb{R}$, definida por $f(x,y) = \dfrac{e^{-x^2-y^2}-1}{x^2+y^2}$, calcule $\lim\limits_{(x,y)\to(0,0)} f(x,y)$.

Resolução:

Efetuando a mudança de coordenadas cartesianas para coordenadas polares, podemos proceder como segue:

$$\begin{aligned}\lim_{(x,y)\to(0,0)} \frac{e^{-x^2-y^2}-1}{x^2+y^2} &= \lim_{\rho\to 0} \frac{e^{-\rho^2}-1}{\rho^2} \\ &\overset{\text{l'H}}{=} \lim_{\rho\to 0} \frac{-2\rho e^{-\rho^2}}{2\rho} \\ &= \lim_{\rho\to 0} (-e^{-\rho^2}) \\ &= -1.\end{aligned}$$

Portanto, $\lim\limits_{(x,y)\to(0,0)} \dfrac{e^{-x^2-y^2}-1}{x^2+y^2} = -1.$

3.14 Série de Taylor

É bem conhecida do leitor a definição de série de Taylor, no que diz respeito aos seus estudos anteriores de Cálculo de Funções Reais de uma (única) Variável Real.

O desenvolvimento de uma função real de uma (única) variável real em série de Taylor (série de potências), **desde que represente (convirja para) tal função**, é um recurso muito eficaz para elucidar as expressões indeterminadas do tipo $\dfrac{0}{0}$.

Motivados pelo referido desenvolvimento, é precisamente sob o seguinte ponto de vista que usaremos séries de Taylor: dada uma função real de duas variáveis reais, obteremos, por meio de uma mudança de variável conveniente (compactação de variáveis), o seu desenvolvimento em série de Taylor usando diretamente o desenvolvimento em série de Taylor da função correspondente de uma única variável assim resultante[18].

Definição 3.14.1. *(Série de Taylor) Consideremos $f : I \subseteq \mathbb{R} \to \mathbb{R}$ de classe C^∞, definida em um intervalo aberto I, a um ponto interior a I e $x \in I$. A série*

$$\sum_{n=0}^{\infty} \frac{f^{(n)}(a)}{n!}(x-a)^n = f(a) + f'(a)(x-a) + \frac{f''(a)}{2!}(x-a)^2 + \ldots + \frac{f^{(n)}(a)}{n!}(x-a)^n + \ldots$$

é denominada série de Taylor de f em a (em torno de a ou centrada em a).

Toda função C^∞, definida em um intervalo aberto $I \subseteq \mathbb{R}$, tem uma série de Taylor em cada ponto interior $a \in I$, a qual pode convergir ou divergir. Em particular, o fato de a série de

[18]Esse procedimento é importante em seu próprio direito: em certos casos especiais (como os que consideramos), é possível obter o desenvolvimento em série de Taylor de uma função real de duas variáveis reais bem mais fácil por meio desse procedimento do que pelo procedimento próprio, o qual envolve o cálculo (possivelmente trabalhoso) das derivadas parciais de tal função.

Taylor de f convergir não garante que o resultado de tal convergência seja igual a $f(x)$: o limite da sequência das somas parciais (ou seja, o limite do polinômio de Taylor de grau $\leq n$ de f em a) pode ser diferente de $f(x)$. Assim, a convergência da série de Taylor de f é uma condição apenas necessária para que a sua soma seja igual a $f(x)$. (O exemplo clássico desse fato é o da função $f : \mathbb{R} \to \mathbb{R}$ de classe C^∞, definida por $f(x) = \begin{cases} e^{-\frac{1}{x^2}}, & \text{se } x \neq 0 \\ 0, & \text{se } x = 0 \end{cases}$ Como $f^{(n)}(0) = 0$, para todo $n \in \mathbb{N}$, a série de Taylor de f em torno de 0 é identicamente nula, de modo que converge para 0, para todo $x \in \mathbb{R}$. Uma vez que $f(x) \neq 0$, para todo $x \in \mathbb{R} - \{0\}$, resulta que a série de Taylor não converge para o valor da função.)

Pois bem, como estamos interessados em usar a série de Taylor de uma função para calcular o seu limite, consideraremos apenas funções cujas séries de Taylor convirjam para os seus valores (pelo menos para todo ponto do seu intervalo de convergência). Tais funções constituem a classe das funções denominadas analíticas, conforme definição a seguir.

Definição 3.14.2. *(Função analítica) Uma função $f : I \subseteq \mathbb{R} \to \mathbb{R}$ de classe C^∞, definida em um intervalo aberto I, é denominada analítica se, para cada $a \in I$, existe $\varepsilon > 0$ tal que a sua série de Taylor em torno de a, $\sum_{n=0}^{\infty} \frac{f^{(n)}(a)}{n!}(x-a)^n$, converge para $f(x)$, desde que $|x - a| < \varepsilon$.*

As operações usuais de funções (adição, multiplicação por constante, multiplicação e divisão) preservam a analiticidade de tais funções: a soma, o produto por constante, o produto e o quociente de funções analíticas são funções analíticas. São exemplos clássicos de funções analíticas: polinomiais (como consequência do fato de que uma constante e a identidade ($i : \mathbb{R} \to \mathbb{R}, i(x) = x$) são evidentemente analíticas em $\mathbb{R}$, juntamente com somas e produtos), racionais (em todo intervalo aberto em que o denominador não se anule), exponenciais, logarítmicas, trigonométricas, ou seja, todas as funções "elementares" do Cálculo.

Observação: (caracterização da convergência de uma série de Taylor)

Consideremos $f : I \subseteq \mathbb{R} \to \mathbb{R}$ de classe C^∞, definida em um intervalo aberto I, a um ponto interior a I e $x \in I$. Podemos expressar $f(x)$ como segue

$$f(x) = f(a) + f'(a)(x-a) + \frac{f''(a)}{2!}(x-a)^2 + \ldots + \frac{f^{(n-1)}(a)}{(n-1)!}(x-a)^{n-1} + r_n(x),$$

para todo $n \in \mathbb{N}$, em que $r_n(x) = \frac{f^n(\xi)}{n!}(x-a)^n$, para algum número real ξ entre x e a, $\xi \neq x$, $\xi \neq a$.

A igualdade acima (uma generalização do Teorema do Valor Médio) expressa $f(x)$ como a soma do **polinônio de Taylor de grau** $\boldsymbol{\leq n}$, $\boldsymbol{\sum_{i=0}^{n} \frac{f^{(i)}(a)}{i!}(x-a)^i}$, com a **forma de Lagrange do resto,** $\boldsymbol{r_n(x) = \frac{f^n(\xi)}{n!}(x-a)^n}$, para algum número real ξ entre x e a, $\xi \neq x$, $\xi \neq a$. Em particular, decorre dessa forma do resto que, se M_n é um número real positivo tal que $|f^n(x)| \leq M_n$, para todo $x \in I$, então $r_n(x) \leq M_n \frac{|x-a|^n}{n!}$. Essa estimativa do resto desempenhará papel fundamental na consecução dos nossos propósitos nesta seção.

Com base em tais considerações, temos a seguinte caracterização da convergência de uma série de Taylor: **a série de Taylor de f, $\sum_{n=0}^{\infty} \frac{f^{(n)}(a)}{n!}(x-a)^n$, converge para $f(x)$ se e somente se $\lim_{n \to \infty} r_n(x) = 0$.**

Em geral, o cálculo das derivadas sucessivas de uma função é bastante trabalhoso, de modo que, na prática, em vez de calcular as derivadas sucessivas de f em a, $f^{(n)}(a)$, para obter a série de Taylor de uma dada função, costumamos usar métodos indiretos, tais como adição, multiplicação, divisão de polinômios, derivação termo a termo, integração termo a termo, que nos permitem a consecução desse objetivo de modo mais fácil. A série de Taylor que obtemos por meio de qualquer desses métodos indiretos é realmente a série de Taylor da função dada, pois o teorema sobre a unicidade da série de Taylor de uma função nos garante que, não importa como obtemos uma representação em série de potências de f, os seus coeficientes $\frac{f^{(n)}(a)}{n!}$ são únicos: se $f(x) = p_n(x) + r_n(x)$, em que $p_n(x)$ é um polinômio de grau $\leq n$ e $\lim_{x \to a} \frac{r_n(x)}{x^n} = 0$ (ou seja, o resto $r_n(x)$ é um infinitésimo de ordem superior a n em relação à x), então $p_n(x) = \sum_{i=0}^{n} \frac{f^{(i)}(a)}{i!}(x-a)^i$.

A tabela a seguir apresenta os desenvolvimentos em série de Taylor (em torno de $a = 0$) de algumas funções analíticas que usamos mais frequentemente, algumas das quais apresentaremos nos exemplos subsequentes.

Desenvolvimento em série de Taylor (em torno de 0) de algumas funções		
Tipos	**Séries de Taylor**	**Intervalos de convergência**
exponencial	$e^x = \sum_{n=0}^{\infty} \frac{x^n}{n!}$	$(-\infty, +\infty)$
geométrica	$\frac{1}{1-x} = \sum_{n=0}^{\infty} x^n$	$(-1, 1)$
logarítmica	$ln(1+x) = \sum_{n=0}^{\infty} \frac{(-1)^n}{n+1} x^{n+1}$	$(-1, 1)$
seno	$senx = \sum_{n=0}^{\infty} \frac{(-1)^n}{(2n+1)!} x^{2n+1}$	$(-\infty, +\infty)$
cosseno	$cosx = \sum_{n=0}^{\infty} \frac{(-1)^n}{(2n)!} x^{2n}$	$(-\infty, +\infty)$
arcosseno	$arcsenx = \sum_{n=0}^{\infty} \frac{(2n)!}{4^n (n!)^2 (2n+1)} x^{2n+1}$	$(-1, 1)$
arcotangente	$arctgx = \sum_{n=0}^{\infty} \frac{(-1)^n}{2n+1} x^{2n+1}$	$(-1, 1)$
binomial	$(1+x)^k = \sum_{n=0}^{k} \binom{k}{n} x^n, \ k \in \mathbb{R}$	$(-1, 1)$

Estamos, agora, em condições de apresentar o uso de séries de Taylor para calcular os limites de algumas funções reais de duas variáveis reais, conforme descrevemos acima.

Exemplo 1. Dada $f : \mathbb{R}^2 - \{(0,0)\} \to \mathbb{R}$, definida por $f(x,y) = \dfrac{sen(x^2+y^2)}{x^2+y^2}$, calcule $\lim\limits_{(x,y)\to(0,0)} f(x,y)$.

Resolução:

Sabemos que, para todo $t \in \mathbb{R}$, a série de Taylor da função seno em torno de 0 é dada por

$$sent = t - \frac{t^3}{3!} + \frac{t^5}{5!} + \ldots + \frac{(-1)^n}{(2n+1)!}t^{2n+1} + \ldots,$$

ou, equivalentemente,

$$sent = t - r_3(t),$$

em que $r_3(t)$ é o resto da série de Taylor da função seno, o qual satisfaz a estimativa

$$|r_3(t)| \leq \frac{|t|^3}{3!}.$$

Assim, considerando $t = x^2 + y^2$, temos

$$sen(x^2+y^2) = (x^2+y^2) - r_3(x^2+y^2),$$

de modo que, pela estimativa acima,

$$\begin{aligned}
\left|\frac{sen(x^2+y^2)}{x^2+y^2}\right| &= \left|\frac{(x^2+y^2) - r_3(x^2+y^2)}{x^2+y^2}\right| \\
&= \left|1 - \frac{r_3(x^2+y^2)}{x^2+y^2}\right| \\
&\leq 1 + \left|\frac{r_3(x^2+y^2)}{x^2+y^2}\right| \\
&\leq 1 + \frac{(x^2+y^2)^2}{3!}.
\end{aligned}$$

Portanto, $\lim\limits_{(x,y)\to(0,0)} \dfrac{sen(x^2+y^2)}{x^2+y^2} = 1$.

Exemplo 2. Dada $f : \{(x,y) \in \mathbb{R}^2 : x > 0, y \geq 0 \text{ ou } x < 0, y \leq 0\} \to \mathbb{R}$, definida por $f(x,y) = \dfrac{1 - cos\sqrt{xy}}{x}$, calcule $\lim\limits_{(x,y)\to(0,0)} f(x,y)$.

Resolução:

Sabemos que, para todo $t \in \mathbb{R}$, a série de Taylor da função cosseno em torno de 0 é dada por

$$cost = 1 - \frac{t^2}{2!} + \frac{t^4}{4!} + \ldots + \frac{(-1)^n}{(2n)!}t^{2n} + \ldots,$$

ou, equivalentemente,

$$cost = 1 - \frac{t^2}{2} + r_4(t),$$

em que $r_4(t)$ é o resto da série de Taylor da função cosseno, o qual satisfaz a estimativa

$$|r_4(t)| \leq \frac{|t|^4}{4!}.$$

Assim, considerando $t = \sqrt{xy}$, temos

$$cos\sqrt{xy} = 1 - \frac{xy}{2} + r_4(\sqrt{xy}),$$

de modo que, pela estimativa acima,

$$\begin{aligned}
\left|\frac{1 - cos\sqrt{xy}}{x}\right| &= \left|\frac{1 - \left[1 - \frac{xy}{2} + r_4(\sqrt{xy})\right]}{x}\right| \\
&= \left|\frac{y}{2} - \frac{r_4(\sqrt{xy})}{x}\right| \\
&\leq \left|\frac{y}{2}\right| + \left|\frac{r_4(\sqrt{xy})}{x}\right| \\
&\leq \left|\frac{y}{2}\right| + \left|\frac{xy^2}{4!}\right|.
\end{aligned}$$

Portanto, $\lim\limits_{(x,y)\to(0,0)} \dfrac{1 - cos\sqrt{xy}}{x} = 0.$

Exemplo 3. Dada $f : A \subseteq \mathbb{R}^2 \to \mathbb{R}$, definida por $f(x, y) = \dfrac{\sqrt{1 + x^3 - y^3} - 1}{arcsen(x^2 + x + y^2) - arcsen x}$, calcule $\lim\limits_{(x,y)\to(0,0)} f(x, y)$.

Resolução:

Sabemos que, para todo $t \in \mathbb{R}$, a série de Taylor de $(1 + t)^k$ em torno de 0 (Série Binomial) é dada por

$$(1 + t)^k = 1 + kt + k(k - 1)\frac{t^2}{2!} + k(k - 1)(k - 2)\frac{t^3}{3!} + \ldots + t^k,$$

de modo que

$$(1 + t)^k \approx 1 + kt \ (\Rightarrow (1 + t)^k - 1 \approx kt).$$

Assim, considerando $t = x^3 - y^3$, temos

$$\begin{aligned}
\sqrt{1 + x^3 - y^3} - 1 &= [1 + (x^3 - y^3)]^{\frac{1}{2}} - 1 \\
&\approx \frac{1}{2}(x^3 - y^3).
\end{aligned}$$

Também, usando a série de Taylor da função arcsen em torno de 0, temos, para todo $u \in \mathbb{R}$, a seguinte aproximação

$$arcsen u \approx u,$$

a qual é suficiente para os nossos propósitos. Assim, considerando $u = x^2 + x + y^2$, temos

$$arcsen(x^2 + x + y^2) \approx x^2 + x + y^2.$$

Reunindo essas informações, temos

$$\frac{\sqrt{1+x^3-y^3}-1}{arcsen(x^2+x+y^2)-arcsen x} \approx \frac{x^3-y^3}{2[(x^2+x+y^2)-x]} = \frac{x^3-y^3}{2(x^2+y^2)}.$$

Essa relação nos diz que $\lim\limits_{(x,y)\to(0,0)} \frac{\sqrt{1+x^3-y^3}-1}{arcsen(x^2+x+y^2)-arcsen x}$ existe se e somente se $\lim\limits_{(x,y)\to(0,0)} \frac{x^3-y^3}{2(x^2+y^2)}$ existe (devendo ter o mesmo valor). Este, por sua vez, se existir, deverá ser zero, pois zero é o seu valor (por exemplo, ao longo de qualquer dos eixos coordenados, menos a origem). Calculemos, pois, este limite, como segue:

$$\begin{aligned}\left|\frac{x^3-y^3}{2(x^2+y^2)}\right| &\le \frac{1}{2}\frac{|x^3|+|y^3|}{x^2+y^2}\\ &= \frac{1}{2}\frac{|x|x^2+|y|y^2}{x^2+y^2}\\ &\le \frac{1}{2}\frac{(|x|+|y|)x^2+(|x|+|y|)y^2}{x^2+y^2}\\ &= \frac{1}{2}\frac{(|x|+|y|)(x^2+y^2)}{x^2+y^2}\\ &= \frac{1}{2}(|x|+|y|),\end{aligned}$$

de modo que $\lim\limits_{(x,y)\to(0,0)} \frac{x^3-y^3}{2(x^2+y^2)} = 0$. Portanto, $\lim\limits_{(x,y)\to(0,0)} \frac{\sqrt{1+x^3-y^3}-1}{arcsen(x^2+x+y^2)-arcsen x} = 0$.

3.15 Limites iterados

Limites iterados constituem, juntamente com os limites ao longo de curvas, o que denominamos *limites relativos*. O principal motivo pelo qual somente agora estamos considerando limites iterados é que o seu estudo torna-se mais profícuo após o estudo de todas as técnicas de cálculo de limite que apresentamos até então, conforme o próprio leitor terá a oportunidade de constatar.

Nesta seção, apresentamos o conceito de limites iterados, suas semelhanças com limites ao longo de curvas, bem como as diferenças entre eles, e alguns exemplos de cálculo efetivo de limites iterados.

O conceito de limites iterados (sucessivos ou repetidos) tem sentido apenas quando consideramos funções reais de mais de uma variável real, tais como as que estamos considerando no presente contexto. Diferentemente da definição $\varepsilon-\delta$ do limite dessa classe de funções, em que requeremos que (x,y) tenda a (a,b), de modo que x tenda a a e y tenda a b **simultaneamente**, na definição de limite iterado requeremos que (x,y) tenda a (a,b), de modo que x tenda a a e y tenda a b **sucessivamente**: primeiro, x tenda a a, mantendo y fixado (desde que este limite exista, o resultado é uma função φ de y); depois, y tenda a b (considerando a função φ de y

obtida), e vice-versa (primeiro, y tenda a b, mantendo x fixado (desde que este limite exista, o resultado é uma função ψ de x); depois, x tenda a a (considerando a função ψ de x obtida)).

A definição a seguir torna precisa a essa discussão.

Definição 3.15.1. *Dada uma função real de duas variáveis reais $f : A \subseteq \mathbb{R}^2 \to \mathbb{R}$ e dado um ponto $(a,b) \in A'$, os limites*

$$\lim_{y\to b}\left[\lim_{x\to a} f(x,y)\right], \quad \lim_{x\to a}\left[\lim_{y\to b} f(x,y)\right]$$

são denominados limites iterados (sucessivos ou repetidos).

Observações: (significado das expressões $\lim_{y\to b}\left[\lim_{x\to a} f(x,y)\right] = L_1\ (L_1 \in \mathbb{R})$ e $\lim_{x\to a}\left[\lim_{y\to b} f(x,y)\right] = L_2\ (L_2 \in \mathbb{R})$ (ou seja, significado da existência dos limites iterados))

i) A primeira expressão acima significa que, para cada y fixado, de uma determinada vizinhança reduzida de b, consideramos a função real (de uma única variável real) que, a cada x, associa $f(x,y)$. (Analogamente, a segunda expressão acima significa que, para cada x fixado, de uma determinada vizinhança reduzida de a, consideramos a função real (de uma única variável real) que, a cada y, associa $f(x,y)$.)

ii) Supomos que a função que, a cada x, associa $f(x,y)$, tenha limite quanto x tende a a, o qual denotamos (uma vez que depende de y) por $\varphi(y) = \lim_{x\to a} f(x,y)$. (Analogamente, supomos que a função que, a cada y, associa $f(x,y)$, tenha limite quanto y tende a b, o qual denotamos (uma vez que depende de x) por $\psi(x) = \lim_{x\to a} f(x,y)$.)

iii) Supomos que a função que, a cada y, associa $\varphi(y)$, tenha limite L_1 quanto y tende a b, o qual denominamos *limite iterado de f quando x tende a a, primeiro, e y tende a b, depois.* (Analogamente, supomos que a função que, a cada x, associa $\psi(x)$, tenha limite L_2 quanto x tende a a, o qual denominamos *limite iterado de f quando y tende a b, primeiro, e x tende a a, depois.*)

Assim, se os limites iterados existem, para calculá-los efetivamente, procedemos como segue: para calcular $\lim_{y\to b}\left[\lim_{x\to a} f(x,y)\right]$, devemos calcular, inicialmente, $\lim_{x\to a} f(x,y)$, que é uma função φ de y ($\varphi(y)$), e, em seguida, calcular $\lim_{y\to b}\varphi(y)$. (Analogamente, para calcular $\lim_{x\to a}\left[\lim_{y\to b} f(x,y)\right]$, devemos calcular, inicialmente, $\lim_{y\to b} f(x,y)$, que é uma função ψ de x ($\psi(x)$), e, em seguida, calcular $\lim_{x\to a}\psi(x)$.)

Em resumo: sob tais hipóteses, o cálculo de cada um dos limites iterados reduz-se ao cálculo de (dois) limites de funções reais de uma (única) variável real, de modo que, em geral, é mais simples do que o cálculo de limites ao longo de curvas.

É possível que um dos (ou ambos os) limites iterados coincida(m) com um dos (ou ambos os) limites direcionais calculados ao longo das retas $x = a$ e $y = b$, caso em que $\varphi(y) = \lim_{x\to a} f(x,y)$ coincide com o valor de $f(x,y)$ em $x = a$, ou seja, $f(a,y)$ (respectivamente, $\psi(x) = \lim_{y\to b} f(x,y)$ coincide com o valor de $f(x,y)$ em $y = b$, ou seja, $f(x,b)$), conforme mostramos no exemplo a seguir.

Exemplo 1. Dada $f : \{(x,y) \in \mathbb{R}^2 : y \neq -x\} \to \mathbb{R}$, definida por $f(x,y) = \dfrac{x-y}{x+y}$, calcule os limites iterados $\lim\limits_{y\to 0}\left[\lim\limits_{x\to 0} f(x,y)\right]$ e $\lim\limits_{x\to 0}\left[\lim\limits_{y\to 0} f(x,y)\right]$.

Resolução:

$$\begin{aligned}\lim_{y\to 0}\left[\lim_{x\to 0} f(x,y)\right] &= \lim_{y\to 0}\left[\lim_{x\to 0}\left(\frac{x-y}{x+y}\right)\right]\\ &= \lim_{y\to 0}\left(\frac{-y}{y}\right)\\ &= -1,\end{aligned}$$

$$\begin{aligned}\lim_{x\to 0}\left[\lim_{y\to 0} f(x,y)\right] &= \lim_{x\to 0}\left[\lim_{y\to 0}\left(\frac{x-y}{x+y}\right)\right]\\ &= \lim_{x\to 0}\left(\frac{x}{x}\right)\\ &= 1.\end{aligned}$$

Entretanto, em geral, **limites iterados diferem de limites direcionais**, no seguinte sentido: pode ocorrer que pelo menos um dos limites iterados não exista, mas o limite propriamente exista (em contraste com o fato de que, se pelo menos um dos limites direcionais não existe, então o limite propriamente também não existe).

A existência dos limites iterados não é determinada completamente pela existência do limite, e vice-versa. A esse respeito, temos o seguinte resultado, o qual nos assegura que, se existe o limite, bem como os limites iterados, então todos eles são, necessariamente, iguais entre si. Na demonstração desse resultado, usamos explicitamente o fato de que, na definição $\varepsilon - \delta$ do limite de uma função, requeremos que (x,y) tenda a (a,b) de modo que x tenda a a e y tenda a b **simultaneamente**.

Teorema 3.15.1. (Limites iterados) *Consideremos $f : A \subseteq \mathbb{R}^2 \to \mathbb{R}$ uma função real de duas variáveis reais, e $(a,b) \in A'$.*

i) Se existe $\lim\limits_{(x,y)\to(a,b)} f(x,y)(= L)$ e, se, para cada y de uma vizinhança reduzida de b, existe $\lim\limits_{x\to a} f(x,y)$, então existe o limite iterado $\lim\limits_{y\to b}\left[\lim\limits_{x\to a} f(x,y)\right](= L)$.

ii) Se existe $\lim\limits_{(x,y)\to(a,b)} f(x,y)(= L)$ e, se, para cada x de uma vizinhança reduzida de a, existe $\lim\limits_{y\to b} f(x,y)$, então existe o limite iterado $\lim\limits_{x\to a}\left[\lim\limits_{y\to b} f(x,y)\right](= L)$.

Demonstração. *i)* (a demonstração de *ii* é análoga.)

De acordo com a hipótese $\lim\limits_{(x,y)\to(a,b)} f(x,y) = L$, temos

$$\forall \varepsilon > 0, \exists \bar{\delta} > 0 : \forall (x,y) \in A, \{\, 0 < |x-a| < \bar{\delta}0 < |y-b| < \bar{\delta} \Rightarrow |f(x,y) - L| < \frac{\varepsilon}{2}.$$

Denotando por $\mathscr{V}^*$ a vizinhança reduzida de b, temos, por hipótese,

$$\varphi(y) = \lim_{x\to a} f(x,y),$$

para todo $y \in \mathscr{V}^*$.

Para cada $y \in \mathscr{V}^*$, usando a definição $\varepsilon - \delta$ do limite em $\varphi(y) = \lim_{x \to a} f(x, y)$, decorre que existe δ_y tal que

$$0 < |x - a| < \delta_y \Rightarrow |f(x, y) - \varphi(y)| < \frac{\varepsilon}{2},$$

para todo $y \in \mathscr{V}^*$.

Assim, considerando $\delta = min\{\overline{\delta}, \delta_y\}$, temos, para todo $y \in \mathscr{V}^*$ tal que $0 < |y - b| < \overline{\delta}$ e para todo x tal que $0 < |x - a| < \delta$,

$$|\varphi(y) - L| = |\varphi(y) - f(x, y) + f(x, y) - L| \leq |\varphi(y) - f(x, y)| + |f(x, y) - L| < \frac{\varepsilon}{2} + \frac{\varepsilon}{2} = \varepsilon.$$

Portanto, $\lim_{y \to b} \varphi(y) = L$, ou seja, $\lim_{y \to b} \left[\lim_{x \to a} f(x, y) \right] = L$. □

Como consequência (contrapositivas) desse teorema temos o seguinte:

i) se os limites iterados existem, mas são distintos entre si, então o limite não existe.

ii) se, para cada y em uma vizinhança reduzida de b, existe $\varphi(y) = \lim_{x \to a} f(x, y)$, mas não existe $\lim_{y \to b} \varphi(y)$ (de modo que $\lim_{y \to b} \left[\lim_{x \to a} f(x, y) \right]$ não existe), então o limite não existe (analogamente, se, para cada x em uma vizinhança reduzida de a, existe $\psi(x) = \lim_{y \to b} f(x, y)$, mas não existe $\lim_{x \to a} \psi(x)$ (de modo que $\lim_{x \to a} \left[\lim_{y \to b} f(x, y) \right]$ não existe), então o limite não existe).

iii) se existe algum dos limites iterados, mas não coincide com o limite ao longo de alguma curva (limite direcional), então o limite não existe.

Entretanto, pode ocorrer qualquer dos seguintes casos:

1) apenas um dos limites iterados existe, porém o limite não existe;

2) apenas um dos limites iterados não existe, porém o limite existe;

3) ambos os limites iterados existem e são iguais, porém o limite não existe;

4) ambos os limites iterados não existem, porém o limite existe;

5) ambos os limites iterados, bem como o limite, não existem.

Em particular, o caso 3) acima nos informa que a recíproca do Teorema 3.15.1 é falsa.

Sugerimos ao leitor que compare os fatos acima com os seus análogos sobre limites direcionais.

A seguir, apresentaremos alguns exemplos de cálculo de limites iterados, relacionando-os com o limite, conforme essa discussão.

Exemplo 2. Dada $f : \{(x, y) \in \mathbb{R}^2 : y \neq 0\} \to \mathbb{R}$, definida por

$$f(x, y) = \begin{cases} \dfrac{xy}{x^2 + y^2} + xsen\left(\dfrac{1}{y}\right), & \text{se} \quad y \neq 0 \\ 0, & \text{se} \quad y = 0 \end{cases},$$

calcule os limites iterados $\lim_{y \to 0} \left[\lim_{x \to 0} f(x, y) \right]$ e $\lim_{x \to 0} \left[\lim_{y \to 0} f(x, y) \right]$.

Resolução:

$$\begin{aligned}\lim_{y\to 0}\left[\lim_{x\to 0} f(x,y)\right] &= \lim_{y\to 0}\left[\lim_{x\to 0}\frac{xy}{x^2+y^2}+xsen\left(\frac{1}{y}\right)\right]\\ &= \lim_{y\to 0}(0)\\ &= 0.\end{aligned}$$

$\lim_{x\to 0}\left[\lim_{y\to 0} f(x,y)\right]$ não existe, pois $\lim_{y\to 0} f(x,y)$ não existe, para qualquer $x\neq 0$ fixado.

$\lim_{(x,y)\to(0,0)} f(x,y)$ não existe, devido ao Teorema 3.5.1 (Limites ao longo de curvas), juntamente com o Teorema 3.8.1 (Limite do valor absoluto de uma função): por exemplo, ao longo da reta $y=x$, esse limite vale $\frac{1}{2}$, enquanto que, ao longo da reta $y=2x$, ele vale $\frac{2}{5}$, conforme o leitor pode verificar.

Portanto, apenas um dos limites iterados existe, porém o limite não existe.

Exemplo 3. Dada $f:\{(x,y)\in\mathbb{R}^2 : y\neq 0\}\to\mathbb{R}$, definida por $f(x,y)=xcos\left(\frac{1}{y}\right)$, calcule os limites iterados $\lim_{y\to 0}\left[\lim_{x\to 0} f(x,y)\right]$ e $\lim_{x\to 0}\left[\lim_{y\to 0} f(x,y)\right]$.

Resolução:

$$\begin{aligned}\lim_{y\to 0}\left[\lim_{x\to 0} f(x,y)\right] &= \lim_{y\to 0}\left[\lim_{x\to 0} xcos\left(\frac{1}{y}\right)\right]\\ &= \lim_{y\to 0}(0)\\ &= 0.\end{aligned}$$

$\lim_{x\to 0}\left[\lim_{y\to 0} f(x,y)\right]$ não existe, pois $\lim_{y\to 0} f(x,y)$ não existe, para qualquer $x\neq 0$ fixado.

$\lim_{(x,y)\to(0,0)} f(x,y)$ existe $(=0)$, devido ao Teorema 3.6.1 (Limite do produto de um infinitésimo por uma função limitada), conforme o leitor pode verificar.

Portanto, apenas um dos limites iterados não existe, porém o limite existe.

Exemplo 4. Dada $f:\mathbb{R}^2-\{(0,0)\}\to\mathbb{R}$, definida por $f(x,y)=\frac{xy}{x^2+y^2}$, calcule os limites iterados $\lim_{y\to 0}\left[\lim_{x\to 0} f(x,y)\right]$ e $\lim_{x\to 0}\left[\lim_{y\to 0} f(x,y)\right]$.

Resolução:

$$\begin{aligned}\lim_{y\to 0}\left[\lim_{x\to 0} f(x,y)\right] &= \lim_{y\to 0}\left[\lim_{x\to 0}\left(\frac{xy}{x^2+y^2}\right)\right]\\ &= \lim_{y\to 0}(0)\\ &= 0,\end{aligned}$$

$$\begin{aligned}\lim_{x\to 0}\left[\lim_{y\to 0} f(x,y)\right] &= \lim_{x\to 0}\left[\lim_{y\to 0}\left(\frac{xy}{x^2+y^2}\right)\right]\\ &= \lim_{x\to 0}(0)\\ &= 0.\end{aligned}$$

$\lim_{(x,y)\to(0,0)} f(x,y)$ não existe ($\lim_{\substack{(x,y)\to(0,0)\\ y=mx}} f(x,y) = \dfrac{m}{1+m^2}$, o qual depende de m).

Portanto, os limites iterados existem e são iguais, porém o limite não existe

Observação: neste exemplo, como $f(x,y) = f(y,x)$ (ou seja, existe simetria nas variáveis independentes), decorre, em verdade, que é necessário o cálculo de apenas um dos limites iterados: a existência de um assegura a do outro, ocorrendo mesmo a igualdade de ambos.

Exemplo 5. Dada $f : \{(x,y) \in \mathbb{R}^2 : xy \neq 0\} \to \mathbb{R}$, definida por $f(x,y) = (x+y)cos\left(\dfrac{1}{xy}\right)$, calcule os limites iterados $\lim_{y\to 0}\left[\lim_{x\to 0} f(x,y)\right]$ e $\lim_{x\to 0}\left[\lim_{y\to 0} f(x,y)\right]$.

Resolução:

$\lim_{y\to 0}\left[\lim_{x\to 0} f(x,y)\right]$ não existe, pois $\lim_{x\to 0} f(x,y)$ não existe, para qualquer $y \neq 0$ fixado.

$\lim_{x\to 0}\left[\lim_{y\to 0} f(x,y)\right]$ não existe, pois $\lim_{y\to 0} f(x,y)$ não existe, para qualquer $x \neq 0$ fixado.

$\lim_{(x,y)\to(0,0)} f(x,y)$ existe ($= 0$), devido ao Teorema 3.6.1 (Limite do produto de um infinitésimo por uma função limitada), conforme o leitor pode verificar.

Portanto, ambos os limites iterados não existem, porém o limite existe.

Exemplo 6. Dada $f : \mathbb{R}^2 - \{(0,0)\} \to \mathbb{R}$, definida por $f(x,y) = sen\left(\dfrac{1}{\sqrt{x^2+y^2}}\right)$, calcule os limites iterados $\lim_{y\to 0}\left[\lim_{x\to 0} f(x,y)\right]$ e $\lim_{x\to 0}\left[\lim_{y\to 0} f(x,y)\right]$.

Resolução:

Fixado $y \neq 0$, temos

$$\varphi(y) = \lim_{x\to 0} f(x,y) = sen\left(\frac{1}{|y|}\right),$$

de modo que

$$\lim_{y\to 0} \varphi(y) = \lim_{y\to 0} sen\left(\frac{1}{|y|}\right)$$

não existe (consequentemente, não existe $\lim_{y\to 0}\left[\lim_{x\to 0} f(x,y)\right]$).

Analogamente, fixado $x \neq 0$, temos

$$\psi(x) = \lim_{y\to 0} f(x,y) = sen\left(\frac{1}{|x|}\right),$$

de modo que

$$\lim_{y\to 0} \psi(x) = \lim_{x\to 0} sen\left(\frac{1}{|x|}\right)$$

não existe (consequentemente, não existe $\lim_{x\to 0}\left[\lim_{y\to 0} f(x,y)\right]$).

$\lim_{(x,y)\to(0,0)} f(x,y)$ não existe (por meio do uso de coordenadas polares, conforme o leitor pode verificar).

Portanto, ambos os limites iterados, bem como o limite, não existem.

Observação: neste exemplo, como $f(x, y) = f(y, x)$ (ou seja, existe simetria nas variáveis independentes), decorre , em verdade, que é necessário o cálculo de apenas um dos limites iterados: a inexistência de um assegura a inexistência do outro.

3.16 Análise geométrica do limite de uma função real de duas variáveis reais

Dada uma função real de duas variáveis reais, podemos usar o seu gráfico ou o seu mapa de contornos (ambos gerados com o auxílio de algum software apropriado) ou a(s) expressão(ões) algébrica(s) das suas curvas de nível, para obter informações sobre o limite de tal função em um ponto de acumulação do seu domínio.

Por **análise geométrica do limite de uma função real de duas variáveis reais** entendemos o seguinte:

1) relação entre o gráfico da função dada e o seu limite;

2) relação entre o mapa de contornos da função dada e o seu limite;

3) relação entre a(s) expressão(ões) algébrica(s) das curvas de nível da função dada e o seu limite.

Para realizar a análise geométrica, conforme descrevemos acima, procederemos do seguinte modo:

i) por meio da interpretação topográfica de um esboço padrão ("janela gráfica") do gráfico da função dada como uma "montanha", verificaremos se existem "cumes" ou "vales", próximos ao ponto de acumulação no qual desejamos calcular o limite de tal função;

(Análise genérica) A existência de apenas um cume (ou apenas um vale) próximo ao ponto de acumulação no qual desejamos calcular o limite da função dada nos sugerirá que tal função tem limite; a existência tanto de um vale quanto de um cume, sob essas mesmas condições, nos sugerirá, por sua vez, que tal função não tem limite; a inexistência tanto de cumes quanto de vales, sob essas mesmas condições, nos sugerirá que tal função tem limite.

ii) por meio da análise do mapa de contornos da função dada, verificaremos se tal função atinge "pequenos" ou "grandes" valores em pontos próximos do ponto de acumulação no qual desejamos calcular o limite dessa função;

(Análise genérica) A existência de apenas uma tonalidade (clara ou escura) próxima ao ponto de acumulação no qual desejamos calcular o limite da função dada nos sugerirá que tal função tem limite; a existência tanto de uma tonalidade clara (grandes valores da função) quanto de uma tonalidade escura (pequenos valores da função), sob essas mesmas condições, nos sugerirá, por sua vez, que tal função não tem limite.

iii) por meio da análise da(s) expressão(ões) algébrica(s) das curvas de nível da função dada, verificaremos se tal(is) expressão(ões) nos fornece(m) uma infinidade de curvas de nível (uma para cada possível valor do nível) que passam pelo ponto de acumulação no qual desejamos calcular o limite da função.

(Análise genérica) Inicialmente, resolvemos a equação $f(x, y) = k$ (em termos ou de x ou de y), para todos os possíveis valores de k, cuja(s) solução(ões) nos fornece(m) a(s) expressão(ões) algébrica(s) das curvas de nível k da função f dada. Analisamos, em seguida, os possíveis valores de k para os quais as correspondentes curvas de nível obtidas passam pelo ponto de acumulação no qual desejamos calcular o limite da função dada. Dentre estas, considerando k fixado arbitrariamente, observamos se existe uma única curva de nível ou uma infinidade de tais curvas de nível. O limite existirá ou não, respectivamente.

A análise geométrica desempenha papel fundamental, em especial nos casos em que o programa gráfico que estejamos usando não seja capaz de calcular esses limites (ou mesmo quando o sejam, mas nos fornecem respostas erradas!).

A análise da(s) expressão(ões) algébrica(s) das curvas de nível da função, por si só, é uma ferramente muito útil para a demonstração, em particular, da inexistência do limite de uma função dada: tal análise não só nos exime da necessidade de "advinhar" quais curvas são apropriadas para demonstrar que o limite não existe, como também amplia consideravelmente a escolha de tais curvas, constituindo, assim, um método auxiliar ao cálculo do limite ao longo de curvas.

Nos exemplos a seguir, apresentaremos, em detalhes, a análise geométrica dos limites de algumas funções reais de duas variáveis reais, conforme descrevemos acima.

Exemplo 1. Dada $f : \mathbb{R}^2 - \{(0,0)\} \to \mathbb{R}$, definida por $f(x,y) = \dfrac{x^2}{x^2+y^2}$, realize a análise geométrica dessa função para verificar se $\lim\limits_{(x,y)\to(0,0)} f(x,y)$ existe.

Resolução:

i) **Análise geométrica do gráfico**

Usando o *Mathematica*™, obtemos o seguinte gráfico da função dada:

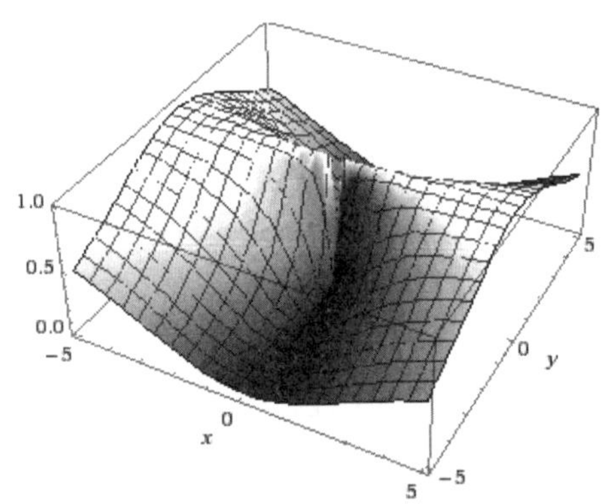

Figura 3.30: gráfico de $f : A \subseteq \mathbb{R}^2 \to \mathbb{R}, f(x,y) = \dfrac{x^2}{x^2+y^2}$.

Análise. Próximo de $(0,0)$, podemos observar que existem tanto um cume, ao longo da reta $y = 0$ (no qual a função atinge o seu valor máximo), quanto um vale, ao longo da reta $x = 0$ (no qual a função atinge o seu valor mínimo), o que nos sugere que essa função não tem limite na origem.

ii) **Análise geométrica do mapa de contornos**

Usando o *Mathematica*™, obtemos o seguinte mapa de contornos da função dada:

Análise. Podemos observar tanto valores grandes (claro) quanto valores pequenos (escuro) da função, próximos de (0,0), o que significa que os valores da função não se aproximam de um único valor, de modo que essa função não tem limite na origem.

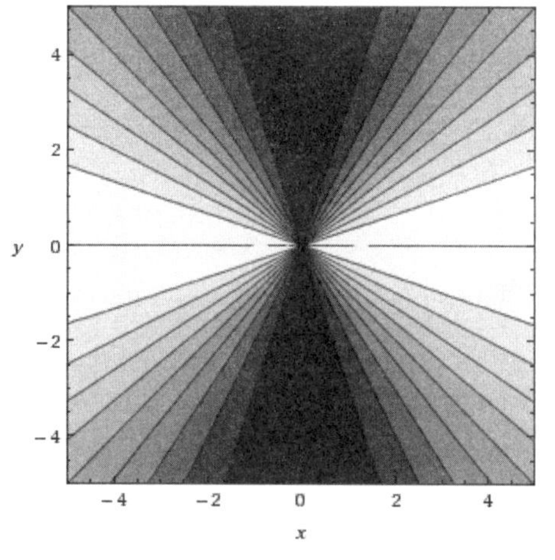

Figura 3.31: mapa de contornos de $f : A \subseteq \mathbb{R}^2 \to \mathbb{R}, f(x,y) = \dfrac{x^2}{x^2+y^2}$.

iii) **Análise geométrica da(s) expressão(ões) algébrica(s) das curvas de nível**

Para realizar a análise geométrica da(s) expressão(ões) algébrica(s) das curvas de nível de f, consideremos os seguintes casos:

Caso 1: $k < 0$.

Neste caso, como tanto o numerador quanto o denominador de f são positivos, decorre que o conjunto de nível negativo de f é vazio.

Caso 2: $k = 0$.

Neste caso, $x = 0$, de modo que o conjunto de nível nulo de f é o eixo y, exceto a origem (existe uma única curva de nível zero).

Caso 3: $k > 0$.

Neste caso, podemos resolver a equação $f(x,y) = k$ em termos de x (ou de y), como segue:

$$\begin{aligned}
\frac{x^2}{x^2+y^2} &= k \\
x^2 &= kx^2 + ky^2 \\
ky^2 &= (1-k)x^2 \\
y^2 &= \sqrt{\left(\frac{1-k}{k}\right)x^2} \\
y &= \pm\sqrt{\frac{1-k}{k}}|x|.
\end{aligned}$$

As expressões acima constituem curvas de nível positivo de f que passam pela origem se e somente se $k \in (0,1]$. Fixado arbitrariamente $k \in (0,1)$, obtemos duas curvas de nível (funções do tipo modular) que passam pela origem (logo, uma infinidade de curvas de nível que passam pela origem). Assim, considerando qualquer de tais expressões, para cada valor de $k \in (0,1)$ que escolhermos arbitrariamente, obteremos uma curva contida no domínio da função, que passa pela origem, ao longo da qual o limite é esse valor, de modo que o limite da função não é único. Portanto, o limite não existe.

Observação: em particular, $k = 0$ (Caso 2) e $k = 1$ (Caso 3) fornecem-nos as curvas (respectivamente, $x = 0$ e $y = 0$ (eixos coordenados, exceto a origem)) que, comumente, escolhemos ao aplicar o Teorema 3.5.1 (Limites ao longo de curvas).

Exemplo 2. Dada $f : \mathbb{R}^2 - \{(0,0)\} \to \mathbb{R}$, definida por $f(x,y) = \dfrac{x^2}{\sqrt{x^2+y^2}}$, realize a análise geométrica dessa função para verificar se $\lim\limits_{(x,y)\to(0,0)} f(x,y)$ existe.

Resolução:

i) **Análise geométrica do gráfico**

Usando o *Mathematica*™, obtemos o seguinte gráfico da função dada:

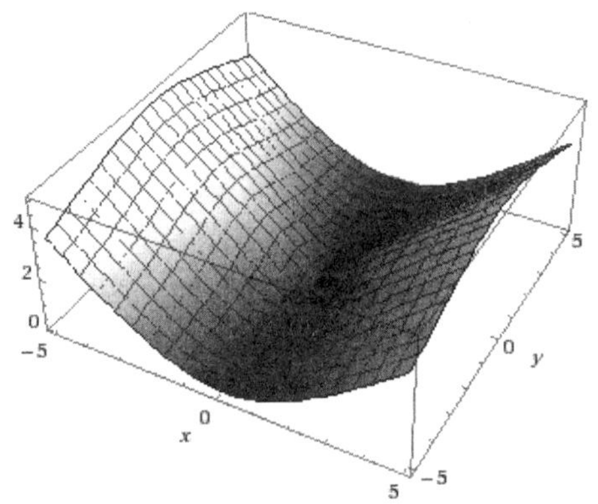

Figura 3.32: gráfico de $f : A \subseteq \mathbb{R}^2 \to \mathbb{R}, f(x,y) = \dfrac{x^2}{\sqrt{x^2+y^2}}$.

Análise. Próximo de $(0,0)$, podemos observar que existe somente um vale, ao longo da reta $x = 0$, o que nos sugere que essa função tem limite na origem.

ii) **Análise geométrica do mapa de contornos**

Usanto o *Mathematica*™, obtemos o seguinte mapa de contornos da função dada:

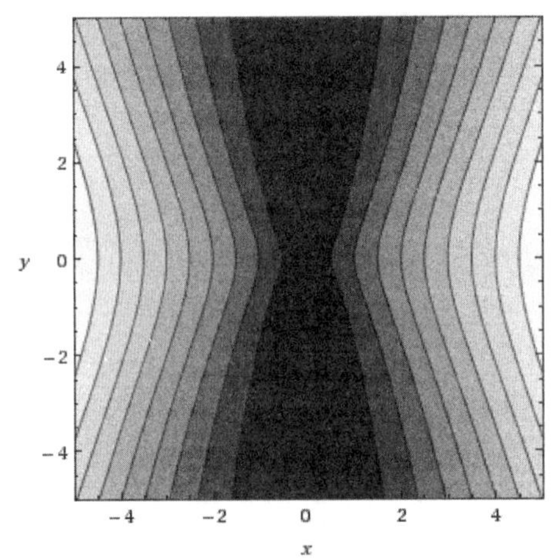

Figura 3.33: mapa de contornos de $f : A \subseteq \mathbb{R}^2 \to \mathbb{R}, f(x,y) = \dfrac{x^2}{\sqrt{x^2+y^2}}$.

Análise. Próximo de $(0,0)$, podemos observar, essencialmente, a mesma tonalidade, o que nos sugere que os valores da função se aproximam de um único valor, de modo que essa função tem limite na origem.

iii) **Análise geométrica da(s) expressão(ões) algébrica(s) das curvas de nível**

Para realizar a análise geométrica da(s) expressão(ões) algébrica(s) das curvas de nível de f, consideremos os seguintes casos:

Caso 1: $k < 0$.

Neste caso, como tanto o numerador quanto o denominador de f são positivos, decorre que o conjunto de nível negativo de f é vazio (não existe curva de nível negativo).

Caso 2: $k = 0$.

Neste caso, $x = 0$, de modo que o conjunto de nível nulo de f é o eixo y, menos a origem (existe uma única curva de nível zero).

Caso 3: $k > 0$.

Neste caso, podemos resolver a equação $f(x,y) = k$ em termos de x (ou de y), como segue:

$$\begin{aligned}
\frac{x^2}{\sqrt{x^2+y^2}} &= k \\
x^2 &= k\sqrt{x^2+y^2} \\
x^4 &= k^2x^2 + k^2y^2 \\
y^2 &= \frac{x^2(x^2-k^2)}{k^2} \\
y &= \pm\frac{\sqrt{x^2-k^2}|x|}{k}.
\end{aligned}$$

Para cada $k > 0$ fixado, as expressões acima constituem curvas de nível positivo de f se e somente se $x \in (-\infty, -k] \cup [k, +\infty)$. Dessas, passa pela origem apenas aquela tal que $x = \pm k$. Como estamos considerando $k > 0$, tal curva é o eixo x, menos a origem.

Logo, de acordo com as análises acima, as únicas curvas de nível de f que passam pela origem são os eixos coordenados, exceto a origem, de modo que o valor do limite é único (igual a zero). Portanto, o limite existe.

Exemplo 3. Dada $f : \mathbb{R}^2 - \{(0,0)\} \to \mathbb{R}$, definida por $f(x,y) = \dfrac{xy^2}{x^2+y^4}$, realize a análise geométrica dessa função para verificar se $\lim\limits_{(x,y)\to(0,0)} f(x,y)$ existe.

Resolução:

Inicialmente, observamos que, usando o *Mathematica*™, obtemos (**incorretamente**) $\lim\limits_{(x,y)\to(0,0)} f(x,y) = 0$.

i) **Análise geométrica do gráfico**

Usando o *Mathematica*™, obtemos o seguinte gráfico da função dada:

Análise. Próximo de $(0,0)$, podemos observar que existem tanto um cume (dividido conforme $y < 0$ ou $y > 0$, separado pela origem), ao longo da parábola $x = y^2$ (em que a função atinge o seu valor máximo), quanto um vale, ao longo da parábola $x = -y^2$ (em que a função atinge o seu valor mínimo), o que nos sugere que essa função não tem limite na origem.

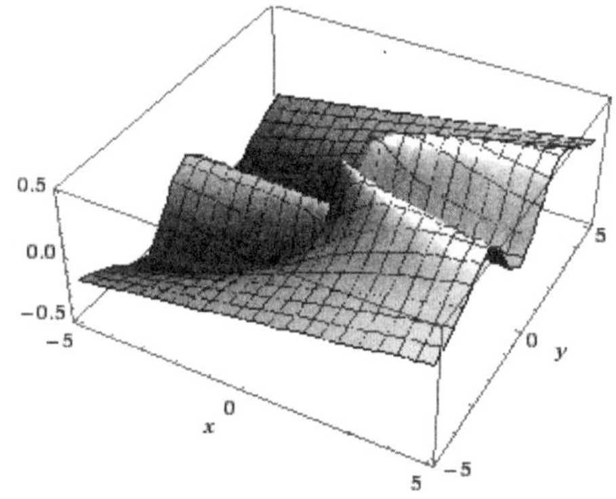

Figura 3.34: gráfico de $f : A \subseteq \mathbb{R}^2 \to \mathbb{R}, f(x,y) = \dfrac{xy^2}{x^2+y^4}$.

ii) **Análise geométrica do mapa de contornos**

Usanto o *Mathematica*™, obtemos o seguinte mapa de contornos da função dada:

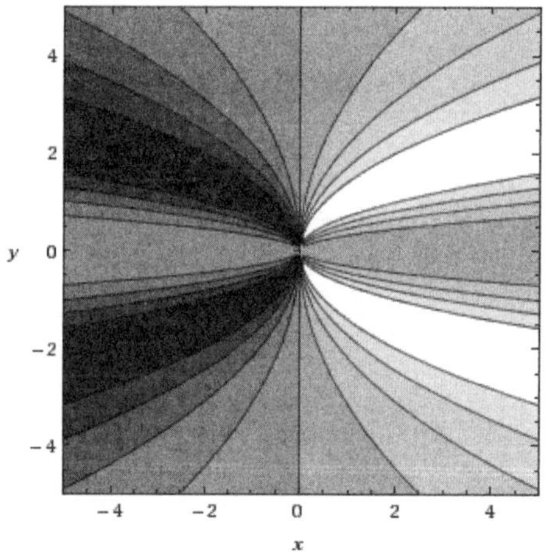

Figura 3.35: mapa de contornos de $f : A \subseteq \mathbb{R}^2 \to \mathbb{R}, f(x,y) = \dfrac{xy^2}{x^2+y^4}$.

Análise. Podemos observar tanto parábolas de valores grandes (claro) quanto parábolas de valores pequenos (escuro) da função, próximas de (0,0), o que significa que os valores da função não se aproximam de um valor único, de modo que essa função não tem limite na origem.

iii) **Análise geométrica da(s) expressão(ões) algébrica(s) das curvas de nível**

Para realizar a análise geométrica da(s) expressão(ões) algébrica(s) das curvas de nível de f, consideremos os seguintes casos:

Caso 1: $k = 0$.

Neste caso, ou $x = 0$ $(y \neq 0)$ ou $y = 0$ $(x \neq 0)$, de modo que o conjunto de nível nulo de f consiste nos eixos coordenados, menos a origem.

Caso 2: $k \neq 0$.
Neste caso, podemos resolver a equação $f(x, y) = k$ em termos de x, como segue:

$$\begin{aligned} \frac{xy^2}{x^2+y^4} &= k \\ xy^2 &= kx^2 + ky^4 \\ kx^2 - y^2x + ky^4 &= 0, \end{aligned}$$

que é uma equação do segundo grau em x. Resolvendo essa equação, obtemos

$$x = \frac{1 \pm \sqrt{1-4k^2}}{2k} y^2.$$

As expressões acima constituem curvas de nível não nulo de f que passam pela origem se e somente se $k \in \left[-\frac{1}{2}, 0\right) \cup \left(0, \frac{1}{2}\right]$. Fixado arbitrariamente $k \in \left(-\frac{1}{2}, 0\right) \cup \left(0, \frac{1}{2}\right)$, obtemos duas curvas de nível (parábolas) que passam pela origem (logo, uma infinidade de curvas de nível que passam pela origem). Assim, considerando qualquer de tais expressões, para cada valor de $k \in \left[-\frac{1}{2}, 0\right) \cup \left(0, \frac{1}{2}\right]$ que escolhermos arbitrariamente, obteremos uma curva contida no domínio da função, que passa pela origem, ao longo da qual o limite é esse valor, de modo que o limite da função não é único. Portanto, o limite não existe.

Observação: em particular, $k = 0$ (Caso 1) e $k = \frac{1}{2}$ (Caso 3) fornecem-nos as curvas (respectivamente, $x = 0$ (ou $y = 0$) e $x = y^2$, exceto a origem) que, comumente, escolhemos ao aplicar o Teorema 3.5.1 (Limites ao longo de curvas).

Exemplo 4. Dada $f : \mathbb{R}^2 - \{(0,0)\} \to \mathbb{R}$, definida por $f(x, y) = \dfrac{x^2y}{x^2+y^2}$, realize a análse geométrica dessa função para verificar se $\lim\limits_{(x,y)\to(0,0)} f(x, y)$ existe.

Resolução:

i) **Análise geométrica do gráfico**

Usando o *Mathematica*™, obtemos o seguinte gráfico da função dada:

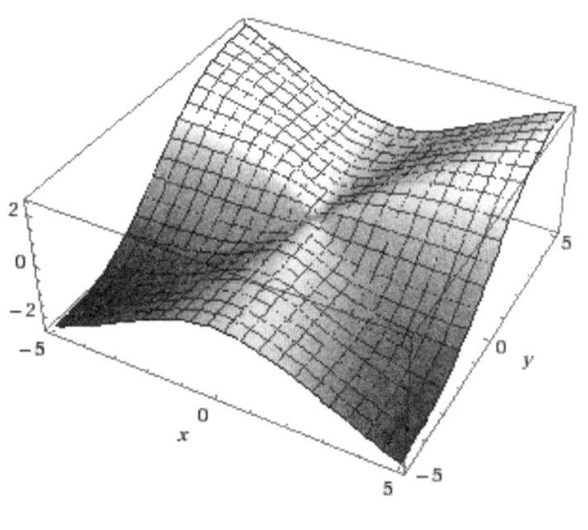

Figura 3.36: gráfico de $f : A \subseteq \mathbb{R}^2 \to \mathbb{R}, f(x, y) = \dfrac{x^2y}{x^2+y^2}$.

Análise. Próximo de $(0, 0)$, podemos observar que não existem nem cumes nem vales, o que nos sugere que essa função tem limite na origem.

ii) **Análise geométrica do mapa de contornos**
Usanto o *Mathematica*™, obtemos o seguinte mapa de contornos da função dada:

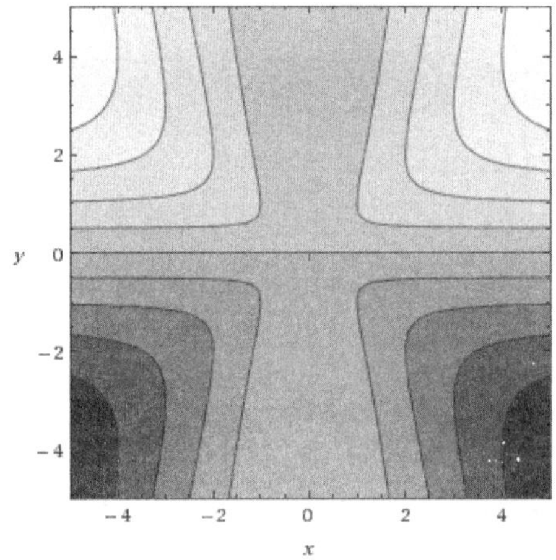

Figura 3.37: mapa de contornos de $f : A \subseteq \mathbb{R}^2 \to \mathbb{R}, f(x,y) = \dfrac{x^2y}{x^2+y^2}$.

Análise: Próximo de $(0,0)$, podemos observar, essencialmente, a mesma tonalidade, o que nos sugere que os valores da função se aproximam de um valor único, de modo que essa função tem limite na origem.

iii) **Análise geométrica da(s) expressão(ões) algébrica(s) das curvas de nível**
Para realizar a análise geométrica da(s) expressão(ões) algébrica(s) das curvas de nível de f, consideremos os seguintes casos:

Caso 1: $k = 0$.
Neste caso, ou $x = 0$ $(y \neq 0)$ ou $y = 0$ $(x \neq 0)$, de modo que o conjunto de nível nulo de f consiste nos eixos coordenados, menos a origem.

Caso 2: $k \neq 0$.
Neste caso, podemos resolver a equação $f(x,y) = k$ em termos de x (ou de y), como segue[19]:

$$\begin{aligned} \frac{x^2y}{x^2+y^2} &= k \\ x^2y &= kx^2 + ky^2 \\ (y-k)x^2 &= ky^2 \\ x^2 &= \frac{ky^2}{y-k} \\ x &= \pm\sqrt{\frac{ky^2}{y-k}}. \end{aligned}$$

Para cada $k < 0$ (respectivamente, $k > 0$) fixado, as expressões acima constituem curvas de nível não nulo de f se e somente se $y < k$ (respectivamente, $y > k$). Como, em qualquer desses

[19]Observação: decorre imediatamente dessa equação que $k \neq 0$ implica tanto $x \neq 0$ quanto $y \neq 0$.

casos, $y \neq 0$, resulta que $x \neq 0$. Assim, qualquer que seja tal curva de nível de f, ela não passa pela origem.

Logo, de acordo com a análise acima, as únicas curvas de nível de f que passam pela origem são os eixos coordenados, exceto a origem, de modo que o valor do limite é único (igual a zero). Portanto, o limite existe.

Exemplo 5. Dada $f : \{(x, y) \in \mathbb{R}^2 : y \neq -x^2\} \to \mathbb{R}$, definida por $f(x, y) = \dfrac{xy}{x^2 + y}$, realize a análise geométrica dessa função para verificar se $\lim\limits_{(x,y)\to(0,0)} f(x, y)$ existe.

Resolução:

Inicialmente, observamos que, usando o *Mathematica*™, obtemos (**incorretamente**) $\lim\limits_{(x,y)\to(0,0)} f(x, y) = 0$.

i) **Análise geométrica do gráfico**

Usando o *Mathematica*™, obtemos o seguinte gráfico da função dada:

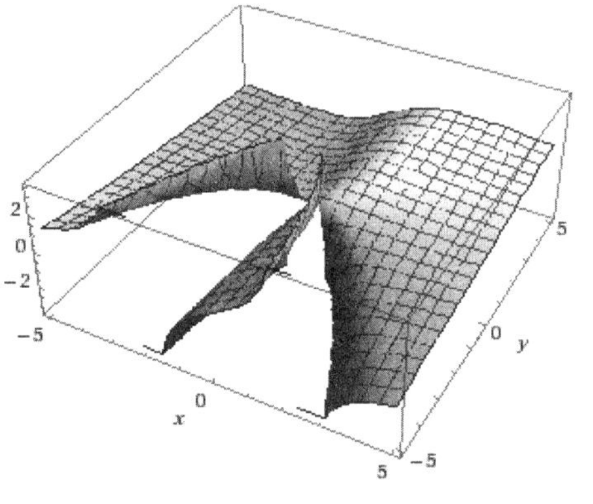

Figura 3.38: gráfico de $f : A \subseteq \mathbb{R}^2 \to \mathbb{R}, f(x, y) = \dfrac{xy}{x^2 + y}$.

Análise. Próximo a $(0, 0)$, considerando $y > 0$, podemos observar, essencialmente, o mesmo comportamento (ausência tanto de cumes quanto de vales). Entretanto, considerando $y < 0$, podemos observar que, para valores negativos de x, próximos de zero, existe um cume, enquanto que, para valores positivos de x, próximos de zero, existe um vale, o que nos sugere que essa função não tem limite na origem.

ii) **Análise geométrica do mapa de contornos**

Usanto o *Mathematica*™, obtemos o seguinte mapa de contornos da função dada:

Análise. Próximo de $(0, 0)$, considerando $y > 0$, podemos observar, essencialmente, a mesma tonalidade. Entretanto, considerando $y < 0$, podemos observar tanto valores grandes (claro) quanto valores pequenos (escuro) da função, o que significa que os valores da função não se aproximam de um único valor, de modo que essa função não tem limite na origem.

iii) **Análise geométrica da(s) expressão(ões) algébrica(s) das curvas de nível**

Para realizar a análise geométrica da(s) expressão(ões) algébrica(s) das curvas de nível de f, consideremos os seguintes casos:

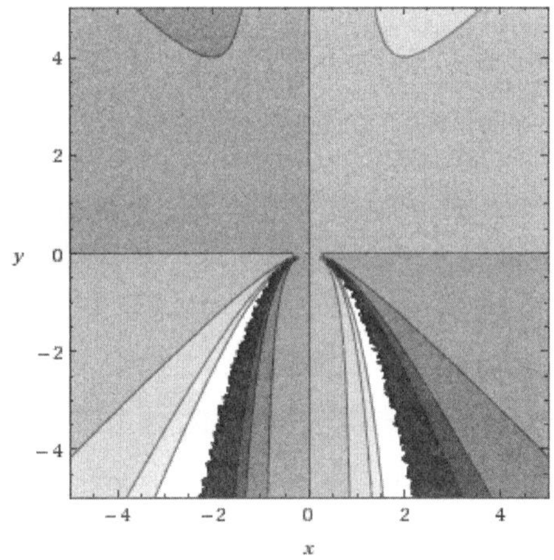

Figura 3.39: mapa de contornos de $f : A \subseteq \mathbb{R}^2 \to \mathbb{R}, f(x,y) = \dfrac{xy}{x^2+y}$.

Caso 1: $k = 0$.

Neste caso, ou $x = 0$ ($y \neq 0$) ou $y = 0$ ($x \neq 0$), de modo que o conjunto de nível nulo de f consiste nos eixos coordenados, menos a origem.

Caso 2: $k \neq 0$.

Neste caso, podemos resolver a equação $f(x,y) = k$ em termos de y, como segue:

$$\begin{aligned} \frac{xy}{x^2+y} &= k \\ y &= \frac{kx^2}{x-k}, \end{aligned}$$

em que consideramos, para cada k fixado, $x \neq k$ (a reta $x = k$ é assíntota vertical do gráfico dessa curva, de modo que tal curva não está definida para esses valores de x.)

Assim, para cada $k \neq 0$ fixado arbitrariamente, as expressões acima constituem curvas de nível não nulo de f (as quais passam pela origem) se e somente se $x \neq k$. Portanto, o limite não existe.

Observação: retornando ao mapa de contornos da função dada, podemos observar que existe uma infinidade de curvas de nível próximas à curva $y = -x^2$ (3º e 4º quadrantes), ou seja, existe uma "assíntota vertical" em $y = -x^2$), de modo que o limite não existe. (O conjunto das curvas de nível que obtivemos acima contém tais curvas de nível: para cada $k < 0$ (respectivamente, $k > 0$) fixado, elas consistem precisamente nas partes abaixo do eixo das abscissas, à direita (respectivamente, à esqueda) da assíntota vertical $x = k$.)

Exemplo 6. Dada $f : \mathbb{R}^2 - \{(0,0)\} \to \mathbb{R}$, definida por $f(x,y) = \dfrac{x}{x^2+y^2}$, realize a análise geométrica dessa função para verificar se $\lim\limits_{(x,y)\to(0,0)} f(x,y)$ existe.

Resolução:

i) **Análise geométrica do gráfico**

Usando o *Mathematica*™, obtemos o seguinte gráfico da função dada:

Análise. Próximo de $(0,0)$, considerando $x > 0$, podemos observar que existe um cume,

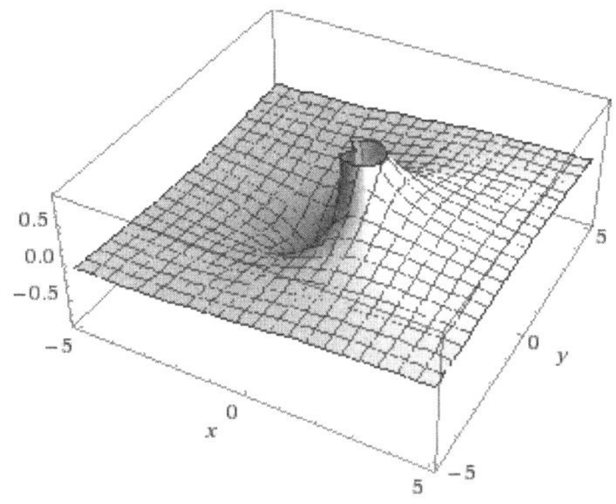

Figura 3.40: gráfico de $f : A \subseteq \mathbb{R}^2 \to \mathbb{R}, f(x,y) = \dfrac{x}{x^2+y^2}$.

enquanto que, considerando $x < 0$, podemos observar que existe um vale, o que nos sugere que essa função não tem limite na origem.

ii) **Análise geométrica do mapa de contornos**

Usanto o *Mathematica*™, obtemos o seguinte mapa de contornos da função dada:

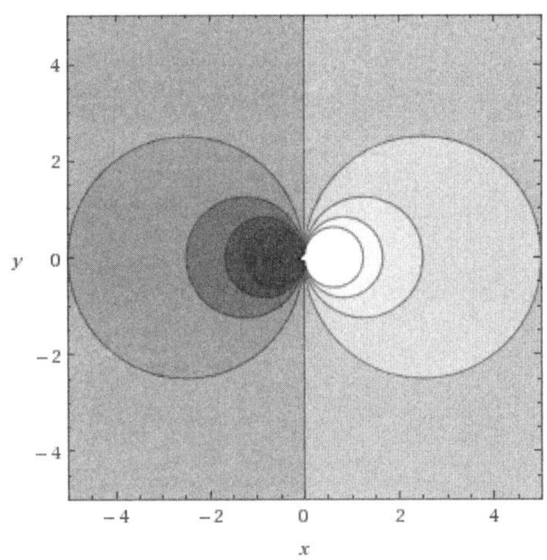

Figura 3.41: mapa de contornos de $f : A \subseteq \mathbb{R}^2 \to \mathbb{R}, f(x,y) = \dfrac{x}{x^2+y^2}$.

Análise. Próximo de $(0,0)$, considerando $x > 0$, podemos observar valores grandes (claro) da função, enquanto que, considerando $x < 0$, podemos observar valores pequenos (escuro) da função, o que significa que os valores da função não se aproximam de um único valor, de modo que essa função não tem limite na origem.

iii) **Análise geométrica da(s) expressão(ões) algébrica(s) das curvas de nível**

Para realizar a análise geométrica da(s) expressão(ões) algébrica(s) das curvas de nível de f, consideremos os seguintes casos:

Caso 1: $k = 0$.

Neste caso, $x = 0$ $(y \neq 0)$, de modo que o conjunto de nível nulo de f consiste no eixo y, menos a origem.

Caso 2: $k \neq 0$.

Neste caso, apesar de que podemos resolver a equação $f(x,y) = k$ em termos de x ou de y, procederemos como segue:

$$\begin{aligned} \frac{x}{x^2+y^2} &= k \\ kx^2 - x + ky^2 &= 0 \\ x^2 - \frac{1}{k}x + y^2 &= 0. \end{aligned}$$

Completando o quadrado, obtemos

$$\begin{aligned} x^2 - \frac{1}{k}x + \frac{1}{4k^2} + y^2 &= \frac{1}{4k^2} \\ \left(x - \frac{1}{2k}\right)^2 + y^2 &= \left(\frac{1}{2k}\right)^2, \end{aligned}$$

de modo que o conjunto de nível não nulo de f consiste em círculos de centros $C = \left(\frac{1}{2k}, 0\right)$ e raios $r = \frac{1}{|2k|}$. Fixado arbitrariamente $k \neq 0$, obtemos uma curva de nível (círculo) que passa pela origem (logo, uma infinidade de curvas de nível que passam pela origem, para cada tal valor de k). Assim, para cada valor de $k \neq 0$ que escolhermos arbitrariamente, obteremos uma curva contida no domínio de f, que passa pela origem, ao longo da qual o limite é esse valor. Portanto, o limite não existe.

Exemplo 7. Dada $f : \mathbb{R}^2 - \{(0,0)\} \to \mathbb{R}$, definida por $f(x,y) = \dfrac{x sen y}{x^2+y^2}$, realize a análise geométrica dessa função para verificar se $\lim\limits_{(x,y)\to(0,0)} f(x,y)$ existe.

Resolução:

i) **Análise geométrica do gráfico**

Usando o *Mathematica*™, obtemos o seguinte gráfico da função dada:

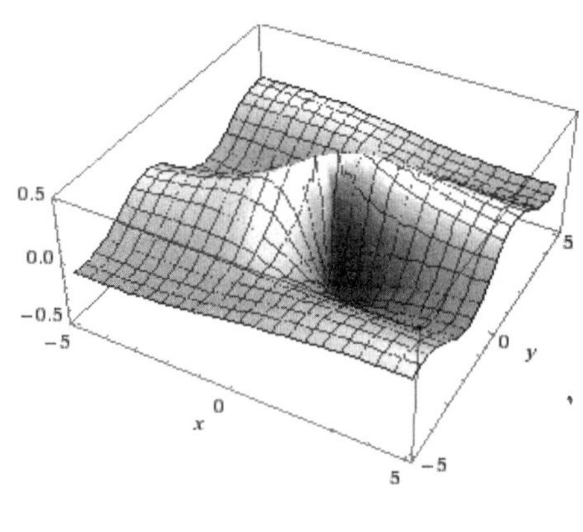

Figura 3.42: gráfico de $f : A \subseteq \mathbb{R}^2 \to \mathbb{R}, f(x,y) = \dfrac{x sen y}{x^2+y^2}$.

Análise. Próximo de $(0,0)$, podemos observar que existem tanto vales quanto cumes, o que nos sugere que essa função não tem limite na origem.

ii) **Análise geométrica do mapa de contornos**

Usanto o *Mathematica*™, obtemos o seguinte mapa de contornos da função dada:

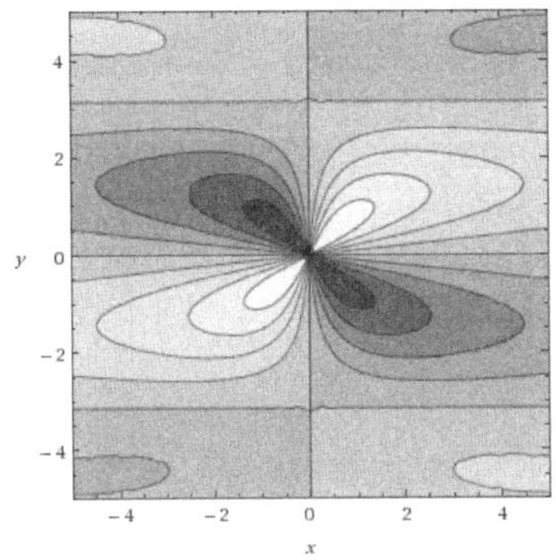

Figura 3.43: mapa de contornos de $f: A \subseteq \mathbb{R}^2 \to \mathbb{R}, f(x,y) = \dfrac{x seny}{x^2+y^2}$.

Análise. Podemos observar tanto valores grandes (claro) quanto valores pequenos (escuro) da função, próximos a (0,0), o que significa que os valores da função não se aproximam de um único valor, de modo que essa função não tem limite na origem.

iii) **Análise geométrica da(s) expressão(ões) algébrica(s) das curvas de nível**

Para realizar a análise geométrica da(s) expressão(ões) algébrica(s) das curvas de nível de f, consideremos os seguintes casos:

Caso 1: $k = 0$.

Neste caso, ou $x = 0$ $(y \neq 0)$ ou $y = 0$ $(x \neq 0)$ ou $y = n\pi$, $n \in \mathbb{Z} - \{0\}$ (x qualquer), de modo que o conjunto de nível nulo de f consiste na união dos seguintes conjuntos:

a) eixo y, menos a origem;

b) eixo x, menos a origem;

c) retas paralelas ao eixo x, espaçadas de múltiplos inteiros (não nulos) de π.

Caso 2: $k \neq 0$.

Neste caso, podemos resolver a equação $f(x,y) = k$ em termos de x, como segue:

$$\begin{aligned} \frac{x seny}{x^2+y^2} &= k \\ kx^2 - (seny)x + ky^2 &= 0, \end{aligned}$$

que é uma equação do segundo grau em x. Resolvendo essa equação, obtemos

$$x = \frac{seny \pm \sqrt{sen^2y - 4k^2y^2}}{2k},$$

expressão esta que define curvas de nível $k \neq 0$ de f se e somente se $sen^2y - 4k^2y^2 \geq 0$, ou seja, se e somente se $sen^2y \geq 4k^2y^2$. Como, para todo $y \in \mathbb{R}$, $|seny| \leq |y|$, decorre, em particular, para todo y suficientemente próximo de 0, que $sen^2y \geq 4k^2y^2$ se e somente se $k \in \left[-\frac{1}{2}, 0\right) \cup \left(0, \frac{1}{2}\right]$. Também, para todo $y \in \mathbb{R}$, $|seny| \leq 1$. Assim, se $k \in \left[-\frac{1}{2}, 0\right)$, então $y \in \left[\frac{1}{2k}, -\frac{1}{2k}\right]$; se $k \in \left(0, \frac{1}{2}\right]$, então $y \in \left[-\frac{1}{2k}, \frac{1}{2k}\right]$. Resulta, pois, dessas análises, que as expressões acima constituem curvas de nível não nulo de f que passam pela origem se e somente se essas condições são satisfeitas. Para cada $k \in \left(-\frac{1}{2}, 0\right) \cup \left(0, \frac{1}{2}\right)$, obtemos duas curvas de nível que passam pela origem (logo, uma infinidade de curvas de nível que passam pela origem). Do ponto de vista do Teorema 3.5.1 (Limites ao longo de curvas), tal fato nos assegura que, fixado arbitrariamente $k \in \left[-\frac{1}{2}, 0\right)$ (ou $k \in \left(0, \frac{1}{2}\right]$), podemos obter uma curva contida no domínio de f, que passa pela origem, ao longo da qual o limite é esse valor. Portanto, o limite não existe.

Observação: como, para y suficientemente pequeno, próximo a zero, temos $seny \approx y$, de modo que $\dfrac{xseny}{x^2+y^2} \approx \dfrac{xy}{x^2+y^2}$, podemos resolver a equação $f(x,y) = k$ (por exemplo, em termos de x), como segue:

$$\begin{aligned} \frac{xseny}{x^2+y^2} &= k \\ \frac{xy}{x^2+y^2} &\approx k \\ ky^2 - xy + kx^2 &\approx 0 \\ y &\approx \left(\frac{1 \pm \sqrt{1-4k^2}}{2k}\right) x, \end{aligned}$$

expressão esta que define curvas de nível $k \neq 0$ de f se e somente se $k \in \left[-\frac{1}{2}, 0\right) \cup \left(0, \frac{1}{2}\right]$. Para cada $k \in \left(-\frac{1}{2}, 0\right) \cup \left(0, \frac{1}{2}\right)$, obtemos duas curvas de nível que passam pela origem (logo, uma infinidade de curvas de nível que passam pela origem). Do ponto de vista do Teorema 3.5.1 (Limites ao longo de curvas), tal fato nos assegura que, fixado arbitrariamente $k \in \left[-\frac{1}{2}, 0\right)$ (ou $k \in \left(0, \frac{1}{2}\right]$), podemos obter uma curva contida no domínio de f, que passa pela origem, ao longo da qual o limite é esse valor. Portanto, o limite não existe.

Na Figura 3.44 a seguir, apresentaremos o mapa de contornos que exibe essas curvas de nível (retas de inclinação $\dfrac{1 \pm \sqrt{1-4k^2}}{2k}$ que passam pela origem), o qual nada mais é que um *zoom*, em torno da origem, do mapa de contornos acima.

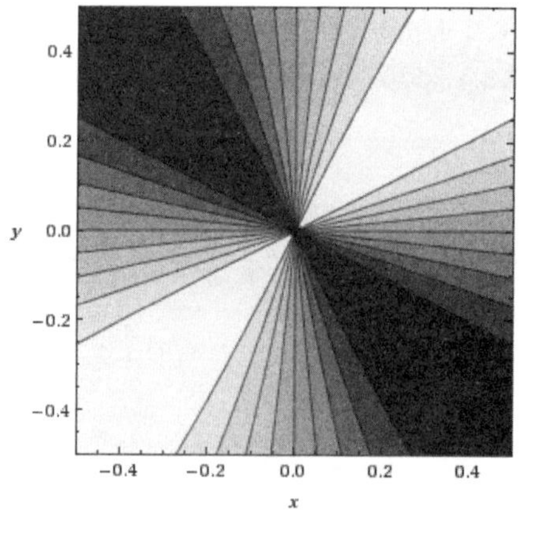

Figura 3.44: um *zoom*, em torno da origem, do mapa de contornos de $f : A \subseteq \mathbb{R}^2 \to \mathbb{R}, f(x,y) = \dfrac{xseny}{x^2+y^2}$.

3.17 Limites infinitos (em um ponto), limites no infinito e limites infinitos (no infinito)

Para finalizar o estudo dos diversos tipos de limites de funções reais de duas variáveis reais, trataremos de três tipos particulares de limite, conforme as designações do título desta seção, que são de interesse, pelos motivos que exporemos a seguir.

Até então, no decorrer de todo este capítulo, consideramos, dentre os limites que não existem, apenas aqueles cujos valores (números reais), ao longo de curvas apropriadas, são distintos entre si. Porém, conforme observamos ao tratar do Teorema 3.5.1 (Limites ao longo de curvas), outro modo pelo qual, ao usar tal teorema, um limite pode não existir é aquele no qual o seu valor não seja um número real, isto é, seja infinito positivo (ou infinito negativo). Esse é o tipo de limite que denominamos, conjuntamente, *limites infinitos* (*em um ponto*): intuitivamente, os valores da função crescem (decrescem) acima (abaixo) de qualquer número real positivo fixado arbitrariamente.

A par desse tipo possível de comportamento de uma função real de duas variáveis reais, desejamos também entender como se comportam os valores de uma função dessa classe (cujo domínio é, agora, necessariamente, ilimitado), quando a distância do ponto (cujas coordenadas são as variáveis independentes da função) à origem tende a infinito. Como não existe ordenação natural em $\mathbb{R}^2$ (a saber, mais geralmente, em $\mathbb{R}^n$, para todo $n \geq 2$), não podemos discernir, em geral, como tal ponto se move a partir da origem. Em contraste com o comportamento análogo de uma função real de uma única variável real, em que podemos distinguir os limites quando a sua variável independente tende a infinito positivo e infinito negativo, no contexto atual, existe apenas um "ponto" no infinito ("ponto impróprio" ∞ do plano). Assim, para realizar o estudo no qual ora estamos interessados, devemos considerar o conceito de *vizinhança do infinito*, o qual definimos a seguir.

Definição 3.17.1. (**Vizinhança do infinito**) *Dado $(x, y) \in A$ ($\subseteq \mathbb{R}^2$), a vizinhança do infinito (ou vizinhança do ponto (x, y) no infinito) em A é o conjunto dado por*

$$\mathscr{V}(\infty; \delta) = \{(x, y) \in \mathbb{R}^2 : \sqrt{x^2 + y^2} > \delta, \delta > 0\}.$$

Assim, uma vizinhança do infinito em A consiste em todos os pontos de A cuja distância à origem excede algum número real positivo δ fixado: cada $\mathscr{V}(\infty; \delta)$ é o complemento da vizinhança (fechada) $\overline{\mathscr{V}}((0, 0); \delta)$, de centro na origem e raio δ.

Tendo definido o conceito de vizinhança do infinito, os limites com os quais nos ocuparemos nesta seção são os seguintes:

1) **limites infinitos (em um ponto)**: $\lim\limits_{(x,y)\to(a,b)} f(x, y) = \pm\infty$;

2) **limite no infinito**: $\lim\limits_{(x,y)\to\infty} f(x, y) = L$ $(L \in \mathbb{R})$;

3) **limites infinitos (no infinito)**: $\lim\limits_{(x,y)\to\infty} f(x, y) = \pm\infty$.

Apresentaremos a definição de cada um desses tipos de limites, exemplos e uma análise das modificações (se possível, bem como, em caso afirmativo, necessárias) que devemos efetuar em alguns dos teoremas que demonstramos neste capítulo, de modo que continuem válidos no presente contexto.

As definições desses tipos de limites são análogas à definição de limite (limite finito em um ponto) que apresentamos no início deste capítulo. Os exemplos que apresentaremos subsequentemente a cada uma delas são elementares: eles têm por objetivo expor o uso direto de tais definições, pois, somente após a análise que ora mencionamos, é que será possível tratarmos de exemplos que refletem verdadeiramente aplicações de interesse, em sua acepção, no sentido ao qual nos referimos no início desta seção. Dentre esses exemplos, consideraremos, em particular, alguns dos limites relacionados às expressões indeterminadas dos tipos $0 \cdot (\pm\infty)$, $\dfrac{\pm\infty}{\pm\infty}$, $\infty - \infty$, concluindo, assim, o estudo de todas as expressões indeterminadas que mencionamos na Observação 10 ao Teorema 3.2.1 (Propriedades operatórias de limites).

A seguir, apresentaremos as definições precisas de *limites infinitos* (*em um ponto*).

Definição 3.17.2. (**Limites infinitos (em um ponto)**) *Consideremos uma função real de duas variáveis reais $f : A \subseteq \mathbb{R}^2 \to \mathbb{R}$ e (a, b) um ponto de acumulação de A.*

i) O limite de $f(x, y)$, quando (x, y) tende a (a, b), é $+\infty$, denotado por

$$\lim_{(x,y)\to(a,b)} f(x, y) = +\infty,$$

se, para todo número real $M > 0$, existe um número real $\delta > 0$ tal que,

$$\forall (x, y) \in A,\ 0 < \sqrt{(x-a)^2 + (y-b)^2} < \delta \Rightarrow f(x, y) > M.$$

ii) O limite de $f(x, y)$, quando (x, y) tende a (a, b), é $-\infty$, denotado por

$$\lim_{(x,y)\to(a,b)} f(x, y) = -\infty,$$

se, para todo número real $M < 0$, existe um número real $\delta > 0$ tal que,

$$\forall (x, y) \in A,\ 0 < \sqrt{(x-a)^2 + (y-b)^2} < \delta \Rightarrow f(x, y) < M.$$

Assim, $\lim_{(x,y)\to(a,b)} f(x, y) = +\infty$ (respectivamente, $-\infty$) significa o seguinte: **os valores de f crescem acima de (respectivamente, decrescem abaixo de) qualquer valor $M > 0$ (respectivamente, $M < 0$) fixado arbitrariamente, à medida que (x, y) se aproxima de (a, b) (ou seja, f é ilimitada superiormente (respectivamente, inferiormente) em uma vizinhança de (a, b) de raio $\delta > 0$)**.

Enfatizamos, pois, que **tanto $+\infty$ quanto $-\infty$ não são números reais**, de modo que $\lim_{(x,y)\to(a,b)} f(x, y) = \pm\infty$ não exprimem limites, no sentido estrito do termo, mas tão somente os comportamentos que ora descrevemos.

Exemplo. Dada $f : \mathbb{R}^2 - \{(0, 0)\} \to \mathbb{R}$, definida por $f(x, y) = \dfrac{1}{x^2 + y^2}$, demonstre que $\lim_{(x,y)\to(0,0)} f(x, y) = +\infty$.

Resolução:

De acordo com a definição de limite infinito, devemos demonstrar que

$$\forall M > 0, \exists \delta > 0 : \forall (x, y) \in A, 0 < \sqrt{x^2 + y^2} < \delta \Rightarrow \frac{1}{x^2 + y^2} > M.$$

Para estabelecer a conexão acima entre $\sqrt{x^2+y^2} < \delta$ e $\dfrac{1}{x^2+y^2} > M$, procedemos como segue:

$$\frac{1}{x^2+y^2} = \frac{1}{(\sqrt{x^2+y^2})^2} > \frac{1}{\delta^2}.$$

Portanto, para que $\dfrac{1}{x^2+y^2} > M$, é suficiente, de acordo com a desigualdade que obtivemos acima, que consideremos um $\delta > 0$ tal que $\dfrac{1}{\delta^2} \geq M$, ou seja, $0 < \delta \leq \dfrac{1}{\sqrt{M}}$ (por exemplo, $\delta = \dfrac{1}{\sqrt{M}}$).

Uma situação típica em que ocorrem naturalmente limites infinitos é a que apresentaremos no teorema a seguir.

Teorema 3.17.1. *Consideremos $f, g : A \subseteq \mathbb{R}^2 \to \mathbb{R}$ funções reais de duas variáveis reais e $(a,b) \in A'$. Se $\lim\limits_{(x,y)\to(a,b)} f(x,y) = L\ (\neq 0)$ e $\lim\limits_{(x,y)\to(a,b)} g(x,y) = 0$, então*

i) (caso $L > 0$)

$$\lim_{(x,y)\to(a,b)} \frac{f(x,y)}{g(x,y)} = \begin{cases} +\infty, & \text{se } g(x,y) > 0 \text{ em alguma vizinhança de } (a,b) \\ -\infty, & \text{se } g(x,y) < 0 \text{ em alguma vizinhança de } (a,b) \end{cases}.$$

ii) (caso $L < 0$)

$$\lim_{(x,y)\to(a,b)} \frac{f(x,y)}{g(x,y)} = \begin{cases} +\infty, & \text{se } g(x,y) < 0 \text{ em alguma vizinhança de } (a,b) \\ -\infty, & \text{se } g(x,y) > 0 \text{ em alguma vizinhança de } (a,b). \end{cases}$$

A seguir, apresentaremos a definição precisa de *limite no infinito.*

Definição 3.17.3. (**Limite no infinito**) *Dado $A \subseteq \mathbb{R}^2$ ilimitado, consideremos uma função real de duas variáveis reais $f : A \subseteq \mathbb{R}^2 \to \mathbb{R}$. O limite de $f(x,y)$, quando (x,y) tende a ∞, é L ($L \in \mathbb{R}$), denotado por*

$$\lim_{(x,y)\to\infty} f(x,y) = L,$$

se, para todo número real $\varepsilon > 0$, existe um número real $\delta > 0$ tal que,

$$\forall (x,y) \in A,\ \sqrt{x^2+y^2} > \delta \Rightarrow |f(x,y) - L| < \varepsilon.$$

Assim, $\lim\limits_{(x,y)\to\infty} f(x,y) = L$ significa o seguinte: **os valores de f pertencem a um intervalo aberto de centro L e raio $\varepsilon > 0$ qualquer, à medida que a distância de (x,y) à origem excede algum número real $\delta > 0$ apropriado (ou seja, f é limitada em uma vizinhança infinita $\mathscr{V}_\delta(\infty)$ de $(0,0)$)**.

Exemplo. Dada $f : \mathbb{R}^2 - \{(0,0)\} \to \mathbb{R}$, definida por $f(x,y) = \dfrac{1}{x^2+y^2}$, demonstre que $\lim\limits_{(x,y)\to\infty} f(x,y) = 0$.

Resolução:
De acordo com a definição de limite no infinito, devemos demonstrar que

$$\forall \varepsilon > 0, \exists \delta > 0 : \forall (x,y) \in A, \sqrt{x^2+y^2} > \delta \Rightarrow \left| \frac{1}{x^2+y^2} \right| < \varepsilon.$$

Para estabelecer a conexão acima entre $\sqrt{x^2+y^2} > \delta$ e $\left| \frac{1}{x^2+y^2} \right| < \varepsilon$, procedemos como segue:

$$\begin{aligned} \left| \frac{1}{x^2+y^2} \right| &= \frac{1}{x^2+y^2} \\ &= \frac{1}{(\sqrt{x^2+y^2})^2} \\ &< \frac{1}{\delta^2}. \end{aligned}$$

Portanto, para que $\left| \frac{1}{x^2+y^2} \right| < \varepsilon$, é suficiente, de acordo com a desigualdade que obtivemos acima, que consideremos um $\delta > 0$ tal que $\frac{1}{\delta^2} \leq \varepsilon$, ou seja, $\delta \geq \frac{1}{\sqrt{\varepsilon}}$ (por exemplo, $\delta = \frac{1}{\sqrt{\varepsilon}}$).

Finalmente, apresentaremos as definições precisas de *limites infinitos (no infinito)*.

Definição 3.17.4. (**Limites infinitos (no infinito)**) *Dado $A \subseteq \mathbb{R}^2$ ilimitado, consideremos uma função real de duas variáveis reais $f : A \subseteq \mathbb{R}^2 \to \mathbb{R}$.*

i) O limite de $f(x,y)$, quando (x,y) tende a ∞, é $+\infty$, denotado por

$$\lim_{(x,y)\to\infty} f(x,y) = +\infty,$$

se, para todo número real $M > 0$, existe um número real $\delta > 0$ tal que,

$$\forall (x,y) \in A, \ \sqrt{x^2+y^2} > \delta \Rightarrow f(x,y) > M.$$

ii) O limite de $f(x,y)$, quando (x,y) tende a $+\infty$, é $-\infty$, denotado por

$$\lim_{(x,y)\to\infty} f(x,y) = -\infty,$$

se, para todo número real $M < 0$, existe um número real $\delta > 0$ tal que,

$$\forall (x,y) \in A, \ \sqrt{x^2+y^2} > \delta \Rightarrow f(x,y) < M.$$

Assim, $\lim_{(x,y)\to\infty} f(x,y) = +\infty$ (respectivamente, $-\infty$) significa o seguinte: **os valores de f crescem acima de (respectivamente, decrescem abaixo de) qualquer número real $M > 0$ (respectivamente, $M < 0$) fixado arbitrariamente, à medida que a distância de (x,y) à origem excede algum número real $\delta > 0$ apropriado (ou seja, f é ilimitada superiormente (respectivamente, inferiormente) em uma vizinhança infinita $\mathscr{V}_\delta(\infty)$ de $(0,0)$).**

Exemplo. Dada $f : \mathbb{R}^2 \to \mathbb{R}$, definida por $f(x,y) = x^2+y^2$, demonstre que $\lim\limits_{(x,y)\to\infty} f(x,y) = +\infty$.

Resolução:

De acordo com a definição de limite infinito (no infinito), devemos demonstrar que

$$\forall M > 0, \exists \delta > 0 : \forall (x,y) \in A, \sqrt{x^2+y^2} > \delta \Rightarrow x^2+y^2 > M.$$

Para estabelecer a conexão acima entre $\sqrt{x^2+y^2} > \delta$ e $x^2+y^2 > M$, procedemos como segue:

$$x^2+y^2 = (\sqrt{x^2+y^2})^2 > \delta^2.$$

Portanto, para que $x^2+y^2 > M$, é suficiente, de acordo com a última desigualdade acima, que consideremos um $\delta > 0$ tal que $\delta^2 \geq M$, ou seja, $\delta \geq \sqrt{M}$ (por exemplo, $\delta = \sqrt{M}$).

Agora, procederemos à análise a que nos referimos no início desta seção, qual seja, das modificações (necessárias, se possível) que devemos efetuar em alguns dos teoremas que demonstramos neste capítulo, de modo que continuem válidos no presente contexto.

1) **Teorema 3.1.1 (Unicidade do Limite)**

Se $\lim\limits_{(x,y)\to(a,b)} f(x,y) = \pm\infty$, então não é possível que $\lim\limits_{(x,y)\to(a,b)} f(x,y) = L$ $(L \in \mathbb{R})$, pois, do contrário, pelo Teorema 3.9.1 (Limitação local), f será (necessariamente) limitada em uma vizinha de (a,b), o que contradirá $\lim\limits_{(x,y)\to(a,b)} f(x,y) = \pm\infty$.

Também, se $\lim\limits_{(x,y)\to(a,b)} f(x,y) = +\infty$, então não pode ocorrer que $\lim\limits_{(x,y)\to(a,b)} f(x,y) = -\infty$, pois, do contrário, f será negativa em uma vizinhança de (a,b), o que contradirá $\lim\limits_{(x,y)\to(a,b)} f(x,y) = +\infty$.

Analogamente, se $\lim\limits_{(x,y)\to(a,b)} f(x,y) = -\infty$, então não pode ocorrer que $\lim\limits_{(x,y)\to(a,b)} f(x,y) = +\infty$, pois, do contrário, f será positiva em uma vizinhança de (a,b), o que contradirá $\lim\limits_{(x,y)\to(a,b)} f(x,y) = -\infty$.

Conclusão: cada um dos limites infinitos é único.

2) **Teorema 3.2.1 (Propriedades operatórias de limites)**

Se, pelo menos um dos limites referidos no Teorema 3.2.1 (Propriedades operatórias de limites) é $\pm\infty$, então ele continua válido, desde que as operações ali mencionadas tenham sentido, ou seja, desde que não ocorra qualquer expressão de um dos seguintes tipos: $(+\infty) + (-\infty)$, $(+\infty) - (+\infty)$, $(-\infty) + (+\infty)$, $(-\infty) - (-\infty)$, $0 \cdot (\pm\infty)$, $(\pm\infty) \cdot 0$, $\dfrac{\pm\infty}{\pm\infty}$ ou $\dfrac{\pm\infty}{0}$. Mais precisamente, temos as seguintes possíveis modificações do Teorema 3.2.1, as quais nos sugerem como devemos operar, de modo consentâneo, com os símbolos $+\infty$ e $-\infty$:

2.1)

Teorema 3.17.2. (Propriedades operatórias – limites finitos com limites infinitos) *Consideremos $f, g : A \subseteq \mathbb{R}^2 \to \mathbb{R}$ funções reais de duas variáveis reais e $(a,b) \in A'$. Se $\lim\limits_{(x,y)\to(a,b)} f(x,y) = L$ e $\lim\limits_{(x,y)\to(a,b)} g(x,y) = \pm\infty$, então* *i)* $\lim\limits_{(x,y)\to(a,b)} [f(x,y) + g(x,y)] = \pm\infty$.

ii) $\lim\limits_{(x,y)\to(a,b)} [f(x,y) - g(x,y)] = \mp\infty$.

iii) $\lim\limits_{(x,y)\to(a,b)} [g(x,y) - f(x,y)] = \pm\infty$.

iv) $\lim\limits_{(x,y)\to(a,b)} [f(x,y)g(x,y)] = \begin{cases} \pm\infty, & se \quad L > 0 \\ \mp\infty, & se \quad L < 0 \end{cases}$.

v) $\lim\limits_{(x,y)\to(a,b)} \left[\dfrac{f(x,y)}{g(x,y)}\right] = 0$.

vi) $\lim\limits_{(x,y)\to(a,b)} \left[\dfrac{g(x,y)}{f(x,y)}\right] = \begin{cases} \pm\infty, & se \quad L > 0 \\ \mp\infty, & se \quad L < 0 \end{cases}$.

Em particular, resulta de *v)* acima que $\lim\limits_{(x,y)\to(a,b)} \dfrac{1}{g(x,y)} = 0$.

Observação:

a) se $L = 0$, $\lim\limits_{(x,y)\to(a,b)} g(x,y) = +\infty$ e $f(x,y) > 0$ (respectivamente, $f(x,y) < 0$) em alguma vizinhança de (a,b), então

$$\lim_{(x,y)\to(a,b)} \left[\frac{g(x,y)}{f(x,y)}\right] = +\infty \text{ (respectivamente } -\infty).$$

b) se $L = 0$, $\lim\limits_{(x,y)\to(a,b)} g(x,y) = -\infty$ e $f(x,y) > 0$ (respectivamente, $f(x,y) < 0$) em alguma vizinhança de (a,b), então

$$\lim_{(x,y)\to(a,b)} \left[\frac{g(x,y)}{f(x,y)}\right] = -\infty \text{ (respectivamente } +\infty).$$

2.2)

Teorema 3.17.3. (Propriedades operatórias – limites infinitos) *Consideremos $f, g : A \subseteq \mathbb{R}^2 \to \mathbb{R}$ funções reais de duas variáveis reais, $(a,b) \in A'$ e c um número real diferente de zero. Se $\lim\limits_{(x,y)\to(a,b)} f(x,y) = \pm\infty$ e $\lim\limits_{(x,y)\to(a,b)} g(x,y) = \pm\infty$, então*

i) $\lim\limits_{(x,y)\to(a,b)} [f(x,y) + g(x,y)] = \pm\infty$, **desde que seja "$(+\infty) + (+\infty)$" ou "$(-\infty) + (-\infty)$", respectivamente** *(isto é,* **desde que os limites tenham sinais iguais***).*

ii) $\lim\limits_{(x,y)\to(a,b)} [f(x,y) - g(x,y)] = \pm\infty$, **desde que seja "$(+\infty) - (-\infty)$" ou "$(-\infty) - (+\infty)$", respectivamente** *(isto é,* **desde que os limites tenham sinais contrários***).*

iii) $\lim\limits_{(x,y)\to(a,b)} cf(x,y) = \begin{cases} \pm\infty, & se \quad c > 0 \\ \mp\infty, & se \quad c < 0 \end{cases}$.

iv) $\lim\limits_{(x,y)\to(a,b)} \sqrt[n]{f(x,y)} = \begin{cases} +\infty, & se\ n\ \acute{e}\ par\ e \lim\limits_{(x,y)\to(a,b)} f(x,y) = +\infty \\ \pm\infty, & se\ n\ \acute{e}\ \acute{i}mpar,\ conforme \lim\limits_{(x,y)\to(a,b)} f(x,y) = \pm\infty \end{cases}$.

2.3)

Teorema 3.17.4. (Propriedades operatórias – limites no infinito) *Dado* $A \subseteq \mathbb{R}^2$ *ilimitado, consideremos funções reais de duas variáveis reais* $f, g : A \subseteq \mathbb{R}^2 \to \mathbb{R}$ *e* c *um número real qualquer. Se* $\lim\limits_{(x,y)\to\infty} f(x,y) = L$ *e* $\lim\limits_{(x,y)\to\infty} g(x,y) = M$*, então*

i) $\lim\limits_{(x,y)\to\infty} [f(x,y) + g(x,y)] = L + M.$

ii) $\lim\limits_{(x,y)\to\infty} [f(x,y) - g(x,y)] = L - M.$

iii) $\lim\limits_{(x,y)\to\infty} [cf(x,y)] = cL.$

iv) $\lim\limits_{(x,y)\to\infty} [f(x,y)g(x,y)] = LM.$

vi) $\lim\limits_{(x,y)\to\infty} \left[\dfrac{g(x,y)}{f(x,y)}\right] = \dfrac{L}{M}$, *desde que* $M \neq 0$.

2.4)

Teorema 3.17.5. (Propriedades operatórias – limites finitos com limites infinitos, ambos no infinito) *Dado* $A \subseteq \mathbb{R}^2$ *ilimitado, consideremos funções reais de duas variáveis reais* $f, g : A \subseteq \mathbb{R}^2 \to \mathbb{R}$*. Se* $\lim\limits_{(x,y)\to\infty} f(x,y) = L$ *e* $\lim\limits_{(x,y)\to\infty} g(x,y) = \pm\infty$*, então*

i) $\lim\limits_{(x,y)\to\infty} [f(x,y) + g(x,y)] = \pm\infty.$

ii) $\lim\limits_{(x,y)\to\infty} [f(x,y) - g(x,y)] = \mp\infty.$

iii) $\lim\limits_{(x,y)\to\infty} [g(x,y) - f(x,y)] = \pm\infty.$

iv) $\lim\limits_{(x,y)\to\infty} [f(x,y)g(x,y)] = \begin{cases} \pm\infty, & se \quad L > 0 \\ \mp\infty, & se \quad L < 0 \end{cases}.$

v) $\lim\limits_{(x,y)\to\infty} \left[\dfrac{f(x,y)}{g(x,y)}\right] = 0.$

vi) $\lim\limits_{(x,y)\to\infty} \left[\dfrac{g(x,y)}{f(x,y)}\right] = \begin{cases} \pm\infty, & se \quad L > 0 \\ \mp\infty, & se \quad L < 0 \end{cases}.$

Em particular, resulta de *v)* acima que $\lim\limits_{(x,y)\to\infty} \dfrac{1}{g(x,y)} = 0.$

2.5)

Teorema 3.17.6. (Propriedades operatórias – limites infinitos no infinito) *Dado* $A \subseteq \mathbb{R}^2$ *ilimitado, consideremos funções reais de duas variáveis reais* $f, g : A \subseteq \mathbb{R}^2 \to \mathbb{R}$ *e* c *um número real diferente de zero. Se* $\lim\limits_{(x,y)\to\infty} f(x,y) = \pm\infty$ *e* $\lim\limits_{(x,y)\to\infty} g(x,y) = \pm\infty$*, então*

i) $\lim\limits_{(x,y)\to\infty} [f(x,y) + g(x,y)] = \pm\infty$, **desde que seja "$(+\infty) + (+\infty)$" ou "$(-\infty) + (-\infty)$", respectivamente** *(isto é,* **desde que os limites tenham sinais iguais***).*

ii) $\lim\limits_{(x,y)\to\infty} [f(x,y) - g(x,y)] = \pm\infty$, **desde que seja "$(+\infty) - (-\infty)$" ou "$(-\infty) - (+\infty)$", respectivamente** *(isto é,* **desde que os limites tenham sinais contrários***).*

iii) $\lim\limits_{(x,y)\to\infty} [f(x,y)g(x,y)] = \pm\infty$, **desde que seja "$(+\infty) \cdot (+\infty)$", "$(-\infty) \cdot (-\infty)$", ou "$(+\infty) \cdot (-\infty)$","$(-\infty) \cdot (+\infty)$", respectivamente.**

iv) $\lim\limits_{(x,y)\to\infty} cf(x,y) = \begin{cases} \pm\infty, & se \quad c > 0 \\ \mp\infty, & se \quad c < 0 \end{cases}.$

$$v)\ \lim_{(x,y)\to\infty} \sqrt[n]{f(x,y)} = \begin{cases} +\infty, & \textit{se } n \textit{ é par e } \lim\limits_{(x,y)\to\infty} f(x,y) = +\infty \\ \pm\infty, & \textit{se } n \textit{ é ímpar, conforme } \lim\limits_{(x,y)\to\infty} f(x,y) = \pm\infty \end{cases}.$$

3) **Teorema 3.3.1 (Limite da restrição de uma função)**

O Teorema 3.3.1 (Limite da restrição de uma função) continua válido para limites infinitos: consideremos $f : A \subseteq \mathbb{R}^2 \to \mathbb{R}$ uma função real de duas variáveis reais e $(a,b) \in A'$. Definamos a restrição $g : B \subset A \to \mathbb{R}$ de f (ou seja, $g = f_{|B}$), tal que $(a,b) \in B'$.

i) Se $\lim\limits_{(x,y)\to(a,b)} f(x,y) = \pm\infty$, então $\lim\limits_{(x,y)\to(a,b)} g(x,y) = \pm\infty$.

ii) Se $B = \mathscr{B}((a,b);\delta) \cap A$, ou seja, $\mathscr{B}((a,b);\delta)$ é uma bola aberta de centro em (a,b) e raio δ, então $\lim\limits_{(x,y)\to(a,b)} g(x,y) = \pm\infty \Rightarrow \lim\limits_{(x,y)\to(a,b)} f(x,y) = \pm\infty$.

4) **Teorema 3.5.1 (Limites ao longo de curvas)**

Se, pelo menos um dos limites referidos no Teorema 3.5.1 (Limites ao longo de curvas) é $\pm\infty$, então ele continua válido. Em verdade, neste caso, um único desses limites ($+\infty$ ou $-\infty$) é suficiente para nos assegurar que o limite que desejamos calcular não exista.

5) **Teorema 3.6.1 (Limite do produto de um infinitésimo por uma função limitada)**

O Teorema 3.6.1 (Limite do produto de um infinitésimo por uma função limitada) continua válido para limites no infinito: consideremos funções reais de duas variáveis reais $f, g : A \subseteq \mathbb{R}^2 \to \mathbb{R}$, em que A é ilimitado. Se $\lim\limits_{(x,y)\to\infty} f(x,y) = 0$ e g é limitada, então $\lim\limits_{(x,y)\to\infty} [f(x,y)g(x,y)] = 0$, mesmo que não exista $\lim\limits_{(x,y)\to\infty} g(x,y)$.

6) **Teorema 3.7.1 (Teorema do confronto)**

O Teorema 3.7.1 (Teorema do confronto) tem extensões naturais a todos os três tipos de limites sob análise, como segue.

6.1) **Limites infinitos**

i) Se $f, g : A \subseteq \mathbb{R}^2 \to \mathbb{R}$ são funções reais de duas variáveis reais tais que, para todo $(x,y) \neq (a,b), (a,b) \in A'$, $g(x,y) \leq f(x,y)$ e $\lim\limits_{(x,y)\to(a,b)} g(x,y) = +\infty$, então $\lim\limits_{(x,y)\to(a,b)} f(x,y) = +\infty$.

ii) Se $f, g : A \subseteq \mathbb{R}^2 \to \mathbb{R}$ são funções reais de duas variáveis reais tais que, para todo $(x,y) \neq (a,b), (a,b) \in A'$, $f(x,y) \leq g(x,y)$ e $\lim\limits_{(x,y)\to(a,b)} g(x,y) = -\infty$, então $\lim\limits_{(x,y)\to(a,b)} f(x,y) = -\infty$.

6.2) **Limite no infinito**

Dado $A \subseteq \mathbb{R}^2$ ilimitado, se $f, g, h : A \subseteq \mathbb{R}^2 \to \mathbb{R}$ são funções reais de duas variáveis reais tais que, para todo $(x,y) \neq (a,b), (a,b) \in A'$, $f(x,y) \leq g(x,y) \leq h(x,y)$ e $\lim\limits_{(x,y)\to\infty} f(x,y) = \lim\limits_{(x,y)\to\infty} h(x,y) = L$, então $\lim\limits_{(x,y)\to\infty} g(x,y) = L$.

6.3) **Limites infinitos (no infinito)**

i) Dado $A \subseteq \mathbb{R}^2$ ilimitado, se $f, g : A \subseteq \mathbb{R}^2 \to \mathbb{R}$ são funções reais de duas variáveis reais tais que, para todo $(x, y) \in A$, $g(x, y) \leq f(x, y)$ e $\lim\limits_{(x,y)\to\infty} g(x, y) = +\infty$, então $\lim\limits_{(x,y)\to\infty} f(x, y) = +\infty$.

ii) Dado $A \subseteq \mathbb{R}^2$ ilimitado, se $f, g : A \subseteq \mathbb{R}^2 \to \mathbb{R}$ são funções reais de duas variáveis reais tais que, para todo $(x, y) \in A$, $f(x, y) \leq g(x, y)$ e $\lim\limits_{(x,y)\to\infty} g(x, y) = -\infty$, então $\lim\limits_{(x,y)\to\infty} f(x, y) = -\infty$.

7) **Teorema 3.9.1 (Limitação local)**

O Teorema 3.9.1 (Limitação local) continua válido, como segue: dado $A \subseteq \mathbb{R}^2$ ilimitado, consideremos uma função real de duas variáveis reais $f : A \subseteq \mathbb{R}^2 \to \mathbb{R}$. Se existe $\lim\limits_{(x,y)\to\infty} f(x, y)$, então f é limitada em uma (logo, qualquer) vizinhança do infinito.

8) **Teorema 3.10.1 (Limite de uma função composta)**

O Teorema 3.10.1 (Limite de uma função composta) continua válido, como segue: consideremos $f : A \subseteq \mathbb{R}^2 \to \mathbb{R}$, $g : B \subseteq \mathbb{R} \to \mathbb{R}$, B ilimitado, $(a, b) \in A'$ e $f(A) \subseteq B$. Se $\lim\limits_{(x,y)\to(a,b)} f(x, y) = \pm\infty$ e $\lim\limits_{u\to\pm\infty} g(u) = L$ (ou $\lim\limits_{u\to\pm\infty} g(u) = \pm\infty$), então $\lim\limits_{(x,y)\to(a,b)} g(f(x, y)) = L$ (ou $\lim\limits_{(x,y)\to(a,b)} g(f(x, y)) = \pm\infty$).

9) **Regra de l'Hôspital**

Podemos aplicar a Regra de l'Hôspital a qualquer das expressões indeterminadas $\dfrac{\pm\infty}{\pm\infty}$, desde que mantenhamos as mesmas considerações sob as quais tratamos a expressão indeterminada $\dfrac{0}{0}$ por meio dessa mesma regra.

Nos exemplos a seguir, apresentaremos, em detalhes, alguns limites desses tipos, dentre os quais aqueles que se relacionam com as expressões indeterminadas $0 \cdot (\pm\infty)$, $\dfrac{\pm\infty}{\pm\infty}$, $\infty - \infty$.

No Exemplo 1 a seguir, aplicaremos alguns desses teoremas.

Exemplo 1. Dada $h : \mathbb{R}^2 - \{(0, 0)\} \to \mathbb{R}$, definida por $h(x, y) = arctg\left(\dfrac{|x| + |y|}{x^2 + y^2}\right)$, calcule $\lim\limits_{(x,y)\to(0,0)} h(x, y)$.

Resolução:

Observemos que $h(x, y) = g(f(x, y))$, em que $f : \mathbb{R}^2 - \{(0, 0)\} \to \mathbb{R}$ é definida por $f(x, y) = \dfrac{|x| + |y|}{x^2 + y^2}$, e $g : B \subseteq \mathbb{R} \to \mathbb{R}$ (B ilimitado) é definida por $g(t) = arctg(t)$. Temos, para todo $(x, y) \in \mathbb{R}^2 - \{(0, 0)\}$,

$$f(x, y) = \frac{|x| + |y|}{x^2 + y^2} = \frac{\sqrt{x^2} + \sqrt{y^2}}{x^2 + y^2} \geq \frac{\sqrt{x^2 + y^2}}{x^2 + y^2} = \frac{1}{\sqrt{x^2 + y^2}} (= \overline{g}(x, y)).$$

Procedendo de modo análogo ao do exemplo de limite infinito que apresentamos imediatamente após a definição deste, obtemos

$$\lim_{(x,y)\to(0,0)} \overline{g}(x, y) = +\infty.$$

(Basta considerarmos $0 < \delta \leq \frac{1}{M}$ na definição de limite infinito). Agora, a desigualdade acima, juntamente com esse resultado, satisfazem as condições do item $i)$ de 6.1 (Teorema 3.7.1 - Teorema do confronto para limites infinitos) (em que $\overline{g}$ desempenha o papel de g), de modo que

$$\begin{aligned}\lim_{(x,y)\to(0,0)} f(x,y) &= \lim_{(x,y)\to(0,0)} \left(\frac{|x|+|y|}{x^2+y^2}\right) \\ &= +\infty.\end{aligned}$$

Também $\lim_{t\to+\infty} g(t) = \lim_{t\to+\infty} arctg(t) = \frac{\pi}{2}$. Portanto, de acordo com 8) Teorema 3.10.1 (Limite de uma função composta), temos, finalmente,

$$\begin{aligned}\lim_{(x,y)\to(0,0)} h(x,y) &= \lim_{(x,y)\to(0,0)} g(f(x,y)) \\ &= \frac{\pi}{2}.\end{aligned}$$

O leitor pode comparar o próximo exemplo com o Exemplo 3 da Seção 2.5.2 deste capítulo. Ali, mostramos que o limite da função dada a seguir, no ponto de acumulação $(0,0)$ do seu domínio, existe $(= -\frac{\sqrt{3}}{6})$. Agora, mostraremos que o limite dessa mesma função, no ponto de acumulação $(0,1)$, não existe $(= \pm\infty)$. Mais geralmente, uma simples análise da resolução do exemplo a seguir nos permite assegurar que $\lim_{(x,y)\to(0,b)} \frac{\sqrt{x+3}-\sqrt{3}}{xy-bx}$ não existe, qualquer que seja o ponto de acumulação $(0,b)$ $(b > 0, b \in \mathbb{R})$ do domínio $A = \{(x,y) \in \mathbb{R}^2 : x \geq -3, x \neq 0, y \neq b\}$ dessa função (em particular, para todo b suficientemente próximo de 0, porém sempre $b > 0$, de modo que o ponto $(0,b)$ esteja tão próximo de $(0,0)$ quanto desejarmos, mas sempre $(0,b) \neq (0,0)$).

Exemplo 2. Dada $f : \{(x,y) \in \mathbb{R}^2 : x \geq -3, x \neq 0, y \neq 1\} \to \mathbb{R}$, definida por $f(x,y) = \frac{\sqrt{x+3}-\sqrt{3}}{xy-x}$, calcule $\lim_{(x,y)\to(0,1)} f(x,y)$.

Resolução:

$$\begin{aligned}\lim_{(x,y)\to(0,1)} \frac{\sqrt{x+3}-\sqrt{3}}{xy-x} &= \lim_{(x,y)\to(0,1)} \left(\frac{\sqrt{x+3}-\sqrt{3}}{xy-x}\right)\left(\frac{\sqrt{x+3}+\sqrt{3}}{\sqrt{x+3}+\sqrt{3}}\right) \\ &= \lim_{(x,y)\to(0,1)} \frac{(x+3)-3}{(xy-x)(\sqrt{x+3}+\sqrt{3})} \\ &= \lim_{(x,y)\to(0,1)} \frac{x}{x(y-1)(\sqrt{x+3}+\sqrt{3})} \\ &= \lim_{(x,y)\to(0,1)} \frac{1}{(y-1)(\sqrt{x+3}+\sqrt{3})} \\ &= \pm\infty,\end{aligned}$$

conforme y se aproxime de 1 por curvas acima (ou abaixo) da reta horizontal $y = 1$.

No exemplo a seguir, apresentaremos o cálculo de um limite relacionado à expressão indeterminada $0 \cdot (-\infty)$.

Exemplo 3. Dada $f : \mathbb{R}^2 - \{(0,0)\} \to \mathbb{R}$, definida por $f(x,y) = (x^2 + 2y^2)ln(3x^2 + 5y^2)$, calcule $\lim\limits_{(x,y)\to(0,0)} f(x,y)$.

Resolução:

Inicialmente, procedemos à conjectura do possível valor desse limite, como segue. Consideremos, por exemplo, $C = \{(x,y) \in \mathbb{R}^2 - \{(0,0)\} : y = 0\}$ (ou seja, C é o eixo x, menos a origem). Aplicando a Regra de l'Hôspital (considerando, por conveniência, a mudança de variável $t = x^2$), temos

$$\begin{aligned}
\lim_{\substack{(x,y)\to(0,0)\\(x,y)\in C}} f(x,y) &= \lim_{x\to 0} f(x,0) \\
&= \lim_{x\to 0} x^2 ln(3x^2) \\
&= \lim_{t\to 0} t ln(3t) \\
&= \lim_{t\to 0} \frac{ln(3t)}{t^{-1}} \\
&\overset{\text{l'H}}{=} \lim_{t\to 0} \frac{t^{-1}}{-t^{-2}} \\
&= -\lim_{t\to 0}(t) \\
&= 0.
\end{aligned}$$

Logo, se o limite existir, então, devido ao Teorema 3.1.1 (Unicidade do Limite), ele deverá ser igual a 0.

Quando $(x,y) \to (0,0)$, $3x^2+5y^2 \to 0^+$. Assim, podemos supor, sem perda de generalidade, que $(0 <)\, 3x^2 + 5y^2 < 1$. Desse modo, $ln(3x^2 + 5y^2) < 0$. Também $0 < x^2 + 2y^2 < 3x^2 + 5y^2$. Logo, multiplicando essas últimas desigualdades por $ln(3x^2 + 5y^2)\ (< 0)$, obtemos

$$(3x^2 + 5y^2)ln(3x^2 + 5y^2) < (x^2 + 2y^2)ln(3x^2 + 5y^2) < 0,$$

ou seja,

$$(3x^2 + 5y^2)ln(3x^2 + 5y^2) < f(x,y) < 0.$$

Como, pela Regra de l'Hôspital (considerando, agora, a mudança de variável $u = 3x^2+5y^2$), temos $\lim\limits_{(x,y)\to(0,0)} (3x^2+5y^2)ln(3x^2+5y^2) = 0$, resulta, portanto, pelo Teorema 3.7.1 (Teorema do confronto), aplicado às últimas desigualdades acima, que $\lim\limits_{(x,y)\to(0,0)} f(x,y) = 0$.

No exemplo a seguir, apresentaremos o cálculo de um limite relacionado à expressão indeterminada $\dfrac{\infty}{\infty}$.

Exemplo 4. Dada $f : \mathbb{R}^2 - \{(0,0)\} \to \mathbb{R}$, definida por $f(x,y) = \dfrac{ln(x^2 + y^4)}{x^2 + 3y^2}$, calcule $\lim\limits_{(x,y)\to\infty} f(x,y)$.

Resolução:

Inicialmente, procedemos à conjectura do possível valor desse limite, como segue. Consideremos, por exemplo, $C = \{(x, y) \in \mathbb{R}^2 - \{(0,0)\} : y = 0\}$ (ou seja, C é o eixo x, menos a origem). Assim, aplicando a Regra de l'Hôspital (considerando, por conveniência, a mudança de variável $t = x^2$), temos

$$\begin{aligned}
\lim_{\substack{(x,y)\to\infty \\ (x,y)\in C}} f(x,y) &= \lim_{x\to\infty} f(x,0) \\
&= \lim_{x\to\infty} \frac{ln(x^2)}{x^2} \\
&= \lim_{t\to\infty} \frac{ln(t)}{t} \\
&\overset{\text{l'H}}{=} \lim_{t\to\infty} \left(\frac{1}{t}\right) \\
&= 0.
\end{aligned}$$

Logo, se o limite existir, então, devido ao Teorema 3.1.1 (Unicidade do Limite), ele deverá ser igual a 0.

Quando $(x, y) \to \infty$, $t = x^2 + y^2 \to \infty$. Assim, podemos supor, sem perda de generalidade, que $t > 1$. Desse modo, $t < t^2$. Também, como $t = x^2 + y^2$, temos $x^2 \leq t, y^2 \leq t$ ($\Rightarrow y^4 \leq t^2$) e $x^2 + 3y^2 > x^2 + y^2$ ($\Rightarrow x^2 + 3y^2 > t$). Usando, agora, a monotonicidade da função logarítmica, juntamente com essas desigualdades, temos

$$ln(x^2 + y^4) \leq ln(t + t^2) < ln(2t^2).$$

Logo,

$$0 \leq f(x,y) = \frac{ln(x^2 + y^4)}{x^2 + 3y^2} < \frac{ln(2t^2)}{t} = \frac{ln(2) + 2ln(t)}{t},$$

ou seja,

$$0 \leq f(x,y) < \frac{ln(2) + 2ln(t)}{t}.$$

Como, pela Regra de l'Hôspital, $\lim\limits_{t\to\infty} \dfrac{ln(2) + 2ln(t)}{t} = 0$, resulta, portanto, do Teorema 3.7.1 (Teorema do confronto), aplicado às últimas desigualdades acima, que $\lim\limits_{(x,y)\to(0,0)} f(x,y) = 0$.

No último exemplo a seguir, apresentaremos o cálculo de um limite relacionado à expressão indeterminada $\infty - \infty$ (mais precisamente, $-\infty - (-\infty)$).

Exemplo 5. Dada $f : \{(x, y) \in \mathbb{R}^2 : x > 0, y < 1\} \to \mathbb{R}$, definida por $f(x,y) = ln(\sqrt{x+1} - 1) - ln(x - xy)$, calcule $\lim\limits_{(x,y)\to\left(0,-\frac{1}{2}\right)} f(x,y)$.

Resolução:

Inicialmente, observemos que $f(x,y) = ln\left(\dfrac{\sqrt{x+1}-1}{x - xy}\right)$. Como a função logarítmica natural é contínua em seu domínio, resulta do Teorema 3.10.1 (Limite de uma função composta) que $\lim\limits_{(x,y)\to\left(0,-\frac{1}{2}\right)} ln\left(\dfrac{\sqrt{x+1}-1}{x-xy}\right) = ln\left[\lim\limits_{(x,y)\to\left(0,-\frac{1}{2}\right)} \dfrac{\sqrt{x+1}-1}{x-xy}\right]$ (desde que esse limite exista (>0)), de modo que é suficiente calcular esse limite.

Podemos proceder como segue:

$$\begin{aligned}
\lim_{(x,y)\to\left(0,-\frac{1}{2}\right)} \frac{\sqrt{x+1}-1}{x-xy} &= \lim_{(x,y)\to\left(0,-\frac{1}{2}\right)} \left(\frac{\sqrt{x+1}-1}{x-xy}\right)\left(\frac{\sqrt{x+1}+1}{\sqrt{x+1}+1}\right) \\
&= \lim_{(x,y)\to\left(0,-\frac{1}{2}\right)} \frac{(x+1)-1}{(x-xy)(\sqrt{x+1}+1)} \\
&= \lim_{(x,y)\to\left(0,-\frac{1}{2}\right)} \frac{x}{x(1-y)(\sqrt{x+1}+1)} \\
&= \lim_{(x,y)\to\left(0,-\frac{1}{2}\right)} \frac{1}{(1-y)(\sqrt{x+1}+1)} \\
&= \frac{1}{3}.
\end{aligned}$$

Portanto, $\lim\limits_{(x,y)\to\left(0,-\frac{1}{2}\right)} f(x,y) = ln\left(\dfrac{1}{3}\right)$ (ou $-ln(3)$).

3.18 Limites de funções reais de *n* variáveis reais: demonstração de existência, demonstração de inexistência e métodos de cálculo

A demonstração da existência de limites de funções reais de n variáveis reais por meio da definição $\varepsilon-\delta$ de limite, resultados sobre a existência, bem como sobre a não existência, de limites de funções reais de n variáveis reais, são, em geral, análogas àquelas que apresentamos para funções reais de duas variáveis reais.

Esses resultados, sob o ponto de vista ora descrito, em verdade, constituem, pois, métodos (por vezes práticos) de demonstração de existência, bem como não existência, de limites de funções reais de n variáveis reais.

Conquanto o estudo de limites de funções reais de duas variáveis reais seja, em geral, muito mais complexo do que o estudo de limite de funções reais de uma (única) variável real, a extensão daquele para o análogo em n variáveis reais é relativamente simples. Em geral, os resultados que estabelecemos para as funções reais de duas variáveis reais se estendem para as funções reais de n variáveis reais, obedecendo ao mesmo tipo de raciocínio. No que segue, descrevemos sucintamente as mudanças significativas necessárias para realizar essa transição, no que diz respeito às coordenadas polares.

Podemos estender o conceito de coordenadas polares a funções reais de n variáveis reais, como segue. Suponhamos, por simplicidade, que $\boldsymbol{r_0} = \mathbf{0}$ ($\mathbf{0} \equiv \underbrace{(0,\ldots,0)}_{n \text{ coordenadas}}$). Definamos $x_i = Ru_i$ $(1 \leq i \leq n)$, em que as variáveis u_i satisfazem ${u_1}^2 + {u_2}^2 + \ldots + {u_n}^2 = 1$ (se $n=2$, então $u_1 = cos\,\theta$, $u_2 = sen\,\theta$). Se $n \geq 3$, então podemos considerar as variáveis u_i os cossenos diretores, ou seja, os cossenos dos ângulos entre $\boldsymbol{r}$ e $\boldsymbol{e}_i$, a saber, $u_i = \dfrac{\boldsymbol{r} \cdot \boldsymbol{e}_i}{||\boldsymbol{r}||}$. Assim, devemos analisar se existe $h(R)$, tal que

$$|f(Ru_1, Ru_2, \ldots, Ru_n) - f_0| \leq h(R) \to 0, \; R \to 0^+.$$

Essa técnica, frequentemente mais difícil, pode ser realizada usando as desigualdades $|u_i| \leq 1$, juntamente com algumas propriedades específicas da função f. Como observamos, as variáveis u_i são os cossenos diretores. Elas podem ser também funções trigonométricas dos ângulos no sistema de coordenadas esféricas em um espaço euclidiano n dimensional. O problema da existência (ou não existência) do limite equivale, assim, ao estudo do comportamento de algumas funções trigonométricas.

Exemplo. Dada $f : \mathbb{R}^3 - \{(0,0,0)\} \to \mathbb{R}$, definida por

$$f(\boldsymbol{r})(= f(x,y,z)) = (x^2 + 2y^2 + 4y^2)ln(x^2 + y^2 + z^2),$$

calcule $\lim\limits_{\boldsymbol{r} \to \boldsymbol{r_0}} f(\boldsymbol{r})$, em que $\boldsymbol{r_0} = \boldsymbol{0}$.

Resolução:

Temos uma indeterminação do tipo $0 \cdot (-\infty)$. Escolhamos $\boldsymbol{r}(t) = t\boldsymbol{v}$, em que $\boldsymbol{v} = (a, b, c)$ é um vetor unitário (ou seja, $a^2 + b^2 + c^2 = 1$). Assim,

$$f(\boldsymbol{r}(t)) = (a^2 + 2b^2 + 4c^2)t^2 ln(t^2) \Rightarrow f(\boldsymbol{r}(t)) = 2(a^2 + 2b^2 + 4c^2)t^2 ln\, t,$$

$a^2 + 2b^2 + 4c^2 > 0$ e $t > 0$.
Pela Regra de l'Hôspital, temos

$$\lim_{t \to 0^+} t^2 ln\, t = \lim_{t \to 0^+} \frac{ln\, t}{t^{-2}} = \lim_{t \to 0^+} \frac{t^{-1}}{-2t^{-3}} = -\frac{1}{2} \lim_{t \to 0^+} t^2 = 0,$$

de modo que $\lim\limits_{t \to 0^+} f(\boldsymbol{r}(t)) = 0$. Logo, se o limite existir, então deverá ser igual a 0.

Definamos $R = x^2 + y^2 + z^2$. Uma vez que estamos interessados no limite de f quando $R \to 0^+$, podemos supor, sem perda de generalidade, que $R < 1$, de modo que $ln(R^2)(= 2ln\, R) < 0$. Usando as desigualdades $|x| \leq R$, $|y| \leq R$ e $|z| \leq R$, temos $R^2 \leq x^2 + 2y^2 + 4z^2 \leq 7R^2$. Multiplicando esta última desigualdade por $ln(R^2)(< 0)$, obtemos

$$7R^2 ln(R^2) \leq f(\boldsymbol{r}) \leq R^2 ln(R^2).$$

Portanto, uma vez que $tln\, t \to 0$ quando $t = R^2 \to 0^+$, o limite existe, pelo Teorema do Confronto, sendo igual a zero.

De resto, todos os resultados permanecem válidos, tendo o leitor apenas o simples trabalho de adaptá-los para o caso de n variáveis reais: substituir $\mathbb{R}^2$ por $\mathbb{R}^n$; "duas" por n; (x, y) por $\boldsymbol{r}$; (a, b) por $\boldsymbol{r_0}$ e, consequemente, $\sqrt{(x-a)^2 + (y-b)^2}$ por $||\boldsymbol{r} - \boldsymbol{r_0}||$. (No caso de **limites iterados**, apenas a notação torna-se extremamente complicada (consequentemente, o cálculo, mais trabalhoso): 2 variáveis $\to$ 2 limites iterados possíveis; n variáveis $\to$ $n!$ (n fatorial) limites iterados possíveis.)

Exercícios

Seção 3.1

[Exercícios 1-10] Dadas as funções reais de duas variáveis reais $f : \mathbb{R}^2 - \{(0,0)\} \to \mathbb{R}$ a seguir, demonstre que $\lim\limits_{(x,y)\to(0,0)} f(x,y) = 0$.

1. $f(x,y) = \dfrac{x^3 + y^4}{x^2 + y^2}$.

2. $f(x,y) = \dfrac{x^3 - 4xy^2 + 5y^3}{x^2 + y^2}$.

3. $f(x,y) = xy\dfrac{x^2 - y^2}{x^2 + y^2}$.

4. $f(x,y) = \dfrac{x^3 - 4xy^2 + 5y^3}{3x^2 + 4y^2}$.

5. $f(x,y) = \dfrac{x^3 + 5x^2y^3 - 4y^4}{3x^2 + 4y^2}$.

6. $f(x,y) = \dfrac{x^3 - y^7}{x^2 + y^4}$.

7. $f(x,y) = \dfrac{x^4y^3}{x^4 + y^8}$.

8. $f(x,y) = \dfrac{x^3 - 4xy^2 + 5y^3}{3x^2 + 4y^2 + 4y^4}$.

9. $f(x,y) = \dfrac{4x^6y^2}{(x^4 + y^2)^2}$.

10. $f(x,y) = \dfrac{x^2 + y^2}{|x| + |y|}$.

[Extra] Considere uma função real de duas variáveis reais $f : A \subseteq \mathbb{R}^2 \to \mathbb{R}$ tal que $f(\mathbf{x}+\mathbf{y}) = f(\mathbf{x}) + f(\mathbf{y})$, para todos $\mathbf{x}, \mathbf{y} \in A$.

a) Demonstre que, se $\lim\limits_{\mathbf{x}\to\mathbf{0}} f(\mathbf{x}) = L$, então $L = 0$.

b) Demonstre que $\lim\limits_{\mathbf{x}\to\mathbf{a}} f(\mathbf{x})$ existe, para todo $\mathbf{a} \in A$.

(Notações: $\mathbf{x} = (x_1, x_2), \mathbf{y} = (y_1, y_2)$, $\mathbf{0} = (0,0)$, $\mathbf{a} = (a_1, a_2)$.)

Seção 3.2

1. Verifique se cada afirmação a seguir é verdadeira ou falsa. Justifique as suas respostas.

a) De acordo com a definição de limite, para que o limite de uma função real de duas variáveis reais exista, é necessário que exista um número real $\delta > 0$ correspondente a **todo** número real $\varepsilon > 0$.

b) De acordo com a definição de limite, para que o limite de uma função real de duas variáveis reais exista, é necessário que, para cada número real $\varepsilon > 0$, exista um número real $\delta > 0$ correspondente a **esse** ε.

c) Se $\lim\limits_{(x,y)\to(a,b)} f(x,y)$ e $\lim\limits_{(x,y)\to(a,b)} g(x,y)$ não existem, então $\lim\limits_{(x,y)\to(a,b)} [f(x,y)+g(x,y)]$ também não existe.

d) Se $\lim\limits_{(x,y)\to(a,b)} [f(x,y) + g(x,y)]$ existe, mas $\lim\limits_{(x,y)\to(a,b)} f(x,y)$ não existe, então $\lim\limits_{(x,y)\to(a,b)} g(x,y)$ não existe.

e) Se $\lim\limits_{(x,y)\to(a,b)} f(x,y)$ e $\lim\limits_{(x,y)\to(a,b)} [f(x,y) + g(x,y)]$ não existem, então $\lim\limits_{(x,y)\to(a,b)} g(x,y)$ não existe.

f) Se $\lim\limits_{(x,y)\to(a,b)} f(x,y)$ e $\lim\limits_{(x,y)\to(a,b)} [f(x,y) + g(x,y)]$ existem, então $\lim\limits_{(x,y)\to(a,b)} g(x,y)$ existe.

g) Se $\lim\limits_{(x,y)\to(a,b)} f(x,y)$ e $\lim\limits_{(x,y)\to(a,b)} g(x,y)$ não existem, então $\lim\limits_{(x,y)\to(a,b)} [f(x,y)g(x,y)]$ não existe.

h) Se $\lim\limits_{(x,y)\to(a,b)} f(x,y)$ e $\lim\limits_{(x,y)\to(a,b)} f(x,y)g(x,y)$ existem, então $\lim\limits_{(x,y)\to(a,b)} g(x,y)$ existe.

i) Se $\lim\limits_{(x,y)\to(a,b)} f(x,y)$ e $\lim\limits_{(x,y)\to(a,b)} \dfrac{f(x,y)}{g(x,y)}$ existem, então $\lim\limits_{(x,y)\to(a,b)} g(x,y)$ existe.

j) Se $\lim\limits_{(x,y)\to(a,b)} g(x,y)$ e $\lim\limits_{(x,y)\to(a,b)} \dfrac{f(x,y)}{g(x,y)}$ existem, então $\lim\limits_{(x,y)\to(a,b)} f(x,y)$ existe.

k) Se $\lim\limits_{(x,y)\to(a,b)} f(x,y)$ existe, mas $\lim\limits_{(x,y)\to(a,b)} \dfrac{f(x,y)}{g(x,y)}$ não existe, então $\lim\limits_{(x,y)\to(a,b)} g(x,y)$ não existe.

l) Se $\lim\limits_{(x,y)\to(a,b)} f(x,y)$ não existe, mas $\lim\limits_{(x,y)\to(a,b)} \dfrac{f(x,y)}{g(x,y)}$ existe, então $\lim\limits_{(x,y)\to(a,b)} g(x,y)$ não existe.

m) Se $\lim\limits_{(x,y)\to(a,b)} g(x,y)$ existe, mas $\lim\limits_{(x,y)\to(a,b)} \dfrac{f(x,y)}{g(x,y)}$ não existe, então $\lim\limits_{(x,y)\to(a,b)} f(x,y)$ não existe.

n) Se $\lim\limits_{(x,y)\to(a,b)} g(x,y)$ não existe, mas $\lim\limits_{(x,y)\to(a,b)} \dfrac{f(x,y)}{g(x,y)}$ existe, então $\lim\limits_{(x,y)\to(a,b)} f(x,y)$ não existe.

o) Se $\lim\limits_{(x,y)\to(a,b)} g(x,y) = 0$ e $\lim\limits_{(x,y)\to(a,b)} \dfrac{f(x,y)}{g(x,y)}$ existe, então $\lim\limits_{(x,y)\to(a,b)} f(x,y) = 0$.

p) Se $\lim\limits_{(x,y)\to(a,b)} f(x,y) = 0$ e $\lim\limits_{(x,y)\to(a,b)} [f(x,y)g(x,y)] = K$ $(K \neq 0)$, então $\lim\limits_{(x,y)\to(a,b)} g(x,y)$ não existe.

q) Se $\lim\limits_{(x,y)\to(a,b)} f(x,y) = L$ $(L \neq 0)$ e $\lim\limits_{(x,y)\to(a,b)} [f(x,y)g(x,y)] = K$ $(K \neq 0)$, então $\lim\limits_{(x,y)\to(a,b)} g(x,y)$

existe.

r) Se $\lim\limits_{(x,y)\to(a,b)} f(x,y) = L$, então $\lim\limits_{x\to a} f(x,b) = L$.

s) Se $\lim\limits_{x\to a} f(x,b) = L$, então $\lim\limits_{(x,y)\to(a,b)} f(x,y) = L$.

t) Se $\lim\limits_{x\to a} f(x,b) = \lim\limits_{y\to b} f(a,y) = L$, então $\lim\limits_{(x,y)\to(a,b)} f(x,y) = L$.

u) Se $\lim\limits_{(x,y)\to(a,b)} f(x,y) = 0$, então $\lim\limits_{(x,y)\to(a,b)} f(cx,y) = 0$, para qualquer constante real c.

v) Se $\lim\limits_{(x,y)\to(a,b)} f(x,y) = L\ (L \neq 0)$ e $\lim\limits_{(x,y)\to(a,b)} g(x,y) = 0$, então $\lim\limits_{(x,y)\to(a,b)} \dfrac{f(x,y)}{g(x,y)}$ não existe.

x) Se $\lim\limits_{(x,y)\to(a,b)} \sqrt{f(x,y)} =$ existe, então $\lim\limits_{(x,y)\to(a,b)} f(x,y)$ existe.

2. Demonstre o item v) do Teorema 3.2.1 (Propriedades operatórias de limites) sem usar o item iv).

3. Considere uma função real de duas variáveis reais $f : A \subseteq \mathbb{R}^2 \to \mathbb{R}$ e $(a,b) \in A'$. Demonstre que, se $\lim\limits_{(x,y)\to(a,b)} f(x,y) = L\ (L > 0)$, então $\lim\limits_{(x,y)\to(a,b)} [f(x,y)]^{\frac{m}{n}} = L^{\frac{m}{n}}$, para todos $m, n \in \mathbb{N}$, **desde que $L^{\frac{m}{n}}$ seja um número real**. (O limite de uma potência é a potência do limite.)

4. Considere uma função real de duas variáveis reais $f : A \subseteq \mathbb{R}^2 \to \mathbb{R}$ e $(a,b) \in A'$. Por definição, $|f|(x,y) = |f(x,y)|$ (valor absoluto de f). Demonstre que $\lim\limits_{(x,y)\to(a,b)} |f(x,y)| = \left|\lim\limits_{(x,y)\to(a,b)} f(x,y)\right|$. (O limite do valor absoluto é o valor absoluto do limite.)

5. Considere uma função real de duas variáveis reais $f : A \subseteq \mathbb{R}^2 \to \mathbb{R}$ e $(a,b) \in A'$, tais que $\lim\limits_{(x,y)\to(a,b)} [f(x,y)]^2 = L$.

a) Demonstre que, se $L = 0$, então $\lim\limits_{(x,y)\to(a,b)} f(x,y) = 0$.

b) Forneça um contraexemplo que mostre que, se $L \neq 0$, então $\lim\limits_{(x,y)\to(a,b)} f(x,y)$ pode não existir.

6. Considere a função real de duas variáveis reais $f : \mathbb{R}^2 \to \mathbb{R}$ definida por

$$f(x,y) = \begin{cases} \dfrac{ysenx}{xy+2x}, & \text{se} \quad x \neq 0 \text{ e } y \neq -2 \\ \dfrac{1}{3}, & \text{se} \quad x = 0 \text{ ou } y = -2 \end{cases}.$$

Calcule

a) $\lim\limits_{(x,y)\to(0,1)} f(x,y)$.

b) $\lim\limits_{(x,y)\to(0,b)} f(x,y)$, para todo $b \in \mathbb{R}$.

c) $\lim\limits_{(x,y)\to(2k\pi,-2)} f(x,y)$, para todo $k \in \mathbb{Z}$.

7. Considere a função real de duas variáveis reais $f : \mathbb{R}^2 \to \mathbb{R}$ definida por

$$f(x,y) = \begin{cases} \dfrac{(2^x - 1)seny}{xy}, & \text{se} \quad x \neq 0 \text{ e } y \neq 0 \\ ln\, 2 \quad , & \text{se} \quad x = 0 \text{ ou } y = 0 \end{cases}.$$

Calcule

a) $\lim\limits_{(x,y)\to(0,0)} f(x,y)$.

b) $\lim\limits_{(x,y)\to(a,0)} f(x,y)$, para todo $a \in \mathbb{R}$.

c) $\lim\limits_{(x,y)\to(0,b)} f(x,y)$, para todo $b \in \mathbb{R}$.

[**Extra**] Dado que $\lim\limits_{(x,y)\to(a,b)} [f(x,y) + g(x,y)] = L$ e $\lim\limits_{(x,y)\to(a,b)} [f(x,y) - g(x,y)] = M$, qual o valor de $\lim\limits_{(x,y)\to(a,b)} [f(x,y)g(x,y)]$?

Seção 3.3 - Subseção 3.3.1

1. Dada $f : \{(x,y) \in \mathbb{R}^2 : y \neq 2x\} \to \mathbb{R}$, definida por $f(x,y) = \dfrac{xy - y^3 - 2x^2 + 2y^2x}{y - 2x}$, calcule

a) $\lim\limits_{(x,y)\to(1,2)} f(x,y)$.

b) $\lim\limits_{(x,y)\to(a,2a)} f(x,y)$, para todo $a \in \mathbb{R}$.

2. Dada $f : \{(x,y) \in \mathbb{R}^2 : y \neq -x + 1\} \to \mathbb{R}$, definida por $f(x,y) = \dfrac{2 - 3x - y + x^2 - y^2}{1 - x - y}$, calcule

a) $\lim\limits_{(x,y)\to(1,0)} f(x,y)$.

b) $\lim\limits_{(x,y)\to(a,-a+1)} f(x,y)$, para todo $a \in \mathbb{R}$.

3. Dada $f : \{(x,y) \in \mathbb{R}^2 : x \neq 2, y \neq -1\} \to \mathbb{R}$, definida por $f(x,y) = \dfrac{x^3 + x^2y - 2xy - 2x^2 - 2x + 4}{xy + x - 2y - 2}$, calcule

a) $\lim\limits_{(x,y)\to(2,-1)} f(x,y)$.

b) $\lim\limits_{(x,y)\to(-1,-1)} f(x,y)$.

c) $\lim\limits_{(x,y)\to(2,b)} f(x,y)$, para todo $b \in \mathbb{R}$.

4. Dada $f : \{(x,y) \in \mathbb{R}^2 : x \neq 0, x \neq 1, y \neq -3\} \to \mathbb{R}$, definida por $f(x,y) = \dfrac{y+3}{x^2y + 3x^2 - xy - 3x}$, calcule

a) $\lim\limits_{(x,y)\to(0,-3)} f(x,y)$.

b) $\lim\limits_{(x,y)\to(1,-3)} f(x,y)$.

5. Dada $f : \{(x,y) \in \mathbb{R}^2 : x \neq 1 \text{ ou } y \neq 2\} \to \mathbb{R}$, definida por $f(x,y) = \dfrac{xy - 2x - y + 2}{x^2 - 2x + y^2 - 4y + 5}$, calcule

a) $\lim\limits_{(x,y)\to(1,2)} f(x,y)$.
b) $\lim\limits_{(x,y)\to(a,2)} f(x,y)$, para todo $a \in \mathbb{R}$.
c) $\lim\limits_{(x,y)\to(1,b)} f(x,y)$, para todo $b \in \mathbb{R}$

6. Dada $f : \mathbb{R}^2 - \{(0,0)\} \to \mathbb{R}$, definida por $f(x,y) = \dfrac{x^4+4y^4}{x^2-2xy+2y^2}$, calcule $\lim\limits_{(x,y)\to(0,0)} f(x,y)$.

7. Dada $f : \mathbb{R}^2 - \{(0,0)\} \to \mathbb{R}$, definida por $f(x,y) = \dfrac{x^4+4y^4}{x^2+2xy+2y^2}$, calcule $\lim\limits_{(x,y)\to(0,0)} f(x,y)$.

8. Dada $f : \{(x,y) \in \mathbb{R}^2 : y \neq x+2\} \to \mathbb{R}$, definida por $f(x,y) = \dfrac{x-y+2}{\sqrt[3]{x+1}-\sqrt[3]{y-1}}$, calcule
a) $\lim\limits_{(x,y)\to(-1,1)} f(x,y)$.
b) $\lim\limits_{(x,y)\to(a,a+2)} f(x,y)$, para todo $a \in \mathbb{R}$.

9. Dada $f : \{(x,y) \in \mathbb{R}^2 : -1 \leq y \leq 1, xy \neq \sqrt{1-y^2}\} \to \mathbb{R}$, definida por $f(x,y) = \dfrac{x\sqrt{1-y^2}-y}{xy-\sqrt{1-y^2}}$, calcule
a) $\lim\limits_{(x,y)\to\left(1,\frac{\sqrt{2}}{2}\right)} f(x,y)$.
b) $\lim\limits_{(x,y)\to\left(-1,-\frac{\sqrt{2}}{2}\right)} f(x,y)$.

10. Dada $f : \{(x,y) \in \mathbb{R}^2 : -1 \leq y \leq 1, xy \neq 1\} \to \mathbb{R}$, definida por $f(x,y) = \dfrac{\sqrt{1-y^2}(x-y)}{xy-1}$, calcule
a) $\lim\limits_{(x,y)\to(-1,-1)} f(x,y)$.
b) $\lim\limits_{(x,y)\to(1,1)} f(x,y)$.

11. Dada $f : \{(x,y) \in \mathbb{R}^2 : x \geq 0, y \geq 0, y \neq x\} \to \mathbb{R}$, definida por $f(x,y) = \dfrac{x^3-y^3+\sqrt{x}-\sqrt{y}}{\sqrt{x}-\sqrt{y}}$, calcule
a) $\lim\limits_{(x,y)\to(1,1)} f(x,y)$.
b) $\lim\limits_{(x,y)\to(a,a)} f(x,y)$, para todo $a \in \mathbb{R}$, $a > 0$.

12. Dada $f : \{(x,y) \in \mathbb{R}^2 : y \neq x-1\} \to \mathbb{R}$, definida por $f(x,y) = \dfrac{\sqrt[3]{x}-\sqrt[3]{y+1}}{x-y-1}$, calcule
a) $\lim\limits_{(x,y)\to(1,0)} f(x,y)$.
b) $\lim\limits_{(x,y)\to(a,a-1)} f(x,y)$, para todo $a \in \mathbb{R}$.

13. Dada $f : \{(x,y) \in \mathbb{R}^2 : y \neq \pm x - 1\} \to \mathbb{R}$, definida por $f(x,y) = \dfrac{\sqrt[3]{x}-\sqrt[3]{y+1}}{x^2-y^2-2y-1}$, calcule

a) $\lim\limits_{(x,y)\to(1,0)} f(x,y)$.

b) $\lim\limits_{(x,y)\to(a,a-1)} f(x,y)$, para todo $a \in \mathbb{R}$.

Seção 3.3 - Subseção 3.3.2

1. Dada $f : \{(x,y) \in \mathbb{R}^2 : x \geq 0, y \leq 1, -x \leq y \neq -x+1\} \to \mathbb{R}$, definida por $f(x,y) = \dfrac{\sqrt{x+y}-1}{\sqrt{x}-\sqrt{1-y}}$, calcule

a) $\lim\limits_{(x,y)\to(1,0)} f(x,y)$.

b) $\lim\limits_{(x,y)\to(a,-a+1)} f(x,y)$, para todo $a \in \mathbb{R}$, $a \geq 0$.

2. Dada $f : \mathbb{R}^2 - \{(0,0)\} \to \mathbb{R}$, definida por $f(x,y) = \dfrac{x^4+4y^4}{\sqrt{x^2-2xy+2y^2+1}-1}$, calcule $\lim\limits_{(x,y)\to(0,0)} f(x,y)$.

3. Dada $f : \mathbb{R}^2 - \{(0,0)\} \to \mathbb{R}$, definida por $f(x,y) = \dfrac{x^4+4y^4}{\sqrt{x^2+2xy+2y^2+1}-1}$, calcule $\lim\limits_{(x,y)\to(0,0)} f(x,y)$.

4. Dada $f : \{(x,y) \in \mathbb{R}^2 : x \geq 0, y > 0 \text{ ou } x > 0, y \geq 0\} \to \mathbb{R}$, definida por $f(x,y) = \dfrac{x^2+4y^2}{\sqrt{x+2\sqrt{xy}+2y+9}-3}$, calcule $\lim\limits_{(x,y)\to(0,0)} f(x,y)$.

5. Dada $f : \{(x,y) \in \mathbb{R}^2 : x \geq 0, y > 0 \text{ ou } x > 0, y \geq 0\} \to \mathbb{R}$, definida por $f(x,y) = \dfrac{x^2+4y^2}{\sqrt{x-2\sqrt{xy}+2y+9}-3}$, calcule $\lim\limits_{(x,y)\to(0,0)} f(x,y)$.

Seção 3.3 - Subseção 3.3.3

[Exercícios 1-20] Dadas as funções reais de duas variáveis reais $f : A \subset \mathbb{R}^2 \to \mathbb{R}$ a seguir, calcule $\lim\limits_{(x,y)\to(0,0)} f(x,y)$.

1. $f : \{(x,y) \in \mathbb{R}^2 : x \geq -1, y \neq 0\} \to \mathbb{R}$, definida por $f(x,y) = \dfrac{\sqrt{1+\sqrt[3]{x}}-1}{y}$.

2. $f : \{(x,y) \in \mathbb{R}^2 : y \neq 0\} \to \mathbb{R}$, definida por $f(x,y) = \dfrac{sen(xy)}{y}$.

3. $f : \{(x,y) \in \mathbb{R}^2 : xy \geq 0, y \neq 0\} \to \mathbb{R}$, definida por $f(x,y) = \dfrac{cos(\sqrt{xy})-1}{y}$.

4. $f : \{(x,y) \in \mathbb{R}^2 : xy \geq 0, x \neq m\pi, y \neq n\pi \ (m,n \in \mathbb{Z})\} \to \mathbb{R}$, definida por $f(x,y) = \dfrac{1-cos(\sqrt{xy})}{senx\,seny}$.

5. $f : \{(x,y) \in \mathbb{R}^2 : x \neq 0, y \neq 0\} \to \mathbb{R}$, definida por $f(x,y) = \dfrac{cos(xy)-1}{x^2y^2}$.

6. $f : \mathbb{R}^2 - \{(x,y) \in \mathbb{R}^2 : x^2 + y^2 \neq 4k^2\pi^2\,(k \in \mathbb{Z})\} \to \mathbb{R}$, definida por $f(x,y) = \dfrac{sen(x^2+y^2)}{1 - cos(\sqrt{x^2+y^2})}$.

7. $f : \{(x,y) \in \mathbb{R}^2 : x^2 + y^2 \neq k^2\pi^2\,(k \in \mathbb{Z})\} \to \mathbb{R}$, definida por $f(x,y) = \dfrac{sen(x^2+y^2)[1 + cos(\sqrt{x^2+y^2})]}{sen^2(\sqrt{x^2+y^2})}$.

8. $f : \{(x,y) \in \mathbb{R}^2 : y \neq x + 2k\pi, y \neq -x + (2l+1)\pi\,(k, l \in \mathbb{Z})\} \to \mathbb{R}$, definida por $f(x,y) = \dfrac{cosy - cosx}{senx - seny}$.

9. $f : \{(x,y) \in \mathbb{R}^2 : y \neq 0\} \to \mathbb{R}$, definida por $f(x,y) = \dfrac{cos(x+y) - cosx}{y}$.

10. $f : \{(x,y) \in \mathbb{R}^2 : x \neq 0\} \to \mathbb{R}$, definida por $f(x,y) = \dfrac{sen(x+y) - seny}{x}$.

11. $f : \{(x,y) \in \mathbb{R}^2 : y \neq x\} \to \mathbb{R}$, definida por $f(x,y) = \dfrac{cosx - cosy}{x - y}$.

12. $f : \{(x,y) \in \mathbb{R}^2 : y \neq x\} \to \mathbb{R}$, definida por $f(x,y) = \dfrac{senx - seny}{x - y}$.

13. $f : \left\{(x,y) \in \mathbb{R}^2 : x \neq \dfrac{\pi}{2} + k\pi, y \neq \dfrac{\pi}{2} + l\pi, y \neq x\,(k, l \in \mathbb{Z})\right\} \to \mathbb{R}$, definida por $f(x,y) = \dfrac{tgx - tgy}{x - y}$.

14. $f : \left\{(x,y) \in \mathbb{R}^2 : x \neq \dfrac{\pi}{2} + k\pi, y \neq \dfrac{\pi}{2} + l\pi, y \neq x\,(k, l \in \mathbb{Z})\right\} \to \mathbb{R}$, definida por $f(x,y) = \dfrac{secx - secy}{x - y}$.

15. $f : \left\{(x,y) \in \mathbb{R}^2 : x \neq \dfrac{\pi}{2} + k\pi, y \neq \dfrac{\pi}{2} + l\pi, y \neq x + m\pi\,(k, l, m \in \mathbb{Z})\right\} \to \mathbb{R}$, definida por $f(x,y) = \dfrac{senx - seny}{tgx - tgy}$.

16. $f : \{(x,y) \in \mathbb{R}^2 : x \geq 0, y \geq 0, y \neq x\} \to \mathbb{R}$, definida por $f(x,y) = \dfrac{senx - seny}{\sqrt{x} - \sqrt{y}}$.

17. $f : \{(x,y) \in \mathbb{R}^2 : x < 1, y < 1, -1 < xy - x - y \neq 0\} \to \mathbb{R}$, definida por $f(x,y) = \dfrac{ln(1-x) + ln(1-y)}{ln(xy - x - y + 1)}$.

18. $f : \{(x,y) \in \mathbb{R}^2 : x \neq 0\} \to \mathbb{R}$, definida por $f(x,y) = \dfrac{ysen(x^2+y^2)}{x^3}$.

19. $f : \{(x,y) \in \mathbb{R}^2 : y \neq -x\} \to \mathbb{R}$, definida por $f(x,y) = \dfrac{e^{x+y} - 1}{x + y}$.

[Extra] São dadas expressões que definem funções reais de duas variáveis reais $h : A \subset \mathbb{R}^2 \to \mathbb{R}$. Para cada uma delas, obtenha

i) o domínio A de h.

ii) o conjunto $A' - A$ (ou seja, o conjunto de todos os pontos de acumulação (a, b) de A que não pertencem a A, no sentido do Exemplo 5 da Seção 2.1).

iii) $\lim_{(x,y)\to(a,b)} h(x, y)$, em que (a, b) é um ponto de acumulação arbitrário de A obtido no item *ii)*.

a) $h(x, y) = \dfrac{senx + seny}{senx - seny}$.

b) $h(x, y) = \dfrac{senx + seny}{cosx + cosy}$.

c) $h(x, y) = \dfrac{senx + seny}{cosx - cosy}$.

d) $h(x, y) = \dfrac{senx - seny}{senx + seny}$.

e) $h(x, y) = \dfrac{senx - seny}{cosx + cosy}$.

f) $h(x, y) = \dfrac{senx - seny}{cosx - cosy}$.

g) $h(x, y) = \dfrac{cosx + cosy}{senx + seny}$.

h) $h(x, y) = \dfrac{cosx + cosy}{senx - seny}$.

i) $h(x, y) = \dfrac{cosx + cosy}{cosx - cosy}$.

j) $h(x, y) = \dfrac{cosx - cosy}{senx + seny}$.

k) $h(x, y) = \dfrac{cosx - cosy}{senx - seny}$.

l) $h(x, y) = \dfrac{cosx - cosy}{cosx + cosy}$.

Seção 3.4

1. Forneça um contraexemplo que mostre que a recíproca do item *i)* do Teorema 3.3.1 (Limite da restrição de uma função) é falsa. (*Sugestão*: o leitor pode se basear no seguinte contraexemplo ao análogo para funções reais de uma (única) variável real: a função $f : \mathbb{R} - \{0\} \to \mathbb{R}$, definida por $f(x) = sen\left(\dfrac{1}{x}\right)$, não tem limite quando $x \to 0$, embora, quando restrita a $B = \left\{\dfrac{1}{n\pi}, n \in \mathbb{N}\right\}$, tenha limite (=0) nesse mesmo ponto.)

2. Demonstre que o item *i)* do Teorema 3.3.1 (Limite da restrição de uma função) continua verdadeiro se consideramos B fechado (o domínio da restrição), exceto que os limites não são, necessariamente, iguais.

3. Forneça um contraexemplo que mostre que o item *ii)* do Teorema 3.3.1 (Limite da restrição de uma função) será falso se substituirmos "bola aberta" por "bola fechada".

4. Considere A, B, C subconjuntos de $\mathbb{R}^2$ tais que $A = B \cup C$, e $(a, b) \in B' \cap C'$. Dada $f : A \subseteq \mathbb{R}^2 \to \mathbb{R}$, defina as restrições de f a B e a C: $g : B \to \mathbb{R}$ (ou seja, $g = f_{|B}$) e $h : C \to \mathbb{R}$ (ou seja, $h = f_{|C}$), respectivamente. Demonstre que, se $\lim_{(x,y)\to(a,b)} g(x, y) = L$ e $\lim_{(x,y)\to(a,b)} h(x, y) = L$, então $\lim_{(x,y)\to(a,b)} f(x, y) = L$.

Seção 3.5

[Exercícios 1-40] Dadas as funções reais de duas variáveis reais $f : A \subseteq \mathbb{R}^2 \to \mathbb{R}$ a seguir, demonstre que $\lim_{(x,y)\to(0,0)} f(x, y)$ não existe, por meio de escolhas apropriadas de curvas contidas em seus domínios que passem pela origem.

1. $f : \mathbb{R}^2 - \{(0,0)\} \to \mathbb{R}$, definida por $f(x,y) = \dfrac{x+y}{x^2+y^2}$.
2. $f : \{(x,y) \in \mathbb{R}^2 : y \neq \pm x\} \to \mathbb{R}$, definida por $f(x,y) = \dfrac{x^3}{x^2-y^2}$.
3. $f : \{(x,y) \in \mathbb{R}^2 : y \neq 0\} \to \mathbb{R}$, definida por $f(x,y) = \dfrac{x^2+y^2}{y}$.
4. $f : \{(x,y) \in \mathbb{R}^2 : y \neq x\} \to \mathbb{R}$, definida por $f(x,y) = \dfrac{x^2+y^2}{x-y}$.
5. $f : \{(x,y) \in \mathbb{R}^2 : y \neq -x\} \to \mathbb{R}$, definida por $f(x,y) = \dfrac{x^4}{x^3+y^3}$.
6. $f : \mathbb{R}^2 - \{(0,0)\} \to \mathbb{R}$, definida por $f(x,y) = \dfrac{xy(x-y)}{x^4+y^4}$.
7. $f : \{(x,y) \in \mathbb{R}^2 : x \neq 0, y \neq 0)\} \to \mathbb{R}$, definida por $f(x,y) = \dfrac{x^2-y^2}{xy}$.
8. $f : \{(x,y) \in \mathbb{R}^2 : y \neq x^3\} \to \mathbb{R}$, definida por $f(x,y) = \dfrac{xy}{y-x^3}$.
9. $f : \{(x,y) \in \mathbb{R}^2 : y \neq -x\} \to \mathbb{R}$, definida por $f(x,y) = \dfrac{x^2}{x+y}$.
10. $f : \{(x,y) \in \mathbb{R}^2 : y \neq x^2\} \to \mathbb{R}$, definida por $f(x,y) = \dfrac{x^3}{x^2-y}$.
11. $f : \{(x,y) \in \mathbb{R}^2 : y \neq \pm x\} \to \mathbb{R}$, definida por $f(x,y) = \dfrac{xy}{x^2-y^2}$.
12. $f : \mathbb{R}^2 - \{(0,0)\} \to \mathbb{R}$, definida por $f(x,y) = \dfrac{2x}{x^2+y^2}$.
13. $f : \left\{(x,y) \in \mathbb{R}^2 : y \neq -\dfrac{1}{2}x\right\} \to \mathbb{R}$, definida por $f(x,y) = \dfrac{3x^2}{x+2y}$.
14. $f : \{(x,y) \in \mathbb{R}^2 : y \neq -x\} \to \mathbb{R}$, definida por $f(x,y) = \dfrac{xy}{x+y}$.
15. $f : \{(x,y) \in \mathbb{R}^2 : y \neq 0\} \to \mathbb{R}$, definida por $f(x,y) = \dfrac{x^2+y}{y}$.
16. $f : \{(x,y) \in \mathbb{R}^2 : y \neq -x\} \to \mathbb{R}$, definida por $f(x,y) = \dfrac{x}{x+y}$.
17. $f : \{(x,y) \in \mathbb{R}^2 : y \neq 0\} \to \mathbb{R}$, definida por $f(x,y) = \dfrac{x^2+y^2}{y}$.

18. $f : \{(x,y) \in \mathbb{R}^2 : y \neq \pm 2x\} \to \mathbb{R}$, definida por $f(x,y) = \dfrac{2x^2 - xy}{4x^2 - y^2}$.

19. $f : \{(x,y) \in \mathbb{R}^2 : y \neq \pm\sqrt{-x^3}\} \to \mathbb{R}$, definida por $f(x,y) = \dfrac{x^6}{(x^3 + y^2)^2}$.

20. $f : \mathbb{R}^2 - \{(0,0)\} \to \mathbb{R}$, definida por $f(x,y) = \dfrac{x^2y^2 + x^2 + y^2}{x^2 + 3y^2}$.

21. $f : \mathbb{R}^2 - \{(0,0)\} \to \mathbb{R}$, definida por $f(x,y) = \dfrac{y(x^2 + y^2)}{y^2 + (x^2 + y^2)^2}$.

22. $f : \left\{(x,y) \in \mathbb{R}^2 : y \neq \dfrac{1 \pm \sqrt{4x^2+1}}{2}\right\} \to \mathbb{R}$, definida por $f(x,y) = \dfrac{y(y^2 - x^2)(y - y^2 + x^2)}{y^3 - (y^2 - x^2)^3}$.

23. $f : \mathbb{R}^2 \to \mathbb{R}$, definida por $f(x,y) = \begin{cases} \dfrac{x^3y - y^3x}{x^2 + y^2}, & \text{se} \quad (x,y) \neq (0,0) \\ 0 \quad , & \text{se} \quad (x,y) = (0,0) \end{cases}$.

24. $f : \mathbb{R}^2 \to \mathbb{R}$, definida por $f(x,y) = \begin{cases} \dfrac{e^{-\frac{1}{x^2}}y}{e^{-\frac{1}{x^2}+y^2}}, & \text{se} \quad x \neq 0 \\ 0 \quad , & \text{se} \quad x = 0 \end{cases}$.

25. $f : \mathbb{R}^2 - \{(0,0)\} \to \mathbb{R}$, definida por $f(x,y) = \dfrac{x}{\sqrt{x^2 + y^2}}$.

26. $f : \mathbb{R}^2 - \{(0,0)\} \to \mathbb{R}$, definida por $f(x,y) = \dfrac{3x^3\sqrt{y}}{x^4 + y^2}$.

27. $f : \{(x,y) \in \mathbb{R}^2 : y \neq -\sqrt[3]{x}\} \to \mathbb{R}$, definida por $f(x,y) = \dfrac{\sqrt[3]{x}y^2}{x + y^3}$.

28. $f : \mathbb{R}^2 - \{(0,0)\} \to \mathbb{R}$, definida por $f(x,y) = \dfrac{2x^2 sen^2 y + y^4 e^{-|x|}}{\sqrt{x^2 + y^2}}$.

29. $f : \mathbb{R}^2 - \{(0,0)\} \to \mathbb{R}$, definida por $f(x,y) = \dfrac{max\{|x|, |y|\}}{\sqrt{x^4 + y^4}}$.

30. $f : \{(x,y) \in \mathbb{R}^2 : y \neq \pm x\} \to \mathbb{R}$, definida por $f(x,y) = \dfrac{\sqrt{x^2 + y^2}}{x^2 - y^2}$.

31. $f : \{(x,y) \in \mathbb{R}^2 : y \neq 0\} \to \mathbb{R}$, definida por $f(x,y) = \dfrac{\sqrt{x^2 + y^2}}{y}$.

32. $f : \mathbb{R}^2 - \{(0,0)\} \to \mathbb{R}$, definida por $f(x,y) = \dfrac{x^2 - 3xy + y^2}{\sqrt{2x^2 + 3y^2}}$.

33. $f : \{(x,y) \in \mathbb{R}^2 : x \neq 0\} \to \mathbb{R}$, definida por $f(x,y) = \dfrac{1}{x}seny$.

34. $f : \{(x,y) \in \mathbb{R}^2 : y \neq -x\} \to \mathbb{R}$, definida por $f(x,y) = \dfrac{x(cosy - 1)}{x^3 + y^3}$.

35. $f : \mathbb{R}^2 - \{(0,0)\} \to \mathbb{R}$, definida por $f(x,y) = \dfrac{ysenx}{x^2 + y^2}$.

36. $f : \mathbb{R}^2 - \{(0,0)\} \to \mathbb{R}$, definida por $f(x,y) = \dfrac{sen(xy)}{x^2 + y^2}$.

37. $f : \{(x,y) \in \mathbb{R}^2 : |y| \leq |x|, x \neq 0\} \to \mathbb{R}$, definida por $f(x,y) = arcsen(\frac{y}{x})$.

38. $f : \{(x,y) \in \mathbb{R}^2 : x \neq seny\} \to \mathbb{R}$, definida por $f(x,y) = \dfrac{senx - y}{x - seny}$.

39. $f : \{(x,y) \in \mathbb{R}^2 : x \neq 0\} \to \mathbb{R}$, definida por $f(x,y) = arctg(\frac{y}{x})$.

40. $f : \{(x,y) \in \mathbb{R}^2 : x + y \neq k\pi, k \in \mathbb{Z}\} \to \mathbb{R}$, definida por $f(x,y) = \dfrac{x^2cosy}{1 - cos^2(x+y)}$.

41. Dada $f : \{(x,y) \in \mathbb{R}^2 : y \neq 1\} \to \mathbb{R}$, definida por $f(x,y) = \dfrac{xy^2 - 1}{y - 1}$, demonstre que $\lim\limits_{(x,y)\to(1,1)} f(x,y)$ não existe.

42. Dada $f : \{(x,y) \in \mathbb{R}^2 : y \neq \pm x\} \to \mathbb{R}$, definida por $f(x,y) = \dfrac{xy + 1}{x^2 - y^2}$, demonstre que

a) $\lim\limits_{(x,y)\to(1,-1)} f(x,y)$ não existe.

b) existe $\lim\limits_{(x,y)\to(-1,1)} f(x,y)$ não existe.

43. Dada $f : \{(x,y) \in \mathbb{R}^2 : xy \neq -1\} \to \mathbb{R}$, definida por $f(x,y) = \dfrac{x + y}{1 + xy}$, demonstre que

a) $\lim\limits_{(x,y)\to(1,-1)} f(x,y)$ não existe.

b) $\lim\limits_{(x,y)\to(-1,1)} f(x,y)$ não existe.

44. Dada $f : \{(x,y) \in \mathbb{R}^2 : x \neq 1, y \neq 0\} \to \mathbb{R}$, definida por $f(x,y) = \dfrac{x - 1 + y}{(x-1)y}$, demonstre que $\lim\limits_{(x,y)\to(1,0)} f(x,y)$ não existe.

45. Dada $f : \{(x,y) \in \mathbb{R}^2 : y \neq x^2\} \to \mathbb{R}$, definida por $f(x,y) = \dfrac{xy + 1}{x^2 - y}$, demonstre que $\lim\limits_{(x,y)\to(-1,1)} f(x,y)$ não existe.

46. Dada $f : \{(x,y) \in \mathbb{R}^2 : y > x^2\} \to \mathbb{R}$, definida por $f(x,y) = \dfrac{xy - 1}{\sqrt{y - x^2}}$, demonstre que $\lim\limits_{(x,y)\to(1,1)} f(x,y)$ não existe.

47. Dada $f : \{(x, y) \in \mathbb{R}^2 : y \neq -1\} \to \mathbb{R}$, definida por $f(x, y) = \dfrac{x^2(1-y)}{1+y}$, demonstre que $\lim\limits_{(x,y)\to(0,-1)} f(x, y)$ não existe.

48. Dada $f : \{(x, y) \in \mathbb{R}^2 : y \neq x^3\} \to \mathbb{R}$, definida por $f(x, y) = \dfrac{x-y}{x^3-y}$, demonstre que

a) $\lim\limits_{(x,y)\to(-1,-1)} f(x, y)$ não existe.

b) $\lim\limits_{(x,y)\to(0,0)} f(x, y)$ não existe.

c) $\lim\limits_{(x,y)\to(1,1)} f(x, y)$ não existe.

49. Dada $f : \{(x, y) \in \mathbb{R}^2 : x > 0, y > 0, y \neq -x+2\} \to \mathbb{R}$, definida por $f(x, y) = \dfrac{lnx + lny}{x + y - 2}$, demonstre que $\lim\limits_{(x,y)\to(1,1)} f(x, y)$ não existe.

50. Dada $f : \{(x, y) \in \mathbb{R}^2 : x \neq 0, y \neq -1\} \to \mathbb{R}$, definida por $f\left(x + y, \dfrac{y}{x}\right) = x^2 - y^2$, demonstre que

a) $\lim\limits_{(x,y)\to(0,-1)} f(x, y)$ não existe.

b) $\lim\limits_{(x,y)\to(a,-1)} f(x, y)$ não existe, para todo $a \in \mathbb{R}$.

51. Considere $g : \mathbb{R} \to \mathbb{R}$, tal que $g(0) = 1$ e $\lim\limits_{x\to 0} g(x) = 0$, e $f : \mathbb{R}^2 - \{(0, 0)\} \to \mathbb{R}$, definida por $f(x, y) = \dfrac{3x^2 g(y) - y^2 g(x)}{ln(x^2 + y^2 + 1)}$.

a) Analise se existe $\lim\limits_{(x,y)\to(0,0)} f(x, y)$ ao longo da curva $C = \{(x, y) \in \mathbb{R}^2 : xy \neq 0\}$.

b) Analise se existe $\lim\limits_{(x,y)\to(0,0)} f(x, y)$.

52. Dada $f : \{(x, y) \in \mathbb{R}^2 : x > -1, seny \neq -ln(1 + x)\} \to \mathbb{R}$, definida por $f(x, y) = \dfrac{px^2 + qx + y}{seny + ln(1 + x)}$,

a) calcule p e q para que os limites $\lim\limits_{(x,y)\to(0,0)} f(x, y)$, ao longo de $y = mx$ (para algum $m \in \mathbb{R} - \{0\}$), sejam todos iguais.

b) considerando os valores de p e q obtidos no item a), verifique se existe $\lim\limits_{(x,y)\to(0,0)} f(x, y)$.

53. Dada $f : \{(x, y) \in \mathbb{R}^2 : x \neq 1 \text{ e } y \neq -2, \} \to \mathbb{R}$, definida por $f(x, y) = \dfrac{p^{xy+2x-y-2} - 1}{x^2 + y^2 + xy + 3y + 3}$ $(p > 0)$,

a) demonstre que $\lim\limits_{(x,y)\to(1,-2)} f(x, y)$ não existe.

b) calcule $\lim\limits_{(x,y)\to(1,-2)} f(x, y)$ ao longo de cada curva definida pela equação $x^3 + y^2 - 8x^2 - x^2y + 9x + 5y + 2 = 0$.

54. Dada $f : \{(x, y) \in \mathbb{R}^2 : xy > 0\} \to \mathbb{R}$, definida por $f(x, y) = xln(xy)$, verifique se $\lim\limits_{(x,y)\to(0,0)} f(x, y)$ existe.

55. Forneça uma demonstração, por contradição, do Teorema 3.5.1 (Limites ao longo de curvas).

56. Considere uma função real de duas variáveis reais $f : A \subseteq \mathbb{R}^2 \to \mathbb{R}$ e $(a,b) \in A'$.

a) Usando a definição $\varepsilon - \delta$ de limite, demonstre o seguinte fato: se $\lim\limits_{(x,y)\to(a,b)} f(x,y) = L$, então o limite de f, ao longo de **qualquer** curva, contida no domínio de f, que passe por (a,b), é também L.

b) Represente geometricamente o resultado mencionado no item a).

c) Interprete, em termos de (a,b), $f(x,y)$, ε, δ e L, a representação geométrica do item b).

[**Extras**]

1. Dada $f : \{(x,y) \in \mathbb{R}^2 : x \neq 0, y > 0\} \to \mathbb{R}$, definida por $f(x,y) = \dfrac{y^{|x|}\sqrt{x^2+y^2}}{\sqrt{x^2+y^2} + \left|\frac{y}{x}\right|}$, calcule $\lim\limits_{(x,y)\to(0,0)} f(x,y)$.

2. Dada $f : \{(x,y) \in \mathbb{R}^2 : y \neq \pm x\} \to \mathbb{R}$, definida por $f(x,y) = \dfrac{x^p + y^p}{x^2 - y^2}$, em que p é um parâmetro real dado (para o qual x^p e y^p estejam definidas), discuta a existência de $\lim\limits_{(x,y)\to(0,0)} f(x,y)$ em termos de p.

3. Dada $f : \{(x,y) \in \mathbb{R}^2 : y \neq \sqrt[q]{-x^p}\} \to \mathbb{R}$, definida por $f(x,y) = \dfrac{x^p y^q}{x^p + y^q}$, em que p, q são parâmetros reais positivos dados, discuta a existência de $\lim\limits_{(x,y)\to(0,0)} f(x,y)$ em termos de p, q.

Seção 3.6

1. Dada $h : \mathbb{R}^2 - \{(0,0)\} \to \mathbb{R}$, definida por $h(x,y) = \dfrac{xy|xy|}{x^2+y^4}$, demonstre que $\lim\limits_{(x,y)\to(0,0)} h(x,y) = 0$.

2. Dada $h : \mathbb{R}^2 - \{(0,0)\} \to \mathbb{R}$, definida por $h(x,y) = \dfrac{xy\sqrt{x^2+y^2}}{x^2+y^2}$, demonstre que $\lim\limits_{(x,y)\to(0,0)} h(x,y) = 0$.

3. Dada $h : \{(x,y) \in \mathbb{R}^2 : y \geq -x, x \neq 0 \text{ ou } y \neq 0\} \to \mathbb{R}$, definida por $h(x,y) = \dfrac{xy\sqrt{x+y}}{x^2+y^2}$, demonstre que $\lim\limits_{(x,y)\to(0,0)} h(x,y) = 0$.

4. Dada $h : \{(x,y) \in \mathbb{R}^2 : x + y - xy \geq 0, x \neq 0 \text{ ou } y \neq 0\} \to \mathbb{R}$, definida por $h(x,y) = \sqrt{\dfrac{xy^2+y^3-xy^3}{x^2+y^2}}$, demonstre que $\lim\limits_{(x,y)\to(0,0)} h(x,y) = 0$.

5. Dada $h : \{(x,y) \in \mathbb{R}^2 : y \geq 0, x \neq 0 \text{ ou } y \neq 0\} \to \mathbb{R}$, definida por $h(x,y) = \dfrac{x^2\sqrt{y}}{\sqrt{x^2+y^2}}$, demonstre que $\lim\limits_{(x,y)\to(0,0)} h(x,y) = 0$.

6. Dada $h : \{(x,y) \in \mathbb{R}^2 : x \neq 0 \text{ ou } y \neq 0\} \to \mathbb{R}$, definida por $h(x,y) = \dfrac{3x^3 + 5xy^2 - 3x^2y - 5y^3}{\sqrt{x^2+y^2}}$, demonstre que $\lim\limits_{(x,y)\to(0,0)} h(x,y) = 0$.

7. Dada $h : \{(x,y) \in \mathbb{R}^2 : x \neq 0, y \neq 0\} \to \mathbb{R}$, definida por $h(x,y) = \sqrt{\dfrac{x^5y + 4y^5}{x^4 + 3x^2y^2 - 2x^3y - 2xy^3 + 2y^3}}$, demonstre que $\lim\limits_{(x,y)\to(0,0)} h(x,y) = 0$.

8. Dada $h : \{(x,y) \in \mathbb{R}^2 : x \neq 0, y \neq 0\} \to \mathbb{R}$, definida por $h(x,y) = \sqrt{\dfrac{x^5y + 4y^5}{x^4 + 3x^2y^2 + 2x^3y + 2xy^3 + 2y^3}}$, demonstre que $\lim\limits_{(x,y)\to(0,0)} h(x,y) = 0$.

9. Considere $f, g : A \subseteq \mathbb{R}^2 \to \mathbb{R}$ tais que, para todo $(x,y) \in A$, $[f(x,y)]^2 + [g(x,y)]^2 = 1$. Calcule $\lim\limits_{(x,y)\to(0,0)} x^3 g(x,y)$.

10. Considere $f, g : \mathbb{R}^2 \to \mathbb{R}$ definidas por $f(x,y) = x^2 + y^2$ e

$$g(x,y) = \begin{cases} 1, & \text{se } (x,y) \in \mathbb{Q} \times \mathbb{Q} \\ -1, & \text{se } (x,y) \in (\mathbb{Q} \times \mathbb{Q})^c \end{cases}.$$

Demonstre que $\lim\limits_{(x,y)\to(0,0)} f(x,y)g(x,y) = 0$.

[Extra] Demonstre que $f : \mathbb{R}^2 \to \mathbb{R}$, definida por

$$f(x,y) = \begin{cases} \dfrac{xy^2}{x^2+y^6}, & \text{se } (x,y) \neq (0,0) \\ 0, & \text{se } (x,y) = (0,0) \end{cases},$$

não é limitada em vizinhança alguma de $(0,0)$. (Compare este exercício com o exemplo imediatamente após a definição de função limitada.)

Seção 3.7

1. Forneça outra demonstração, por $\varepsilon - \delta$, do Teorema 3.7.1 (Teorema do confronto), usando os itens *i*) e *iii*) do Teorema 3.2.1 (Propriedades operatórias de limites). (*Sugestão*: observe que, da hipótese $g(x,y) \leq f(x,y) \leq h(x,y)$ do teorema 3.7.1, segue que $0 \leq f(x,y) - g(x,y) \leq h(x,y) - g(x,y)$. Defina, então, $F(x,y) = f(x,y) - g(x,y)$ e $H(x,y) = h(x,y) - g(x,y)$.)

2. Use o Teorema 3.7.1 (Teorema do confronto) para demonstrar o Teorema 3.3.1 (Limite da restrição de uma função).

3. Demonstre o seguinte caso particular do Teorema 3.7.1 (Teorema do confronto)): se $f, g : A \subseteq \mathbb{R}^2 \to \mathbb{R}$ são funções reais de duas variáveis reais tais que, para todo $(x,y) \neq (a,b)$ ((a,b) é um ponto de acumulação do domínio comum A de f, g), $|f(x,y) - L| \leq g(x,y)$ e $\lim\limits_{(x,y)\to(a,b)} g(x,y) = 0$, então $\lim\limits_{(x,y)\to(a,b)} f(x,y) = L$.

Seção 3.8

[Exercícios 1-11] Dadas as funções reais de duas variáveis reais $f: A \subset \mathbb{R}^2 \to \mathbb{R}$ a seguir, demonstre que $\lim_{(x,y)\to(0,0)} f(x,y) = 0$.

1. $f: \mathbb{R}^2 - \{(0,0)\} \to \mathbb{R}$, definida por $f(x,y) = \dfrac{xy^2}{x^2+y^2}$.

2. $f: \mathbb{R}^2 - \{(0,0)\} \to \mathbb{R}$, definida por $f(x,y) = \dfrac{2x^2 seny}{2x^2+y^2}$.

3. $f: \mathbb{R}^2 - \{(0,0)\} \to \mathbb{R}$, definida por $f(x,y) = \dfrac{x^3+4x^2+2y^2}{2x^2+y^2}$.

4. $f: \mathbb{R}^2 - \{(0,0)\} \to \mathbb{R}$, definida por $f(x,y) = \dfrac{x^3y+x^2y^3}{x^2+y^2}$.

5. $f: \mathbb{R}^2 - \{(0,0)\} \to \mathbb{R}$, definida por $f(x,y) = \dfrac{3x^3-y^3}{x^2+y^2}$.

6. $f: \mathbb{R}^2 - \{(0,0)\} \to \mathbb{R}$, definida por $f(x,y) = \dfrac{x^3y-3x^2y^2}{x^2+y^2+x^4}$.

7. $f: \{(x,y) \in \mathbb{R}^2 : y > 0\} \to \mathbb{R}$, definida por $f(x,y) = ysen\left(\dfrac{x}{\sqrt{y}}\right)$.

8. $f: \mathbb{R}^2 - \{(0,0)\} \to \mathbb{R}$, definida por $f(x,y) = \dfrac{sen(xy^2)}{x^2+y^2}$.

9. $f: \mathbb{R}^2 - \{(0,0)\} \to \mathbb{R}$, definida por $f(x,y) = \dfrac{1-cos(x^2y)}{3x^2+5y^2}$.

10. $f: \{(x,y) \in \mathbb{R}^2 : x > 0, y > 0\} \to \mathbb{R}$, definida por $f(x,y) = \dfrac{cos(xy)sen(3x\sqrt{y})}{\sqrt{xy}}$.

11. $f: \{(x,y) \in \mathbb{R}^2 : x \neq 0\} \to \mathbb{R}$, definida por $f(x,y) = \left[1 - cos\left(\dfrac{y}{x}\right)\right] x^2$.

12. Dada $f: \mathbb{R}^2 - \{(0,0)\} \to \mathbb{R}$ definida por $f(x,y) = \dfrac{x^2y-x^2-y^2}{x^2+y^2}$, demonstre que $\lim_{(x,y)\to(0,0)} f(x,y) = -1$.

13. Demonstre a seguinte generalização do Teorema 3.8.1 (Limite do valor absoluto de uma função): se $f: A \subseteq \mathbb{R}^2 \to \mathbb{R}$ é uma função real de duas variáveis reais e $(a,b) \in A'$, então $\lim_{(x,y)\to(a,b)} f(x,y) = L$ se e somente se $\lim_{(x,y)\to(a,b)} |f(x,y) - L| = 0$.

14. Demonstre que, se $f: A \subseteq \mathbb{R}^2 \to \mathbb{R}$ é uma função real de duas variáveis reais e $(a,b) \in A'$, então $\lim_{(x,y)\to(a,b)} f(x,y) = \lim_{(x,y)\to(0,0)} f(x+a, y+b)$. **(Este exercício tem o objetivo de informar ao leitor que a escolha da origem $(0,0)$ como ponto de acumulação não é uma limitação com a qual devamos nos preocupar, pois podemos sempre transladar**

a origem do sistema de coordenadas para qualquer ponto particular transladando, correspondentemente, o argumento da função (e reciprocamente): (a, b) é ponto de acumulação do domínio de $f(x, y)$ se e somente se $(0, 0)$ é ponto de acumulação do domínio de $f(x + a, y + b)$.)

15. Demonstre que as seguintes afirmações são equivalentes entre si:

a) $\lim\limits_{(x,y)\to(a,b)} f(x, y) = L$;

b) $\lim\limits_{(x,y)\to(0,0)} f(x + a, y + b) = L$;

c) $\lim\limits_{(x,y)\to(a,b)} [f(x, y) - L] = 0$;

d) $\lim\limits_{(x,y)\to(a,b)} |f(x, y) - L| = 0$.

Seção 3.9

1. Dadas as funções reais de duas variáveis reais $f : A \subset \mathbb{R}^2 \to \mathbb{R}$ a seguir, demonstre que $\lim\limits_{(x,y)\to(0,0)} f(x, y)$ não existe.

a) $f : \{(x, y) \in \mathbb{R}^2 : y \neq x\} \to \mathbb{R}$, definida por $f(x, y) = \dfrac{x^3 + y^3}{x - y}$.

b) $f : \{(x, y) \in \mathbb{R}^2 : y \neq -x\} \to \mathbb{R}$, definida por $f(x, y) = \dfrac{x^4}{x^3 + y^3}$.

c) $f : \{(x, y) \in \mathbb{R}^2 : y \neq \pm x\} \to \mathbb{R}$, definida por $f(x, y) = \dfrac{x^3 + x^2 y}{x^3 - x^2 y - x y^2 + y^3}$.

2. Se $\lim\limits_{(x,y)\to(0,0)} f(x, y) = L$, use o Teorema 3.9.1 para demonstrar, por $\varepsilon - \delta$, que $\lim\limits_{(x,y)\to(0,0)} [f(x, y)]^n = L^n$, para todo $n \in \mathbb{N}$.

3. A recíproca do Teorema 3.9.1 (Limitação local) é verdadeira? Se sim, demonstre-a. Se não, forneça um contraexemplo.

4. Use o Teorema 3.9.1 (Limitação local) para demonstrar o item *iv*) do Teorema 3.2.1 (Propriedades operatórias de limites).

5. Demonstre a seguinte generalização do Teorema 3.9.1 (Limitação local): Se $f : A \subseteq \mathbb{R}^2 \to \mathbb{R}$ é uma função real de duas variáveis reais, $\lim\limits_{(x,y)\to(a,b)} f(x, y) = L$ e existem constantes K e M tais que $K < L < M$, então $K < f(x, y) < M$, para todo (x, y) em uma vizinhança de (a, b).

Seção 3.10

1. Dada $f : \{(x, y) \in \mathbb{R}^2 : y < x\} \to \mathbb{R}$, definida por $f(x, y) = ln\left(\dfrac{1}{\sqrt[3]{x} - \sqrt[3]{y}}\right)$, calcule

a) $\lim\limits_{(x,y)\to(0,0)} f(x, y)$.

b) $\lim\limits_{(x,y)\to(a,a)} f(x, y)$, para todo $a \in \mathbb{R}$.

2. Dada $f : \{(x,y) \in \mathbb{R}^2 : y \neq \pm x\} \to \mathbb{R}$, definida por $f(x,y) = \dfrac{xy^2}{x^2 - y^2}$, calcule $\lim\limits_{(x,y)\to(0,0)} f(x,y)$.

3. Dada $f : \{(x,y) \in \mathbb{R}^2 : x \neq 0, y \neq 0\} \to \mathbb{R}$, definida por $f(x,y) = xylog(|xy|)$, calcule $\lim\limits_{(x,y)\to(0,0)} f(x,y)$.

4. Considere uma função real de duas variáveis reais $f : A \subseteq \mathbb{R}^2 \to \mathbb{R}$, $(a,b) \in A'$, tal que $\lim\limits_{(x,y)\to(a,b)} f(x,y)$ exista, e $g : B \subseteq \mathbb{R} \to \mathbb{R}$ a função real de uma (única) variável real, definida por $g(t) = \sqrt[n]{t^m}$, para todos $m, n \in \mathbb{N}$. Use o item i) do Teorema 3.10.1 (Limite de uma função composta) para demonstrar que

$$\lim_{(x,y)\to(a,b)} \sqrt[n]{[f(x,y)]^m} = \sqrt[n]{\lim_{(x,y)\to(a,b)} [f(x,y)]^m},$$

desde que esses limites existam.

5. Use o Teorema 3.7.1 (Teorema do confronto) para demonstrar o Teorema 3.10.1 (Limite de uma função composta).

Seção 3.11

1. Se $F : A \subseteq \mathbb{R}^2 \to \mathbb{R}$ é uma função positiva (isto é, $F(x,y) > 0, \forall (x,y) \in A$), tal que $\lim\limits_{(x,y)\to(a,b)} F(x,y) = 0$, e $G : A \subseteq \mathbb{R}^2 \to \mathbb{R}$ é uma função tal que $\lim\limits_{(x,y)\to(a,b)} G(x,y) = +\infty$, demonstre que $\lim\limits_{(x,y)\to(a,b)} [F(x,y)]^{G(x,y)} = 0$. **(Este exercício tem como objetivo informar ao leitor que 0^∞ NÃO é uma expressão indeterminada, em contraste com ∞^0.)**

2. Dada $h : \{(x,y) \in \mathbb{R}^2 : x \neq 0\} \to \mathbb{R}$, definida por $h(x,y) = |x|^y$, demonstre que não existe $\lim\limits_{(x,y)\to(0,0)} h(x,y)$,

a) usando a teoria desta seção.

b) usando o Teorema 3.3.1 (Limite da restrição de uma função).

3. Dada $h : \mathbb{R}^2 - \{(0,0)\} \to \mathbb{R}$, definida por $h(x,y) = (x^2 + y^2)^{x^2y^2}$, demonstre que $\lim\limits_{(x,y)\to(0,0)} h(x,y) = 1$.

4. Demonstre o seguinte teorema: suponhamos que $h : A \subseteq \mathbb{R}^2 \to \mathbb{R}$ seja uma função real de duas variáveis reais, definida por $h(x,y) = [F(x,y)]^{G(x,y)}$, em que $F(x,y) > 0$, em alguma vizinhança $\mathscr{V}$ de $(a,b) \in A'$, para todo $(x,y) \neq (a,b)$, $(x,y) \in \mathscr{V} \cap A$.

i) Se existem $\lim\limits_{(x,y)\to(a,b)} F(x,y)(= M > 0)$ e $\lim\limits_{(x,y)\to(a,b)} G(x,y)(= N)$, então existe $\lim\limits_{(x,y)\to(a,b)} h(x,y)(= M^N)$.

ii) Se $\lim\limits_{(x,y)\to(a,b)} F(x,y)(= M \neq 1)$ e $\lim\limits_{(x,y)\to(a,b)} G(x,y)(= N)$, em que $0 \leq M \leq +\infty$, $-\infty \leq N \leq +\infty$, então $\lim\limits_{(x,y)\to(a,b)} h(x,y)$ é calculado diretamente.

iii) Se $\lim\limits_{(x,y)\to(a,b)} F(x,y) = 1$ e $\lim\limits_{(x,y)\to(a,b)} G(x,y) = +\infty$, então

$$\lim_{(x,y)\to(a,b)} h(x,y) = e^{\lim\limits_{(x,y)\to(a,b)} [F(x,y)-1]G(x,y)}.$$

5. Considerando o teorema mencionado no exercício anterior,

a) use o item *iii*) para fornecer outra resolução do Exemplo 2 desta seção.

b) dada $h : \{(x,y) \in \mathbb{R}^2 : y \neq 0\} \to \mathbb{R}$, definida por $h(x,y) = (1 + x^2y^2)^{\frac{1}{y^2}}$, use o item *iii*) para calcular $\lim\limits_{(x,y)\to(0,0)} h(x,y)$.

c) resolva o item b) usando a teoria desta seção.

[Exercícios 6-10] Verifique se os seguintes limites existem:

6. $\lim\limits_{(x,y)\to(0,0)} x^y$ $(x > 0)$.

7. $\lim\limits_{(x,y)\to(0,0)} y^{\frac{1}{x}}$ $(x \neq 0,\ y > 0)$.

8. $\lim\limits_{(x,y)\to(0,1)} y^{\frac{1}{x}}$ $(x \neq 0,\ y > 0)$.

9. $\lim\limits_{(x,y)\to(0,0)} \left(\sqrt{x^2+1} - \sqrt{xy}\right)^{\frac{1}{x+y}}$ $\left(x < 0,\ 0 \geq y > \dfrac{x^2+1}{x};\ x = 0, y \text{ qualquer} \neq 0;\ x > 0,\ 0 \leq y < \dfrac{x^2+1}{x}\right)$.

10. $\lim\limits_{(x,y)\to(0,0)} (1+x)^{\frac{1+xy}{x}}$ $(-1 < x \neq 0)$.

Seção 3.12

[Exercícios 1-10] Dadas as funções reais de duas variáveis reais $f : A \subseteq \mathbb{R}^2 \to \mathbb{R}$ a seguir, calcule $\lim\limits_{(x,y)\to(0,0)} f(x,y)$.

1. $f : \{(x,y) \in \mathbb{R}^2 : x \neq 0\} \to \mathbb{R}$, definida por $f(x,y) = \dfrac{y^3}{x}$.

2. $f : \mathbb{R}^2 - \left\{(x,y) \in \mathbb{R}^2 : \left(x + \dfrac{1}{2}\right)^2 + y^2 \neq \dfrac{1}{4}\right\} \to \mathbb{R}$, definida por $f(x,y) = \dfrac{x}{x^2+x+y^2}$.

3. $f : \mathbb{R}^2 - \left\{(x,y) \in \mathbb{R}^2 : x^2 + \left(y + \dfrac{1}{2}\right)^2 \neq \dfrac{1}{4}\right\} \to \mathbb{R}$, definida por $f(x,y) = \dfrac{y}{x^2+y+y^2}$.

4. $f : \{(x,y) \in \mathbb{R}^2 : y \neq -x\} \to \mathbb{R}$, definida por $f(x,y) = \dfrac{x^2y^2}{x^3+y^3}$.

5. $f : \mathbb{R}^2 - \{(0,0)\} \to \mathbb{R}$, definida por $f(x,y) = \dfrac{|x|+|y|}{x^2+y^2}$.

6. Dada $f : \mathbb{R}^2 - \{(0,0)\} \to \mathbb{R}$, definida por $f(x,y) = \dfrac{x^3+y^3}{x^2+y^2}$.

7. Dada $f : \left\{(x,y) \in \mathbb{R}^2 : -1 \leq \frac{x}{\sqrt{x^2+y^2}} < 0 \text{ ou } 0 < \frac{x}{\sqrt{x^2+y^2}} \leq 1\right\} \to \mathbb{R}$, definida por $f(x,y) = \frac{\sqrt{x^2+y^2}}{arccos\left(\frac{x}{\sqrt{x^2+y^2}}\right)}$.

8. $f : \mathbb{R}^2 - \{(0,0)\} \to \mathbb{R}$, definida por $f(x,y) = x^2 ln(x^2+y^2)$.

9. $f : \{(x,y) \in \mathbb{R}^2 : x \neq 0 \text{ e } y \neq 0, \text{ ou } -1 < y \neq 0 \text{ e } x \text{ qualquer}\} \to \mathbb{R}$, definida por $f(x,y) = \frac{x ln(y+1)}{\sqrt{x^2+y^2}}$.

10. $f : \mathbb{R}^2 - \{(0,0)\} \to \mathbb{R}$, definida por $f(x,y) = \frac{x^2+y^2}{|x|+|y|}$.

[Exercícios 11-15] Dadas as funções reais de duas variáveis reais $f : A \subseteq \mathbb{R}^2 \to \mathbb{R}$ a seguir, discuta a existência de $\lim_{(x,y)\to(0,0)} f(x,y)$ em termos dos parâmetros reais positivos dados p, q, r.

11. $f : \mathbb{R}^2 - \{(0,0)\} \to \mathbb{R}$, definida por $f(x,y) = \frac{x^p y^q}{x^2+xy+y^2}$.

12. $f : \mathbb{R}^2 - \{(0,0)\} \to \mathbb{R}$, definida por $f(x,y) = \frac{x^p y^q}{(x^2+y^2)^r}$.

13. $f : \mathbb{R}^2 - \{(0,0)\} \to \mathbb{R}$, definida por $f(x,y) = \frac{(x+y)^p}{x^2+y^2}$.

14. $f : \mathbb{R}^2 - \{(0,0)\} \to \mathbb{R}$, definida por $f(x,y) = \frac{|x|+|y|-|x+y|}{(x^2+y^2)^p}$.

15. $f : \{(x,y) \in \mathbb{R}^2 : x > 0, y \geq 0 \text{ ou } x \geq 0, y > 0\} \to \mathbb{R}$, definida por $f(x,y) = \frac{(x+y)^p}{\sqrt{x}+\sqrt{y}}$.

Seção 3.13

1. Dada $f : \{(x,y) \in \mathbb{R}^2 : y \neq -x^2\} \to \mathbb{R}$, definida por $f(x,y) = \frac{x^3+y^3}{x^2+y}$, calcule

a) $\lim_{(x,y)\to(0,0)} f(x,y)$.

b) $\lim_{(x,y)\to(1,-1)} f(x,y)$.

2. Dada $f : \{(x,y) \in \mathbb{R}^2 : y \neq x^3\} \to \mathbb{R}$, definida por $f(x,y) = \frac{xy}{y-x^3}$, calcule $\lim_{(x,y)\to(0,0)} f(x,y)$.

3. Dada $f : \{(x,y) \in \mathbb{R}^2 : y \neq \pm x\} \to \mathbb{R}$, definida por $f(x,y) = \frac{xy^2}{x^2-y^2}$, calcule $\lim_{(x,y)\to(0,0)} f(x,y)$.

4. Dada $f : \{(x,y) \in \mathbb{R}^2 : y \neq 0\} \to \mathbb{R}$, definida por $f(x,y) = \dfrac{9^x - 5^x}{y}$, calcule $\lim\limits_{(x,y)\to(0,0)} f(x,y)$.

5. Dada $f : \{(x,y) \in \mathbb{R}^2 : y \neq (log_2 3)x\} \to \mathbb{R}$, definida por $f(x,y) = \dfrac{5^x - 4^y}{3^x - 2^y}$, calcule $\lim\limits_{(x,y)\to(0,0)} f(x,y)$.

6. Dada $f : \mathbb{R}^2 - \{(0,0)\} \to \mathbb{R}$, definida por $f(x,y) = \dfrac{e^{-\frac{1}{x^2+y^2}}}{x^4+y^4}$, calcule $\lim\limits_{(x,y)\to(0,0)} f(x,y)$.

7. Dada $f : \mathbb{R}^2 - \{(x,y) \in \mathbb{R}^2 : x^2+y^2 \neq 4m^2\pi^2,\ m \in \mathbb{Z}\} \to \mathbb{R}$, definida por $f(x,y) = \dfrac{sen(x^2+y^2)}{1 - cos(\sqrt{x^2+y^2})}$, calcule $\lim\limits_{(x,y)\to(0,0)} f(x,y)$.

8. Dada $f : \mathbb{R}^2 - \{(x,y) \in \mathbb{R}^2 : x^2+y^2 \neq m^2\pi^2,\ m \in \mathbb{Z}\} \to \mathbb{R}$, definida por $f(x,y) = \dfrac{e^{-\frac{1}{x^2+y^2}}}{sen(\sqrt{x^2+y^2})}$, calcule $\lim\limits_{(x,y)\to(0,0)} f(x,y)$.

9. Dada $f : \left\{(x,y)\in\mathbb{R}^2 : 2m\pi < x < \frac{\pi}{2}+2m\pi ou \frac{3\pi}{4}+2m\pi < x < \frac{3\pi}{2}+2m\pi ou \frac{7\pi}{4}+2m\pi < x < 2\pi+2m\pi,\ m\in\mathbb{Z}, y\neq 0\right\} \to \mathbb{R}$, definida por $f(x,y) = \dfrac{ycotgxln(1+tgx)}{e^y - 1}$, calcule $\lim\limits_{(x,y)\to(0,0)} f(x,y)$.

10. Dada $f : \left\{(x,y) \in \mathbb{R}^2 : x \neq m\frac{\pi}{2}, y \neq n\pi\ (m,n \in \mathbb{Z})\right\} \to \mathbb{R}$, definida por $f(x,y) = \dfrac{e^{sen(2x)-\frac{1}{y^2}}}{senx\ cosx\ cossecy}$, calcule $\lim\limits_{(x,y)\to(0,0)} f(x,y)$.

[Extra] A Regra de l'Hôspital se estende a funções reais de duas variáveis reais? Se sim, demonstre-a. Se não, justifique o porquê.

Seção 3.14

[Exercícios 1-10] Dadas as funções reais de duas variáveis reais a seguir, calcule $\lim\limits_{(x,y)\to(0,0)} f(x,y)$.

1. $f : \{(x,y) \in \mathbb{R}^2 : xy \geq 0, x \neq 0 \text{ ou } y \neq 0\} \to \mathbb{R}$, definida por $f(x,y) = \dfrac{sen\sqrt{xy}}{x+y}$.

2. $f : \{(x,y) \in \mathbb{R}^2 : y \neq 0\} \to \mathbb{R}$, definida por $f(x,y) = \dfrac{sen(xy) - xy}{y}$.

3. $f : \{(x,y) \in \mathbb{R}^2 : x \neq 0, y \neq 0\} \to \mathbb{R}$, definida por $f(x,y) = \dfrac{sen(xy) - xy}{x^2 y}$.

4. $f : \{(x,y) \in \mathbb{R}^2 : x \neq 0\} \to \mathbb{R}$, definida por $f(x,y) = \dfrac{cos(xy) - 1}{x}$.

5. $f : \{(x,y) \in \mathbb{R}^2 : y \neq cosx - 1\} \to \mathbb{R}$, definida por $f(x,y) = \dfrac{x^3 - y^2}{1 - cosx + y}$.

6. $f : \{(x, y) \in \mathbb{R}^2 : |y| \neq cosx - 1\} \to \mathbb{R}$, definida por $f(x, y) = \dfrac{x^3 - y^2}{1 - cosx + |y|}$. (Compare este exercício com o anterior.)

7. $f : \{(x, y) \in \mathbb{R}^2 : x \neq 0\} \to \mathbb{R}$, definida por $f(x, y) = \dfrac{e^{xy} - 1}{x}$.

8. $f : \mathbb{R}^2 - \{(0, 0)\} \to \mathbb{R}$, definida por $f(x, y) = \dfrac{ln(1 + x^2 + y^2)}{\sqrt{x^2 + y^2}}$.

9. $f : \{(x, y) \in \mathbb{R}^2 : x \neq 0\} \to \mathbb{R}$, definida por $f(x, y) = \dfrac{x^2 + y^2}{sen^2 x + ln(1 + x^2)}$.

10. $f : \mathbb{R}^2 - \{(0, 0), (1, 0)\} \to \mathbb{R}$, definida por $f(x, y) = \dfrac{[(x - 1)^2 + y^2]ln[(x - 1)^2 + y^2]}{|x| + |y|}$.

Seção 3.15

[Exercícios 1-15] Dadas as funções reais de duas variáveis reais a seguir,

i) calcule $\lim\limits_{y \to 0} \left[\lim\limits_{x \to 0} f(x, y)\right]$;

ii) calcule $\lim\limits_{x \to 0} \left[\lim\limits_{y \to 0} f(x, y)\right]$;

iii) verifique se $\lim\limits_{(x,y) \to (0,0)} f(x, y)$ existe.

1. $f : \mathbb{R}^2 \to \mathbb{R}$, definida por $f(x, y) = \begin{cases} \dfrac{x^2y^2}{x^2y^2 + (x - y)^2}, & \text{se} \quad (x, y) \neq (0, 0) \\ 0 \quad , & \text{se} \quad (x, y) = (0, 0) \end{cases}$.

2. $f : \mathbb{R}^2 - \{(0, 0)\} \to \mathbb{R}$, definida por $f(x, y) = \dfrac{xy}{xy + (x - y)^2}$.

3. $f : \mathbb{R}^2 - \{(0, 0)\} \to \mathbb{R}$, definida por $f(x, y) = \dfrac{sen(x^2 - y^2)}{x^2 + y^2}$.

4. $f : \mathbb{R}^2 \to \mathbb{R}$, definida por $f(x, y) = \begin{cases} xsen\left(\dfrac{1}{y}\right), & \text{se} \quad y \neq 0 \\ 0 \quad , & \text{se} \quad y = 0 \end{cases}$.

5. $f : \mathbb{R}^2 \to \mathbb{R}$, definida por $f(x, y) = \begin{cases} xsen\left(\dfrac{1}{x}\right) + ysen\left(\dfrac{1}{y}\right), & \text{se} \quad x \neq 0 \text{ e } y \neq 0 \\ 0 \quad , & \text{se} \quad x = 0 \text{ ou } y = 0 \end{cases}$.

6. $f : \mathbb{R}^2 \to \mathbb{R}$, definida por $f(x, y) = \begin{cases} (x + y)sen\left(\dfrac{1}{x}\right) sen\left(\dfrac{1}{y}\right), & \text{se} \quad x \neq 0 \text{ e } y \neq 0 \\ 0 \quad , & \text{se} \quad x = 0 \text{ ou } y = 0 \end{cases}$.

7. $f : \mathbb{R}^2 \to \mathbb{R}$, definida por $f(x, y) = \begin{cases} ysen\left(\dfrac{\pi}{x}\right), & \text{se} \quad x \neq 0 \\ 0 \quad , & \text{se} \quad x = 0 \end{cases}$.

8. $f : \mathbb{R}^2 \to \mathbb{R}$, definida por

$$f(x,y) = \begin{cases} x sen\left(\dfrac{\pi}{y}\right) + y sen\left(\dfrac{\pi}{x}\right), & \text{se} \quad x \neq 0 \text{ e } y \neq 0 \\ 0 & , \text{ se} \quad x = 0 \text{ ou } y = 0 \end{cases}.$$

9. $f : \mathbb{R}^2 \to \mathbb{R}$, definida por $f(x,y) = \begin{cases} sen\left(\dfrac{1}{x}\right) seny, & \text{se} \quad x \neq 0 \\ 0 & , \text{ se} \quad x = 0 \end{cases}.$

10. $f : \{(x,y) \in \mathbb{R}^2 : y \neq x\} \to \mathbb{R}$, definida por $f(x,y) = -\dfrac{|x-y|}{x^2 - 2xy + y^2}$.

11. $f : \{(x,y) \in \mathbb{R}^2 : y \neq x\} \to \mathbb{R}$, definida por $f(x,y) = e^{-\frac{|x-y|}{x^2-2xy+y^2}}$.

12. $f : \left\{(x,y) \in \mathbb{R}^2 : 0 < x^2 + y^2 < 1, x^2 + y^2 \neq \dfrac{1}{2}\right\} \to \mathbb{R}$, definida por $f(x,y) = \dfrac{1}{ln\left(\dfrac{1-x^2-y^2}{x^2+y^2}\right)}$.

13. $f : \mathbb{R}^2 \to \mathbb{R}$, definida por $f(x,y) = xsgn(y)$, em que

$$sgn(t) \overset{\text{def.}}{=} \begin{cases} -1, & \text{se} \quad t < 0 \\ 0, & \text{se} \quad t = 0 \\ 1, & \text{se} \quad t > 0 \end{cases}.$$

14. $f : \mathbb{R}^2 \to \mathbb{R}$, definida por $f(x,y) = sgn(y - x^2)(y - 2x^2)$, em que

$$sgn(t) \overset{\text{def.}}{=} \begin{cases} -1, & \text{se} \quad t < 0 \\ 0, & \text{se} \quad t = 0 \\ 1, & \text{se} \quad t > 0 \end{cases}.$$

[Extras]

1. Dada $f : \mathbb{R}^2 \to \mathbb{R}$, definida por $f(x,y) = \begin{cases} x sen\left(\dfrac{1}{y}\right), & \text{se} \quad y \neq 0 \\ 0 & , \text{ se} \quad y = 0 \end{cases}$,

i) calcule $\lim\limits_{y\to 0}\left[\lim\limits_{x\to a} f(x,y)\right]$;

ii) calcule $\lim\limits_{x\to a}\left[\lim\limits_{y\to 0} f(x,y)\right]$;

iii) verifique se $\lim\limits_{(x,y)\to(a,0)} f(x,y)$ existe.

2. Dada $f : \mathbb{R}^2 \to \mathbb{R}$, definida por $f(x,y) = \begin{cases} sen\left(\dfrac{1}{x}\right) seny, & \text{se} \quad x \neq 0 \\ 0 & , \text{ se} \quad x = 0 \end{cases}$,

i) calcule $\lim_{y\to 0}\left[\lim_{x\to a} f(x,y)\right]$;

ii) calcule $\lim_{x\to a}\left[\lim_{y\to 0} f(x,y)\right]$;

iii) verifique se $\lim_{(x,y)\to(a,0)} f(x,y)$ existe para algum $a \in \mathbb{R}$.

3. Dada $f : \{(x,y) \in \mathbb{R}^2 : x \neq 0\} \to \mathbb{R}$, definida por $f(x,y) = |x|^y$,

i) calcule $\lim_{y\to 0}\left[\lim_{x\to 0} f(x,y)\right]$;

ii) calcule $\lim_{x\to 0}\left[\lim_{y\to 0} f(x,y)\right]$;

iii) verifique se $\lim_{(x,y)\to(0,0)} f(x,y)$ existe para algum $a \in \mathbb{R}$.

4. Dada $f : \{(x,y) \in \mathbb{R}^2 : x \neq 0, y \neq 0\} \to \mathbb{R}$, definida por $f(x,y) = |x|^{\frac{1}{|y|}}$,

i) calcule $\lim_{y\to 0}\left[\lim_{x\to 0} f(x,y)\right]$;

ii) calcule $\lim_{x\to 0}\left[\lim_{y\to 0} f(x,y)\right]$;

iii) verifique se $\lim_{(x,y)\to(0,0)} f(x,y)$ existe.

5. Dada $f : \{(x,y) \in \mathbb{R}^2 : 0 < x \neq 1, y > -x\} \to \mathbb{R}$, definida por $f(x,y) = log_x(x+y)$, calcule os seguintes limites iterados:

a) $\lim_{y\to 0}\left[\lim_{x\to 1} f(x,y)\right]$ e $\lim_{x\to 1}\left[\lim_{y\to 0} f(x,y)\right]$.

b) $\lim_{y\to 1}\left[\lim_{x\to 0} f(x,y)\right]$ e $\lim_{x\to 0}\left[\lim_{y\to 1} f(x,y)\right]$.

c) $\lim_{y\to 0}\left[\lim_{x\to 0} f(x,y)\right]$ e $\lim_{x\to 0}\left[\lim_{y\to 0} f(x,y)\right]$.

Verifique se algum dos limites a seguir existe:

a') $\lim_{(x,y)\to(1,0)} f(x,y)$.

b') $\lim_{(x,y)\to(0,1)} f(x,y)$.

c') $\lim_{(x,y)\to(0,0)} f(x,y)$.

Observe que, mais geralmente, são pontos de acumulação do domínio de f os seguintes:

i) todos os pontos $(1,b)$, $b \geq -1$;

ii) todos os pontos $(0,b)$, $b \geq 0$;

iii) todos os pontos $(b,-b)$, $b \geq 0$.

Com base nessa observação, verifique se algum dos limites a seguir existe:

a") $\lim_{(x,y)\to(1,b)} f(x,y)$, para todo $b \in \mathbb{R}$, $b \geq -1$.

b") $\lim_{(x,y)\to(0,b)} f(x,y)$, para todo $b \in \mathbb{R}$, $b \geq 0$.

c") $\lim_{(x,y)\to(b,-b)} f(x,y)$, para todo $b \in \mathbb{R}$, $b \geq 0$.

Seção 3.16

Dadas as funções reais de duas variáveis reais $f : A \subseteq \mathbb{R}^2 \to \mathbb{R}$ a seguir, realize a análise geométrica para verificar se $\lim\limits_{(x,y)\to(0,0)} f(x,y)$ existe.

1. $f : \{(x,y) \in \mathbb{R}^2 : y \neq \pm x\} \to \mathbb{R}$, definida por $f(x,y) = \dfrac{x^3}{x^2 - y^2}$.

2. $f : \{(x,y) \in \mathbb{R}^2 : y \neq x\} \to \mathbb{R}$, definida por $f(x,y) = \dfrac{xy^2}{x^3 - y^3}$.

3. $f : \mathbb{R}^2 - \{(0,0)\} \to \mathbb{R}$, definida por $f(x,y) = \dfrac{y(x^2+y^2)}{y^2 + (x^2+y^2)^2}$. (*Sugestão*: obtenha uma curva de nível conveniente de f que passe pela origem.)

4. $f : \left\{(x,y) \in \mathbb{R}^2 : y \neq \dfrac{1 \pm \sqrt{4x^2+1}}{2}\right\} \to \mathbb{R}$, definida por $f(x,y) = \dfrac{y(y^2-x^2)(y-y^2+x^2)}{y^3 - (y^2-x^2)^3}$. (*Sugestão*: obtenha, convenientemente, uma curva de nível de f que passe pela origem.)

5. $f : \{(x,y) \in \mathbb{R}^2 : x \neq 0, y \neq 0\} \to \mathbb{R}$, definida por $f(x,y) = xylog(|xy|)$.

6. $f : \{(x,y) \in \mathbb{R}^2 : x \neq 0, y \neq 0\} \to \mathbb{R}$, definida por $f(x,y) = (x+y)cos\left(\dfrac{1}{xy}\right)$.

7. $f : \{(x,y) \in \mathbb{R}^2 : y \neq 0\} \to \mathbb{R}$, definida por $f(x,y) = xsen\left(\dfrac{1}{y}\right)$.

8. Um software computacional bastante utilizado é o *Maple*™. Use-o para esboçar os gráficos, os mapas de contornos e calcular os limites das funções dos exemplos desta seção. O que você pode conlcuir?

9. Escolha um software computacional (distinto do *Maple*™ e do *Mathematica*™) para esboçar os gráficos, os mapas de contornos e calcular os limites das funções dos exemplos desta seção. O que você pode conlcuir?

10. Use o *Mathematica*™ (ou, mais geralmente, todos os programas que você conhece que calculem limites de funções reais de duas variáveis reais) para calcular os limites propostos como exercícios neste livro. Compare os resultados fornecidos por esses programas com aqueles obtidos por você usando os métodos estudados. Finalmente, compare todos esses resultados com aqueles obtidos por meio da análise dos gráficos (ou dos mapas de contornos) das funções desses exercícios.

Seção 3.17

1. A afirmação "se $\lim\limits_{(x,y)\to(a,b)} f(x,y) = \pm\infty$, então $f(a,b)$ não está definido" é verdadeira ou falsa? Justifique a sua resposta.

2. Dada $f : \{(x,y) \in \mathbb{R}^2 : x > 0, y > 0, xy \neq 1\} \to \mathbb{R}$, definida por $f(x,y) = \dfrac{lnx + lny}{ln(xy)}$, calcule $\lim\limits_{(x,y)\to(0,0)} f(x,y)$.

3. Dada $f : \{(x,y) \in \mathbb{R}^2 : x > 0, y > 0, y \neq x\} \to \mathbb{R}$, definida por $f(x,y) = \dfrac{lnx - lny}{ln\left(\frac{x}{y}\right)}$, calcule $\lim\limits_{(x,y)\to(0,0)} f(x,y)$.

4. Dada $f : \mathbb{R}^2 - \{(0,0)\} \to \mathbb{R}$, definida por $f(x,y) = \dfrac{max\{|x|,|y|\}}{\sqrt{x^4+y^4}}$, calcule $\lim\limits_{(x,y)\to\infty} f(x,y)$.

5. Dada $f : \mathbb{R}^2 - \{(0,0)\} \to \mathbb{R}$, definida por $f(x,y) = \dfrac{x+y}{x^2+y^2}$, calcule $\lim\limits_{(x,y)\to\infty} f(x,y)$.

6. Dada $f : \left\{(x,y) \in \mathbb{R}^2 : xy \neq 0; -1; \dfrac{m\pi}{2-m\pi},\ m \in \mathbb{Z}, m \text{ ímpar}\right\} \to \mathbb{R}$, definida por $f(x,y) = \dfrac{1}{xy} tg\left(\dfrac{xy}{1+xy}\right)$, calcule $\lim\limits_{(x,y)\to(0,0)} f(x,y)$.

7. Dada $f : \{(x,y) \in \mathbb{R}^2 : x > 0, y > 0\} \to \mathbb{R}$, definida por $f(x,y) = ln(\sqrt{xy+1}-1) - ln(y\sqrt{x})$, calcule $\lim\limits_{(x,y)\to(1,0)} f(x,y)$.

8. Dada $f : \{(x,y) \in \mathbb{R}^2 : x \geq 0, y \geq 0, y \neq x\} \to \mathbb{R}$, definida por $f(x,y) = \dfrac{sen(\sqrt{x}) - sen(\sqrt{y})}{x-y}$, calcule $\lim\limits_{(x,y)\to\infty} f(x,y)$.

9. Dada $f : \{(x,y) \in \mathbb{R}^2 : 0 < y < ax, 0 < a < 1\} \to \mathbb{R}$, definida por $f(x,y) = \dfrac{1}{x-y}$ (ou seja, estamos considerando f definida **apenas** em um subconjunto do seu domínio máximo), demonstre, usando a definição de limite no infinito, que $\lim\limits_{(x,y)\to\infty} f(x,y) = 0$.

10. Considere $f : A \subseteq \mathbb{R}^2 \to \mathbb{R}$ uma função real de duas variáveis reais, $(a,b) \in A'$, e, para algum $r > 0$, $f(x,y) > 0$ (respectivamente, $f(x,y) < 0$), para todo $(x,y) \in \mathscr{B}((a,b),r)$. Demonstre que $\lim\limits_{(x,y)\to(a,b)} f(x,y) = \pm\infty$ (respectivamente, 0) se e somente se $\lim\limits_{(x,y)\to(a,b)} \dfrac{1}{f(x,y)} = 0$ (respectivamente, $\pm\infty$).

11. Considere $f, g : A \subseteq \mathbb{R}^2 \to \mathbb{R}$ funções reais de duas variáveis reais e $(a,b) \in A'$. Se $\lim\limits_{(x,y)\to(a,b)} f(x,y) = L$ $(L \neq 0)$, $\lim\limits_{(x,y)\to(a,b)} g(x,y) = 0$ e existe $r > 0$ tal que $g(x,y) \neq 0$, para todo $(x,y) \in \mathscr{B}((a,b),r)$, demonstre que uma e somente uma das seguintes afirmações é verdadeira:

a) $\lim\limits_{(x,y)\to(a,b)} \left[\dfrac{f(x,y)}{g(x,y)}\right] = +\infty$.

b) $\lim\limits_{(x,y)\to(a,b)} \left[\dfrac{f(x,y)}{g(x,y)}\right] = -\infty$.

c) $\lim\limits_{(x,y)\to(a,b)} \left[\dfrac{f(x,y)}{g(x,y)}\right]$ não existe (no sentido de que, calculado usando curvas contidas em A que passem por (a,b), os resultados obtidos (números reais) são distintos entre si).

12. Considere $f, g : A \subseteq \mathbb{R}^2 \to \mathbb{R}$ funções reais de duas variáveis reais e $(a,b) \in A'$. Se f é

ilimitada e $\lim_{(x,y)\to(a,b)} g(x,y) = 0$, demonstre que $\lim_{(x,y)\to(a,b)} \left[\dfrac{f(x,y)}{g(x,y)}\right] = +\infty$.

13. Considere $f, g : A \subseteq \mathbb{R}^2 \to \mathbb{R}$ funções reais de duas variáveis reais e $(a,b) \in A'$. Se f é limitada e $\lim_{(x,y)\to(a,b)} g(x,y) = \pm\infty$, demonstre que $\lim_{(x,y)\to(a,b)} \left[\dfrac{f(x,y)}{g(x,y)}\right] = 0$.

14. Dado $A \subseteq \mathbb{R}^2$ ilimitado, considere $f, g : A \subseteq \mathbb{R}^2 \to \mathbb{R}$ funções reais de duas variáveis reais. Dado que $\lim_{(x,y)\to\infty} \left[\dfrac{f(x,y)}{g(x,y)}\right] = 0$, $\lim_{(x,y)\to\infty} g(x,y) = 0$ e $g(x,y) \neq 0$, para todo $(x,y) \in A$, calcule $\lim_{(x,y)\to\infty} f(x,y)$.

15. Dado $A \subseteq \mathbb{R}^2$ ilimitado, considere $f, g : A \subseteq \mathbb{R}^2 \to \mathbb{R}$ funções reais de duas variáveis reais tais que $g(x,y) > 0$, para todo $(x,y) \in A$, e $\lim_{(x,y)\to\infty} \dfrac{f(x,y)}{g(x,y)} = L$, para algum $L \neq 0$. Demonstre:

a) se $L < 0$, então $\lim_{(x,y)\to\infty} f(x,y) = -\infty$ se e somente se $\lim_{(x,y)\to\infty} g(x,y) = +\infty$.

b) se $L > 0$, então $\lim_{(x,y)\to\infty} f(x,y) = +\infty$ se e somente se $\lim_{(x,y)\to\infty} g(x,y) = +\infty$.

16. Dado $A \subseteq \mathbb{R}^2$ ilimitado, considere $f, g : A \subseteq \mathbb{R}^2 \to \mathbb{R}$ funções reais de duas variáveis reais. Se $\lim_{(x,y)\to\infty} \left[\dfrac{f(x,y)}{g(x,y)}\right] = +\infty$ e $g(x,y) > 0$, para todo $(x,y) \in A$, demonstre que existe $\delta > 0$ tal que, para todo $(x,y) \in A$, $\sqrt{x^2+y^2} > \delta$, tem-se $f(x,y) > g(x,y)$.

17. Dado $A \subseteq \mathbb{R}^2$ ilimitado, considere $f, g : A \subseteq \mathbb{R}^2 \to \mathbb{R}$ funções reais de duas variáveis reais. Se $\lim_{(x,y)\to\infty} \left[\dfrac{f(x,y)}{g(x,y)}\right] = L\ (L > 0)$, $f(x,y) \geq 0$ e $g(x,y) > 0$, para todo $(x,y) \in A$, demonstre que existe $\delta > 0$ tal que, para todo $(x,y) \in A$, $\sqrt{x^2+y^2} > \delta$, tem-se

$$\frac{L}{2} g(x,y) < f(x,y) < \frac{3L}{2} g(x,y).$$

Conclua daí que, se $\lim_{(x,y)\to\infty} g(x,y) = 0$, então $\lim_{(x,y)\to\infty} f(x,y) = 0$.

18. Demonstre os Teoremas 2.6.1 a 2.6.4.

19. Demonstre o Teorema 2.17.1.

20. Demonstre o Teorema (Limite da restrição de uma função) para limites infinitos.

21. Demonstre o Teorema (Limites ao longo de curvas) para limites infinitos.

22. Demonstre o Teorema (Limitação local) para limites no infinito.

23. Demonstre o Teorema (Limite do produto de um infinitésimo por uma função limitada) para limites no infinito.

24. Demonstre o Teorema do confronto para cada um dos limites considerados nesta seção.

25. Demonstre o Teorema (Limite de uma função composta) para limites infinitos.

26. Demonstre que o seguinte teorema permanece válido se substituirmos $\lim\limits_{(x,y)\to(a,b)} g(x,y) = M$ por $\lim\limits_{(x,y)\to(a,b)} g(x,y) = +\infty$: se $f, g : A \subseteq \mathbb{R}^2 \to \mathbb{R}$ são funções reais de duas variáveis reais tais que $\lim\limits_{(x,y)\to(a,b)} f(x,y) = L$ e $\lim\limits_{(x,y)\to(a,b)} g(x,y) = M$, $L < M$, então existe $\delta > 0$ tal que, para todo $(x,y) \in A$, $0 < \sqrt{(x-a)^2 + (y-b)^2} < \delta \Rightarrow f(x,y) < g(x,y))$.

27. Dado $A \subseteq \mathbb{R}^2$ ilimitado, considere $f, g : A \subseteq \mathbb{R}^2 \to \mathbb{R}$ funções reais de duas variáveis reais tais que $f(x,y) \leq g(x,y)$, para todo $(x,y) \in A$. Demonstre que, se existem $\lim\limits_{(x,y)\to\infty} f(x,y)$ e $\lim\limits_{(x,y)\to\infty} g(x,y)$, então $\lim\limits_{(x,y)\to\infty} f(x,y) \leq \lim\limits_{(x,y)\to\infty} g(x,y)$.

28. Dado $A \subseteq \mathbb{R}^2$ ilimitado, considere $f : A \subseteq \mathbb{R}^2 \to \mathbb{R}$ uma função real de duas variáveis reais. Demonstre que, se $\lim\limits_{(x,y)\to\infty} \sqrt{x^2+y^2} f(x,y) = L$, então $\lim\limits_{(x,y)\to\infty} f(x,y) = 0$.

29. Forneça um contraexemplo que mostre que, se $L = 0$ (item *iv*)) do Teorema 3.17.2 (Propriedades operatórias – limites finitos com limites infinitos)), então não valem os mesmos resultados ali enunciados.

30. Observamos, ao enunciar o item *ii*) do Teorema 3.17.6 (Propriedades operatórias – limites infinitos no infinito), o seguinte: dado $A \subseteq \mathbb{R}^2$ ilimitado, se $f, g : A \subseteq \mathbb{R}^2 \to \mathbb{R}$ são funções reais de duas variáveis reais tais que $\lim\limits_{(x,y)\to\infty} f(x,y) = \pm\infty$ e $\lim\limits_{(x,y)\to\infty} g(x,y) = \pm\infty$, então o resultado ali mencionado pode não valer. Forneça exemplos de tais funções que satisfaçam $\lim\limits_{(x,y)\to\infty} [f(x,y) - g(x,y)] = 0$, considerando os limites acima de mesmo sinal. É possível obter exemplos de tais funções, de modo que $g(x,y) > 0$, para todo $(x,y) \in A$, e $\lim\limits_{(x,y)\to\infty} \dfrac{f(x,y)}{g(x,y)} = 0$? Justifique a sua resposta.

CAPÍTULO 4

Continuidade de funções reais de duas variáveis reais: noções gerais

Neste capítulo, tratamos das noções gerais do conceito de continuidade de uma função real de duas variáveis reais. Ao mesmo tempo em que enfatizamos a diferença entre os conceitos de limite e de continuidade, discutimos esta noção em termos daquela. Também apresentaremos a clássica interpretação geométrica de continuidade, alguns tipos especiais (clássicos) de funções reais contínuas de duas variáveis reais e finalizamos o capítulo considerando alguns resultados importantes pertinentes.

O conceito de função contínua é fundamental em toda a Matemática. A modelagem matemática de um determinado fenômeno sob estudo, por meio de uma função, requer, por vezes, que tal função seja, essencialmente, contínua. De modo geral, a razão desse fato é que o valor de uma função contínua em um ponto do seu domínio é "estável" por pequenas variações nesse ponto, no seguinte sentido: considere $f : A \subseteq \mathbb{R}^2 \to \mathbb{R}$ uma função real de duas variáveis. Dado $(a, b) \in A$, f associa (a, b) a $f(a, b)$. Dada uma aproximação (x, y) de (a, b) (ou seja, x é uma aproximação de a e y é uma aproximação de b), o que podemos afirmar a respeito de $f(x, y)$ (o valor de f calculado na aproximação) e $f(a, b)$ (o valor de f calculado em (a, b))? Se f é contínua, podemos afirmar que $f(x, y)$ é uma aproximação de $f(a, b)$ tão boa quanto desejarmos, desde que (x, y) esteja suficientemente próximo de (a, b) (ou seja, x esteja suficientemente próximo de a e y esteja suficientemente próximo de b). O significado desse fato, do ponto de vista da modelagem matemática que mencionamos, é que o modelo será tanto mais preciso quanto mais precisas forem as aproximações daquele ponto.

Ora o conceito de continuidade de uma função é condição suficiente, ora é tanto condição necessária quanto suficiente para garantir a validez de alguns dos resultados mais importantes da Análise Matemática.

A seguir, mencionamos alguns dos conceitos, definições e teoremas que usam a noção de continuidade de uma função real de duas variáveis reais, com os quais o leitor terá a oportunidade de ter contato em alguns dos seus estudos posteriores em Matemática:

1) a continuidade é condição suficiente para o seguinte:

a) diferenciabilidade (consequentemente, exigência de continuidade das derivadas parciais);
b) Regra da Cadeia;
c) Teorema da Função Implícita;
d) Teste da Segunda Derivada;
e) Teorema de Clairaut;
f) Existência da integral;
g) Valor Médio de uma função.

2) a continuidade é condição necessária e suficiente para o seguinte:
a) Teorema de Weierstrass (também conhecido como Teorema do Valor Extremo);
b) Teorema do Valor Intermediário;
c) Teorema de Fubini (também conhecido como Teorema da Inversão da Ordem nas Integrais Repetidas);
d) Teorema da Mudança para Coordenadas Polares em uma Integral Dupla;
e) definição de área da superfície de uma equação $z = f(x, y)$;
f) Teorema da Mudança de Variáveis em uma Integral Dupla;
g) Teorema do Valor Médio para Integrais Duplas.

4.1 A noção de função real contínua de duas variáveis reais

O conceito de continuidade de uma função real de duas variáveis reais é análogo ao de continuidade de uma função real de uma (única) variável real.

Consideremos uma função real de duas variáveis reais $f : A \subseteq \mathbb{R}^2 \to \mathbb{R}$. Intuitivamente, dizemos que f é contínua em $(a, b) \in A$ dado se é possível tornar $f(x, y)$ arbitrariamente próximo de $f(a, b)$, desde que consideremos (x, y) suficientemente próximo de (a, b). Assim, diferentemente da noção de limite (a qual está relacionada ao estudo do comportamento da função na vizinhança de um ponto de acumulação do seu domínio, independentemente de essa função estar ou não definida em tal ponto), a noção de continuidade relaciona o comportamento da função na vizinhança de um **ponto do seu domínio** com o valor dela nesse ponto.

A definição a seguir torna matematicamente preciso esse conceito intuitivo de continuidade de uma função real de duas variáveis reais.

Definição 4.1.1. *Consideremos uma função real de duas variáveis reais* $f : A \subseteq \mathbb{R}^2 \to \mathbb{R}$. *Dado* $(a, b) \in A$, f *é contínua em* (a, b) *se, para todo número real* $\varepsilon > 0$ *dado arbitrariamente, existe um número real* $\delta > 0$ *tal que, se* $(x, y) \in A$, $\sqrt{(x-a)^2 + (y-b)^2} < \delta$, *então* $|f(x, y) - f(a, b)| < \varepsilon$.

Em linguagem simbólica:

$$\forall \varepsilon > 0, \exists \delta > 0 : \forall (x, y) \in A, \sqrt{(x-a)^2 + (y-b)^2} < \delta \Rightarrow |f(x, y) - f(a, b)| < \varepsilon.$$

Mais geralmente, dado X contido em A, f é contínua em X se é contínua em todo ponto de X.

Observações:

1) Diferença entre as definições de limite e continuidade.

Diferentemente da definição de limite, só há sentido em estudar a continuidade de f em um ponto (a, b) que pertença ao domínio A de f.

2) Caso trivial de continuidade.

Se (a, b) é ponto isolado de A, então **toda** função real de duas variáveis reais $f : A \subseteq \mathbb{R}^2 \to \mathbb{R}$ é necessariamente contínua em (a, b). (Se (a, b) é um ponto isolado de A, então, da definição de ponto isolado decorre que, para todo $\varepsilon > 0$, existe $\delta > 0$ tal que $\mathscr{V}((a, b); \delta) \cap A = \{(a, b)\}$. Considerando esse δ, decorre, para todo $(x, y) \in A$, que $\sqrt{(x-a)^2 + (y-b)^2} < \delta \Rightarrow (x, y) = (a, b) \Rightarrow |f(x, y) - f(a, b)| = 0 < \varepsilon$.) Em particular, se A é discreto (todos os pontos de A são isolados), então qualquer função $f : A \subseteq \mathbb{R}^2 \to \mathbb{R}$ é contínua (ou seja, **toda função definida em um conjunto discreto é, necessariamente, contínua**).

3) Noção de continuidade em termos da noção de limite.

Consideremos (a, b) um ponto de acumulação de A que pertença a A, de modo que $f(a, b)$ esteja definido. Suponhamos que $\lim_{(x,y)\to(a,b)} f(x, y)$ exista. O valor desse limite pode ou não coincidir com $f(a, b)$. Em caso afirmativo, temos o seguinte fato: $\boldsymbol{f : A \subseteq \mathbb{R}^2 \to \mathbb{R}}$ **é contínua em** $\boldsymbol{(a, b)}$ **se e somente se** $\boldsymbol{\lim_{(x,y)\to(a,b)} f(x, y) = f(a, b)}$. Esse fato (o qual é comumente usado como definição de função contínua) reduz essencialmente a noção de função contínua àquela de limite. Reciprocamente, podemos definir $\lim_{(x,y)\to(a,b)} f(x, y) = L$ $((a, b) \in A' - A)$ por meio da condição de ser contínua em (a, b) a função

$$f^* : A \cup \{(a, b)\} \subseteq \mathbb{R}^2 \to \mathbb{R}, \text{definida por } f^*(x, y) = \begin{cases} f(x, y), & \text{se } (x, y) \in A \\ L \quad , & \text{se } (x, y) = (a, b) \end{cases}.$$

(O conceito de limite caracteriza o comportamento de f nas proximidades de (a, b), porém mantendo-se sempre diferente de (a, b), o que nos permite alterar o valor de f no ponto como desejarmos, sem que alteremos o valor do limite.) Denominamos a função f^*, assim definida, *extensão contínua* (ou *prolongamento contínuo*) de f. No caso da existência de tal função, dizemos que f é *continuamente estendível* (*continuamente prolongável*, *estendível por continuidade* ou *prolongável por continuidade*) a $A \cup \{(a, b)\}$.

Funções do tipo de f^* acima são as que mais nos interessam em nosso estudo de continuidade. Mais precisamente, o principal problema de interesse nesse contexto é o seguinte: dada uma função $f : A \subseteq \mathbb{R}^2 \to \mathbb{R}$, juntamente com um ponto de acumulação (a, b) do seu domínio, **não pertencente** a este (ou seja, $(a, b) \in A' - A$), desejaremos estudar a possibilidade de estender f a uma função $f^* : A \cup \{(a, b)\} \subseteq \mathbb{R}^2 \to \mathbb{R}$ que seja contínua em (a, b). A observação sob análise fornece-nos a solução desse problema: tal função f^* existe se e somente se existe $\lim_{(x,y)\to(a,b)} f(x, y)$ $(= L)$, em cujo caso afirmativo, f^* é necessariamente a função que definimos acima.

Em particular, se f é contínua em (a, b), então o cálculo de $\lim_{(x,y)\to(a,b)} f(x, y)$ reduz-se à simples substituição de x por a e y por b na expressão que define f, o que torna tal cálculo demasiadamente simples[1].

4) Continuidade implica continuidade em cada variável separadamente.

Definição. (continuidade com respeito a uma variável separada). Uma função real de duas variáveis reais $f : A \subseteq \mathbb{R}^2 \to \mathbb{R}$ é denominada **contínua em x** (respectivamente, y) **em um ponto $(a, b) \in A$** se a função real de uma variável real, dada por $f(x, b)$ (respectivamente, $f(a, y)$), é contínua em a (respectivamente, b).

Se f é contínua em (a, b), então $f(x, b)$ (respectivamente, $f(a, y)$) é contínua em a (respectivamente, b).

Demonstração: como, por hipótese, f é contínua em (a, b), decorre que, para todo $\varepsilon > 0$ dado arbitrariamente, existe $\delta > 0$ tal que, se $(x, y) \in A$, $\sqrt{(x-a)^2 + (y-b)^2} < \delta$, então $|f(x, y) - f(a, b)| < \varepsilon$. Fixando $y = b$, resulta que essa condição reduz-se a

$$|x - a| < \delta \Rightarrow |f(x, b) - f(a, b)| < \varepsilon,$$

ou seja, a função real de uma variável real $f(x, b)$ é contínua em $x = a$.

Analogamente, fixando $x = a$, resulta que a mesma condição reduz-se a

$$|y - b| < \delta \Rightarrow |f(a, y) - f(a, b)| < \varepsilon,$$

ou seja, a função real de uma variável $f(a, y)$ é contínua em $y = b$.

Entretanto, a recíproca desse fato é falsa. Um contraexemplo é o da função $f : \mathbb{R}^2 \to \mathbb{R}$, definida por

$$f(x, y) = \begin{cases} \dfrac{xy}{x^2 + y^2}, & \text{se} \quad (x, y) \neq (0, 0) \\ 0 \quad , & \text{se} \quad (x, y) = (0, 0) \end{cases}.$$

Fixando $y = y_0$ (y_0 constante arbitrária), obtemos a função real de variável real $f_{y_0} : \mathbb{R} \to \mathbb{R}$, definida por $f_{y_0}(x) = \dfrac{xy_0}{x^2 + y_0^2}$, que é contínua, para todo $x \in \mathbb{R}$, pois quando $y_0 \neq 0$, o denominador é $x^2 + y_0^2 \neq 0$, enquanto que, quando $y_0 = 0$, $f_{y_0} \equiv 0$. Analogamente, fixando $x = x_0$ (x_0 constante arbitrária), obtemos a função real de variável real $f_{x_0} : \mathbb{R} \to \mathbb{R}$, definida por $f_{x_0}(y) = \dfrac{x_0 y}{x_0^2 + y^2}$, que é contínua, para todo $y \in \mathbb{R}$, pois quando $x_0 \neq 0$, o denominador é $x_0^2 + y^2 \neq 0$, enquanto que, quando $x_0 = 0$, $f_{x_0} \equiv 0$. Contudo, f é descontínua em $(0, 0)$, pois não existe $\lim\limits_{(x,y)\to(0,0)} f(x, y)$ (por exemplo, ao longo da reta $y = mx$, esse limite é igual a $\dfrac{1}{1 + m^2}$, o qual depende de m).

5) A importância do domínio da função para o estudo da sua continuidade.

Ao analisar a continuidade de uma função real de duas variáveis reais f em um ponto (ou, mais geralmente, em todo um subconjunto) do seu domínio, é fundamental o conhecimento preciso do domínio de f que estivermos considerando em um dado contexto. Um possível tal contexto típico é o seguinte: consideremos $f : A \subseteq \mathbb{R}^2 \to \mathbb{R}$, $B \subset A$ e as seguintes afirmações:

i) f é contínua em todos os pontos de B;

[1] É o que ocorre, por exemplo, em relação às funções polinominais, bem como em relação às funções racionais (*vide* Observações 6 e 7 ao Teorema 3.2.1 (Propriedades operatórias de limites)).

ii) $f\,|_B$ é contínua.

Temos, evidentemente, a implicação *i)* $\Rightarrow$ *ii)*, mas a recíproca é falsa: basta considerarmos B finito (ou, mais geralmente, um conjunto B cujos pontos sejam todos isolados). Sob tal consideração, em virtude da Observação 2 acima, decorre que $f\,|_B$ é sempre contínua, mas $f : A \subseteq \mathbb{R}^2 \to \mathbb{R}$ pode ser descontínua em algum ponto de B. A justificativa desses fatos é simples: a afirmação *i)* refere-se ao comportamento de $f(x,y)$, (x,y) próximo de (a,b), **para qualquer** $\boldsymbol{(x,y) \in A}$, enquanto a afirmação *ii)* refere-se **apenas aos pontos de** $\boldsymbol{B}$.

A seguir, apresentaremos um exemplo concreto dessa observação, no qual $A = \mathbb{R}^2$, $f = \xi$ e $B = \mathbb{Q} \times \mathbb{Q}$ (também $B = (\mathbb{Q} \times \mathbb{Q})^c$).

Exemplo. Consideremos $\xi : \mathbb{R}^2 \to \mathbb{R}$, definida por

$$\xi(x,y) = \begin{cases} 1, & \text{se} \quad (x,y) \in \mathbb{Q} \times \mathbb{Q} \\ 0, & \text{se} \quad (x,y) \in (\mathbb{Q} \times \mathbb{Q})^c \end{cases}.$$

(ξ é denominada *função característica* do conjunto $\mathbb{Q} \times \mathbb{Q}$.)[2]

Afirmação: ξ é descontínua em todo ponto $(a,b) \in \mathbb{R}^2$.

Demonstração: devemos demonstrar que existe $\varepsilon > 0$ tal que, para todo $\delta > 0$, podemos obter $(x_\delta, y_\delta) \in \mathbb{R}^2$ tal que $\sqrt{(x_\delta - a)^2 + (y_\delta - b)^2} < \delta \Rightarrow |\xi(x_\delta, y_\delta) - \xi(a,b)| \geq \varepsilon$. Consideremos $\varepsilon = \frac{1}{2}$ (no que segue, o leitor perceberá que, em verdade, podemos considerar qualquer ε tal que $0 < \varepsilon \leq 1$). Dado $\delta > 0$, consideremos $(x_\delta, y_\delta) \in \mathbb{R}^2$ tal que $\sqrt{(x_\delta - a)^2 + (y_\delta - b)^2} < \delta$, sendo $(x_\delta, y_\delta) \in \mathbb{Q} \times \mathbb{Q}$ se $(a,b) \in (\mathbb{Q} \times \mathbb{Q})^c$, e vice-versa. Logo, $|\xi(x_\delta, y_\delta) - \xi(a,b)| = 1 \geq \frac{1}{2}$. Portanto, como $(a,b) \in \mathbb{R}^2$ é arbitrário, resulta que ξ é descontínua em todo ponto $(a,b) \in \mathbb{R}^2$.

Observamos que $\xi\,|_{\mathbb{Q}\times\mathbb{Q}}$ (respectivamente, $\xi\,|_{(\mathbb{Q}\times\mathbb{Q})^c}$) é contínua (pois, por definição, é constante em cada qual desses subconjuntos de $\mathbb{R}^2$), mas ξ não é contínua em ponto algum de $\mathbb{Q} \times \mathbb{Q}$ (respectivamente, $(\mathbb{Q} \times \mathbb{Q})^c$). ($\mathbb{R}^2 = (\mathbb{Q} \times \mathbb{Q}) \cup (\mathbb{Q} \times \mathbb{Q})^c$ é união de dois conjuntos tais que ξ, restrita a cada um deles, é contínua, pois é constante ali.)

4.2 Interpretações geométricas da definição de continuidade de uma função real de duas variáveis reais

Podemos interpretar geometricamente a definição de continuidade de uma função real de duas variáveis reais $f : A \subseteq \mathbb{R}^2 \to \mathbb{R}$ de qualquer dos três modos (equivalentes) seguintes:

i) podemos tornar a distância de $f(x,y)$ a $f(a,b)$ ($|f(x,y) - f(a,b)|$) arbitrariamente pequena (menor que qualquer $\varepsilon > 0$ dado), desde que consideremos a distância entre (x,y) e (a,b) (ou seja, $\sqrt{(x-a)^2 + (y-b)^2}$) suficientemente pequena (ou seja, menor que algum $\delta > 0$).

ii) se $\varepsilon > 0$ é dado, então podemos obter $\delta > 0$ tal que, se (x,y) pertence à bola aberta $\mathscr{B}((a,b);\delta)$, então sua imagem em $\mathbb{S}$ ($\mathbb{S} \overset{\text{def.}}{=} \{(x,y,z) \in \mathbb{R}^3 : z = f(x,y)\}$ – gráfico de f) estará entre os planos horizontais $z = f(a,b) - \varepsilon$ e $z = f(a,b) + \varepsilon$.

iii) dado um pequeno intervalo aberto de centro $f(a,b)$ e raio ε ($(f(a,b) - \varepsilon, f(a,b) + \varepsilon)$), contido no eixo z, então podemos obter uma bola aberta de centro (a,b) e raio δ, $\mathscr{B}((a,b);\delta)$, tal que f transforme todos os pontos dessa bola naquele intervalo.

[2] Essa função é a análoga da função de Dirichlet (introduzida por P. G. L. Dirichlet, em 1829) $f : \mathbb{R} \to \mathbb{R}$, definida por $f(x) = \begin{cases} 1, & \text{se} \quad x \in \mathbb{Q} \\ 0, & \text{se} \quad x \in \mathbb{Q}^c \end{cases}$, a qual é descontínua em todo ponto $x \in \mathbb{R}$.

4.3 Alguns tipos especiais (clássicos) de funções reais contínuas de duas variáveis reais

Nesta seção, apresentaremos alguns tipos de funções reais contínuas de duas variáveis reais que desempenham papel importante tanto em Matemática quanto em outras áreas do conhecimento humano.

Ao apresentar tais funções, é usual, na literatura matemática, o emprego das seguintes notações (notações vetoriais) alternativas às quais usamos até então:

a) $\mathbf{x}$ denota o ponto (x_1, x_2) (analogamente, $\mathbf{y}$ denota o ponto (y_1, y_2));

b) $|f(\mathbf{x}) - f(\mathbf{y})|$ denota o valor absoluto de $f(\mathbf{x}) - f(\mathbf{y})$ (distância euclidiana em $\mathbb{R}$, de $f(\mathbf{x})$ a $f(\mathbf{y})$);

c) $||\mathbf{x} - \mathbf{y}||$ denota a norma de $\mathbf{x} - \mathbf{y}$ (distância euclidiana em $\mathbb{R}^2$, de $\mathbf{x}$ a $\mathbf{y}$, ou seja, por definição, $||\mathbf{x} - \mathbf{y}|| = \sqrt{(x_1 - y_1)^2 + (x_2 - y_2)^2}$).

Inicialmente, apresentaremos a classe das funções conhecidas como funções Hölder-contínuas, a qual é importante em aplicações, por exemplo, de Equações Diferenciais Ordinárias.

1) **(Função Hölder-contínua).** Uma função real de duas variáveis reais $f : A \subseteq \mathbb{R}^2 \to \mathbb{R}$ é denominada *Hölder-contínua* (ou simplesmente *hölderiana*) se satisfaz a seguinte condição:

$$|f(\mathbf{x}) - f(\mathbf{y})| \leq H||\mathbf{x} - \mathbf{y}||^\alpha,$$

para todos $\mathbf{x}, \mathbf{y} \in A \subseteq \mathbb{R}^2$, em que H e α são constantes reais positivas, denominadas, respectivamente, constante de Hölder de f e expoente de Hölder de f.

A classe das funções Hölder-contínuas contém uma importante classe de funções, conhecidas como funções Lipshitz-contínuas, a qual apresentaremos a seguir.

1.1) **(Função Lipschitz-contínua).** Uma função real de duas variáveis reais $f : A \subseteq \mathbb{R}^2 \to \mathbb{R}$ é denominada *Lipschitz-contínua* (ou simplesmente *lipschitziana*) se satisfaz a seguinte condição:

$$|f(\mathbf{x}) - f(\mathbf{y})| \leq L||\mathbf{x} - \mathbf{y}||,$$

para todos $\mathbf{x}, \mathbf{y} \in A \subseteq \mathbb{R}^2$, em que L é uma constante real positiva, denominada constante de Lipschitz de f.

Assim, uma função lipschitziana é um tipo particular de função hölderiana (com expoente de Hölder $\alpha = 1$).

A classe das funções lipschitzianas, por sua vez, também contém uma importante classe de funções, conhecidas como contrações, a qual apresentaremos a seguir.

1.1.1) **(Contrações)**

1.1.1. a) **(Contração (forte)).** Uma função real de duas variáveis reais $f : A \subseteq \mathbb{R}^2 \to \mathbb{R}$ é denominada *contração* (*forte*) se satisfaz a seguinte condição:

$$|f(\mathbf{x}) - f(\mathbf{y})| \leq c||\mathbf{x} - \mathbf{y}||,$$

para todos $\mathbf{x}, \mathbf{y} \in A \subseteq \mathbb{R}^2$ e $0 < c < 1$.

1.1.1. b) **(Contração fraca).** Uma função real de duas variáveis reais $f : A \subseteq \mathbb{R}^2 \to \mathbb{R}$ é denominada *contração fraca* se satisfaz a seguinte condição:

$$|f(\mathbf{x}) - f(\mathbf{y})| \leq ||\mathbf{x} - \mathbf{y}||,$$

para todos $\mathbf{x}, \mathbf{y} \in A \subseteq \mathbb{R}^2$.

Assim, tanto uma contração (forte) quanto uma contração fraca são funções lipschitzianas (neste último caso, com constante de Lipschitz $L = 1$).

São exemplos particulares importantes de contração fraca:

1.1.1.2) **(Função constante).** A função constante $f : \mathbb{R}^2 \to \mathbb{R}$, $f(x,y) = c$, para todo $(x,y) \in \mathbb{R}^2$.

1.1.2.3) **(Adição (de números reais)).** $\mathbf{A} : \mathbb{R}^2 \to \mathbb{R}$, definida por $\mathbf{A}(x,y) = x + y$, para todo $(x,y) \in \mathbb{R}^2$.

1.1.2.4) **(Subtração (de números reais)).** $\mathbf{S} : \mathbb{R}^2 \to \mathbb{R}$, definida por $\mathbf{S}(x,y) = x - y$, para todo $(x,y) \in \mathbb{R}^2$.

1.1.2.5) **(Projeções)**

a) **(Primeira projeção).** $\pi_1 : \mathbb{R}^2 \to \mathbb{R}$, definida por $\pi_1(x,y) = x$, para todo $(x,y) \in \mathbb{R}^2$.

b) **(Segunda projeção).** $\pi_2 : \mathbb{R}^2 \to \mathbb{R}$, definida por $\pi_2(x,y) = y$, para todo $(x,y) \in \mathbb{R}^2$.

1.1.2.6) **(Norma).** $\mathbf{N} : \mathbb{R}^2 \to \mathbb{R}$, definida por $\mathbf{N}(x,y) = \sqrt{x^2 + y^2}$, para todo $(x,y) \in \mathbb{R}^2$).

Também são contínuas as seguintes funções:

2) **(Multiplicação (de números reais)).** $\mathbf{M} : \mathbb{R}^2 \to \mathbb{R}$, definida por $\mathbf{M}(x,y) = xy$, para todo $(x,y) \in \mathbb{R}^2$.

3) **(Divisão (de números reais)).** $\mathbf{Q} : \mathbb{R} \times (\mathbb{R} - \{0\}) \to \mathbb{R}$, definida por $\mathbf{Q}(x,y) = \dfrac{x}{y}$.

4) **(Exponenciação (de números reais)).** $\mathbf{E} : (\mathbb{R}_+ - \{0\}) \times \mathbb{R} \to \mathbb{R}$, definida por $\mathbf{E}(x,y) = x^y$.

4.4 Alguns resultados sobre continuidade de uma função real de duas variáveis reais

Nesta seção, apresentaremos alguns resultados sobre continuidade de uma função real de duas variáveis reais análogos aos Teoremas 3.2.1 (Propriedades operatórias de limites), 3.3.1 (Limite da restrição de uma função) e 3.9.1 (Limitação local), bem como o importante teorema sobre a continuidade de uma função composta (Teorema 4.4.2 a seguir), de modo que suas demonstrações decorrem imediatamente de tal analogia, juntamente com a Oberservação 3 (noção de continuidade em termos da noção de limite) referente à definição de continuidade.

O teorema a seguir, o qual é uma simples consequência das propriedades operatórias de limites, estabelece as propriedades operatórias básicas com funções reais contínuas de duas variáveis reais: adição, multiplicação de função por escalar, subtração, multiplicação de funções, divisão, potenciação e radiciação.

Teorema 4.4.1. (Propriedades operatórias de funções contínuas) *Se $f, g : A \subseteq \mathbb{R}^2 \to \mathbb{R}$ são funções reais de duas variáveis reais, contínuas em $(a, b) \in A$, e c é um número real qualquer, então*

i) $f + g$, *definida por* $(f+g)(x,y) \stackrel{def.}{=} f(x,y) + g(x,y)$, *é contínua em* $(a,b) \in A$.

ii) cf, *definida por* $(cf)(x,y) \stackrel{def.}{=} cf(x,y)$, *é contínua em* $(a,b) \in A$.

iii) $f - g$, *definida por* $(f-g)(x,y) \stackrel{def.}{=} f(x,y) - g(x,y)$, *é contínua em* $(a,b) \in A$.

iv) fg, *definida por* $(fg)(x,y) \stackrel{def.}{=} f(x,y)g(x,y)$, *é contínua em* $(a,b) \in A$.

v) $\dfrac{f}{g}$, *definida por* $\left(\dfrac{f}{g}\right)(x,y) \stackrel{def.}{=} \dfrac{f(x,y)}{g(x,y)}$, *para todo* $(x,y) \in A$, *tal que* $g(x,y) \neq 0$, *é contínua em* $(a,b) \in A$, *desde que* $g(a,b) \neq 0$.

vi) f^g, *definida por* $(f^g)(x,y) \stackrel{def.}{=} f(x,y)^{g(x,y)}$, *para todo* $(x,y) \in A$, *tal que* $f(x,y) > 0$, *é contínua em* $(a,b) \in A$, *desde que* $f(a,b) > 0$.

vii) $\sqrt{f}$, *definida por* $(\sqrt{f})(x,y) \stackrel{def.}{=} \sqrt{f(x,y)}$, *para todo* $(x,y) \in A$, *tal que* $f(x,y) > 0$, *é contínua em* $(a,b) \in A$, *desde que* $f(a,b) > 0$.

Referimo-nos comumente a esse teorema afirmando simplesmente que **"a continuidade é preservada sob as operações usuais do Cálculo"**.

No exemplo a seguir, aplicamos esse teorema para fornecer outra demonstração de que toda função polinomial é contínua.

Exemplo. Toda função polinomial é contínua, pois é soma, diferença e produto das funções contínuas (projeções) $\pi_k : \mathbb{R}^2 \to \mathbb{R}$ $(k = 1, 2)$, definidas por $\pi_1(x,y) = x$ e $\pi_2(x,y) = y$, ou seja, mais precisamente, dada $p(x,y) = \sum_{i,j=0}^{m,n} a_{ij}x^i y^j$, temos $p(x,y) = \sum_{i,j=0}^{m,n} a_{ij}[\pi_1(x,y)]^i[\pi_2(x,y)]^j$.

Todas as funções "elementares" estudadas em Cálculo Diferencial e Integral de Funções de Uma (única) Variável Real, tais como polinomial, racional, seno, cosseno, esponencial, logarítmica, são funções contínuas em seus respectivos domínios. Se f é uma função real contínua de duas variáveis reais, então todas essas funções, quando compostas com f (desde que tais composições sejam possíveis), ou seja, as funções elementares cujos argumentos são substituídos por $f(x,y)$, produzem funções contínuas. De modo geral, em combinação com as propriedades operatórias de funções contínuas (Teorema 4.4.1), a operação de composição de funções contínuas fornece-nos uma ampla classe de funções contínuas de duas variáveis reais (a qual é suficiente para muitos propósitos práticos), conforme mostramos no próximo teorema.

Teorema 4.4.2. (Continuidade de uma função composta) *Se $f : A \subseteq \mathbb{R}^2 \to \mathbb{R}$ é uma função real de duas variáveis reais, contínua em A, e $g : B \subseteq \mathbb{R} \to \mathbb{R}$, tal que $f(A) \subseteq B$, é uma função real de uma (única) variável real, contínua em B, então $h : A \subseteq \mathbb{R}^2 \to \mathbb{R}$, definida por $h(x,y) = g(f(x,y))$, também é contínua em (a,b).*

Costumamos nos referir a esse teorema simplesmente como **"a composta de duas funções contínuas é contínua"**.

Naturalmente, esse teorema permanece válido para uma quantidade arbitrária finita de funções, desde que todas as composições consideradas sejam possíveis.

O exemplo a seguir é bastante apropriado para ilustrar esse fundamental teorema.

Exemplo. Dada $h : \mathbb{R}^2 - \{(0,0)\} \to \mathbb{R}$, definida por $f(x,y) = \dfrac{sen[ln(x^2+y^2)]}{cos^2 y + y^2 e^x}$, demonstre que f é contínua.

Resolução:

Podemos considerar a função h dada como o quociente $h = \dfrac{f}{g}$, em que $f : \mathbb{R}^2 - \{(0,0)\} \to \mathbb{R}$ é definida por $f(x,y) = sen[ln(x^2+y^2)]$, e $g : \mathbb{R}^2 \to \mathbb{R}$ é definida por $g(x,y) = cos^2 y + y^2 e^x$, de modo que, pelo item v) do Teoerama 4.4.1 (Propriedades operatórias de funções contínuas), é suficiente demonstrar que f e g são contínuas, sendo $g(x,y) \neq 0$, para todo $(x,y) \in \mathbb{R}^2 - \{(0,0)\}$.

Inicialmente, observemos que h está bem definida, pois tanto f quanto g o estão, bem como realmente $g(x,y) \neq 0$, para todo $\mathbb{R}^2$ (em particular, para todo $(x,y) \in \mathbb{R}^2 - \{(0,0)\}$, domínio de h).

Temos

1) $\begin{array}{rcccl} \alpha & : & \mathbb{R}^2 - \{(0,0)\} & \longrightarrow & \mathbb{R}_+ - \{0\} \\ & & (x,y) & \longmapsto & \alpha(x,y) = x^2 + y^2 \end{array}$ é contínua (pois é polinomial).

2) $\begin{array}{rcccl} \beta & : & \mathbb{R}_+ - \{0\} & \longrightarrow & \mathbb{R} \\ & & r & \longmapsto & \beta(r) = ln(r) \end{array}$ é contínua (pois é logarítmica).

3) $\begin{array}{rcccl} \gamma & : & \mathbb{R}^2 - \{(0,0)\} & \longrightarrow & \mathbb{R} \\ & & (x,y) & \longmapsto & \gamma(x,y) = (\beta \circ \alpha)(x,y) = ln(x^2+y^2) \end{array}$ é contínua, pelo Teorema 4.4.2.

4) $\begin{array}{rcccl} \delta & : & \mathbb{R} & \longrightarrow & \mathbb{R} \\ & & s & \longmapsto & \delta(s) = sen(s) \end{array}$ é contínua (função seno).

Logo, pelo Teorema 4.4.2,

$$\begin{array}{rcccl} f & : & \mathbb{R}^2 - \{(0,0)\} & \longrightarrow & \mathbb{R} \\ & & (x,y) & \longmapsto & f(x,y) = \delta \circ (\beta \circ \alpha)(x,y) = sen[ln(x^2+y^2)] \end{array}$$

é contínua.

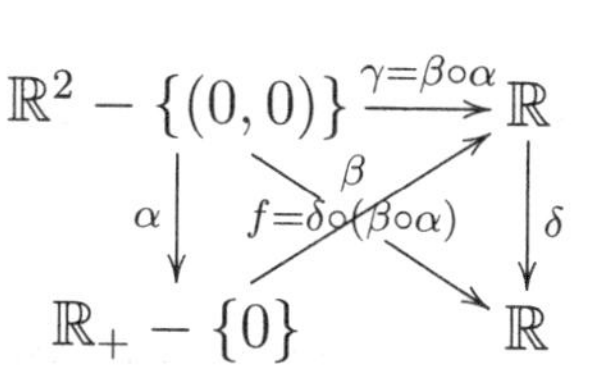

Também

4) $\begin{array}{rcccl} \pi_1 & : & \mathbb{R}^2 & \longrightarrow & \mathbb{R} \\ & & (x,y) & \longmapsto & \pi_1(x,y) = x \end{array}$ é contínua (primeira projeção).

5) $\begin{array}{rcccl} \pi_2 & : & \mathbb{R}^2 & \longrightarrow & \mathbb{R} \\ & & (x,y) & \longmapsto & \pi_2(x,y) = y \end{array}$ é contínua (segunda projeção).

6) $\begin{array}{rcccl} cos & : & \mathbb{R} & \longrightarrow & \mathbb{R} \\ & & t & \longmapsto & cos(t) \end{array}$ é contínua (função cosseno).

7) $\begin{array}{rcccl} exp & : & \mathbb{R} & \longrightarrow & \mathbb{R} \\ & & u & \longmapsto & e^u \end{array}$ é contínua (função exponencial).

Logo, pelo Teorema 4.4.2,

$$\begin{array}{rcccl} cos \circ \pi_2 & : & \mathbb{R}^2 & \longrightarrow & \mathbb{R} \\ & & (x,y) & \longmapsto & (cos \circ \pi_2)(x,y) = cos y, \end{array}$$

bem como

$$\begin{array}{rcccl} exp \circ \pi_1 & : & \mathbb{R}^2 & \longrightarrow & \mathbb{R} \\ & & (x,y) & \longmapsto & (exp \circ \pi_1)(x,y) = e^x, \end{array}$$

são contínuas (consequentemente, devido ao item *iv*) do Teorema 4.4.1, $(cos \circ \pi_2)^2 : \mathbb{R}^2 \to \mathbb{R}$, definida por $(cos \circ \pi_2)^2(x,y) = cos^2 y$, e $(\pi_2)^2 : \mathbb{R}^2 \to \mathbb{R}$, definida por $(\pi_2)^2(x,y) = y^2$, são também contínuas, e, finalmente, devido ao item *i*) desse mesmo teorema, g é contínua).

Portanto, h é contínua.

Na prática, costumamos substituir verificações rotineiras como essas pelo procedimento que comentamos preliminarmente a esse exemplo, a saber, a simples observação de que, para obtermos $h(x,y)$, submetemos as suas variáveis independentes x e y a operações definidas por funções contínuas, operações essas estabelecidas no Teorema 4.4.1 (Propriedades operatórias de funções contínuas).

O próximo teorema torna precisa a Observação 4 (a importância do domínio da função para o estudo da sua continuidade) referente à definição de continuidade, no sentido de que ele estabelece a condição que a afirmação *ii*) deve satisfazer para implicar a afirmação *i*) que consideramos ao apresentar tal observação. Mais precisamente, tal teorema assegura-nos que, se uma dada função é contínua em um ponto do seu domínio, então qualquer restrição sua a um subconjunto do seu domínio que contenha aquele ponto é também contínua ali. A recíproca é verdadeira se tal subconjunto é a interseção de uma bola aberta de centro naquele ponto com o domínio daquela função dada.

Teorema 4.4.3. (Restrição de uma função contínua) *Consideremos uma função real de duas variáveis reais* $f : A \subseteq \mathbb{R}^2 \to \mathbb{R}$, *contínua em* $(a,b) \in A$.

i) Dado $B \subset A$ *tal que* $(a,b) \in B$, *se* $g = f\,|_B$, *então* $g : B \subseteq \mathbb{R}^2 \to \mathbb{R}$ *é contínua em* (a,b);

ii) Dado $B = \mathscr{B} \cap A$, *em que* $\mathscr{B}$ *é uma bola aberta que contém* (a,b), *se* $g = f\,|_B$ *é contínua em* (a,b), *então* $f : A \subseteq \mathbb{R}^2 \to \mathbb{R}$ *também é contínua em* (a,b).

Referimo-nos comumente a esse teorema simplesmente como **"toda restrição de uma função contínua é contínua"**.

O item *ii*) (recíproco do item *i*)) desse teorema nos informa que a noção de continuidade em um ponto é um fenômeno local, ou seja, depende apenas do comportamento da função nas proximidades de tal ponto: se f coincide, nas proximidades de (a,b), com uma função que é contínua em (a,b)[3], então f também é contínua nesse ponto (em particular, resulta desse fato que, se, para toda parte limitada $B \subset A$, $f\,|_B$ é contínua, então $f : A \subseteq \mathbb{R}^2 \to \mathbb{R}$ é também contínua).

Os exemplos a seguir são clássicos.

[3]Coincidir com uma função contínua nas proximidades de (a,b) significa o que está expresso no teorema acima: para alguma bola aberta $\mathscr{B}$ que contenha (a,b), a restrição $f\,|_{\mathscr{B} \cap A}$ é contínua em (a,b).

Exemplo 1. (**Função localmente hölderiana**) Uma função real de duas variáveis reais $f : A \subseteq \mathbb{R}^2 \to \mathbb{R}$ é denominada *localmente hölderiana* se existe uma bola aberta B tal que a restrição $f\mid_B$ é hölderiana.

Sendo $f\mid_B$, por definição, hölderiana, decorre do Exemplo 1 da Seção 4.3 deste capítulo que $f\mid_B$ é contínua. Portanto, pelo Teorema 4.4.3, resulta que f é contínua, ou seja, **toda função localmente hölderiana é contínua**.

Exemplo 2. (**Função localmente lipschitziana**) Uma função real de duas variáveis reais $f : A \subseteq \mathbb{R}^2 \to \mathbb{R}$ é denominada *localmente lipschitziana* se existe uma bola aberta B tal que a restrição $f\mid_B$ é lipschitziana.

Sendo $f\mid_B$, por definição, lipschitziana, decorre do Exemplo 1.1 da Seção 4.3 deste capítulo que $f\mid_B$ é contínua. Portanto, pelo Teorema 4.4.3, resulta que f é contínua, ou seja, **toda função localmente lipschitziana é contínua**.

Exemplo 3. (**Função localmente constante**) Uma função real de duas variáveis reais $f : A \subseteq \mathbb{R}^2 \to \mathbb{R}$ é denominada *localmente constante* se existe uma bola aberta B tal que a restrição $f\mid_B$ é constante.

Sendo $f\mid_B$, por definição, constante, ela é contínua. Portanto, pelo Teorema 4.4.3, resulta que f é contínua, ou seja, **toda função localmente constante é contínua**.

O último teorema assegura-nos que existe certa relação entre a continuidade de uma função real de duas variáveis reais com a limitação local de tal função. Desse teorema decorre (por contrapositividade) que, se uma função é ilimitada em uma vizinhança de um ponto do seu domínio, então ela é, necessariamente, descontínua nesse ponto. Trata-se, pois, de um resultado útil para demonstrar a descontinuidade de tal classe de funções.

Teorema 4.4.4. (Limitação local de uma função contínua) *Se $f : A \subseteq \mathbb{R}^2 \to \mathbb{R}$ é uma função real de duas variáveis reais, contínua em $(a,b) \in A$, então f é limitada em uma vizinhança de (a,b), ou seja, existem $\delta > 0$, $M > 0$ tais que, para todo $(x,y) \in A$, $\sqrt{(x-a)^2+(y-b)^2} < \delta \Rightarrow |f(x,y)| < M$.*

4.5 Continuidade de funções reais de n variáveis reais: noções gerais

O conceito de continuidade de uma função real de n variáveis reais é análogo ao de continuidade de uma função real de duas variáveis reais.

Definição 4.5.1. *Consideremos uma função real de n variáveis reais $f : A \subseteq \mathbb{R}^n \to \mathbb{R}$. f é contínua em $\boldsymbol{r_0}$ se, para todo número real $\varepsilon > 0$ dado arbitrariamente, existe um número real $\delta > 0$ tal que, se $\boldsymbol{r} \in A, ||\boldsymbol{r} - \boldsymbol{r_0}|| < \delta$, então $|f(\boldsymbol{r}) - f(\boldsymbol{r_0})| < \varepsilon$.*

Em linguagem simbólica:

$$\forall \varepsilon > 0, \exists \delta > 0 : \forall \boldsymbol{r} \in A, ||\boldsymbol{r} - \boldsymbol{r_0}|| < \delta \Rightarrow |f(\boldsymbol{r}) - f(\boldsymbol{r_0})| < \varepsilon.$$

De resto, todos os resultados permanecem válidos, tendo o leitor apenas o simples trabalho de adaptá-los para o caso de n variáveis reais: substituir $\mathbb{R}^2$ por $\mathbb{R}^n$; "duas" por n; (x,y) por $\boldsymbol{r}$; (a,b) por $\boldsymbol{r_0}$ e, consequentemente, $\sqrt{(x-a)^2+(y-b)^2}$ por $||\boldsymbol{r} - \boldsymbol{r_0}||$.

A título de exemplo, fornecemos a adaptação, para o caso de n variáveis reais, do fato de que toda função polinomial é contínua, como aplicação do primeiro resultado sobre funções reais contínuas (**"a continuidade é preservada sob as operações usuais do Cálculo"**).

Exemplo. Toda função polinomial é contínua, pois é soma, diferença e produto das funções contínuas (projeções) $\pi_k : \mathbb{R}^n \to \mathbb{R}$ $(1 \leq k \leq n)$, definidas por $\pi_k(x_1, x_2, \ldots, x_n) = x_k$, ou seja, mais precisamente, dada $p(x_1, x_2, \ldots, x_n) = \sum_{i_1 \ldots, i_n = 0}^{m_1, \ldots, m_n} a_{i_1 \ldots i_n} x_1^{i_1} x_2^{i_2} \ldots x_n^{i_n}$, temos

$$p(x_1, x_2, \ldots, x_n) = \sum_{i_1 \ldots i_n = 0}^{m,n} a_{i_1 \ldots i_n} [\pi_1(x_1, x_2, \ldots, x_n)]^{i_1} [\pi_2(x_1, x_2, \ldots, x_n)]^{i_2} \ldots [\pi_n(x_1, x_2, \ldots, x_n)]^{i_n}.$$

Exercícios

Seção 4.1

1. Considere funções reais de duas variáveis reais $f, g : A \subseteq \mathbb{R}^2 \to \mathbb{R}$, g contínua, $(a,b) \in A'$ e $g(a,b) = M$. Demonstre que, se $\lim\limits_{(x,y)\to(a,b)} \dfrac{f(x,y) - L}{g(x,y) - M} = N$, então $\lim\limits_{(x,y)\to(a,b)} f(x,y) = L$.

2.

a) Considere $f : \mathbb{R}^2 \to \mathbb{R}$ a função real de duas variáveis reais tal que $|f(x,y)| \leq \sqrt{x^2 + y^2}$, para todo $(x,y) \in A$. Demonstre, usando a definição $\varepsilon - \delta$ de continuidade, que f é contínua em $(0,0)$.

b) Forneça um exemplo de uma função desse tipo que não seja contínua em ponto algum $(a,b) \neq (0,0)$.

c) Demonstre que, se $g : \mathbb{R}^2 \to \mathbb{R}$ é uma função contínua em $(0,0)$, $g(0,0) = 0$ e $|f(x,y)| \leq |g(x,y)|$, para todo $(x,y) \in \mathbb{R}^2$, então f é contínua em $(0,0)$.

3. Considere $f, g : A \subseteq \mathbb{R}^2 \to \mathbb{R}$ funções reais de duas variáveis reais, $(a,b) \in A$ e $M > 0$ tais que $|f(x,y) - f(a,b)| \leq M|g(x,y) - g(a,b)|$, para todo $(x,y) \in A$. Demonstre que, se g é contínua em (a,b), então f também é contínua em (a,b).

4. Considere a função real de duas variáveis reais $f : \mathbb{R}^2 \to \mathbb{R}$ definida por

$$f(x,y) = \begin{cases} 1, & \text{se} \quad (x,y) \in \mathbb{Q} \times \mathbb{Q} \\ -1, & \text{se} \quad (x,y) \notin \mathbb{Q} \times \mathbb{Q} \end{cases}.$$

Demonstre que f é descontínua em $\mathbb{R}^2$.

5. Considere $F, G, H : A \subseteq \mathbb{R}^2 \to \mathbb{R}$ funções reais de duas variáveis reais tais que $F(x,y) = f(x) + g(y)$, $F(x,y) = f(x) - g(y)$, $G(x,y) = f(x)g(y)$ e $H(x,y) = \dfrac{f(x)}{g(y)}$ (neste caso, $g(y) \neq 0$, para todo y tal que $(x,y) \in A$). Demonstre que, para todo $(a,b) \in A$, se f é contínua em $x = a$ e g é contínua em $y = b$, então F, G e H são contínuas em (a,b) (no caso de H, $g(b) \neq 0$).

6. Considere $F : A \subseteq \mathbb{R}^2 \to \mathbb{R}$ uma função real de duas variáveis reais tal que $F(x,y) = f(x)$, ou seja, F é independente de y (ou "depende apenas da variável x"). Demonstre que, para todo

$(a, b) \in A$, se f é contínua em a, então F é contínua em (a, b). Estabeleça resultado análogo para uma função real de duas variáveis reais que seja independente de x (ou "depende apenas da variável y"). (A título de informação, a recíproca deste resultado também é verdadeira.)

7. Dadas $f : A \subseteq \mathbb{R} \to \mathbb{R}$ e $g : B \subseteq \mathbb{R} \to \mathbb{R}$, ambas contínuas em $a \in A \cap B$, e $h : \mathbb{R}^2 \to \mathbb{R}$ contínua em $(f(a), g(a))$, demonstre que $k : A \cap B \subseteq \mathbb{R} \to \mathbb{R}$, definida por $k(x) = h(f(x), g(x))$, é também contínua em a.

8. Dadas $f : A \subseteq \mathbb{R}^2 \to \mathbb{R}$ e $g : B \subseteq \mathbb{R}^2 \to \mathbb{R}$, ambas contínuas em $(a, b) \in A \cap B$, e $h : \mathbb{R}^2 \to \mathbb{R}$ contínua em $(f(a, b), g(a, b))$, demonstre que $k : A \cap B \subseteq \mathbb{R}^2 \to \mathbb{R}$, definida por $k(x, y) = h(f(x, y), g(x, y))$, é também contínua em a.

9. Dadas $f : A \subseteq \mathbb{R} \to \mathbb{R}$ e $g : B \subseteq \mathbb{R} \to \mathbb{R}$, ambas contínuas em a e em b, respectivamente, demonstre que $h : A \times B \subseteq \mathbb{R}^2 \to \mathbb{R}$, definida por $h(x, y) = f(x)g(y)$, é contínua em (a, b).

10. Dadas $f : (a, b) \times (c, d) \to \mathbb{R}$ e $g : (a, b) \to (c, d)$, ambas contínuas em seus respectivos domínios, demonstre que $F : (a, b) \to \mathbb{R}$, definida por $F(x) = f(x, g(x))$, é contínua em seu domínio.

11. Considere $f : A \subseteq \mathbb{R}^2 \to \mathbb{R}$ uma função real de duas variáveis reais contínua em cada variável separadamente, e $(a, b) \in A'$. Demonstre que os limites iterados $\lim_{y \to b} \left[\lim_{x \to a} f(x, y) \right]$ e $\lim_{x \to a} \left[\lim_{y \to b} f(x, y) \right]$ existem. O que você pode afirmar sobre o limite $\lim_{(x,y) \to (a,b)} f(x, y)$? Justifique a sua resposta.

12. Demonstre que, se $f : (a, b) \subset \mathbb{R} \to \mathbb{R}$ é uma função real contínua de uma (única) variável real, então $F : (a, b) \times (a, b) \subset \mathbb{R}^2 \to \mathbb{R}$, definida por $F(u, v) = \int_u^v f(x)dx$, é também contínua.

[**Extra**] Um estudante "desatento" alega ter demonstrado a seguinte afirmação *incorreta* (*vide* Observação 4 nesta seção): **se $f : \mathbb{R}^2 \to \mathbb{R}$ é uma função real de duas variáveis reais contínua em cada variável separadamente, então f é contínua.**

Demonstração. Consideremos $(a, b) \in \mathbb{R}^2$. Devemos demonstrar que, para todo $\varepsilon > 0$ dado arbitrariamente, existe $\delta > 0$ tal que, se $(x, y) \in A$, $\sqrt{(x-a)^2 + (y-b)^2} < \delta$, então $|f(x, y) - f(a, b)| < \varepsilon$.

Uma vez que

$$|f(x, y) - f(a, b)| = |f(x, y) - f(x, b) + f(x, b) - f(a, b)| \leq |f(x, y) - f(x, b)| + |f(x, b) - f(a, b)|,$$

é suficiente demonstrar que $|f(x, y) - f(x, b)| < \frac{\varepsilon}{2}$ e $|f(x, b) - f(a, b)| < \frac{\varepsilon}{2}$.

Como, por hipótese, f é contínua em cada variável separadamente,

$$\text{existe } \delta_1 \text{ tal que } |y - b| < \delta_1 \Rightarrow |f(x, y) - f(x, b)| < \frac{\varepsilon}{2},$$

$$\text{existe } \delta_2 \text{ tal que } |x - a| < \delta_2 \Rightarrow |f(x, b) - f(a, b)| < \frac{\varepsilon}{2}.$$

Assim, para todo $(x, y) \in \mathbb{R}^2$, considerando $\delta = min\{\delta_1, \delta_2\}$, temos

$$\begin{aligned} |f(x,y) - f(a,b)| &\leq |f(x,y) - f(x,b)| + |f(x,b) - f(a,b)| \\ &< \frac{\varepsilon}{2} + \frac{\varepsilon}{2} \\ &= \varepsilon. \end{aligned}$$

Portanto, como (a, b) é arbitrário, f é contínua.
Identifique o erro nessa demonstração.

[Exercícios 11-35] Para resolver os Exercícios 11-35 a seguir (relacionados ao conceito de função contínua), considere as seguintes definições[4]:

i.1)(*Bola aberta* ou *disco aberto* ou *vizinhança*) A *bola aberta* de centro em um ponto $(a, b) \in \mathbb{R}^2$ e raio $\delta > 0$ é o conjunto dos pontos $(x, y) \in \mathbb{R}^2$ cuja distância a (a, b) é menor do δ:

$$\mathscr{B}((a,b);\delta) = \{(x,y) \in \mathbb{R}^2 : \sqrt{(x-a)^2 + (y-b)^2} < \delta\}.$$

Temos, assim, definido o conceito de vizinhança usando o seu sinônimo (bola aberta) acima.

i.2)(*Ponto interior*) Dado $A \subseteq \mathbb{R}^2$ $A \neq \emptyset$, um ponto $(a, b) \in A$ é denominado *ponto interior* a A se (a, b) é centro de alguma bola aberta contida em A.

Em linguagem simbólica:

$$(a,b) \in A \text{ é ponto interior a } A \Leftrightarrow \exists\delta > 0 : \mathscr{B}((a,b);\delta) \subseteq A.$$

Em outras palavras: $(a, b) \in A$ é ponto interior a A se todos os pontos suficientemente próximos de (a, b) ainda pertencem a A.

i.3) (*Interior de um conjunto*) O *interior* de A é o conjunto A^o (também denotado por $int(A)$), cujos elementos são os pontos interiores a A.

Quando $(x, y) \in A^o$, dizemos que o conjunto A é uma *vizinhança* de (x, y). (Em outras palavras, uma vizinhança de (a, b) é o conjunto de todos os pontos cuja distância a (a, b) é menor que algum número real positivo δ.)

i.4) (*Conjunto aberto*) Um conjunto $A \subseteq \mathbb{R}^2$ é denominado *aberto* se todos os seus pontos são interiores.

Em linguagem simbólica:

$$\forall(a,b) \in A, \exists\delta > 0 : \mathscr{B}((a,b);\delta) \subseteq A.$$

Assim, A é aberto se e somente se $A^o = A$. Exemplos clássicos de conjuntos abertos são o conjunto vazio, o $\mathbb{R}^2$, uma bola aberta e o interior de um conjunto.

ii)(*Bola fechada*) A *bola fechada* de centro em um ponto $(a, b) \in \mathbb{R}^2$ e raio $\delta > 0$ é o conjunto dos pontos $(x, y) \in \mathbb{R}^2$ cuja distância a (a, b) é menor que ou igual a δ:

$$\overline{\mathscr{B}}((a,b);\delta) = \{(x,y) \in \mathbb{R}^2 : \sqrt{(x-a)^2 + (y-b)^2} \leq \delta\}.$$

[4] Tais conceitos (dentre outros inerentes à Topologia) têm, além das relações com o conceito de função que apresentamos nestes exercícios, várias propriedades intrínsecas, bem como outras que os relacionam entre si.

iii.1)(Ponto aderente) Dado um conjunto $A \subseteq \mathbb{R}^2$, um ponto $(a,b) \in \mathbb{R}^2$ é denominado *aderente* a A se, para todo $\varepsilon > 0$, $A \cap \mathscr{B}((a,b);\varepsilon) \neq \emptyset$.

Assim, dado um conjunto $A \subseteq \mathbb{R}^2$, um ponto $(a,b) \in \mathbb{R}^2$ é aderente a A se toda bola aberta que contém (a,b) intersecta A.

iii.2) (Fecho de um conjunto) Dado um conjunto $A \subseteq \mathbb{R}^2$, o *fecho* de A é o conjunto $\overline{A}$ dos pontos aderentes a A.

Evidentemente, dados $A, B \subset \mathbb{R}^2$, $A \subseteq B \Rightarrow \overline{A} \subseteq \overline{B}$, bem como $A \subseteq \overline{A}$.

iii.3) (Conjunto fechado) Um conjunto $A \subseteq \mathbb{R}^2$ é denominado *fechado* se $A = \overline{A}$.

Assim, um conjunto $A \subseteq \mathbb{R}^2$ é fechado se e somente se todo ponto aderente a A pertence a A.

iii.4)(Conjunto fechado em outro) Dados $B \subseteq A \subseteq \mathbb{R}^2$, B é *fechado* em A se $B = A \cap C$, em que C é um conjunto fechado (em $\mathbb{R}^2$).

iv.1)(Conjunto denso) $A \subseteq \mathbb{R}^2$ é denominado *denso* (em $\mathbb{R}^2$) se toda bola aberta de centro em algum ponto de $\mathbb{R}^2$ contém algum ponto de A.

Em linguagem simbólica:

$$A \text{ é denso em } \mathbb{R}^2 \Leftrightarrow \forall (a,b) \in \mathbb{R}^2 \text{ e todo } \varepsilon > 0, \mathscr{B}((a,b);\varepsilon) \cap A \neq \emptyset.$$

Em outras palavras, $A \subseteq \mathbb{R}^2$ é denso se todo ponto de $\mathbb{R}^2$ é ponto de acumulação de A.

Dados $B \subseteq A \subseteq \mathbb{R}^2$, podemos definir o conceito de *conjunto denso em outro* (B denso em A), abstraindo-nos dos demais pontos de $\mathbb{R}^2$, considerando apenas os pontos de A e reproduzindo a definição de conjunto denso que mencionamos em *iv.1)* acima, conforme segue.

iv.2)(Conjunto denso em outro) Dados $B \subseteq A \subseteq \mathbb{R}^2$, B é *denso* em A se toda bola aberta de centro em algum ponto de A contém pontos de B.

Em linguagem simbólica:

$$B \text{ é denso em } A \Leftrightarrow \forall (a,b) \in A \text{ e todo } \varepsilon > 0, \mathscr{B}((a,b);\varepsilon) \cap B \neq \emptyset.$$

11. Formule, em termos do conceito de bola aberta, a definição de função real contínua de duas variáveis reais.

12. Considere $f : A \subseteq \mathbb{R}^2 \to \mathbb{R}$ uma função real de duas variáveis reais e $(a,b) \in A$. Se, para cada $\varepsilon > 0$ dado arbitrariamente, existe uma bola aberta $\mathscr{B}((p,q);r) \subset A$ de centro $(p,q) \in \mathbb{R}^2$ e raio $r > 0$ que contém (a,b), tal que, para todo $(x,y) \in A$,

$$\forall (x,y) \in \mathscr{B}((p,q);r) \Rightarrow f(a,b) - \varepsilon < f(x,y) < f(a,b) + \varepsilon,$$

demonstre que f é contínua em (a,b).

13. Considere $f : A \subseteq \mathbb{R}^2 \to \mathbb{R}$ uma função real de duas variáveis reais, $(a,b) \in A$ e $r > 0$ um número real dado. Se, para todo $\varepsilon < r$ ($\varepsilon > 0$), existe uma bola aberta $\mathscr{B} \subset A$ contendo $(a,b) \in A$, tal que, para todo $(x,y) \in A$,

$$\forall (x,y) \in \mathscr{B} \Rightarrow f(a,b) - \varepsilon < f(x,y) < f(a,b) + \varepsilon,$$

então f é contínua em (a, b).

14. Considere $f : A \subseteq \mathbb{R}^2 \to \mathbb{R}$ uma função real de duas variáveis reais que toma apenas um número finito de valores. Demonstre que f é contínua em um ponto $(a, b) \in A^o$ se e somente se f é constante em alguma bola aberta de centro (a, b) e raio $\delta > 0$.

15. Dada $\xi_A : A \subseteq \mathbb{R}^2 \to \mathbb{R}$, definida por

$$\xi_A(x, y) = \begin{cases} 1, & \text{se} \quad (x, y) \in A \\ 0, & \text{se} \quad (x, y) \notin A \end{cases}.$$

demonstre que ξ_A é contínua em um ponto $(a, b) \in A$ se e somente se $(a, b) \in A^o \cup (A^c)^o$. ($\xi_A$ é denominada *função característica* (ou *função indicadora*) do conjunto A.)

16. Considere $f : A \subseteq \mathbb{R}^2 \to \mathbb{R}$ uma função real de duas variáveis reais. Demonstre que f é contínua se e somente se, para cada $\varepsilon > 0$, existe uma cobertura $A \subset \bigcup_{\mathbf{x} \in A} \mathscr{B}_{\mathbf{x}}$, em que $\mathscr{B}_{\mathbf{x}}$ é uma bola aberta de centro $\mathbf{x}$ e raio $\delta_{\mathbf{x}}$, tal que, para todos $\mathbf{y}, \mathbf{z} \in A \cap \mathscr{B}_{\mathbf{x}} \Rightarrow |f(\mathbf{y}) - f(\mathbf{z})| < \varepsilon$.

17. (*Princípio de permanência do sinal de uma função contínua*) Considere $f, g : A \subseteq \mathbb{R}^2 \to \mathbb{R}$ funções reais de duas variáveis reais contínuas em $(a, b) \in A$. Demonstre que, se $f(a, b) < g(a, b)$ (respectivamente, $f(a, b) > g(a, b)$), então existe uma bola aberta $\mathscr{B}$ de centro (a, b) tal que $f(x_1, y_1) < g(x_2, y_2)$ (respectivamente, $f(x_1, y_1) > g(x_2, y_2)$), para todos $(x_1, y_1), (x_2, y_2) \in \mathscr{B}$. (Em particular, se $f(a, b) = 0$, de modo que $g(a, b) > 0$ (respectivamente, $g(a, b) < 0$), então existe uma bola aberta $\mathscr{B}$ de centro (a, b) tal que $g(x, y) > 0$ (respectivamente, $g(x, y) < 0$), para todo $(x, y) \in \mathscr{B}$), ou seja, **"se uma função contínua é positiva (negativa) em um ponto do seu domínio, então ela é positiva (negativa) em toda uma vizinhança de tal ponto"**.)

18. Considere $f, g : A \subseteq \mathbb{R}^2 \to \mathbb{R}$ funções reais de duas variáveis reais contínuas em $(a, b) \in A$. Demonstre que, se $f(a, b) \neq g(a, b)$, então existe uma bola aberta $\mathscr{B}$ de centro (a, b) tal que $f(\mathscr{B}) \cap g(\mathscr{B}) = \emptyset$. Em particular, se $(x, y) \in \mathscr{B}$, então $f(x, y) \neq g(x, y)$.

19. Considere $f : A \subseteq \mathbb{R}^2 \to \mathbb{R}$ uma função real de duas variáveis reais tal que $A \subset \bigcup_{\lambda \in A} A_\lambda$ é uma cobertura de A por meio de conjuntos abertos A_λ. Demonstre que, se $f\,|_{A \cap A_\lambda}$ são contínuas, para todo $\lambda \in A$, então f é contínua.

20. Considere $f : A \subseteq \mathbb{R}^2 \to \mathbb{R}$ uma função real de duas variáveis reais tal que $A = \bigcup_{\lambda \in A} A_\lambda$ é uma cobertura de A por meio de conjuntos abertos A_λ. Demonstre que, se $f\,|_{A_\lambda}$ são contínuas, para todo $\lambda \in A$, então f é contínua.

21. Considere $f : \{(x, y) \in \mathbb{R}^2 : y \neq 0\} \to \mathbb{R}$ a função real de duas variáveis reais definida por

$$f(x, y) = \begin{cases} -1, & \text{se} \quad y < 0 \\ 1, & \text{se} \quad y > 0 \end{cases}.$$

Use o resultado do exercício anterior para demonstrar que f é contínua.

22. Dado um conjunto aberto A, considere $f : A \subseteq \mathbb{R}^2 \to \mathbb{R}$ uma função real de duas variáveis reais.

a) Demonstre que f é contínua se e somente se, para todo conjunto $B \subseteq \mathbb{R}$ aberto, $f^{-1}(B)$ (imagem inversa de B por f) é um conjunto aberto.

b) Demonstre que (a bola aberta) $B = \{\mathbf{x} \in \mathbb{R}^2 : ||\mathbf{x} - \mathbf{a}|| < r, r > 0\}$ é um conjunto aberto. (*Sugestão*: considere a função contínua $f : \mathbb{R}^2 \to \mathbb{R}$, definida por $f(\mathbf{x}) = ||\mathbf{x} - \mathbf{a}||$.)

23. Dado $A \subseteq \mathbb{R}^2$ aberto, considere $f, g : A \subseteq \mathbb{R}^2 \to \mathbb{R}$ funções reais de duas variáveis reais. Demonstre que f e g são contínuas se e somente se, o conjunto $E[f < g] \overset{\text{def.}}{=} \{(x, y) \in A : f(x, y) < g(x, y)\}$ é aberto em A, bem como os conjuntos $E[f \leq g] \overset{\text{def.}}{=} \{(x, y) \in A : f(x, y) \leq g(x, y)\}$ e $E[f = g] \overset{\text{def.}}{=} \{(x, y) \in A : f(x, y) = g(x, y)\}$ são fechados em A. (Em particular, para todo $c \in \mathbb{R}$ (o que equivale a considerar g constante), os conjuntos $E[f < c] \overset{\text{def.}}{=} \{(x, y) \in A : f(x, y) < c\}$ e $E[f > c] \overset{\text{def.}}{=} \{(x, y) \in A : f(x, y) > c\}$ são abertos em A, bem como os conjuntos $E[f \geq c] \overset{\text{def.}}{=} \{(x, y) \in A : f(x, y) \geq c\}$, $E[f \leq c] \overset{\text{def.}}{=} \{(x, y) \in A : f(x, y) \leq c\}$ e $E[f = c] \overset{\text{def.}}{=} \{(x, y) \in A : f(x, y) = c\}$ são fechados em A.)

24. Considere $f : A \subseteq \mathbb{R}^2 \to \mathbb{R}$ uma função real de duas variáveis reais. Para cada $n \in \mathbb{N}$, considere o conjunto $C_n \subset A$ tal que $(a, b) \in C_n$ tem a seguinte propriedade: existe uma bola aberta $\mathscr{B}$ que contém (a, b), tal que $\mathbf{x}, \mathbf{y} \in \mathscr{B} \Rightarrow |f(\mathbf{x}) - f(\mathbf{y})| < \dfrac{1}{n}$.

a) Demonstre que C_n é um conjunto aberto.

b) f é contínua em (a, b) se e somente se $(a, b) \in C_n$, para todo $n \in \mathbb{N}$.

Conclua que o conjunto dos pontos de continuidade de qualquer função real de duas variáveis reais $f : A \subseteq \mathbb{R}^2 \to \mathbb{R}$ é a interseção enumerável de abertos. Em particular, não existe uma função real de duas variáveis reais que seja contínua nos pontos (de coordenadas) racionais e descontínua nos pontos (de coordenadas) irracionais. É possível existir o contrário (ou seja, uma função real de duas variáveis reais que seja contínua nos pontos (de coordenadas) irracionais e descontínua nos pontos (de coordenadas) racionais)? Se sim, forneça um exemplo. Se não, demonstre-o.

25. Considere $f, g : \mathbb{R}^2 \to \mathbb{R}$ funções reais contínuas de duas variáveis reais. Demonstre que, dado $(a, b) \in \mathbb{R}^2$, se toda bola aberta de centro (a, b) contém algum ponto (x, y) tal que $f(x, y) = g(x, y)$, então $f(a, b) = g(a, b)$.

26. (*Princípio de permanência do sinal*) Considere $f : A \subseteq \mathbb{R}^2 \to \mathbb{R}$ uma função real de duas variáveis reais contínua em $(a, b) \in A$. Se $f(a, b) < c$ (respectivamente, $f(a, b) > c$), para algum $c \in \mathbb{R}$, demonstre que existe $\delta > 0$ tal que, para todo $(x, y) \in \mathscr{V}_\delta(a, b) \cap A$, $f(x, y) < c$ (respectivamente, $f(x, y) > c$). (Em particular, se $f(a, b) < 0$ (respectivamente, $f(a, b) > 0$) , então existe $\delta > 0$ tal que, para todo $(x, y) \in \mathscr{V}_\delta(a, b) \cap A$, $f(x, y) < 0$ (respectivamente, $f(x, y) > 0$)). Resultados análogos valem para "$\leq$" (respectivamente, "$\geq$")? Se sim, demonstre-os. Se não, forneça contraexemplos.

27. Considere $f : A \subseteq \mathbb{R}^2 \to \mathbb{R}$ uma função real de duas variáveis reais contínua em $\mathbf{a} \in A$. Demonstre que, para todo $\varepsilon > 0$, existe uma vizinhança de centro em $\mathbf{a}$ e raio δ, $\mathscr{V}_\delta(\mathbf{a})$, tal que, para todos $\mathbf{x}, \mathbf{y} \in \mathscr{V}_\delta(\mathbf{a}) \cap A$, $|f(\mathbf{x}) - f(\mathbf{y})| < \varepsilon$. (Notações: $\mathbf{x} = (x_1, x_2), \mathbf{y} = (y_1, y_2)$,

$\mathbf{a} = (a_1, a_2)$.)

28. Considere $f : A \subseteq \mathbb{R}^2 \to \mathbb{R}$ uma função real de duas variáveis reais contínua em $\mathbf{a} \in A$. Demonstre que, se $f(\mathbf{a})$ não pertence ao intervalo fechado $[c, d]$, então existe $\delta > 0$ tal que, para todo $\mathbf{x} \in A$, $||\mathbf{x} - \mathbf{a}|| < \delta \Rightarrow f(\mathbf{x}) \notin [c, d]$. (Notações: $\mathbf{x} = (x_1, x_2)$, $\mathbf{a} = (a_1, a_2)$.)

29. Se $f : A \subseteq \mathbb{R}^2 \to \mathbb{R}$ é uma função real contínua de duas variáveis reais, demonstre que, se $f(x, y) = 0$, para todo $(x, y) \in A$, então $f(x, y) = 0$, para todo $(x, y) \in \overline{A}$.

30. Demonstre que uma função real de duas variáveis reais $f : A \subseteq \mathbb{R}^2 \to \mathbb{R}$ é contínua se e somente se, para todo $B \subseteq A$, $f(A \cap \overline{B}) \subset \overline{f(B)}$.

31. Demonstre que uma função real limitada de duas variáveis reais $f : A \subseteq \mathbb{R}^2 \to \mathbb{R}$ é contínua se e somente se seu gráfico é um subconjunto fechado de $A \times \mathbb{R}$.

32. Se $f, g : A \subseteq \mathbb{R}^2 \to \mathbb{R}$ são funções reais de duas variáveis reais contínuas, $B \subset A$ é um subconjunto denso em A e $f(x, y) = g(x, y)$, para todo $(x, y) \in B$, demonstre que $f = g$ (ou seja, $f(x, y) = g(x, y)$, para todo $(x, y) \in A$). (Em particular, se $f, g : \mathbb{R}^2 \to \mathbb{R}$ são funções contínuas em $\mathbb{R}^2$ tais que $f(x, y) = g(x, y)$, para todo $(x, y) \in \mathbb{Q} \times \mathbb{Q}$, então $f(x, y) = g(x, y)$, para todo $(x, y) \in \mathbb{R}^2$.) (Este exercício exprime o seguinte fato: **para que duas funções contínuas (de mesmo domínio) coincidam, é suficiente que elas coincidam apenas em um subconjunto denso do seu domínio.**)

33. Se $f : A \subseteq \mathbb{R}^2 \to \mathbb{R}$ é uma função real contínua de duas variáveis reais, $B \subset A$ é um subconjunto denso em A e $f(x, y) = 0$, para todo $(x, y) \in B$, demonstre que $f = 0$ (ou seja, $f(x, y) = 0$, para todo $(x, y) \in A$).

34. Considere $f : \mathbb{R}^2 \to \mathbb{R}$ uma função real de duas variáveis reais contínua em $\mathbb{R}^2$, tal que $f(x, y) = 0$, para todo $(x, y) \in \mathbb{Q} \times \mathbb{Q}$. Demonstre que $f(x, y) = 0$, para todo $(x, y) \in \mathbb{R}^2$.

35. Considere $f, g : \mathbb{R}^2 \to \mathbb{R}$ funções reais contínuas de duas variáveis reais, tais que $f(x, y) = g(x, y)$, para todo $(x, y) \in \mathbb{Q} \times \mathbb{Q}$. Demonstre que $f(x, y) = g(x, y)$, para todo $(x, y) \in \mathbb{R}^2$.

[**Exercícios 36 - 55**] Para resolver os Exercícios 36-55 a seguir (relacionados ao conceito de função contínua), considere as seguintes definições[5]:

i.1) (*Segmento de reta*) Dados $\mathbf{x}, \mathbf{y} \in \mathbb{R}^2$, o *segmento de reta* de extremos $\mathbf{x}, \mathbf{y}$ é o conjunto $[\mathbf{x},\mathbf{y}] \overset{\text{def.}}{=} \{(1 - t)\mathbf{x} + t\mathbf{y} : 0 \leq t \leq 1\}$.

i.2) (*Conjunto convexo*) Um subconjunto $A \subseteq \mathbb{R}^2$ é denominado *convexo* se contém todo segmento de reta cujos extremos pertencem a A, ou seja: $\forall \mathbf{x}, \mathbf{y} \in A \Rightarrow [\mathbf{x}, \mathbf{y}] \subset A$.

i.3) (*Função convexa*) Uma função real de duas variáveis reais definida em um aberto convexo $A \subseteq \mathbb{R}^2$, $f : A \subseteq \mathbb{R}^2 \to \mathbb{R}$, é denominada *convexa* se, para todos $\mathbf{x}, \mathbf{y} \in A$ e $t \in [0, 1]$, $f((1 - t)\mathbf{x} + t\mathbf{y}) \leq (1 - t)f(\mathbf{x}) + tf(\mathbf{y})$.

ii.1) (*Ponto de fronteira de um conjunto*) Um ponto p de um subconjunto A de $\mathbb{R}^2$ é denomi-

[5] Tais conceitos (dentre outros inerentes à Topologia) têm, além das relações com o conceito de função que apresentamos nestes exercícios, várias propriedades intrínsecas, bem como outras que os relacionam entre si.

nado *ponto de fronteira* de A se toda bola aberta de centro em p contém pontos que pertencem a A e pontos que não pertencem a A.

Intuitivamente, p é um ponto de fronteira de A se é possível aproximá-lo por pontos que pertencem a A e pontos que não pertencem a A.

ii.2) (*Fronteira de um conjunto*) Dado $A \subset \mathbb{R}^2$, a *fronteira* de A é o conjunto que consiste em todos os pontos de fronteira de A.

Notação: $\partial(A)$ (também denotada por $front(A)$ ou por $fr(A)$).

iii) (*Conjunto fechado*) Um subconjunto A de $\mathbb{R}^2$ é denominado *fechado* se todos os pontos de fronteira de A pertencem a A.

iv.1) (*Conjunto limitado*) Um subconjunto A de $\mathbb{R}^2$ é denominado *limitado* se existe $c > 0$ tal que $||\mathbf{x}|| < c$, para todo $\mathbf{x} \in A$ (o que equivale a dizer que A está contido na bola aberta de centro na origem e raio c).

iv.2) (*Função limitada*) Uma função real de duas variáveis reais $f : A \subseteq \mathbb{R}^2 \to \mathbb{R}$ é denominada *limitada* se o seu conjunto imagem é limitado (ou seja, $Im(f) = \{f(x, y) : (x, y) \in A\}$ é limitado). (Em outras palavras: $f : A \subseteq \mathbb{R}^2 \to \mathbb{R}$ é limitada se $\exists M \in \mathbb{R}$ $(M > 0)$ $| \forall (x, y) \in A, f(x, y) \leq M$.)

v) (*Conjunto compacto*) Um subconjunto A de $\mathbb{R}^2$ é denominado *compacto* se A é limitado e fechado.

vi.1) (*Ínfimo de um conjunto*) Um número $a \in \mathbb{R}$ é denominado *ínfimo* de um subconjunto X de $\mathbb{R}$

1) se, para todo $x \in X$, $a \leq x$;

2) se $c \in \mathbb{R}$ é tal que $c \leq x$, para todo $x \in X$, então $c \leq a$.

Notação: $a = inf(X)$ (denotado por $a = min(X)$, quando o *inf* pertence a X).

A condição 1) requer que a seja uma *cota inferior* (*limite inferior* ou *minorante*) de X; a condição 2), por sua vez, requer que a seja a *maior das cotas inferiores* de X.

vi.2) (*Supremo de um conjunto*) Um número $b \in \mathbb{R}$ é denominado *supremo* de um subconjunto X de $\mathbb{R}$

1) se, para todo $x \in X$, $x \leq b$;

2) se $c \in \mathbb{R}$ é tal que $x \leq c$, para todo $x \in X$, então $b \leq c$.

Notação: $b = sup(X)$ (denotado por $b = max(X)$, quando o *sup* pertence a X).

A condição 1) requer que b seja uma *cota superior* (*limite superior* ou *majorante*) de X; a condição 2), por sua vez, requer que b seja a *menor das cotas superiores* de X.

vii.1) (*Cisão de um conjunto*) Dado um conjunto $X \subset \mathbb{R}^2$, uma cisão de X é uma decomposição $X = A \cup B$, em que $A \cap B = \emptyset$ e os conjuntos A e B são ambos abertos em X.

Em outras palavras, uma cisão de um subconjunto X de $\mathbb{R}^2$ é uma decomposição de X como união de dois conjuntos abertos (em X) disjuntos.

Todo conjunto $X \subset \mathbb{R}^2$ admite pelo menos a *cisão trivial*: $X = X \cup \emptyset$.

vii.2) (*Conjunto conexo*) Um conjunto $X \subset \mathbb{R}^2$ é denominado *conexo* se admite apenas a cisão trivial.

Assim, X é conexo se, dada a cisão $X = A \cup B$, temos $A = \emptyset$ ou $B = \emptyset$.

Naturalmente, um conjunto $X \subset \mathbb{R}^2$ que admite uma cisão não trivial é denominado *desconexo*.

36. Demonstre que, se $f : A \subseteq \mathbb{R}^2 \to \mathbb{R}$ é uma função real convexa de duas variáveis reais definida em um convexo não vazio A, então f é contínua em $\overset{\circ}{A}$. (Em particular, se A é aberto, então f é, necessariamente, contínua em A.)

37. Demonstre que o conjunto dos pontos de descontinuidade da função característica de A é a fronteira de A em $\mathbb{R}^2$. (É conveniente comparar este exercício com o Exercício 18 desta seção.)

38. Considere $f : A \subseteq \mathbb{R}^2 \to \mathbb{R}$ uma função real de duas variáveis reais, em que A é um conjunto fechado.

a) Demonstre que f é contínua se e somente se, para todo $B \subseteq \mathbb{R}$ fechado, $f^{-1}(B)$ (imagem inversa de B por f) é um conjunto fechado.

b) Demonstre que (a bola fechada) $B = \{\mathbf{x} \in \mathbb{R}^2 : ||\mathbf{x} - \mathbf{a}|| \leq r, r > 0\}$ é um conjunto fechado. (*Sugestão*: considere a função contínua $f : \mathbb{R}^2 \to \mathbb{R}$, definida por $f(\mathbf{x}) = ||\mathbf{x} - \mathbf{a}||$.)

39. Dados $A, B, C \subseteq \mathbb{R}^2$ tais que $A = B \cup C$ (B e C são fechados em A), considere $f : A \subseteq \mathbb{R}^2 \to \mathbb{R}$ uma função real de duas variáveis reais. Demonstre que, se $f|_B$ e $f|_C$ são contínuas, então f é contínua.

40. Dados $A, B, C \subseteq \mathbb{R}^2$ tais que $A = B \cup C$ (B e C são abertos (fechados) em A), considere $f : B \subseteq \mathbb{R}^2 \to \mathbb{R}$ e $g : C \subseteq \mathbb{R}^2 \to \mathbb{R}$ funções reais contínuas de duas variáveis reais. Se $f(x, y) = g(x, y)$, para todo $(x, y) \in B \cap C$, então a função $h : A \subseteq \mathbb{R}^2 \to \mathbb{R}$, definida por

$$h(x, y) = \begin{cases} f(x, y), & \text{se} \quad (x, y) \in B \\ g(x, y), & \text{se} \quad (x, y) \in C \end{cases},$$

é contínua. (Em outras palavras: se h, definida em $B \cup C$, é contínua quando restrita a B e a C, então ela é contínua (em $B \cup C$).)

Nota. Esse resultado nos permite considerar duas funções contínuas (f e g) definidas em conjuntos abertos (fechados) de $\mathbb{R}^2$ para construir uma nova função contínua h definida do modo acima.

41. Considere $f : A \subseteq \mathbb{R}^2 \to \mathbb{R}$ uma função real contínua de duas variáveis reais definida em um fechado A.

a) Demonstre que existe $g : \mathbb{R}^2 \to \mathbb{R}$ contínua tal que $g|_A = f$. (Em outras palavras: uma função contínua definida em um subconjunto fechado de $\mathbb{R}^2$ pode ser estendida a todo o $\mathbb{R}^2$.)

b) Se f é limitada, então g pode ser escolhida também limitada (ambas limitadas pela mesma constante positiva), caso em que g é denominada *extensão contínua limitada* de f. (Em outras palavras: a função g descrita no item a) preserva limitação.)

c) Forneça um (contra)exemplo que mostre que a hipótese de que A é fechado é essencial.

42. Demonstre que, se $A \subset \mathbb{R}^2$ não é fechado, então existe uma função real contínua de duas variáveis reais $f : A \subset \mathbb{R}^2 \to \mathbb{R}$ ilimitada.

43.

a) Demonstre que, se $f : A \subset \mathbb{R}^2 \to \mathbb{R}$ é uma função real contínua de duas variáveis reais definida em um compacto A, então sua imagem $f(A)$ é compacta.

b) Forneça um exemplo de uma função real contínua de duas variáveis reais que transforme um conjunto limitado em um conjunto ilimitado. (Tal é possível desde que o domínio não seja compacto, de modo que a hipótese de que A é compacto, no item a), é essencial.)

c) Forneça um exemplo de uma função real contínua de duas variáveis reais que transforme um conjunto fechado em um conjunto não fechado. (Tal é possível desde que o domínio não seja compacto, de modo que a hipótese de que A é compacto, no item a), é essencial.)

44. (Weierstrass) Demonstre que, se $f : A \subset \mathbb{R}^2 \to \mathbb{R}$ é uma função real contínua de duas variáveis reais definida em um compacto A, então f atinge seu máximo e seu mínimo em A, ou seja, existem pontos $\mathbf{x_1}, \mathbf{x_2} \in A$ tais que $f(\mathbf{x_1}) \leq f(\mathbf{x}) \leq f(\mathbf{x_2})$, para todo $\mathbf{x} \in A$. (A hipótese de que A é compacto é essencial.)

45. Considere $f : A \subset \mathbb{R}^2 \to \mathbb{R}$ uma função real contínua de duas variáveis reais definida em um compacto A, tal que $f(x, y) > 0$, para todo $(x, y) \in A$.

a) Demonstre que existe um número real $c > 0$ tal que $f(x, y) \geq c$, para todo $(x, y) \in A$.

b) Forneça um contraexemplo que mostre que o resultado do item a) é falso se A não é compacto.

c) Compare o resultado deste exercício com aquele do Exercício 26 desta seção. O que você conclui? Justifique a sua resposta.

46. Demonstre que, se $f : A \subset \mathbb{R}^2 \to \mathbb{R}$ é uma função real contínua de duas variáveis reais definida em um compacto A, então f é limitada. (A hipótese de que A é compacto é essencial.)

47. Considere $f : A \subset \mathbb{R}^2 \to \mathbb{R}$ uma função real de duas variáveis reais (não necessariamente contínua) definida em um compacto A, tal que, para todo $(x, y) \in A$, f é limitada em uma vizinhança de centro em (x, y) e raio δ, $\mathscr{V}_\delta(x, y)$. Demonstre que f é limitada (em A).

48. Considere $f : A \subseteq \mathbb{R}^2 \to \mathbb{R}$ uma função real contínua de duas variáveis reais definida em um aberto A tal que, para todo $(x, y) \in A$, f é limitada em uma vizinhança de centro em (x, y) e raio δ, $\mathscr{V}_\delta(x, y)$. Forneça um (contra)exemplo que mostre que f não é necessariamente limitada em A.

49. Considere $f : \mathbb{R}^2 \to \mathbb{R}$ uma função real de duas variáveis reais, definida por $f(\mathbf{x}) = inf\{||\mathbf{x} - \mathbf{s}|| : \mathbf{s} \in S\}$, $S \subseteq \mathbb{R}^2$ não vazio. Demonstre que $|f(\mathbf{x}) - f(\mathbf{y})| \leq ||\mathbf{x} - \mathbf{y}||$, para todos $\mathbf{x}, \mathbf{y} \in \mathbb{R}^2$. Conclua que f é contínua.

50. Demonstre que, se $f : A \subset \mathbb{R}^2 \to \mathbb{R}$ é uma função real contínua de duas variáveis reais definida em um conexo A, então sua imagem $f(A)$ é conexa (mais precisamente, um intervalo).

51. Use o exercício anterior para demonstrar que a função $f : \mathbb{R}^2 \to \mathbb{R}$, definida por

$$f(x, y) = \begin{cases} \sqrt{x^2 + y^2}, & \text{se} \quad x + y > 0 \\ x + y \;, & \text{se} \quad x + y \leq 0 \end{cases},$$

é descontínua ao longo da reta $y = -x$.

52. (Teorema do Valor Intermediário) Considere $f : A \subseteq \mathbb{R}^2 \to \mathbb{R}$ uma função real contínua de duas variáveis reais definida em um conexo A. Demonstre que, se existem $\mathbf{a}, \mathbf{b} \in A$ e $k \in \mathbb{R}$ tais que $f(\mathbf{a}) < k < f(\mathbf{b})$, então existe $\mathbf{c} \in A$ tal que $f(\mathbf{c}) = k$. (Em outras palavras: a imagem de um conjunto conexo por uma função real de duas variáveis reais é um intervalo.)

53. Demonstre que, se $f : S^1 \subseteq \mathbb{R}^2 \to \mathbb{R}$ é uma função real contínua de duas variáveis reais definida no conexo $S^1 = \{(x, y) \in \mathbb{R}^2 : x^2 + y^2 = 1\}$ (círculo de centro na origem e raio 1), então existe $u \in S^1$ tal que $f(u) = f(-u)$.

54.

a) Considere $f : A \subseteq \mathbb{R}^2 \to \mathbb{R}$ uma função real contínua de duas variáveis reais definida em um conexo A. Demonstre que, se existem $\mathbf{a}, \mathbf{b} \in A$ tais que $f(\mathbf{a}) < 0 < f(\mathbf{b})$ (ou $f(\mathbf{a}) > 0 > f(\mathbf{b})$), então existe $\mathbf{c} \in A$ tal que $f(\mathbf{c}) = 0$.

b) Considere $f : A \subseteq \mathbb{R}^2 \to \mathbb{R}$ uma função real de duas variáveis reais definida no conexo $A = \{(x, y) \in \mathbb{R}^2 : x^2 + y^2 < 3\}$. Sabendo que $f(-1, -1) = -1$, $f(1, 1) = 1$ e $\{(x, y) \in A : f(x, y) = 0\} = \{(x, 0) \in A : 1 \leq |x| < \sqrt{3}\}$, analise se f pode ser contínua em A.

Seção 4.3

1. Considere $f, g : A \subseteq \mathbb{R}^2 \to \mathbb{R}$ funções lipschitzianas.

a) Demonstre que $f + g$ é lipschitziana.

b) Demonstre que, se f e g são limitadas em A, então fg é lipschitziana.

c) Forneça exemplo de uma função $f : A \subseteq \mathbb{R}^2 \to \mathbb{R}$ lipschitziana tal que f^2 não seja lipschitziana.

2. Dada $f : A \subseteq \mathbb{R}^2 \to \mathbb{R}$ uma função real de duas variáveis reais tal que $f(t(x, y)) = tf(x, y)$, para todo $t \in \mathbb{R}$ e todo $(x, y) \in A$, tais que $(tx, ty) \in A$ (ou seja, f é homogênea de grau 1), f é contínua? Justifique a sua resposta.

3. Uma função real de duas variáveis reais $f : A \subseteq \mathbb{R}^2 \to \mathbb{R}$ é denominada **aditiva** se $f(\mathbf{x} + \mathbf{y}) = f(\mathbf{x}) + f(\mathbf{y})$, para todos $\mathbf{x}, \mathbf{y} \in A$. Demonstre que, se f é contínua em algum ponto $\mathbf{x_0} \in A$, então ela é contínua em todo ponto de A.

4. Demonstre que $f : \mathbb{R}^2 \to \mathbb{R}$ é uma função linear se e somente se $f(a\mathbf{x}) = af(\mathbf{x})$ e $f(\mathbf{x} + \mathbf{y}) = f(\mathbf{x}) + f(\mathbf{y})$, para todo $a \in \mathbb{R}$ e para todos $\mathbf{x}, \mathbf{y} \in \mathbb{R}^2$.

5. Considere $f : A \subseteq \mathbb{R}^2 \to \mathbb{R}$ uma função real de duas variáveis reais tal que $f(\mathbf{x} + \mathbf{y}) = f(\mathbf{x})f(\mathbf{y})$, para todos $\mathbf{x}, \mathbf{y} \in A$. Demonstre:

a) se f é contínua em $\mathbf{0}$, então ela é contínua em todo ponto de A.

b) se $f(\mathbf{a}) = 0$, para algum $\mathbf{a} \in A$, então $f(\mathbf{x}) = 0$, para todo $\mathbf{x} \in A$.

Seção 4.4

1. Demonstre os teoremas desta seção.

2. Considere $f, g : A \subseteq \mathbb{R}^2 \to \mathbb{R}$ funções reais de duas variáveis reais. Defina $h = max\{f, g\} : A \subseteq \mathbb{R}^2 \to \mathbb{R}$ por

$$h(x, y) = \begin{cases} f(x, y), & \text{se} \quad f(x, y) \geq g(x, y) \\ g(x, y), & \text{se} \quad g(x, y) \geq f(x, y) \end{cases}$$

a) Demonstre que, se f e g são contínuas em $(a,b) \in A$, então h é também contínua em $(a,b) \in A$.

(*Sugestão*: demonstre, inicialmente, que $h(x,y) = \dfrac{f(x,y)+g(x,y)+|f(x,y)-g(x,y)|}{2}$, para todo $(x,y) \in A$.)

b) Enuncie resultado análogo para $h = min\{f,g\}$.

c) Demonstre o resultado enunciado no item b).

(*Sugestão*: demonstre, inicialmente, que $h(x,y) = \dfrac{f(x,y)+g(x,y)-|f(x,y)-g(x,y)|}{2}$, para todo $(x,y) \in A$.)

d) Demonstre que toda função contínua pode ser expressa pela diferença entre duas funções contínuas não negativas.

e) Use o princípio de permanência do sinal de uma função contínua (Exercício 26 desta seção) para fornecer outra demonstração do item a), independente da sugestão ali mencionada.

3. Use o Teorema 4.4.2 (Continuidade de uma função composta) para demonstrar que $f : \mathbb{R}^2 \to \mathbb{R}$, definida por $f(x,y) = (senx)e^{x^2+y^3}$, é contínua.

4. Considere $f : A \subseteq \mathbb{R}^2 \to \mathbb{R}$ e $g : B \subseteq \mathbb{R}^2 \to \mathbb{R}$ funções reais de duas variáveis reais, e $(a,b) \in (A \cap B)'$.

a) Use o Teorema 4.4.2 (Continuidade de uma função composta) para demonstrar que, se $\lim\limits_{(x,y)\to(a,b)} f(x,y) = L$, então $\lim\limits_{(x,y)\to(a,b)} f^2(x,y) = L^2$. (*Sugestão*: $f^2 = i^2 \circ f$, em que $i : \mathbb{R} \to \mathbb{R}$ é a função identidade de $\mathbb{R}$, ou seja, $i(x) = x$.)

b) Use o item a) para demonstrar que, se $\lim\limits_{(x,y)\to(a,b)} f(x,y) = L$ e $\lim\limits_{(x,y)\to(a,b)} g(x,y) = M$, então $\lim\limits_{(x,y)\to(a,b)} f(x,y)g(x,y) = LM$. (*Sugestão*: $fg = \dfrac{1}{4}[(f+g)^2 - (f-g)^2]$.)

c) Use o Teorema 4.4.2 (Continuidade de uma função composta) para demonstrar que, se $\lim\limits_{(x,y)\to(a,b)} f(x,y) = L$ e $\lim\limits_{(x,y)\to(a,b)} g(x,y) = M$ $(M \neq 0)$, então $\lim\limits_{(x,y)\to(a,b)} \dfrac{f(x,y)}{g(x,y)} = \dfrac{L}{M}$. (*Sugestão*: $\dfrac{f}{g} = \left(\dfrac{1}{i} \circ g\right) f$, em que $i : \mathbb{R} \to \mathbb{R}$ é a função identidade de $\mathbb{R}$, ou seja, $i(x) = x$.)

5. Considere $f : A \subseteq \mathbb{R}^2 \to \mathbb{R}$ uma função real de duas variáveis reais tal que $A \subset B \cup C$ (B e C fechados). Se $f\,|_{A\cap B}$ e $f\,|_{A\cap C}$ são contínuas, então f é contínua.

a) Demonstre este resultado.

b) Forneça um exemplo que mostre que a hipótese de B e C serem conjuntos fechados é essencial.

c) Este resultado permanece válido para um número finito arbitrário (ou infinito) de conjuntos fechados (ou conjuntos abertos)? Justifique a sua resposta.

6. Considere $f : A \subseteq \mathbb{R}^2 \to \mathbb{R}$ uma função real de duas variáveis reais, em que $A = B \cup C$. Demonstre que, se $f\,|_B$ e $f\,|_C$ são contínuas, então f é contínua em todo ponto $(a,b) \in B \cap C$.

7. Considere $f : A \subseteq \mathbb{R}^2 \to \mathbb{R}$ uma função real contínua de duas variáveis reais. Demonstre que, se B é um subconjunto de $\mathbb{R}$ que contém o conjunto imagem de f (ou seja, $f(A) \subset B$), então a função $g : A \subseteq \mathbb{R}^2 \to B$, obtida restringindo a imagem de f, é contínua. Mais geralmente, $f : A \subseteq \mathbb{R}^2 \to \mathbb{R}$ é contínua se e somente se $g : A \subseteq \mathbb{R}^2 \to B$ é contínua.

8. Considere $f : A \subseteq \mathbb{R}^2 \to \mathbb{R}$ uma função real de duas variáveis reais. Demonstre: se, para todo $\varepsilon > 0$ e para todo $(x, y) \in A$, existe uma função real contínua de duas variáveis reais $g : A \subseteq \mathbb{R}^2 \to \mathbb{R}$ tal que $|f(x, y) - g(x, y)| < \varepsilon$, então f é contínua.

9. Demonstre, por meio de um contraexemplo, que o item *ii*) do Teorema 4.4.3 (Restrição de uma função contínua) não é, em geral, verdadeiro, sem a hipótese de que B é do tipo mencionado (interseção de A com uma bola aberta que contém (a, b)).

CAPÍTULO 5

Continuidade de uma função real de duas variáveis reais: obtenção do prolongamento contínuo

Neste último capítulo, analisamos a continuidade de algumas funções reais de duas variáveis reais sob o ponto de vista prático, com o objetivo de responder às seguintes perguntas:

i) dada uma função $f : A \to \mathbb{R}$, definida em um subconjunto próprio A de $\mathbb{R}^2$, ela é contínua em A?

ii) dada uma função $f : \mathbb{R}^2 \to \mathbb{R}$, ela é contínua em todo o $\mathbb{R}^2$? (Em caso negativo, é possível prolongá-la continuamente a todo o $\mathbb{R}^2$?)

iii) dada uma função $f : A \to \mathbb{R}$, contínua em um subconjunto próprio A de $\mathbb{R}^2$, é possível prolongá-la continuamente a todo o $\mathbb{R}^2$? (Em caso negativo, qual é o maior subconjunto de $\mathbb{R}^2$ ao qual é possível prolongá-la continuamente?)

Motivados pelos questionamentos acima, introduzimos algumas terminologias que lhe são inerentes, as quais são importantes para a adequada consecução dos nossos propósitos, quais sejam, responder às perguntas ora formuladas.

Definição 5.0.2. *Uma função $f : A \subseteq \mathbb{R}^2 \to \mathbb{R}$ é denominada contínua se é contínua em todos os pontos do seu domínio A.*

Pode ocorrer que a condição de continuidade que mencionamos nessa definição não se verifique em um dado ponto $(a,b) \in A$, caso em que denominamos tal ponto, naturalmente, ponto de *descontinuidade* de f.

Conforme a relação existente entre a noção de limite e a noção de continuidade que descrevemos na Observação 3 da Seção 4.1 (Capítulo 4), podemos classificar os tipos possíveis de descontinuidade de uma função dos seguintes modos:

i) descontinuidade *removível* (*não essencial* ou *prolongável*), se existe $\lim\limits_{(x,y)\to(a,b)} f(x,y)$, porém $\lim\limits_{(x,y)\to(a,b)} f(x,y) \neq f(a,b)$;

ii) descontinuidade *não removível* (*essencial* ou *não prolongável*), se não existe $\lim\limits_{(x,y)\to(a,b)} f(x,y)$.

Assim, observamos que a não existência do limite é, por si só, condição suficiente para a descontinuidade. Sendo, de outro modo, a existência do limite apenas condição necessária para a continuidade, de que maneira podemos torná-la também uma condição suficiente? A definição a seguir, na qual se fundamenta a terminologia *prolongável* que mencionamos em *i*) acima, fornece-nos a resposta precisa a essa pergunta.

Definição 5.0.3. *Uma função $f : A \subseteq \mathbb{R}^2 \to \mathbb{R}$ é denominada prolongável por continuidade a $(a,b) \in A' - A$, se existe uma função $f^* : A \cup \{(a,b)\} \subseteq \mathbb{R}^2 \to \mathbb{R}$, a qual coincide com f em A, tal que, em (a,b), o seu valor é $f^*(a,b) = \lim\limits_{(x,y)\to(a,b)} f(x,y)$:*

$$f^*(x,y) = \begin{cases} f(x,y) & , \ se \quad (x,y) \in A \\ \lim\limits_{(x,y)\to(a,b)} f(x,y), & se \quad (x,y) = (a,b) \end{cases} \cdot$$

Nesse caso, dizemos que f^* é o *prolongamento de f, por continuidade, a (a,b)*.

Assim, se o limite existe, para que a função dada seja contínua é suficiente, de acordo com essa definição, que definamos tal função no ponto limite pelo seu limite nesse ponto.

Essa definição não apenas responde à pergunta ora formulada, mas também, juntamente com a definição que a antecede, torna precisa a definição de função descontínua, como segue.

Definição 5.0.4. *Uma função $f : A \subseteq \mathbb{R}^2 \to \mathbb{R}$ é denominada descontínua em um ponto de acumulação (a,b) de A se f não é contínua em (a,b) ($(a,b) \in A$), nem prolongável por continuidade a (a,b) ($(a,b) \in A' - A$).*

Denominamos *ponto de descontinuidade* de f o ponto (a,b) que mencionamos nessa definição.

Tendo introduzido a terminologia necessária ao objeto de estudo sob análise, estamos, agora, em condições de tratar da continuidade, do ponto de vista prático, conforme os aspectos que motivaram a introdução desse conceito, nesta seção.

Dividiremos o nosso estudo conforme os casos a seguir (Seções 5.1, 5.2 e 5.3).

5.1 Continuidade de uma função em todo o seu domínio (subconjunto próprio de $\mathbb{R}^2$)

Nesta seção, analisamos algumas funções reais de duas variáveis reais, com o objetivo de responder à seguinte pergunta: dada uma função $f : A \to \mathbb{R}$, definida em um subconjunto próprio A de $\mathbb{R}^2$, ela é contínua em A?

As funções às quais nos referimos neste contexto são aquelas definidas por partes. Para estudar a continuidade de uma função real de duas variáveis reais definida por partes, devemos estudar a continuidade em cada uma de tais partes, bem como a continuidade nos pontos que separam essas partes. Formalmente, **uma função real definida por partes é contínua em todo o seu domínio se e somente se ela é contínua nos pontos de cada uma das partes que a definem, bem como nos pontos de fronteira comuns a elas.**

No exemplo a seguir, apresentaremos, em detalhes, o estudo da continuidade de uma dada função real de duas variáveis reais definida por partes em um subconjunto próprio de $\mathbb{R}^2$, conforme descrevemos acima.

Exemplo. Dada $f : A \subset \mathbb{R}^2 \to \mathbb{R}$, definida por

$$f(x,y) = \begin{cases} \sqrt{x^3 + xy^2 - 3}\ , & \text{se} \quad x^3 + xy^2 > 3 \\ sen(x^2 + y^2 - 3), & \text{se} \quad x^2 + y^2 \leq 3 \end{cases},$$

verifique se f contínua em seu domínio.

Resolução:

O domínio de f é $A = \{(x,y) \in \mathbb{R}^2 : x^3 + xy^2 > 3\} \cup \{(x,y) \in \mathbb{R}^2 : x^2 + y^2 \leq 3\}$. Devemos verificar se f é contínua em cada uma das partes que a definem, bem como nos pontos de fronteira comuns a elas, ou seja, nos pontos de interseção das curvas $x^3 + xy^2 = 3$ e $x^2 + y^2 = 3$, como segue.

i) a primeira parte da expressão que define f, $\sqrt{x^3 + xy^2 - 3}$, é uma função contínua em $x^3 + xy^2 > 3$.

ii) a segunda parte da expressão que define f, $sen(x^2 + y^2 - 3)$, é a composta das funções contínuas $g : \mathbb{R} \to \mathbb{R}$, definida por $g(t) = sent$, e $h : \mathbb{R}^2 \to \mathbb{R}$, definida por $h(x,y) = x^2 + y^2 - 3$, de modo que é contínua em $\mathbb{R}^2$, devido ao Teorema 4.4.2 (Continuidade de uma função composta). Tal parte é, pois, em particular, contínua em todo ponto que satisfaz a condição $x^2 + y^2 \leq 3$.

iii) para estudar a continuidade de f nos pontos de interseção das curvas $x^3 + xy^2 = 3$ e $x^2 + y^2 = 3$, podemos, inicialmente, resolver o sistema constituído por essas curvas, para obter tais pontos:

$$\{ x^3 + xy^2 = 3x^2 + y^2 = 3 \Leftrightarrow \{ x\ (x^2 + y^2) = 3x^2 + y^2 = 3 \Leftrightarrow \{ x = 1y = \pm\sqrt{2}$$

(Figura 5.1 a seguir.)

Assim, o estudo da continuidade de f nos pontos de interseção das curvas $x^3 + xy^2 = 3$ e $x^2 + y^2 = 3$ equivale à verificação das seguintes igualdades:

$$\lim_{(x,y)\to(1,-\sqrt{2})} \sqrt{x^3 + xy^2 - 3} = \lim_{(x,y)\to(1,-\sqrt{2})} sen(x^2 + y^2 - 3) = f(1, -\sqrt{2})$$

e

$$\lim_{(x,y)\to(1,\sqrt{2})} \sqrt{x^3 + xy^2 - 3} = \lim_{(x,y)\to(1,\sqrt{2})} sen(x^2 + y^2 - 3) = f(1, \sqrt{2}).$$

Da definição de f decorre que $f(1, -\sqrt{2}) = 0$, bem como $f(1, \sqrt{2}) = 0$. Calculando esses limites, obtemos

$$\lim_{(x,y)\to(1,-\sqrt{2})} \sqrt{x^3 + xy^2 - 3} = 0, \quad \lim_{(x,y)\to(1,-\sqrt{2})} sen(x^2 + y^2 - 3) = 0,$$

bem como

$$\lim_{(x,y)\to(1,\sqrt{2})} \sqrt{x^3 + xy^2 - 3} = 0, \quad \lim_{(x,y)\to(1,\sqrt{2})} sen(x^2 + y^2 - 3) = 0.$$

Logo, f é contínua nos pontos de interseção das curvas $x^3 + xy^2 = 3$ e $x^2 + y^2 = 3$. Portanto, decorre de *i*), *ii*) e *iii*) acima, que f é contínua em todo o seu domínio.

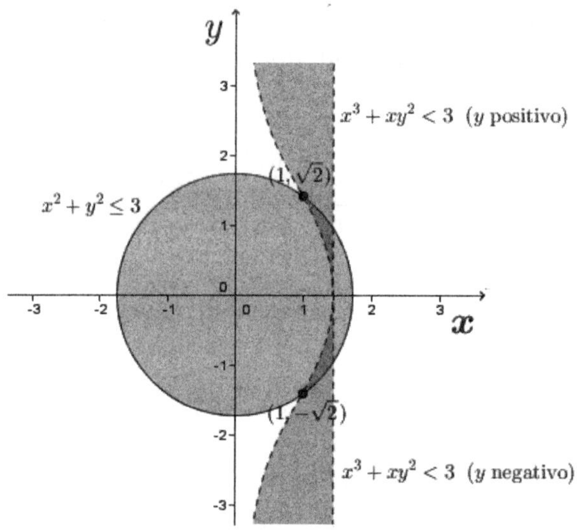

Figura 5.1: domínio de $f : A \subset \mathbb{R}^2 \to \mathbb{R}, f(x, y) = \sqrt{x^3 + xy^2 - 3}$, se $x^3 + xy^2 > 3$; $sen(x^2 + y^2 - 3)$, se $x^2 + y^2 \leq 3$.

Observação: o leitor deve ter percebido que, ao resolver o sistema constituído pelas curvas $x^3 + xy^2 = 3$ e $x^2 + y^2 = 3$, obtivemos, de modo relativamente simples, os seus pontos de interseção. Um modo alternativo de proceder (sem ter que obter explicitamente esses pontos, o que, às vezes, pode ser bastante difícil) se baseia na seguinte observação simples: como um ponto de interseção dessas curvas é, por definição, um ponto que pertence a ambas as curvas, segue que tal ponto pertence, **necessariamente**, a uma delas, em particular. Sob esse ponto de vista, o problema de verificar se f é contínua em um **ponto de interseção** das curvas $x^3 + xy^2 = 3$ e $x^2 + y^2 = 3$ equivale a verificar se

i) f é contínua em um ponto arbitrário fixado de uma dessas curvas;

ii) o ponto em *i)* acima é também um ponto que pertence à outra curva;

iii) os valores dos limites de f em tal ponto comum coincidem entre si, bem como com o valor de f nesse ponto.

A seguir, apresentaremos a resolução alternativa deste exemplo, com base nessa observação.

Resolução alternativa:

Consideremos (x_0, y_0) um ponto arbitrário fixado do círculo de equação $x^2 + y^2 = 3$, ou seja, $x_0^2 + y_0^2 = 3$. Assim, f é contínua em (x_0, y_0) se e somente se

$$\lim_{(x,y)\to(x_0,y_0)} \sqrt{x^3 + xy^2 - 3} = \lim_{(x,y)\to(x_0,y_0)} sen(x^2 + y^2 - 3) = f(x_0, y_0).$$

Da definição de f decorre que $f(x_0, y_0) = 0$. Calculando esses limites, obtemos

$$\lim_{(x,y)\to(x_0,y_0)} \sqrt{x^3 + xy^2 - 3} = \lim_{(x,y)\to(x_0,y_0)} \sqrt{x(x^2 + y^2) - 3} = \sqrt{x_0(x_0^2 + y_0^2) - 3} = \sqrt{3x_0 - 3}$$

e

$$\lim_{(x,y)\to(x_0,y_0)} sen(x^2 + x^2 - 3) = \lim_{(x,y)\to(x_0,y_0)} \sqrt{x_0^2 + y_0^2 - 3} = sen(0) = 0.$$

Logo, relativamente ao círculo de equação $x^2 + y^2 = 3$, f é contínua apenas nos pontos (x_0, y_0) cujas abscissas satisfazem a igualdade $\sqrt{3x_0 - 3} = 0$, os quais são $(x_0, y_0) = (1, -\sqrt{2})$ e $(x_0, y_0) = (1, \sqrt{2})$. Podemos, agora, observar facilmente que esses pontos são os únicos que também pertencem à outra curva, $x^3 + xy^2 = 3$, de modo que eles são, **precisamente**, os pontos de interseção dessas duas curvas. Logo, f é contínua nos pontos de interseção das curvas $x^3 + xy^2 = 3$ e $x^2 + y^2 = 3$. Portanto, conforme discussão que precede a resolução anterior, f é contínua em todo o seu domínio.

5.2 Continuidade de uma função em todo o seu domínio (o próprio $\mathbb{R}^2$)

Nesta seção, analisamos algumas funções reais de duas variáveis reais, com o objetivo de responder à seguinte pergunta: dada uma função $f : \mathbb{R}^2 \to \mathbb{R}$, ela é contínua em todo o $\mathbb{R}^2$? (Em caso negativo, é possível prolongá-la continuamente a todo o $\mathbb{R}^2$?)

Tal como na seção anterior, as funções às quais nos referimos neste contexto são aquelas definidas por partes. Para estudar a continuidade de uma função real definida por partes, devemos estudar a continuidade em cada uma de tais partes, bem como a continuidade nos pontos pontos que separam essas partes. Formalmente, **uma função real de duas variáveis reais definida por partes é contínua em todo o seu domínio ($\mathbb{R}^2$) se e somente se ela é contínua nos pontos de cada uma das partes que a definem, bem como nos pontos de fronteira comuns a elas.** Em particular, consideramos os casos nos quais a função depende de um (ou mais) parâmetro(s) real(is), nos seguintes sentidos:

i) caso no qual uma dessas partes é definida como sendo um parâmetro real p (a ser determinado): a condição necessária e suficiente acima requer que $\lim\limits_{(x,y)\to(a,b)} f(x,y) = p$, em que (a, b) é ponto comum a tais partes;

ii) caso no qual uma dessas partes depende de um (ou mais) parâmetro(s) real(is) e a outra é um número real dado: a condição necessária e suficiente acima requer que $\lim\limits_{(x,y)\to(a,b)} f(x,y)$, em que (a, b) é ponto comum a tais partes, seja igual a esse número real dado;

iii) caso no qual uma dessas partes depende de um (ou mais) parâmetro(s) real(is) e a outra é definida como sendo outro parâmetro real p (a ser determinado): a condição necessária e suficiente acima requer que existam aqueles parâmetros reais de modo que exista $\lim\limits_{(x,y)\to(a,b)} f(x,y)$, em que (a, b) é ponto comum a tais partes, bem como $\lim\limits_{(x,y)\to(a,b)} f(x,y) = p$.

Assim, em outras palavras,

i') é suficiente que $\lim\limits_{(x,y)\to(a,b)} f(x,y)$ não exista, para que possamos concluir que f é descontínua em (a, b). Entretanto, é apenas necessário que $\lim\limits_{(x,y)\to(a,b)} f(x,y)$ exista para que f seja contínua: a suficiência nos é garantida ao impormos que $\lim\limits_{(x,y)\to(a,b)} f(x,y) = p$, o que nos garante a continuidade de f em todo o $\mathbb{R}^2$;

ii') é suficiente que $\lim\limits_{(x,y)\to(a,b)} f(x,y)$ não exista, para que possamos concluir que f é descontínua em (a, b). Entretanto, é apenas necessário que $\lim\limits_{(x,y)\to(a,b)} f(x,y)$ exista para que f seja contínua: a suficiência nos é garantida ao impormos que $\lim\limits_{(x,y)\to(a,b)} f(x,y)$ seja igual ao número real dado;

iii') é suficiente que $\lim\limits_{(x,y)\to(a,b)} f(x,y)$ não exista, para que possamos concluir que f seja descontínua em (a,b). Entretanto, é apenas necessário que existam aqueles parâmetros reais de modo que $\lim\limits_{(x,y)\to(a,b)} f(x,y)$ exista: a suficiência nos é garantida ao impormos que $\lim\limits_{(x,y)\to(a,b)} f(x,y) = p$.

Em resumo, tal discussão revela-nos que o problema de saber se uma função $f : \mathbb{R}^2 \to \mathbb{R}$ definida por partes é contínua em todo o $\mathbb{R}^2$ consiste, essencialmente, em verificar se existe $\lim\limits_{(x,y)\to(a,b)} f(x,y)$, para todo ponto (a,b) comum às partes que definem f, em cujo caso afirmativo, basta definirmos a outra parte como sendo o valor desse limite.

Nos exemplos a seguir, apresentaremos, em detalhtes, o estudo da continuidade de algumas funções reais de duas variáveis reais definidas por partes (em todo o $\mathbb{R}^2$), conforme descrevemos acima.

Exemplo 1. Dada $f : \mathbb{R}^2 \to \mathbb{R}$, definida por

$$f(x,y) = \begin{cases} \sqrt{x^2+y^2}, & \text{se} \quad x+y>0 \\ x+y \quad , & \text{se} \quad x+y \leq 0 \end{cases},$$

f é contínua em todo o $\mathbb{R}^2$? (Em caso negativo, verifique se é possível prolongá-la por continuidade a todo o $\mathbb{R}^2$).

Resolução:

Devemos verificar se f é contínua em cada uma das partes que a definem, bem como nos pontos de fronteira comuns a elas, ou seja, nos pontos da reta de equação $x + y = 0$, como segue:

i) a primeira parte da expressão que define f, $\sqrt{x^2+y^2}$, é uma função contínua no domínio $\mathbb{R}^2$ de f (em particular, é contínua em todo (x,y) que satisfaz a condição $x + y > 0$).

ii) a segunda parte da expressão que define f, $x + y$, é também uma função contínua no domínio $\mathbb{R}^2$ de f (em particular, é contínua em todo (x,y) que satisfaz a condição $x + y < 0$).

iii) para estudar a continuidade de f nos pontos da reta de equação $x + y = 0$, ou seja, nos pontos do tipo $(x_0, -x_0)$, consideremos os seguintes conjuntos:

$X = \{(x,y) \in \mathbb{R}^2 : x + y > 0\}$,
$Y = \{(x,y) \in \mathbb{R}^2 : x + y < 0\}$,
$Z = \{(x,y) \in \mathbb{R}^2 : x + y = 0\}$.

Assim, a função f é contínua em Z se e somente se

$$\lim_{\substack{(x,y)\to(x_0,-x_0)\\(x,y)\in X}} f(x,y) = \lim_{\substack{(x,y)\to(x_0,-x_0)\\(x,y)\in Y}} f(x,y) = f(x_0,-x_0).$$

Da definição de f decorre que $f(x_0, -x_0) = 0$. Calculando esses limites, obtemos

$$\begin{aligned} \lim_{\substack{(x,y)\to(x_0,-x_0)\\(x,y)\in X}} f(x,y) &= \lim_{(x,y)\to(x_0,-x_0)} \sqrt{x^2+y^2} \\ &= \sqrt{{x_0}^2+(-x_0)^2} \\ &= \sqrt{2{x_0}^2}, \end{aligned}$$

$$\begin{aligned}\lim_{\substack{(x,y)\to(x_0,-x_0)\\(x,y)\in Y}} f(x,y) &= \lim_{(x,y)\to(x_0,-x_0)}(x+y)\\ &= x_0+(-x_0)\\ &= 0.\end{aligned}$$

Logo, relativamente à reta de equação $x+y=0$, f é contínua **apenas** no ponto $(x_0,-x_0)$ tal que $\sqrt{2x_0{}^2}=0$, ou seja, no ponto $(x_0,-x_0)=(0,0)$, de modo que f não é prolongável por continuidade a todo o $\mathbb{R}^2$. (f é contínua em $\{(x,y)\in\mathbb{R}^2 : y\neq -x\}\cup\{(0,0)\}$.)

Exemplo 2. Dada $f:\mathbb{R}^2\to\mathbb{R}$, definida por

$$f(x,y)=\begin{cases}\dfrac{1}{1-ln(x^2+y^2)}, & \text{se} \quad x^2+y^2\neq e \ \text{ e } x^2+y^2\neq 0\\ 0 & , \text{ se} \quad x^2+y^2=e \ \text{ ou } x^2+y^2=0\end{cases},$$

f é contínua em todo o $\mathbb{R}^2$? (Em caso negativo, verifique se é possível prolongá-la por continuidade a todo o $\mathbb{R}^2$).

Resolução:

Devemos verificar se f é contínua em cada uma das partes que a definem, a saber:

$X=\{(x,y)\in\mathbb{R}^2 : x^2+y^2\neq e \text{ e } x^2+y^2\neq 0\}$,

$Y=\{(x,y)\in\mathbb{R}^2 : x^2+y^2=e\}$,

$Z=\{(x,y)\in\mathbb{R}^2 : x^2+y^2=0\}(=\{(0,0)\})$.

i) f é contínua em X (pois o denominador não se anula), que é o próprio domínio da primeira parte que define f.

ii) Como

$$\lim_{\substack{(x,y)\to(x_0,y_0)\\(x_0,y_0)\in Y}} f(x,y)=\lim_{(x,y)\to\left(x_0,\pm\sqrt{e-x_0^2}\right)}\frac{1}{1-ln(x^2+y^2)}=\infty,$$

ou seja, o limite não existe (consequentemente, f não é contínua em Y), não podemos prolongar f por continuidade aos pontos de Y.

iii) Como

$$\lim_{\substack{(x,y)\to(x_0,y_0)\\(x,y)\in Z}} f(x,y)=\lim_{(x,y)\to(0,0)}\frac{1}{1-ln(x^2+y^2)}=0\ (=f(0,0)),$$

segue que f é contínua em Z.

Portanto, f é contínua em $\{(x,y)\in\mathbb{R}^2 : x^2+y^2\neq e\}$, mas não é possível prolongá-la por continuidade a todo o $\mathbb{R}^2$. (Observe que este conjunto contém o conjunto $Z=(0,0)$, no qual f também é contínua.)

Exemplo 3. Dada $f:\mathbb{R}^2\to\mathbb{R}$, definida por

$$f(x,y)=\begin{cases}\dfrac{(3^x-1)seny}{xy}, & \text{se} \quad x\neq 0 \text{ e } y\neq 0\\ p & , \text{ se} \quad x=0 \text{ ou } y=0\end{cases}.$$

f é contínua em todo o $\mathbb{R}^2$? (Em caso negativo, verifique se é possível prolongá-la por continuidade a todo o $\mathbb{R}^2$).

Resolução:
Inicialmente, observemos que podemos expressar f como segue:

$$f(x,y) = \begin{cases} g(x)h(y), & \text{se} \quad x \neq 0 \text{ e } y \neq 0 \\ p \quad , & \text{se} \quad x = 0 \text{ ou } y = 0 \end{cases},$$

em que $g(x) = \dfrac{3^x - 1}{x}$, para todo $x \neq 0$, e $h(y) = \dfrac{seny}{y}$, para todo $y \neq 0$. Como, pela Regra de l'Hôspital, $\lim\limits_{x \to 0} g(x) = ln(3)$, e $\lim\limits_{y \to 0} h(y) = 1$ (limite trigonométrico "fundamental"), resulta que $\lim\limits_{(x,y) \to (0,0)} f(x,y) = ln(3)$. Portanto, para que f seja contínua em todo o $\mathbb{R}^2$, devemos ter $p = ln(3)$.

5.3 Prolongamento de uma função contínua em seu domínio (subconjunto próprio de $\mathbb{R}^2$) a todo o $\mathbb{R}^2$

Nesta última seção, analisamos algumas funções reais de duas variáveis reais, com o objetivo de responder à seguinte pergunta: dada uma função $f : A \to \mathbb{R}$, contínua em um subconjunto próprio A de $\mathbb{R}^2$, é possível prolongá-la continuamente a todo o $\mathbb{R}^2$? (Em caso negativo, qual é o maior subconjunto de $\mathbb{R}^2$ ao qual é possível prolongá-la continuamente?)

As funções às quais nos referimos neste contexto são aquelas definidas por uma única expressão (normalmente, funções racionais). Tais funções são, pois, sempre contínuas em seus respectivos domínios (subconjuntos próprios de $\mathbb{R}^2$). Assim, estamos interessados em saber se é possível prolongá-las continuamente a todo o $\mathbb{R}^2$. Sendo $f : A \subset \mathbb{R}^2 \to \mathbb{R}$, contínua em A (A um subconjunto próprio de $\mathbb{R}^2$), o problema de saber se é possível prolongar f continuamente a todo o $\mathbb{R}^2$ consiste, essencialmente, em verificar se existe $\lim\limits_{(x,y) \to (a,b)} f(x,y)$, para todo ponto $(a,b) \in A' - A$ ((a,b) é um ponto de acumulação de A não pertencente a A). Em caso afirmativo, basta definirmos $f(a,b)$ como sendo o valor desse limite. A função

$$f^*(x,y) = \begin{cases} f(x,y) \quad , & \text{se} \quad (x,y) \in A \\ \lim\limits_{(x,y) \to (a,b)} f(x,y), & \text{se} \quad (x,y) \in A' - A \end{cases}$$

é, portanto, a solução do problema.

Nos exemplos a seguir, apresentaremos, em detalhtes, o estudo do prolongamento contínuo de algumas funções definidas em subconjuntos próprios de $\mathbb{R}^2$, conforme descrevemos acima.

No primeiro exemplo, usamos o Teorema 3.5.1 (Limites ao longo de curvas) para conjecturar a possível existência do limite.

Exemplo 1. Dada $f : \mathbb{R}^2 - \{(0,0)\} \to \mathbb{R}$, definida por $f(x,y) = \dfrac{x^2 + y^2 - x^3y^3}{x^2 + y^2}$, verifique se é possível prolongá-la por continuidade a todo o $\mathbb{R}^2$.

Resolução:

f é contínua em seu domínio, pois é uma função racional (*vide* item v) do Teorema 4.4.1). Para verificarmos se é possível prolongar f por continuidade a todo o $\mathbb{R}^2$, devemos analisar se

$\lim\limits_{(x,y)\to(0,0)} f(x,y)$ existe. Por exemplo, ao longo do eixo x, menos a origem, temos

$$\lim_{\substack{(x,y)\to(0,0)\\ y=0}} f(x,y) = \lim_{\substack{(x,y)\to(0,0)\\ y=0}} \frac{x^2+y^2-x^3y^3}{x^2+y^2} = \lim_{x\to 0}\frac{x^2}{x^2} = 1,$$

se $\lim\limits_{(x,y)\to(0,0)} f(x,y)$ existir, então seu valor deverá ser igual a 1, devido ao Teorema 3.1.1 (Unicidade do limite), em cujo caso, será possível prolongar f por continuidade a todo o $\mathbb{R}^2$, definindo $f(0,0)$ como sendo 1 (o valor desse limite). Assim, o problema ora proposto resume-se, em última análise, a verificar se $\lim\limits_{(x,y)\to(0,0)} f(x,y)$ existe $(=1)$. Observemos, inicialmente, que, para todo (x,y) pertencente ao domínio de f, temos

$$f(x,y) = \frac{x^2+y^2-x^3y^3}{x^2+y^2} = \frac{x^2+y^2}{x^2+y^2} - \frac{x^3y^3}{x^2+y^2} = 1 - \frac{x^3y^3}{x^2+y^2}.$$

Assim, para verificar que $\lim\limits_{(x,y)\to(0,0)} f(x,y) = 1$, é suficiente demonstrar que $\lim\limits_{(x,y)\to(0,0)} \dfrac{x^3y^3}{x^2+y^2} = 0$, devido ao item *iii*) do Teorema 3.2.1 (Propriedades operatórias de limites). Temos

$$0 \leq \left|\frac{x^3y^3}{x^2+y^2}\right| = \frac{x^2}{x^2+y^2}|xy^3| \leq |xy^3|.$$

Como $\lim\limits_{(x,y)\to(0,0)} 0 = 0 = \lim\limits_{(x,y)\to(0,0)} |xy^3|$, decorre do Teorema 3.7.1 (Teorema do confronto) que $\lim\limits_{(x,y)\to(0,0)} \left|\dfrac{x^3y^3}{x^2+y^2}\right| = 0$, de modo que, pelo Teorema 3.8.1 (Limite do valor absoluto de uma função), $\lim\limits_{(x,y)\to(0,0)} \dfrac{x^3y^3}{x^2+y^2} = 0$. Portanto, é possível prolongar f por continuidade a todo o $\mathbb{R}^2$, sendo o seu prolongamento f^* definido por

$$f^*(x,y) = \begin{cases} \dfrac{x^2+y^2-x^3y^3}{x^2+y^2}, & \text{se} \quad (x,y) \neq (0,0) \\ 1, & \text{se} \quad (x,y) = (0,0) \end{cases}.$$

Exemplo 2. Dada $f : \{(x,y) \in \mathbb{R}^2 : y \neq x\} \to \mathbb{R}$, definida por $f(x,y) = \dfrac{x^3-y^3}{x-y}$, verifique se é possível prolongá-la por continuidade a todo o $\mathbb{R}^2$.

Resolução:

f é contínua em seu domínio, pois é uma função racional (*vide* item *v*) do Teorema 4.4.1). Para verificar se é possível prolongar f por continuidade a todo o $\mathbb{R}^2$, devemos analisar se existe $\lim\limits_{(x,y)\to(x_0,x_0)} f(x,y)$, em que (x_0,x_0) é um ponto arbitrário fixado pertencente à reta $y=x$. Como

$$\begin{aligned} \lim_{(x,y)\to(x_0,x_0)} \frac{x^3-y^3}{x-y} &= \lim_{(x,y)\to(x_0,x_0)} \frac{(x-y)(x^2+xy+y^2)}{x-y} \\ &= \lim_{(x,y)\to(x_0,x_0)} (x^2+xy+y^2) \\ &= 3x_0^2, \end{aligned}$$

decorre que é possível prolongar f por continuidade a todo o $\mathbb{R}^2$, definindo $f(x_0, x_0)$ como sendo $3x_0^2$ (o valor do limite acima) (mais precisamente, $f(x,y) = 3x^2$, devido à arbitrariedade do ponto (x_0, x_0)), sendo, pois, o seu prolongamento f^* definido por

$$f^*(x,y) = \begin{cases} \dfrac{x^3 - y^3}{x - y}, & \text{se} \quad y \neq x \\ 3x^2 \ , & \text{se} \quad y = x \end{cases}.$$

Exemplo 3. Dada $f : \{(x,y) \in \mathbb{R}^2 : y \neq \pm x\} \to \mathbb{R}$, definida por $f(x,y) = \dfrac{x - y}{x^2 - y^2}$, verifique se é possível prolongá-la por continuidade a todo o $\mathbb{R}^2$.

Resolução:

f é contínua em seu domínio, pois é uma função racional (*vide* item v) do Teorema 4.4.1). Para verificar se é possível prolongar f por continuidade a todo o $\mathbb{R}^2$, devemos analisar se existe $\lim\limits_{(x,y)\to(x_0,x_0)} f(x,y)$, em que (x_0, x_0) é um ponto arbitrário fixado pertencente à reta $y = x$, bem como se existe $\lim\limits_{(x,y)\to(x_0,-x_0)} f(x,y)$, em que $(x_0, -x_0)$ é um ponto arbitrário fixado pertencente à reta $y = -x$. O seguinte cálculo

$$\begin{aligned} \lim_{(x,y)\to(x_0,x_0)} \frac{x-y}{x^2-y^2} &= \lim_{(x,y)\to(x_0,x_0)} \frac{x-y}{(x-y)(x+y)} \\ &= \lim_{(x,y)\to(x_0,x_0)} \frac{1}{x+y} \\ &= \frac{1}{2x_0}, \end{aligned}$$

desde que $x_0 \neq 0$, mostra-nos que é possível prolongar f por continuidade a todos os pontos da reta $y = x$, exceto à origem, definindo $f(x_0, x_0)$ como sendo $\dfrac{1}{2x_0}$ (o valor do limite acima) (mais precisamente, $f(x,y) = \dfrac{1}{2x}$, devido à arbitrariedade do ponto (x_0, x_0)), sendo, pois, o seu prolongamento f^* definido por

$$f^*(x,y) = \begin{cases} \dfrac{1}{x+y}, & \text{se} \quad y \neq x \ (y \neq -x) \\ \dfrac{1}{2x} \ , & \text{se} \quad y = x, \ \text{exceto } (0{,}0) \end{cases}.$$

Embora tenhamos mostrado que não é possível prolongar f por continuidade a todo o $\mathbb{R}^2$, mas apenas aos pontos da reta $y = x$, exceto à origem, não podemos, ao contrário, prolongar f por continuidade a qualquer que seja o ponto $(x_0, -x_0)$ da reta $y = -x$, pois

$$\begin{aligned} \lim_{(x,y)\to(x_0,-x_0)} \frac{x-y}{x^2-y^2} &= \lim_{(x,y)\to(x_0,-x_0)} \frac{x-y}{(x-y)(x+y)} \\ &= \lim_{(x,y)\to(x_0,-x_0)} \frac{1}{x+y} \\ &= \pm\infty, \end{aligned}$$

de modo que não existe modo algum de definir $f(x, -x)$ tal que f se torne contínua em $y = -x$.

Observação. Na definição de f^*, consideramos também $y \neq -x$ (o que está implícito na discussão acima, ao exigirmos que $x_0 \neq 0$), sendo *necessário* para que $\dfrac{1}{x+y}$ esteja definida.

5.4 Continuidade de uma função real de n variáveis reais: obtenção do prolongamento contínuo

Finalmente, podemos analisar (de modo análogo àquele de funções reais de duas variáveis reais) a continuidade de algumas funções reais de n variáveis reais sob o ponto de vista prático, com o objetivo de responder às seguintes perguntas:

i) dada uma função $f : A \to \mathbb{R}$, definida em um subconjunto próprio A de $\mathbb{R}^n$, ela é contínua em A?

ii) dada uma função $f : \mathbb{R}^n \to \mathbb{R}$, ela é contínua em todo o $\mathbb{R}^n$? (Em caso negativo, é possível prolongá-la continuamente a todo o $\mathbb{R}^n$?)

iii) dada uma função $f : A \to \mathbb{R}$, contínua em um subconjunto próprio A de $\mathbb{R}^n$, é possível prolongá-la continuamente a todo o $\mathbb{R}^n$? (Em caso negativo, qual é o maior subconjunto de $\mathbb{R}^n$ ao qual é possível prolongá-la continuamente?)

Definição 5.4.1. *Uma função $f : A \subseteq \mathbb{R}^n \to \mathbb{R}$ é denominada prolongável por continuidade a $\boldsymbol{r_0} \in A' - A$, se existe uma função $f^* : A \cup \{\boldsymbol{r_0}\} \subseteq \mathbb{R}^n \to \mathbb{R}$, a qual coincide com f em A, tal que, em $\boldsymbol{r_0}$, o seu valor é $f^*(\boldsymbol{r_0}) = \lim\limits_{\boldsymbol{r}\to\boldsymbol{r_0}} f(\boldsymbol{r})$:*

$$f^*(\boldsymbol{r}) = \begin{cases} f(\boldsymbol{r}) \quad , & se \quad \boldsymbol{r} \in A \\ \lim\limits_{\boldsymbol{r}\to\boldsymbol{r_0}} f(\boldsymbol{r}), & se \quad \boldsymbol{r} = \boldsymbol{r_0} \end{cases}.$$

Nesse caso, dizemos que f^* é o *prolongamento de f, por continuidade, a $\boldsymbol{r_0}$*.

Assim, se o limite existe, para que a função dada seja contínua é suficiente, de acordo com essa definição, que definamos tal função no ponto limite pelo seu limite nesse ponto.

Definição 5.4.2. *Uma função $f : A \subseteq \mathbb{R}^2 \to \mathbb{R}$ é denominada descontínua em um ponto de acumulação $\boldsymbol{r_0}$ de A se f não é contínua em $\boldsymbol{r_0}$ ($\boldsymbol{r_0} \in A$), nem prolongável por continuidade a $\boldsymbol{r_0}$ ($\boldsymbol{r_0} \in A' - A$).*

Denominamos *ponto de descontinuidade* de f o ponto $\boldsymbol{r_0}$ que mencionamos nessa definição.

De resto, toda a discussão pertinente se mantém, tendo o leitor apenas o simples trabalho de adaptá-la para o caso de n variáveis reais: substituir $\mathbb{R}^2$ por $\mathbb{R}^n$; "duas" por n; (x, y) por $\boldsymbol{r}$; (a, b) por $\boldsymbol{r_0}$ e, consequemente, $\sqrt{(x-a)^2 + (y-b)^2}$ por $||\boldsymbol{r} - \boldsymbol{r_0}||$.

Exercícios

Seção 5.1

1. Considere $f : \{(x, y) \in \mathbb{R}^2 : y \neq \pm x)\} \to \mathbb{R}$ definida por $f(x, y) = \frac{x-y}{x^2-y^2}$.

a) Verifique se $\lim\limits_{(x,y)\to(1,1)} f(x, y)$ existe.

b) O domínio de f pode ser estendido de modo que a função resultante seja contínua em $(1, 1)$? Justifique a sua resposta.

c) O domínio de f pode ser estendido de modo que a função resultante seja contínua em $\mathbb{R}^2$? Justifique a sua resposta.

2. Considere $f : \{(x, y) \in \mathbb{R}^2 : y \neq 0\} \to \mathbb{R}$ definida por $f(x, y) = e^{\frac{x}{y}}$.

a) É possível definir f na fronteira do seu domínio? Justifique a sua resposta.

b) Calcule $\lim\limits_{(x,y)\to(0,0)} f(x, y)$.

c) O domínio de f pode ser estendido de modo que a função resultante seja contínua em $\mathbb{R}^2$? Justifique a sua resposta.

3. Considere as seguintes funções:

i) $f : \{(x, y) \in \mathbb{R}^2 : y \neq -x\} \to \mathbb{R}$ definida por $f(x, y) = \dfrac{xy}{x + y}$.

ii) $g : \{(x, y) \in \mathbb{R}^2 : x \geq 0, y \geq 0, x^2 + y^2 > 0\} \to \mathbb{R}$ definida por $g(x, y) = \dfrac{xy}{x + y}$.

a) Demonstre que não é possível estender f continuamente a qualquer conjunto que contenha o seu domínio.

b) Demonstre que é possível estender g continuamente a $\{(x, y) \in \mathbb{R}^2 : x \geq 0, y \geq 0, x^2+y^2 > 0\} \cup \{(0, 0)\}$.

c) Compare a expressão que define g com a fórmula da resistência de uma conexão de dois resistores em paralelo. Conclua que $g(x, y)$ nada mais é que a resistência resultante, em que x e y denotam as resistências.

Nota. Em Eletromagnetismo (ramo da Física), a expressão matemática da lei de Ohm é dada por $V = RI$, em que V é a voltagem (tensão ou diferença de potencial, medida em volt (V)), R é a resistência elétrica (medida em ohm (Ω)) e I é a intensidade da corrente elétrica (medida em ampère (A)). Quando, à medida que os valores nominais das resistências x e y tendem conjuntamente a 0, o valor nominal da resistência resultante em paralelo (no caso, $g(x, y)$), tende também a 0, de modo contínuo. Na prática, isso significa que, se fosse possível fabricar resistências de valores nominais infinitamente pequenos (tão próximos de 0 quando desejássemos, mas sempre diferentes de 0), obteríamos resistências resultantes (da sua conexão em paralelo) de valores nominais praticamente nulos. Como consequência, em virtude da expressão matemática da Lei de Ohm, $V = RI$ (de onde $I = \frac{V}{R}$), usando tais resistências, obteríamos (mantendo V constante) correntes elétricas de valores nominais "infinitamente grandes". Interessante?! Esse fato está intimamente relacionado com o fenômeno físico da *supercondutividade*, quando tais dispositivos (resistores, capacitores, voltímetros) são mantidos a baixíssimas temperaturas (constantes).

[Extra] Se um remédio é ingerido por via oral, o tempo T durante o qual a maior quantidade desse remédio permanece na corrente sanguínea pode ser calculado com o auxílio da sua meia-vida x no estômago e da sua meia-vida y na corrente sanguínea. Para muitos remédios comuns (como a penicilina), T é dado por

$$T(x, y) = \frac{xy(lnx - lny)}{(x - y)ln2}.$$

(uma vez que devemos ter $T > 0$, o domínio de T é $\{(x, y) \in \mathbb{R}^2 : x > y > 0\}$). Para um determinado remédio cujas meias-vidas x e y são aproximadamente iguais (de modo que a diferença entre elas tenda a 0), que ocorre com o tempo T?

Seção 5.2

[Exercícios 1-35] Verifique quais das funções reais de duas variáveis reais $f : \mathbb{R}^2 \to \mathbb{R}$ dadas a seguir são contínuas:

1. $f(x, y) = \begin{cases} \frac{xy}{x^2+y^2}, & \text{se} \quad (x, y) \neq (0, 0) \\ 0, & \text{se} \quad (x, y) = (0, 0) \end{cases}.$

2. $f(x, y) = \begin{cases} \frac{x^2y^2}{x^2+y^2}, & \text{se} \quad (x, y) \neq (0, 0) \\ 0, & \text{se} \quad (x, y) = (0, 0) \end{cases}.$

3. $f(x, y) = \begin{cases} \frac{x^2y}{x^2+y^2}, & \text{se} \quad (x, y) \neq (0, 0) \\ 0, & \text{se} \quad (x, y) = (0, 0) \end{cases}.$

4. $f(x, y) = \begin{cases} \frac{xy(x^2-y^2)}{x^2+y^2}, & \text{se} \quad (x, y) \neq (0, 0) \\ 0, & \text{se} \quad (x, y) = (0, 0) \end{cases}.$

5. $f(x, y) = \begin{cases} \frac{3x^2+y^2}{x^4+y^4}, & \text{se} \quad (x, y) \neq (0, 0) \\ 0, & \text{se} \quad (x, y) = (0, 0) \end{cases}.$

6. $f(x, y) = \begin{cases} \frac{x^2-xy}{x+y}, & \text{se} \quad y \neq -x \\ 0, & \text{se} \quad y = -x \end{cases}.$

7. $f(x, y) = \begin{cases} \frac{xy}{x^2-y^2}, & \text{se} \quad y \neq \pm x \\ 1, & \text{se} \quad y = \pm x \end{cases}.$

8. $f(x,y) = \begin{cases} \frac{x^3+3y^2}{x^2-5y^2}, & \text{se} \quad y \neq \pm\frac{\sqrt{5}}{5}x \\ 0 \quad , & \text{se} \quad y = \pm\frac{\sqrt{5}}{5}x \end{cases}.$

9. $f(x,y) = \begin{cases} \frac{x^4}{x(x^2+y^2)}, & \text{se} \quad (x,y) \neq (0,0) \\ 0 \quad , & \text{se} \quad (x,y) = (0,0) \end{cases}.$

10. $f(x,y) = \begin{cases} \frac{x^3y}{x^4+y^2}, & \text{se} \quad (x,y) \neq (0,0) \\ 0 \quad , & \text{se} \quad (x,y) = (0,0) \end{cases}.$

11. $f(x,y) = \begin{cases} \frac{sen(x-y)}{|x|+|y|}, & \text{se} \quad (x,y) \neq (0,0) \\ 0 \quad , & \text{se} \quad (x,y) = (0,0) \end{cases}.$

12. $f(x,y) = \begin{cases} \frac{(x^2-y)^2y^2}{x^8}, & \text{se} \quad x > 0 \text{ e } 0 < y < x^2 \\ 0 \quad , & \text{se} \quad x \leq 0 \text{ ou } y \leq 0 \text{ ou } y \geq x^2 \end{cases}.$

13. $f(x,y) = \begin{cases} \frac{(x^2-y)^2y^2}{x^7\sqrt{x}}, & \text{se} \quad x > 0 \text{ e } 0 < y < x^2 \\ 0 \quad , & \text{se} \quad x \leq 0 \text{ ou } y \leq 0 \text{ ou } y \geq x^2 \end{cases}.$

14. $f(x,y) = \begin{cases} 0, & \text{se} \quad x^2 < y < 2x^2 \\ 1, & \text{se} \quad y \leq x^2 \text{ ou } y \geq 2x^2 \end{cases}.$

15. $f(x,y) = \begin{cases} \sqrt{x^2+y^2}+1, & \text{se} \quad y \neq 0 \\ |x-1| \quad , & \text{se} \quad y = 0 \end{cases}.$

16. $f : \mathbb{R}^2 \to \mathbb{R}$, definida por

$$f(x,y) = \begin{cases} \dfrac{x^2y^2}{x^2y^2+(x-y)^2}, & \text{se} \quad (x,y) \neq (0,0) \\ 0 \quad , & \text{se} \quad (x,y) = (0,0) \end{cases}.$$

17. $f : \mathbb{R}^2 \to \mathbb{R}$, definida por

$$f(x,y) = \begin{cases} \dfrac{3x^3+2y^3}{x^2+y^2}, & \text{se} \quad (x,y) \neq (0,0) \\ 0 \quad , & \text{se} \quad (x,y) = (0,0) \end{cases}.$$

18. $f : \mathbb{R}^2 \to \mathbb{R}$, definida por

$$f(x,y) = \begin{cases} \dfrac{xy-2}{y+3}, & \text{se} \quad y \neq -3 \\ 2 \quad , & \text{se} \quad y = -3 \end{cases}.$$

19. $f : \mathbb{R}^2 \to \mathbb{R}$, definida por

$$f(x,y) = \begin{cases} \dfrac{xy}{x^2-y^2}, & \text{se} \quad y \neq \pm x \\ 0 \quad , & \text{se} \quad y = \pm x \end{cases}.$$

20. $f : \mathbb{R}^2 \to \mathbb{R}$, definida por

$$f(x,y) = \begin{cases} \dfrac{x}{\sqrt{1-x^2-y^2}}, & \text{se} \quad x^2+y^2<1 \\ 0 \quad , & \text{se} \quad x^2+y^2 \geq 1 \end{cases}.$$

21. $f : \mathbb{R}^2 \to \mathbb{R}$, definida por

$$f(x,y) = \begin{cases} \dfrac{y^2}{3x+y}, & \text{se} \quad y \neq -3x \\ 0 \quad , & \text{se} \quad y = -3x \end{cases}.$$

22. $f : \mathbb{R}^2 \to \mathbb{R}$, definida por

$$f(x,y) = \begin{cases} \dfrac{sen(xy)}{\sqrt{x^2+y^2}}, & \text{se} \quad (x,y) \neq (0,0) \\ 0 \quad , & \text{se} \quad (x,y) = (0,0) \end{cases}.$$

23. $f : \mathbb{R}^2 \to \mathbb{R}$, definida por

$$f(x,y) = \begin{cases} \dfrac{x}{\sqrt{y^2-x^2}}, & \text{se} \quad y < -|x| \text{ ou } y > |x| \\ 0 \quad , & \text{se} \quad -|x| \leq y \leq |x| \end{cases}.$$

24. $f : \mathbb{R}^2 \to \mathbb{R}$, definida por

$$f(x,y) = \begin{cases} \dfrac{x^4}{x^3+y^3}, & \text{se} \quad y \neq -x \\ 0 \quad , & \text{se} \quad y = -x \end{cases}.$$

25. $f : \mathbb{R}^2 \to \mathbb{R}$, definida por

$$f(x,y) = \begin{cases} \dfrac{y}{x}, & \text{se} \quad |y| < x^2 \\ 0, & \text{se} \quad |y| \geq x^2 \end{cases}.$$

26. $f : \mathbb{R}^2 \to \mathbb{R}$, definida por

$$f(x,y) = \begin{cases} e^{y-x} \quad , & \text{se} \quad y \leq x \\ ln(y-x), & \text{se} \quad y > x \end{cases}.$$

27. $f : \mathbb{R}^2 \to \mathbb{R}$, definida por

$$f(x,y) = \begin{cases} e^{\frac{1}{x^2+y^2-1}}, & \text{se} \quad x^2+y^2<1 \\ 0 \quad , & \text{se} \quad x^2+y^2 \geq 1 \end{cases}.$$

28. $f : \mathbb{R}^2 \to \mathbb{R}$, definida por

$$f(x,y) = \begin{cases} \dfrac{4y(x^2-y)}{x^2}, & \text{se} \quad 0 < y < x^2 \\ 0, & \text{se} \quad y \leq 0 \text{ ou } y \geq x^2 \end{cases}.$$

29. $f : \mathbb{R}^2 \to \mathbb{R}$, definida por

$$f(x,y) = \begin{cases} \dfrac{x}{3-y} ln(1-x), & \text{se} \quad x < 1 \text{ e } y \neq 3 \\ x^2 + y^3, & \text{se} \quad x \geq 1 \text{ ou } y = 3 \end{cases}.$$

30. $f : \mathbb{R}^2 \to \mathbb{R}$, definida por

$$f(x,y) = \begin{cases} \dfrac{x+y}{\sqrt{x^2+y^2}}, & \text{se} \quad 0 < x^2 + y^2 < 4 \\ e^{x^2+y^2-4}, & \text{se} \quad x^2 + y^2 \geq 4 \\ 0, & \text{se} \quad x^2 + y^2 = 0 \end{cases}.$$

31. $f : \mathbb{R}^2 \to \mathbb{R}$, definida por

$$f(x,y) = \begin{cases} \dfrac{x^2}{x^2+(y-1)^2}, & \text{se} \quad x > 0, y > 0 \text{ e } x^2 + (y-1)^2 < 1 \\ 0, & \text{se} \quad x \leq 0 \text{ ou } y \leq 0 \text{ ou } x^2 + (y-1)^2 \geq 1 \end{cases}.$$

32. $f : \mathbb{R}^2 \to \mathbb{R}$, definida por

$$f(x,y) = \begin{cases} \dfrac{xseny + ysenx}{x+y}, & \text{se} \quad y \neq -x \\ 0, & \text{se} \quad y = -x \end{cases}.$$

33. $f : \mathbb{R}^2 \to \mathbb{R}$, definida por

$$f(x,y) = \begin{cases} \dfrac{senx - seny}{x-y}, & \text{se} \quad y \neq x \\ cosx, & \text{se} \quad y = x \end{cases}.$$

34. $f : \mathbb{R}^2 \to \mathbb{R}$, definida por

$$f(x,y) = \begin{cases} \dfrac{e^x - e^{-y}}{x+y}, & \text{se} \quad y \neq -x \\ e^x, & \text{se} \quad y = -x \end{cases}.$$

35. $f : \mathbb{R}^2 \to \mathbb{R}$, definida por

$$f(x,y) = \begin{cases} \dfrac{e^{-\frac{1}{x^2+y^2}}}{sen(\sqrt{x^2+y^2})}, & \text{se} \quad x^2 + y^2 \neq n^2\pi^2 \\ 0, & \text{se} \quad x^2 + y^2 = n^2\pi^2 \end{cases} \quad (n \in \mathbb{Z}).$$

[Exercícios 36-55] Dadas as funções reais de duas variáveis reais definidas a seguir, obtenha os possíveis valores dos parâmetros reais positivos p, q, r para que elas sejam contínuas em $\mathbb{R}^2$.

36. $f : \mathbb{R}^2 \to \mathbb{R}$, definida por

$$f(x,y) = \begin{cases} \dfrac{2y^3 - x^3}{x^2 + y^2}, & \text{se} \quad (x,y) \neq (0,0) \\ p \quad, & \text{se} \quad (x,y) = (0,0) \end{cases}.$$

37. $f : \mathbb{R}^2 \to \mathbb{R}$, definida por

$$f(x,y) = \begin{cases} \dfrac{x - y}{x^3 - y}, & \text{se} \quad y \neq x^3 \\ p \quad, & \text{se} \quad y = x^3 \end{cases}.$$

38. $f : \mathbb{R}^2 \to \mathbb{R}$, definida por

$$f(x,y) = \begin{cases} \dfrac{sen(xy)}{(senx)(seny)}, & \text{se} \quad x \neq m\pi \text{ e } y \neq n\pi,\ m, n \in \mathbb{Z} \\ p \quad, & \text{se} \quad x = m\pi \text{ ou } y = n\pi,\ m, n \in \mathbb{Z} \end{cases}.$$

39. $f : \mathbb{R}^2 \to \mathbb{R}$, definida por

$$f(x,y) = \begin{cases} \dfrac{ln(x^2 + y^2)}{3y - 1}, & \text{se} \quad y \neq \frac{1}{3} \text{ e } (x,y) \neq (0,0) \\ p \quad, & \text{se} \quad y = \frac{1}{3} \text{ ou } (x,y) = (0,0) \end{cases}.$$

40. $f : \mathbb{R}^2 \to \mathbb{R}$, definida por

$$f(x,y) = \begin{cases} \dfrac{cos(x + y) - 1}{(x + y)sen(x + y)}, & \text{se} \quad y \neq -x + m\pi,\ m \in \mathbb{Z} \\ p \quad, & \text{se} \quad y = -x + m\pi,\ m \in \mathbb{Z} \end{cases}.$$

41. $f : \mathbb{R}^2 \to \mathbb{R}$, definida por

$$f(x,y) = \begin{cases} \frac{x^2y^2}{x^2y^2 - (x^2 + y^2)}, & \text{se} \quad x^2y^2 \neq x^2 + y^2 \\ p \quad, & \text{se} \quad x^2y^2 = x^2 + y^2 \end{cases}.$$

42. $f : \mathbb{R}^2 \to \mathbb{R}$, definida por

$$f(x,y) = \begin{cases} \dfrac{(x + y)^p}{x^2 + y^2}, & \text{se} \quad (x,y) \neq (0,0) \\ 0 \quad, & \text{se} \quad (x,y) = (0,0) \end{cases}.$$

43. $f : \mathbb{R}^2 \to \mathbb{R}$, definida por

$$f(x,y) = \begin{cases} \dfrac{(x + y)^p}{\sqrt{x} + \sqrt{y}}, & \text{se} \quad (x \geq 0 \text{ e } y > 0) \text{ ou } (x > 0 \text{ e } y \geq 0) \\ 0 \quad, & \text{se} \quad (x < 0 \text{ ou } y \leq 0) \text{ e } (x \leq 0 \text{ ou } y < 0) \end{cases}.$$

44. $f : \mathbb{R}^2 \to \mathbb{R}$, definida por

$$f(x,y) = \begin{cases} \dfrac{|x|+|y|-|x+y|}{(x^2+y^2)^p}, & \text{se} \quad (x,y) \neq (0,0) \\ 0 \quad , & \text{se} \quad (x,y) = (0,0) \end{cases}.$$

45. $f : \mathbb{R}^2 \to \mathbb{R}$, definida por

$$f(x,y) = \begin{cases} \dfrac{|x|+|y|-|x+y|}{(x^2+y^2)^p}, & \text{se} \quad (x,y) \neq (0,0) \\ q \quad , & \text{se} \quad (x,y) = (0,0) \end{cases}.$$

46. $f : \mathbb{R}^2 \to \mathbb{R}$, definida por

$$f(x,y) = \begin{cases} \dfrac{(x^2+y^2)^p}{ax^2+2bxy+cy^2}, & \text{se } ax^2+2bxy+cy^2 \neq 0 \\ 0 \quad , & \text{se } ax^2+2bxy+cy^2 = 0 \end{cases},$$

em que $a, b, c \in \mathbb{R}$ (a, b, c dados, não todos nulos) e $p \in \mathbb{R}$.

47. $f : \mathbb{R}^2 \to \mathbb{R}$, definida por

$$f(x,y) = \begin{cases} \dfrac{xy^p+qy}{x^2+y^2}, & \text{se} \quad (x,y) \neq (0,0) \\ 0 \quad , & \text{se} \quad (x,y) = (0,0) \end{cases}.$$

48. $f : \mathbb{R}^2 \to \mathbb{R}$, definida por

$$f(x,y) = \begin{cases} \dfrac{|x|^p|y|^q}{x^2-xy+y^2}, & \text{se} \quad (x,y) \neq (0,0) \\ 0 \quad , & \text{se} \quad (x,y) = (0,0) \end{cases},$$

em que $p, q \in \mathbb{R}$.

49. $f : \mathbb{R}^2 \to \mathbb{R}$, definida por

$$f(x,y) = \begin{cases} \dfrac{|x|^p y^q}{x^2-xy+y^2}, & \text{se} \quad (x,y) \neq (0,0) \\ 0 \quad , & \text{se} \quad (x,y) = (0,0) \end{cases}.$$

50. $f : \mathbb{R}^2 \to \mathbb{R}$, definida por

$$f(x,y) = \begin{cases} \dfrac{x^p y^q}{x^2-xy+y^2}, & \text{se} \quad (x,y) \neq (0,0) \\ 0 \quad , & \text{se} \quad (x,y) = (0,0) \end{cases}.$$

51. $f : \mathbb{R}^2 \to \mathbb{R}$, definida por

$$f(x,y) = \begin{cases} \dfrac{x^p}{x^p + y^q}, & \text{se} \quad y \neq \sqrt[q]{-x^p} \\ 0 \quad, & \text{se} \quad y = \sqrt[q]{-x^p} \end{cases}.$$

52. $f : \mathbb{R}^2 \to \mathbb{R}$, definida por

$$f(x,y) = \begin{cases} \dfrac{x^p - y^q}{x^p + y^q}, & \text{se} \quad y \neq \sqrt[q]{-x^p} \\ 0 \quad, & \text{se} \quad y = \sqrt[q]{-x^p} \end{cases}.$$

53. $f : \mathbb{R}^2 \to \mathbb{R}$, definida por

$$f(x,y) = \begin{cases} \dfrac{x^p y^q}{x^p + y^q}, & \text{se} \quad y \neq \sqrt[q]{-x^p} \\ 0 \quad, & \text{se} \quad y = \sqrt[q]{-x^p} \end{cases}.$$

54. $f : \mathbb{R}^2 \to \mathbb{R}$, definida por

$$f(x,y) = \begin{cases} \dfrac{x^p y^q}{ax^2 + bxy + cy^2}, & \text{se } ax^2 + bxy + cy^2 \neq 0 \\ 0 \quad, & \text{se } ax^2 + bxy + cy^2 = 0 \end{cases},$$

em que $a, b, c \in \mathbb{R}$ (a, b, c dados, não todos nulos).

55. $f : \mathbb{R}^2 \to \mathbb{R}$, definida por

$$f(x,y) = \begin{cases} \dfrac{x^p y^q}{(x^2 + y^2)^r}, & \text{se} \quad (x,y) \neq (0,0) \\ 0 \quad, & \text{se} \quad (x,y) = (0,0) \end{cases}.$$

Seção 5.3

[**Exercícios 1-10**] Dadas as funções reais de duas variáveis reais a seguir, verifique se é possível prolongá-las por continuidade a todo o $\mathbb{R}^2$. Nos casos afirmativos, forneça os correspondentes prolongamentos.

1. $f : \mathbb{R}^2 - \{(0,0)\} \to \mathbb{R}$, definida por $f(x,y) = \dfrac{x^2}{|x| + |y|}$.

2. $f : \{(x,y) \in \mathbb{R}^2 : y \neq -x sen x\} \to \mathbb{R}$, definida por $f(x,y) = \dfrac{x^2 y}{y + x sen x}$.

3. $f : \mathbb{R}^2 - \{(0,0)\} \to \mathbb{R}$, definida por $f(x,y) = \dfrac{x^2 |y|}{x^2 + |y|}$.

4. $f : \mathbb{R}^2 - \{(0,0)\} \to \mathbb{R}$, definida por $f(x,y) = xy\dfrac{x^2 - y^2}{x^2 + y^2}$.

5. $f : \mathbb{R}^2 - \{(0,0)\} \to \mathbb{R}$, definida por $f(x,y) = xy^2 \dfrac{x-y}{x^2+y^2}$.

6. $f : \mathbb{R}^2 - \{(0,0)\} \to \mathbb{R}$, definida por $f(x,y) = \dfrac{y^2 cos^3 x + x^3 sen^2 y}{x^4 + y^4 + 2x^2y^2}$.

7. $f : \mathbb{R}^2 - \{(0,0)\} \to \mathbb{R}$, definida por $f(x,y) = \dfrac{y^2 sen^3 x + x^3 sen^2 y}{x^4 + y^4 + 2x^2y^2}$. (Compare este exercício com o anterior.)

8. $f : \{(x,y) \in \mathbb{R}^2 : y \neq x\} \to \mathbb{R}$, definida por $f(x,y) = \dfrac{senx - seny}{x-y}$.

9. $f : \{(x,y) \in \mathbb{R}^2 : y \neq -x\} \to \mathbb{R}$, definida por $f(x,y) = \dfrac{e^x - e^{-y}}{x+y}$.

10. $f : \{(x,y) \in \mathbb{R}^2 : x^2 + y^2 \neq n^2\pi^2, n \in \mathbb{Z}\} \to \mathbb{R}$, definida por $f(x,y) = \dfrac{e^{-\frac{1}{x^2+y^2}}}{sen(\sqrt{x^2+y^2})}$.

Exercícios gerais

1. Dada $f : \mathbb{R}^2 \to \mathbb{R}$, definida por

$$f(x,y) = \begin{cases} (1+xy)^{\frac{1}{x}}, & \text{se} \quad x \neq 0 \text{ e } xy > -1 \\ g(y) & , \text{se} \quad x = 0 \text{ ou } xy \leq -1 \end{cases},$$

obtenha a função g tal que f seja contínua em todo o $\mathbb{R}^2$.

2. Dada $f : \mathbb{R}^2 \to \mathbb{R}$, definida por

$$f(x,y) = \begin{cases} \frac{x^2-4y^2}{x-2y}, & \text{se} \quad x \neq 2y \\ g(x) & , \text{se} \quad x = 2y \end{cases},$$

obtenha a função g tal que f seja contínua em $\mathbb{R}^2$.

3. Dada $f : \mathbb{R}^2 \to \mathbb{R}$, definida por $f(x,y) = \begin{cases} 1, & \text{se} \quad y \leq 0 \text{ ou } y \geq x^4 \\ 0, & \text{se} \quad 0 < y < x^4 \end{cases}$, calcule

a) $\lim\limits_{(x,y)\to(0,1)} f(x,y)$.

b) $\lim\limits_{(x,y)\to(0,0)} f(x,y)$ ao longo do eixo y.

c) $\lim\limits_{(x,y)\to(0,0)} f(x,y)$ ao longo da parábola $y = x^2$.

4. Dada $f : \mathbb{R}^2 \to \mathbb{R}$, definida por $f(x,y) = \begin{cases} sen\left(\dfrac{x}{y}\right), & \text{se} \quad y > 0 \quad \text{e} \quad 0 \leq x \leq \pi y \\ 0 & , \quad y \leq 0 \text{ ou } x < 0 \text{ ou } x > \pi y \end{cases}$,

demonstre que

a) $f(x, y_0)$ é contínua para todo x.

b) $f(x_0, y)$ é contínua para todo y.

c) f é descontínua em $(0,0)$.

5. Dada $f : \mathbb{R}^2 \to \mathbb{R}$, definida por $f(x,y) = \begin{cases} sen\left(\dfrac{\pi y}{x^2}\right), & \text{se} \quad 0 < y < x^2 \\ 0 \quad , & \text{se} \quad y \leq 0 \text{ ou } y \geq x^2 \end{cases}$, demonstre que

a) f é descontínua em $(0,0)$.

b) a restrição de f a qualquer segmento de reta que passe pela origem é contínua.

6. Considere $f : \mathbb{R}^2 \to \mathbb{R}$, definida por $f(x,y) = \begin{cases} 0, & \text{se} \quad y \leq 0 \quad \text{ou} \quad y \geq x^4 \\ 1, & \text{se} \quad 0 < y < x^4 \end{cases}$.

a) Demonstre que $\lim\limits_{(x,y)\to(0,0)} f(x,y) = 0$, para todo $(x,y) \in C = \{(x,y) \in \mathbb{R}^2 : y = mx^a, a < 4\}$.

b) Apesar do resultado do item anterior, demonstre que f é descontínua em $(0,0)$.

c) Demonstre que f é descontínua em duas curvas inteiras.

7. Considere $f : \mathbb{R}^2 \to \mathbb{R}$, definida por $f(x,y) = \begin{cases} 0, & \text{se} \quad y \leq 0 \text{ ou } y \geq x^2 \\ 1, & \text{se} \quad 0 < y < x^2 \end{cases}$.

a) Demonstre que $\lim\limits_{(x,y)\to(0,0)} f(x,y) = 0$, para todo $(x,y) \in C = \{(x,y) \in \mathbb{R}^2 : y = mx\}$.

b) Obtenha uma curva que passa pela origem (exceto a origem), ao longo da qual f tenha valor 1.

c) f é contínua na origem? Justifique a sua resposta.

8. Considere $A = \{(x,y) \in \mathbb{R}^2 : x > 0 \text{ e } 0 < y < x^2\}$.

a) Demonstre que toda reta que passa por $(0,0)$ contém um intervalo em torno de $(0,0)$ que está contido em $\mathbb{R}^2 - A$.

b) Defina $f : \mathbb{R}^2 \to \mathbb{R}$ por $f(x,y) = \begin{cases} 1, & \text{se} \quad x \in A \\ 0, & \text{se} \quad x \notin A \end{cases}$. Para cada $\mathbf{a} \in \mathbb{R}^2$, defina $g_{\mathbf{a}} : \mathbb{R} \to \mathbb{R}$ por $g_{\mathbf{a}} = f(t\mathbf{a})$. Demonstre que cada $g_{\mathbf{a}}$ é contínua em 0, mas f é descontínua em $(0,0)$.

9. Dada $f : \{(x,y) \in \mathbb{R}^2 : x \neq y, x \neq p, y \neq p\} \to \mathbb{R}$, definida por $f(x,y) = \dfrac{(x-y)p^n + (p-x)y^n - (p-y)x^n}{(x-y)(p-x)(p-y)}$, $n \in \mathbb{N}$, calcule $\lim\limits_{(x,y)\to(p,p)} f(x,y)$, para todo $p \neq 0$.

10. Considere $g : \mathbb{R} \to \mathbb{R}$ uma função real de variável real de classe C^1 (ou seja, g é derivável e sua derivada é contínua). Dada $f : \mathbb{R}^2 \to \mathbb{R}$, definida por

$$f(x,y) = \begin{cases} \frac{g(x)-g(y)}{x-y}, & \text{se} \quad x \neq y \\ g'(x) \;, & \text{se} \quad x = y \end{cases},$$

verifique se f é contínua em $\mathbb{R}^2$.

11. Dada $f : \{(x,y) \in \mathbb{R}^2 : x \geq 0, y > 0 \text{ ou } x \leq 0, y < 0\} \to \mathbb{R}$, definida por $f(x,y) = \dfrac{cos\sqrt{xy} - 1}{y}$, verifique se é possível prolongá-la por continuidade ao conjunto $C = \left\{(x,y) \in \mathbb{R}^2 : |x| < \dfrac{\pi}{2}, |y| < \dfrac{\pi}{2}\right\}$.

12. Dada $f : \{(x,y) \in \mathbb{R}^2 : x \neq (2k+1)\frac{\pi}{2}, y \neq (2l+1)\frac{\pi}{2}, x - y \neq m\pi,\ k,l,m \in \mathbb{Z}\} \to \mathbb{R}$, definida por $f(x,y) = \dfrac{senx - seny}{tgx - tgy}$, verifique se é possível prolongá-la por continuidade ao conjunto $C = \left\{(x,y) \in \mathbb{R}^2 : |x| < \dfrac{\pi}{2}, |y| < \dfrac{\pi}{2}\right\}$.

13. Considere $f : \mathbb{R}^2 \to \mathbb{R}$, definida por

$$f(x,y) = \begin{cases} \frac{x^2y^2}{x^2y^2-(x^2+y^2)}, & \text{se} \quad x^2y^2 \neq x^2+y^2 \\ p \quad , & \text{se} \quad x^2y^2 = x^2+y^2 \end{cases}.$$

a) Dado $C = \{(x,y) \in \mathbb{R}^2 : x^2 + y^2 < r\}$, obtenha o maior valor de r tal que f esteja definida em C.

b) Analise se f é contínua em C, para algum $p \in \mathbb{R}$.

14. Demonstre que $f : \mathbb{R}^2 \to \mathbb{R}$, definida por

$$f(x,y) = \begin{cases} \dfrac{xsenx + yseny}{x^2+y^2}, & \text{se} \quad (x,y) \neq (0,0) \\ 1 \quad , & \text{se} \quad (x,y) = (0,0) \end{cases},$$

é contínua.

15. Demonstre que $f : \mathbb{R}^2 \to \mathbb{R}$, definida por

$$f(x,y) = \begin{cases} \dfrac{1 - cosx}{xysenx} ln(1+y), & \text{se} \quad 0 \neq y > -1, x \neq n\pi \ (n \in \mathbb{Z}) \\ \dfrac{1}{2} \quad , & \text{caso contrário} \end{cases},$$

é contínua em $(0,0)$.

16. Dado $A \subseteq \mathbb{R}^2$ um conjunto não fechado, demonstre que existe uma função real contínua de duas variáveis reais $f : A \subseteq \mathbb{R}^2 \to \mathbb{R}$ que não se estende continuamente a $\overline{A}$.

17. Considere $f : A \subseteq \mathbb{R}^2 \to \mathbb{R}$ uma função real contínua de duas variáveis reais. Demonstre que é possível estender f continuamente a uma função $g : \overline{A} \subseteq \mathbb{R}^2 \to \mathbb{R}$ se e somente se existe $\lim\limits_{(x,y)\to(a,b)} f(x,y)$, para todo $(a,b) \in A'$.

[Limites da função tipo exponencial][18-20] Demonstre os seguintes teoremas:

18. Considere $f, g : A \subseteq \mathbb{R}^2 \to \mathbb{R}$ funções reais de duas variáveis reais, $f(x,y) > 0$, para todo $(x,y) \in A$, e $(a,b) \in A'$. Se $\lim\limits_{(x,y)\to(a,b)} f(x,y) = L\ (0 < L \neq 1)$ e $\lim\limits_{(x,y)\to(a,b)} g(x,y) = M$, então $\lim\limits_{(x,y)\to(a,b)} [f(x,y)]^{g(x,y)} = L^M$.

Caso particular: se f é tal que $f(x,y) = L\ (0 < L \neq 1)$ e $\lim\limits_{(x,y)\to(a,b)} g(x,y) = 0$, então $\lim\limits_{(x,y)\to(a,b)} L^{g(x,y)} = 1$;

19. Considere $f, g : A \subseteq \mathbb{R}^2 \to \mathbb{R}$, $f(x,y) > 0$, para todo $(x,y) \in A$, funções reais de duas variáveis reais definidas em um conjunto A ilimitado. Se $\lim\limits_{(x,y)\to\infty} f(x,y) = L\ (0 < L < 1)$ e

$\lim\limits_{(x,y)\to\infty} g(x,y) = \pm\infty$, então

$$\lim_{(x,y)\to\infty} [f(x,y)]^{g(x,y)} = \begin{cases} +\infty, & \text{se} \quad \lim\limits_{(x,y)\to\infty} g(x,y) = -\infty \\ 0\ , & \text{se} \quad \lim\limits_{(x,y)\to\infty} g(x,y) = +\infty \end{cases}.$$

20. Considere $f, g : A \subseteq \mathbb{R}^2 \to \mathbb{R}$, $f(x,y) > 0$, para todo $(x,y) \in A$, funções reais de duas variáveis reais definidas em um conjunto A ilimitado. Se $\lim\limits_{(x,y)\to\infty} f(x,y) = L\ (L > 1)$ e $\lim\limits_{(x,y)\to\infty} g(x,y) = \pm\infty$, então

$$\lim_{(x,y)\to\infty} [f(x,y)]^{g(x,y)} = \begin{cases} +\infty, & \text{se} \quad \lim\limits_{(x,y)\to\infty} g(x,y) = +\infty \\ 0\ , & \text{se} \quad \lim\limits_{(x,y)\to\infty} g(x,y) = -\infty \end{cases}.$$

[Limites da função tipo logarítmica][21-25] Demonstre os seguintes teoremas:

21. Considere $f, g : A \subseteq \mathbb{R}^2 \to \mathbb{R}$, $0 < f(x,y) \neq 1$, $g(x,y) > 0$, para todo $(x,y) \in A$, funções reais de duas variáveis reais, e $(a,b) \in A'$. Se $\lim\limits_{(x,y)\to(a,b)} f(x,y) = L\ (0 < L \neq 1)$ e $\lim\limits_{(x,y)\to(a,b)} g(x,y) = M\ (M > 0)$, então $\lim\limits_{(x,y)\to(a,b)} [log_{f(x,y)} g(x,y)] = log_L M$.

Caso particular: considere $f, g : A \subseteq \mathbb{R}^2 \to \mathbb{R}$, $0 < f(x,y) \neq 1$, $g(x,y) > 0$, para todo $(x,y) \in A$, funções reais de duas variáveis reais, e $(a,b) \in A'$. Se $\lim\limits_{(x,y)\to(a,b)} f(x,y) = L\ (0 < L \neq 1)$ e $\lim\limits_{(x,y)\to(a,b)} g(x,y) = 1$, então $\lim\limits_{(x,y)\to(a,b)} [log_{f(x,y)} g(x,y)] = 0$;

22. Considere $f, g : A \subseteq \mathbb{R}^2 \to \mathbb{R}$, $0 < f(x,y) < 1$, $g(x,y) > 0$, funções reais de duas variáveis reais definidas em um conjunto A ilimitado. Se $\lim\limits_{(x,y)\to\infty} f(x,y) = L\ (0 < L < 1)$ e $\lim\limits_{(x,y)\to\infty} g(x,y) = +\infty$, então $\lim\limits_{(x,y)\to\infty} [log_{f(x,y)} g(x,y)] = -\infty$.

23. Considere $f, g : A \subseteq \mathbb{R}^2 \to \mathbb{R}$, $f(x,y) > 1$, $g(x,y) > 0$, funções reais de duas variáveis reais definidas em um conjunto A ilimitado. Se $\lim\limits_{(x,y)\to\infty} f(x,y) = L\ (L > 1)$ e $\lim\limits_{(x,y)\to\infty} g(x,y) = +\infty$, então $\lim\limits_{(x,y)\to\infty} [log_{f(x,y)} g(x,y)] = +\infty$.

24. Considere $f, g : A \subseteq \mathbb{R}^2 \to \mathbb{R}$, $0 < f(x,y) < 1$, $g(x,y) > 0$, funções reais de duas variáveis reais, e $(a,b) \in A'$. Se $\lim\limits_{(x,y)\to(a,b)} f(x,y) = L\ (0 < L < 1)$ e $\lim\limits_{(x,y)\to(a,b)} g(x,y) = 0^+$, então $\lim\limits_{(x,y)\to(a,b)} [log_{f(x,y)} g(x,y)] = +\infty$.

25. Considere $f, g : A \subseteq \mathbb{R}^2 \to \mathbb{R}$ funções reais de duas variáveis reais e $(a,b) \in A'$. Se $\lim\limits_{(x,y)\to(a,b)} f(x,y) = L\ (L > 1)$ e $\lim\limits_{(x,y)\to(a,b)} g(x,y) = 0^+$, então $\lim\limits_{(x,y)\to(a,b)} [log_{f(x,y)} g(x,y)] = -\infty$.

[Limite exponencial fundamental][26-29] Demonstre os seguintes teoremas:

26. Considere $f : A \subseteq \mathbb{R}^2 \to \mathbb{R}$ uma função real de duas variáveis reais tal que $-1 < f(x,y) \neq 0$, e $(a,b) \in A'$. Se $\lim\limits_{(x,y)\to(a,b)} f(x,y) = 0$, então $\lim\limits_{(x,y)\to(a,b)} [1 + f(x,y)]^{\frac{1}{f(x,y)}} = e$.

27. Considere $f : A \subseteq \mathbb{R}^2 \to \mathbb{R}$ uma função real de duas variáveis reais definidas em um conjunto A ilimitado, tal que $f(x,y) < -1$ ou $f(x,y) > 0$, para todo $(x,y) \in A$. Se $\lim\limits_{(x,y)\to\infty} f(x,y) = \pm\infty$, então $\lim\limits_{(x,y)\to\infty} \left[1 + \dfrac{1}{f(x,y)}\right]^{f(x,y)} = e$.

28. Considere $f, g : A \subseteq \mathbb{R}^2 \to \mathbb{R}$ funções reais de duas variáveis reais, tais que $\dfrac{f(x,y)}{g(x,y)} \geq 0$ ou $\dfrac{f(x,y)}{g(x,y)} > -1$, para todo $(x,y) \in A$, e $(a,b) \in A'$. Se $\lim\limits_{(x,y)\to(a,b)} f(x,y) = L$ e $\lim\limits_{(x,y)\to(a,b)} g(x,y) = \pm\infty$, então $\lim\limits_{(x,y)\to(a,b)} \left[1 + \dfrac{f(x,y)}{g(x,y)}\right]^{g(x,y)} = e^L$.

29. Considere $f : A \subseteq \mathbb{R}^2 \to \mathbb{R}$ uma função real de duas variáveis reais definidas em um conjunto A ilimitado. Demonstre que, se p, q, r, s, t são números reais não nulos e $\lim\limits_{(x,y)\to\infty} f(x,y) = \pm\infty$, então $\lim\limits_{(x,y)\to\infty} \left[\dfrac{tf(x,y)+p}{tf(x,y)+q}\right]^{rf(x,y)+s} = e^{(\frac{p-q}{t})r}$. (Estamos supondo tacitamente que $tf(x,y) + q \neq 0$, bem como $\dfrac{tf(x,y)+p}{tf(x,y)+q} > 0$.)

Referências Bibliográficas

[1] APOSTOL, T. M. **Calculus v. II (Multivariable Calculus and Linear Algebra, with Applications to Differential Equations and Probability)**, 2nd ed. New York: John Wiley and Sons, 1969.

[2] BARTLE, R. G., SHERBERT, D. R. **Introduction to Real Analysis**. 3th ed. New York: John Wiley & Sons. Inc., 2000.

[3] BORTOLOSSI, H. J. **Cálculo Diferencial a Várias Variáveis - Uma Introdução à Teoria de Otimização**. 5ª ed. Rio de Janeiro: Editora PUC-Rio / São Paulo: Edições Loyola, 2011. (Coleção Matmídia)

[4] COURANT, R., JOHN, F. **Introduction to Calculus and Analysis**. v. II. New York: Springer-Verlag, 1989.

[5] DARRIBA, J. B. F., POUSO, Ó. L. **Límites utilizando coordenadas polares**. La Gaceta de la RSME, v. 7.2 (2004), pp. 405-434.

[6] GUIDORIZZI, H. L. **Um curso de cálculo**, v. 1, 5ª ed. Rio de Janeiro: LTC, 2001.

[7] GUIDORIZZI, H. L. **Um curso de cálculo**, v. 2, 5ª ed. Rio de Janeiro: LTC, 2002.

[8] HUGHES-HALLETT, D. *et al.* **Cálculo Aplicado**. 4ª ed. Rio de Janeiro: LTC, 2012.

[9] LIMA, E. L. **A Equação do Terceiro Grau**. Revista Matemática Universitária, nº 5, p. 9-23, junho de 1987.

[10] LIMA, E. L. **Curso de Análise**, v. 1, 14ª ed. Rio de Janeiro: IMPA, 2013. (Coleção Projeto Euclides)

[11] LIMA, E. L. **Curso de Análise**, v. 2, 11ª ed. Rio de Janeiro: IMPA, 2014. (Coleção Projeto Euclides)

[12] LIMA, E. L. **Espaços Métricos**, 5ª ed. Rio de Janeiro: IMPA, 2015. (Coleção Projeto Euclides)

[13] PASTOR, J. R, CELLEJA, P. Pi e TREJO, C. A. **Análisis matemático (Volumen II: Cálculo infinitesimal de varias variables. Aplicaciones)**. Buenos Aires: Editorial Kapelusz, 1957.

[14] ROMÁN, J. de B. **Cálculo Infinitesimal de Varias Variables**. Madrid: McGraw-Hill/Interamericana de España, S.A, 1995.

[15] RUDIN, W. **Principles of Mathematical Analysis**. 3th ed. New York: McGraw-Hill, 1976.

[16] SHABANOV, S. V. **Concepts in Calculus III (Multivariable Calculus)**. 2nd ed. University of Florida Press, Gainesville, 2013.

[17] SPIVAK, M. **Calculus**. Second Edition. New York: W. A. Benjamin, Inc., 1992.

[18] SPIVAK, M. **Calculus on Manifolds - A Modern Approach to Classical Theorems os Advanced Calculus**. Massachusetts: Addison-Wesley Publishing Company, 1994.

[19] STEWART, J. **Cálculo**, v. 2 (Tradução da 8ª edição norte-americana). São Paulo: Cengage Learning, 2014.

[20] THOMAS Jr., G. B. **Thomas' Calculus: Early Transcendentals**, 14th ed. New York: Pearson Educacion Inc., 2017.

Apêndice: Cálculo, Análise e Variáveis Complexas

Neste apêndice, tratamos especificamente de alguns dos posteriores estudos de Matemática que o leitor terá a oportunidade de realizar considerando como base o conhecimento sólido presumivelmente por ele adquirido por meio do estudo deste livro.

A definição a seguir generaliza aquela de função real de várias variáveis reais.

Definição 5.4.3. *Uma função vetorial de várias variáveis reais* $f : A \subseteq \mathbb{R}^m \to \mathbb{R}^n$ *(*$A \neq \emptyset, m, n$ *naturais quaisquer) é uma regra que associa a cada* m*-upla de números reais* $(x_1, x_2, \ldots, x_m) \in A$ *um único vetor* $f(x_1, x_2, \ldots, x_m) \in \mathbb{R}^n$.

Mais precisamente, uma função $f : A \subseteq \mathbb{R}^m \to \mathbb{R}^n$ equivale a n funções reais $f_1, \ldots, f_n : A \subseteq \mathbb{R}^m \to \mathbb{R}$, definidas por $f_i = \pi_i \circ f$, as quais são denominadas as *coordenadas* de f. Assim, para todo $\mathbf{x} \in A$, temos $f(\mathbf{x}) = (f_1(\mathbf{x}), \ldots, f_n(\mathbf{x}))$, em que $\mathbf{x} = (x_1, x_2, \ldots, x_m)$.

Definição 5.4.4. *Consideremos uma função vetorial de várias variáveis reais* $f : A \subseteq \mathbb{R}^m \to \mathbb{R}^n$ *e* $\mathbf{a} = (a_1, \ldots, a_n) \in A'$. *O limite de* $f(\mathbf{x})$*, quando* $\mathbf{x}$ *tende a* $\mathbf{a}$*, é* $L = (L_1, \ldots, L_n)$*, denotado por*

$$\lim_{\mathbf{x} \to \mathbf{a}} f(\mathbf{x}) = \boldsymbol{L},$$

se, para todo número real $\varepsilon > 0$*,existe um número real* $\delta > 0$ *tal que,*

$$se\ \mathbf{x} \in A,\ 0 < ||\mathbf{x} - \mathbf{a}|| < \delta,\ então\ ||f(\mathbf{x}) - \boldsymbol{L}|| < \varepsilon.$$

Em virtude das considerações acima, temos os seguintes resultados.

Teorema 5.4.1. *Dada uma função vetorial de várias variáveis reais* $f : A \subseteq \mathbb{R}^m \to \mathbb{R}^n$*, tal que, para todo* $\mathbf{x} \in A$, $f(\mathbf{x}) = (f_1(\mathbf{x}), \ldots, f_n(\mathbf{x}))$*, e* $\mathbf{a} \in A'$, $\lim_{\mathbf{x} \to \mathbf{a}} f(\mathbf{x}) = \boldsymbol{L}$ $(= (L_1, \ldots, L_n)$ *se e somente se* $\lim_{\mathbf{x} \to \mathbf{a}} f_i(\mathbf{x}) = L_i$*, para todo* $i = 1, \ldots, n$.

Assim, como cada uma das n funções coordenadas de uma função vetorial de várias variáveis reais é uma função real de várias variáveis reais, decorre que, quando o limite existe, é, em princípio, necessário calcular n limites dos tipos de que tratamos neste livro: caso pelo menos um de tais limites não exista, podemos concluir, por meio do teorema acima, que o limite propriamente também não existe.

Teorema 5.4.2. *Uma função vetorial de várias variáveis reais $f : A \subseteq \mathbb{R}^m \to \mathbb{R}^n$ é contínua em $a \in A$ se e somente se cada uma das suas funções coordenadas $f_i = \pi_i \circ f : A \subseteq \mathbb{R}^m \to \mathbb{R}$ é contínua em a.*

Há uma conexão entre o limite do tipo de que tratamos neste livro e a derivada de uma função real de variável complexa, como segue.

Definição 5.4.5. *Uma função real de variável complexa $f : \mathbb{C} \to \mathbb{R}$ é uma regra que associa a cada número complexo z um único valor $f(z) \in \mathbb{R}$.*

Definição 5.4.6. *A derivada de uma função real de variável complexa $f : \mathbb{C} \to \mathbb{R}$ em $z_0 \in \mathbb{C}$ é dada por*

$$f'(z_0) = \lim_{\substack{h \to 0 \\ h \in \mathbb{C}}} \frac{f(z_0 + h) - f(z_0)}{h},$$

desde que esse limite exista em $\mathbb{C}$.

Se h_1 e h_2 denotam, respectivamente, a parte real e a parte imaginária de h, o limite acima pode ser calculado por meio do cálculo dos limites, quando (h_1, h_2) tende a $(0, 0)$, das partes real e imaginária do quociente $\dfrac{f(z_0 + h) - f(z_0)}{h}$, que são limites dos tipos de que tratamos neste livro (sob a identificação $\mathbb{C} \equiv \mathbb{R}^2$).

Índice Remissivo

Anotações

Anotações

Conversando sobre Funções, Fórmulas, Gráficos, Tabelas e Contagens

Contém 75 Exercícios Detalhadamente Resolvidos

Autor: Christiane Mázur Doi144 páginas
1ª edição - 2014
Formato: 16 x 23
ISBN: 9788539904198

"Conversando sobre Funções, Fórmulas, Gráficos, Tabelas e Contagens" não é "mais um" livro de Matemática. É diferente de outros livros, pois "fala" diretamente com o leitor sobre assuntos básicos da Matemática, sem recorrer a um "matematiquês" muitas vezes incompreensível.

Além da linguagem de fácil acesso, outro diferencial desta publicação é a apresentação de 75 exercícios resolvidos de modo detalhado e didático, favorecendo o entendimento dos tópicos desenvolvidos a partir de exemplos do cotidiano e de aplicações práticas. A presença de diversas figuras e gráficos também auxilia na visualização dos enunciados e na resolução das questões.

No livro discute-se sobre "o que são variáveis dependentes e independentes", realizam-se estudos e aplicações das funções do 1º grau, do 2º grau e exponenciais e analisam-se problemas de contagem.
Há um capítulo adicional, dedicado à resolução de exercícios de vestibulares e de exames nacionais, envolvendo a análise de dados e o uso do raciocínio lógico.

À venda nas melhores livrarias.

EDITORA CIÊNCIA MODERNA

Impressão e acabamento
Gráfica da Editora Ciência Moderna Ltda.
Tel: (21) 2201 - 6662